Jürgen Brück

Mathematik
für jedermann

Compact Verlag

© 2009 Compact Verlag München
Alle Rechte vorbehalten. Nachdruck, auch auszugsweise,
nur mit ausdrücklicher Genehmigung des Verlages gestattet.
Chefredaktion: Dr. Angela Sendlinger
Redaktion: Anke Fischer
Produktion: Wolfram Friedrich
Abbildungen: Compact Verlag, München; fotolia.de; pixelio.de;
Gruppo Editoriale Fabbri, Mailand; Lidman Production, Stockholm;
dlr.de (siehe auch Bildnachweis auf S. 448)
Titelabbildungen: Compact Verlag, München (2); fotolia.de (3);
digitalstock.de (1); F1 ONLINE (1); pixelio.de (1)
Gestaltung: textum GmbH, München
Umschlaggestaltung: Karl Kovacs

ISBN 978-3-8174-7810-1
7178101

Besuchen Sie uns im Internet: www.compactverlag.de

Vorwort

Mit Spaß und Leichtigkeit an die Mathematik herangehen? Sie glauben, das geht nicht? Mit diesem Vorurteil räumt dieses Buch nun endgültig auf. Häufig denken wir, wir verstehen die Mathematik nicht, weil sie zu abstrakt und zu wenig alltagsbezogen ist. Es ist oft nicht leicht, den theoretischen Begrifflichkeiten zu folgen und wir haben von vornherein keine Lust, uns mit einem mathematischen Problem auseinanderzusetzen, da es uns sowieso zu schwer erscheint.

Dass dem nicht so ist und Mathematik auch einfach sein und Freude machen kann, beweist der Autor in jedem Kapitel.

Beginnend mit den Grundlagen gibt Jürgen Brück Schritt für Schritt einen fundierten Überblick über das gesamte Spektrum der Mathematik. Jedes abstrakte Problem wird schrittweise angegangen, jeder mathematische Fachbegriff laiengerecht eingeführt und ausführlich erklärt. An den zahlreichen Beispielen wird der Alltagsbezug der Mathematik immer wieder deutlich. So ist auch der theoretischste Sachverhalt leicht nachvollziehbar.

Der Autor führt den Leser ohne jede Fachsimpelei durch die aufeinander aufbauenden Kapitel. Alle Teilbereiche der Mathematik werden auf diese Weise detailliert dargestellt. Allerdings wird die Kenntnis der Grundrechenarten ebenso wie die Beherrschung des kleinen Einmaleins vorausgesetzt. Erklärungen, wie zwei Zahlen voneinander subtrahiert oder miteinander multipliziert werden, werden Sie in diesem Buch nicht finden.

Die farbig hervorgehobenen Infokästen, in denen die wichtigsten Regeln, Formeln, Definitionen und Merksätze knapp zusammengefasst sind, zahlreiche Abbildungen und Schaubilder sowie ein ausführliches Stichwortregister bieten dem Leser zusätzliche Hilfestellung.

Dieses Nachschlagewerk vermittelt Mathematik anschaulich und lebensnah – eben für jedermann.

Inhalt

I. Geometrie

Strecken, Halbgeraden und Geraden

Viele Dinge werden in der Mathematik schärfer umrissen und enger eingegrenzt als in unserem alltäglichen Leben. Daher ist es wichtig, sich auch von vermeintlich klaren Dingen die genaue mathematische Definition anzusehen, wenn man bei komplizierteren Sachverhalten nicht in Schwierigkeiten geraten möchte. Ein gutes Beispiel hierfür sind Strecken und Geraden.

Strecken

> Die kürzeste Verbindung zwischen zwei Punkten nennt man Strecke. Will man eine Strecke zwischen den Punkten A und B bezeichnen, schreibt man $[AB]$.

Auch eine Strecke selbst kann benannt werden. Man verwendet hierzu Kleinbuchstaben. Es heißt also: $s = [AB]$.

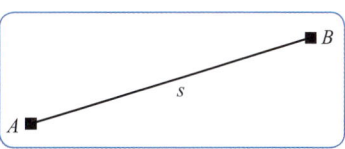

Strecke [AB]

Die Mathematik wird in Zusammenhang mit einer Strecke (und nicht nur dort) noch ein wenig präziser. Eine Strecke wird nämlich genau genommen als Menge aller Punkte zwischen den Endpunkten A und B angesehen. Und noch eine Besonderheit: Eine Strecke ist ein eindimensionales Gebilde, da sie zwar eine Länge, aber keine Breite aufweist.

Als klassisches Beispiel einer Strecke gilt die Luftlinie, die die direkte Entfernung zwischen zwei Orten darstellt. Dieses Beispiel zeigt noch eine weitere Eigenheit der Strecke: Man kann ihre Länge messen.

Die Luftlinie zwischen zwei Orten ist eine Strecke.

Halbgeraden

> Wenn man eine Strecke über einen Punkt hinaus bis ins Unendliche verlängert, erhält man eine Halbgerade. Das Symbol für eine solche Halbgerade, die beim Punkt A beginnt und über den Punkt B hinausgeht, ist $[AB$.

Auch das Leuchtfeuer eines Leuchtturms stellt mathematisch gesehen eine Halbgerade dar.

Auch Halbgeraden werden mit Kleinbuchstaben benannt. Man schreibt also: $h = [AB$.
Halbgeraden sind unendlich lang, man kann also ihre Länge nicht messen.

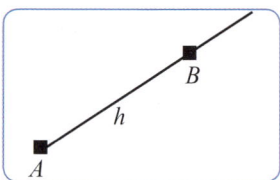

Halbgerade [AB

Für eine Halbgerade ist auch der Begriff Strahl gebräuchlich. Den kennt man auch aus dem Alltag, wenn man z. B. vom Strahl einer Taschenlampe spricht.

Geraden

> Wenn man eine Strecke über beide Punkte hinaus ins Unendliche verlängert, erhält man eine Gerade. Das Symbol für eine Gerade, die durch die Punkte A und B geht, ist AB.

Eine Gerade ist in beide Richtungen unendlich lang. Sie verfügt also über keinen Anfang und kein Ende und ihre Länge kann darum auch nicht angegeben werden. Eine Gerade wird ebenfalls mit einem Kleinbuchstaben benannt. Es heißt also: $g = AB$.
Ein wichtiger Satz in der Geometrie besagt, dass durch zwei Punkte immer nur eine Gerade gelegt werden kann.

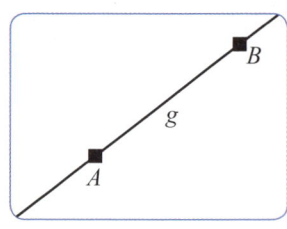

Gerade AB

Weiterhin können sich zwei Geraden, die in der gleichen Ebene liegen, nur in einem Punkt schneiden. Tun sie das nicht, sind die beiden Geraden parallel. Geraden, die nicht parallel sind und sich dennoch nicht schneiden, müssen auf unterschiedlichen Ebenen im Raum liegen. Man nennt sie dann windschief.

Mathematische Finessen

Die Geometrie, die in der Schule gelehrt wird und auf die wir uns in diesem Buch in erster Linie beziehen, wird nach dem griechischen Gelehrten Euklid (um 365–300 v. Chr.) auch euklidische Geometrie genannt. Der Satz, dass sich parallele Geraden niemals schneiden, stammt aus dieser Geometrie. Aber es sind noch andere Möglichkeiten denkbar.

Die Allgemeine Relativitätstheorie zeigt beispielsweise, dass Masse den

Euklid auf einem Tafelbild von Joos van Wassenhove, 1474

Raum krümmen kann. Demnach hängt also die Geometrie eines Raums plötzlich auch von der Dichte der in ihm enthaltenen Masse ab. Läge die Dichte unterhalb eines bestimmten Werts, würde das Universum so ähnlich wie ein Sattel aussehen. Dann könnten parallele Geraden im Raum plötz-

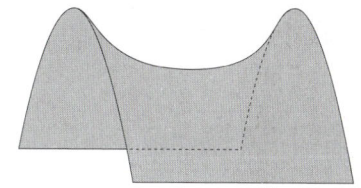

lich auseinanderstreben. Eine andere Theorie geht davon aus, dass das Universum eine kugelförmige Geometrie besitzen könnte. In einem solchen Fall würden sich parallele

Geraden im Unendlichen plötzlich schneiden. Bis ins Letzte geklärt ist es übrigens noch nicht, welche Geometrie unser Universum nun wirklich aufweist; es häufen sich aber die Anzeichen, dass der gute alte Euklid letztlich doch recht hatte.

Ob parallel, windschief oder gekrümmt: Das Universum ist unendlich.

Dreiecke

Dreiecke stellen die grundlegenden Figuren in der Geometrie dar. Aus ihnen können alle anderen Vielecke zusammengesetzt werden. Da wundert es nicht, dass sie die mit Abstand am häufigsten berechneten und konstruierten Figuren sind.

Die Eckpunkte eines Dreiecks werden für gewöhnlich mit den Buchstaben *A, B* und *C* entgegen dem Uhrzeigersinn bezeichnet. Seine drei Seiten erhalten die Kleinbuchstaben *a, b* und *c* als Benennung. Dabei liegt die Seite *a* dem Eckpunkt *A* gegenüber usw.

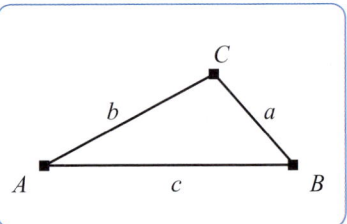

> Der Umfang *U* eines Dreiecks lässt sich bestimmen, indem man die Länge seiner drei Seiten addiert. Es gilt also:
>
> $U = a + b + c$

Die drei Winkel des Dreiecks erhalten griechische Buchstaben und heißen entsprechend Alpha *(α)*, Beta *(β)* und Gamma *(γ)*.

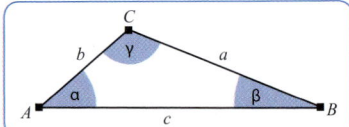

> Für die Winkel eines Dreiecks gilt folgende wichtige Beziehung:
> Die Summe der Innenwinkel beträgt 180 Grad.
>
> $α + β + γ = 180°$

Um weitere Berechnungen mit einem Dreieck anstellen zu können, benötigen wir eine zusätzliche Größe, die Höhe. Ein Dreieck besitzt drei Höhen, die jeweils senkrecht auf einer Seite stehen und durch den gegenüberliegenden Eckpunkt

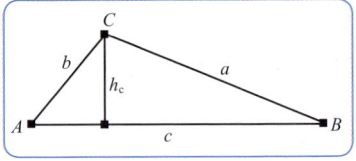

verlaufen, h_a, h_b und h_c. Der Übersichtlichkeit halber haben wir in der Grafik nur h_c eingezeichnet. Die anderen Höhen können ganz einfach analog gebildet werden. Und das geht so: Sie fällen von Punkt *C* ein Lot auf die Seite *c*. Dieses Lot stellt dann die Höhe h_c dar. Die Seite, auf der die bekannte Höhe steht, nennt sich auch Grundseite *(g)*.

> Nun lässt sich auch die Fläche *A* des Dreiecks berechnen. Es gilt:
>
> $A = \dfrac{1}{2} \cdot g \cdot h$

Ein Dach für den Kirchturm

Über Dreiecke stolpern wir in unserem Alltag immer wieder. Besonders prominent sind sie als Dächer auf eckigen Kirchtürmen platziert. Solche Dächer bestehen in der Regel aus vier Dreiecken. Will man das Dach neu decken, muss man zuvor berechnen, wie viele Schindeln man benötigt. Dazu muss man die Fläche des Daches kennen.

Das Dach des Kirchturms im Reschensee besteht aus vier gleichen Dreiecken.

Nehmen wir an, der Kirchturm habe eine Kantenlänge von 10 Metern und jedes der 4 Dreiecke sei 15 Meter hoch. Dann erhalten wir als Fläche:

$$A = 4 \cdot \left(\frac{1}{2} \cdot 10\,\text{m} \cdot 15\,\text{m} \right) = 4 \cdot 75\,\text{m}^2 = 300\,\text{m}^2$$

Es müssen also genug Dachschindeln eingekauft werden, um 300 Quadratmeter Dachfläche zu decken (ein paar sollte man vielleicht noch in Reserve behalten – aber das soll jetzt nicht interessieren).

Nicht alle Dächer lassen sich leicht berechnen: das Münchner Olympiastadion.

Besondere Dreiecke

Dreieck ist noch lange nicht gleich Dreieck. Die Mathematik kennt einige ganz spezielle Exemplare, die wir Ihnen nun kurz vorstellen wollen:

Gleichschenklige Dreiecke

Gleichschenklige Dreiecke zeichnen sich dadurch aus, dass zwei ihrer Seiten gleich lang sind. Sind dies die Seiten a und b, so weisen auch die Winkel α und β die gleiche Größe auf. Man kann also auch schreiben:

$a = b$

$\alpha = \beta$

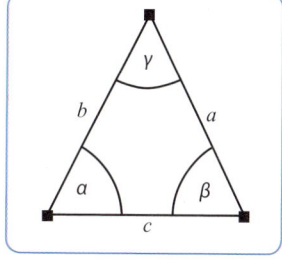

Eine Triangel ist ein gleich-seitiges Dreieck.

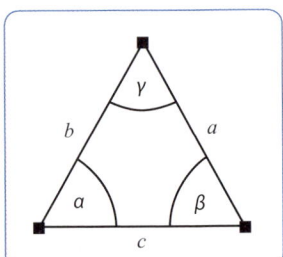

Gleichseitige Dreiecke

Auch hier ist der Name Programm. Bei Dreiecken dieser Art haben alle drei Seiten die gleiche Länge. Entsprechend sind auch alle Winkel gleich groß. Da wir wissen, dass die Winkelsumme in einem Dreieck immer 180 Grad beträgt, können wir auch die Größe jedes Winkels im gleichseitigen Dreieck mit 60 Grad bestimmen.

$a = b = c$

$\alpha = \beta = \gamma = 60°$

Rechtwinklige Dreiecke

Das rechtwinklige Dreieck besitzt einen Winkel von 90 Grad (den man in der Mathematik auch als rechten Winkel bezeichnet). Mit seinen besonderen Eigenschaften werden wir uns im folgenden Abschnitt noch näher beschäftigen.

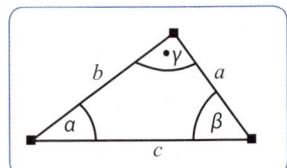

Das Geodreieck

Beim Geodreieck, das wir alle noch aus der Schule kennen, handelt es sich um ein ganz besonderes Ding: Es ist sowohl gleichschenklig als auch rechtwinklig. Diese Eigenschaften lassen sich besonders gut nutzen, um mit ihrer Hilfe andere geometrische Figuren zu konstruieren.

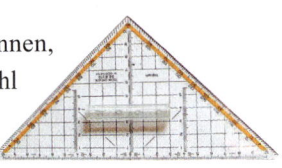

Das typische Geodreieck

Der Satz des Pythagoras und die Sätze des Euklid

Auch wenn das rechtwinklige Dreieck auf den ersten Blick einen unscheinbaren Eindruck macht, besitzt es eine Menge interessanter Eigenschaften, die auch für alltägliche Berechnungen sehr wichtig sind.

Noch einmal zur Erinnerung: Das rechtwinklige Dreieck zeichnet sich durch einen Winkel von 90 Grad aus (hier durch die Markierung mit Punkt gekennzeichnet). Die drei Seiten eines rechtwinkligen Dreiecks haben spezielle Namen. So bezeichnet man die Seite, die dem rechten Winkel gegenüberliegt, als Hypotenuse, die beiden anderen Seiten heißen Katheten.

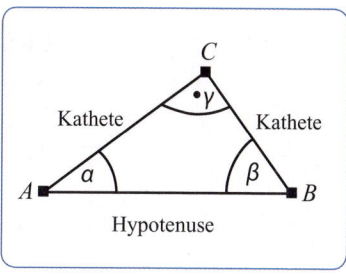

Der Satz des Pythagoras

Pythagoras auf einer Münze

Pythagoras von Samos war eine griechischer Gelehrter, der im 6. Jahrhundert v. Chr. lebte und sich viele tief greifende Gedanken über die Welt und den Lauf der Dinge machte. Auch die Mathematik übte einen besonderen Reiz auf den Gelehrten aus. So beschäftigte er sich u. a. mit dem rechtwinkligen Dreieck und entdeckte eine ganz besondere Beziehung zwischen den drei Seiten der Figur, die er im berühmten „Satz des Pythagoras" formulierte.

Das Quadrat über den beiden Katheten eines rechtwinkligen Dreiecks ist gleich dem Quadrat über der Hypotenuse. Kurz:

$a^2 + b^2 = c^2$

Dieser Satz lässt sich mit einer kleinen Zeichnung sehr schön veranschaulichen. Man sieht hier sehr genau, dass die Summe der beiden Kathetenquadrate mit dem Hypotenusenquadrat identisch ist.

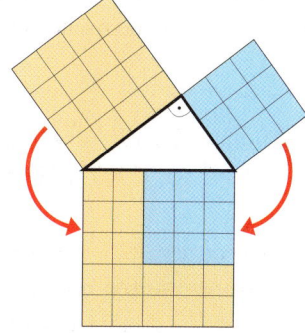

Pythagoras in der Praxis

In der Praxis gibt es viele Anwendungen für den Satz des Pythagoras. Mit seiner Hilfe können Sie z. B. berechnen, welchen Höhenunterschied Sie bewältigt haben, wenn Sie eine Strecke von 10 Kilometern Luftlinie zurückgelegt haben, aber 12 Kilometer wandern mussten.

Eine kleine Skizze verdeutlicht die nötige Rechnung:
Nennen wir die gesuchte Seite einmal x (dieser Buchstabe wird in der Mathematik besonders gern für solche Unbekannten verwendet – Mr. X ist also auch hier weit verbreitet). Dann gilt mit dem Satz des Pythagoras:
$10^2 \text{ km}^2 + x^2 = 12^2 \text{ km}^2$

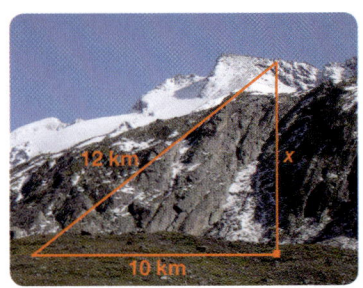

Nun formen wir diese Gleichung entsprechend um und erhalten:
$x^2 = 12^2 \text{ km}^2 - 10^2 \text{ km}^2$
$\Leftrightarrow x^2 = 144 \text{ km}^2 - 100 \text{ km}^2 = 44 \text{ km}^2$
$\Leftrightarrow \sqrt{44} \text{ km} \approx 6{,}6 \text{ km}$
Sie haben also einen Höhenunterschied von ca. 6,6 Kilometern gemeistert – herzlichen Glückwunsch!

Auch die folgende Frage lässt sich auf diese Weise klären: Sie wollen außen an Ihrer Hauswand in 2 Metern Höhe arbeiten. Direkt am Fuß der Wand befindet sich ein 1,5 Meter breites Beet. Die Leiter, die Sie benutzen,

darf nicht im Beet stehen, um nicht die schöne Bepflanzung zu zerstören. Wie lang muss die Leiter mindestens sein, um die gewünschte Höhe zu erreichen? Auch hier hilft eine Skizze.
$s^2 = 1{,}5^2 \text{ m}^2 + 2^2 \text{ m}^2 = 6{,}25 \text{ m}^2$
$\Leftrightarrow s = \sqrt{6{,}25} \text{ m} = 2{,}5 \text{ m}$
Die Leiter muss also mindestens 2,50 Meter lang sein.

Hier lehnt eine Leiter ohne Blumenbeet an der Hausmauer.

Euklid und das rechtwinklige Dreieck

Ein weiterer griechischer Gelehrter, nämlich Euklid, hat sich auch seine Gedanken über dieses vielseitige Dreieck gemacht. Wie es sich für einen zünftigen Mathematiker gehört, formulierte auch er ein paar mathematische Sätze. Für ihr Verständnis benötigen wir noch ein paar weitere Größen, die in der folgenden Skizze verzeichnet sind.

Die drei Seiten a, b und c sowie die Höhe h sind bereits bekannt. Hinzugekommen sind die beiden Hypotenusenabschnitte p und q. Dabei bezeichnet q den längeren Abschnitt und p entsprechend den kürzeren.

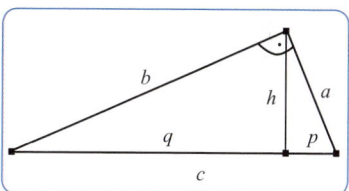

Euklid formulierte nun folgende Sätze:

Höhensatz: $h^2 = p \cdot q$

Kathetensatz: $a^2 = p \cdot c$

Kathetensatz: $b^2 = q \cdot c$

Euklid in der Praxis

Verkehrszeichen „Tunnel" in Deutschland

Auch für die Sätze des Euklid lassen sich in der Praxis schöne Beispiele finden. Stellen Sie sich z. B. einen Tunnel mit einem halbkreisförmigen Querschnitt vor. Der Tunnel hat einen Durchmesser von 10 Metern. An jeder Seite befindet sich ein 2 Meter breiter Sicherheitsstreifen. Wie hoch darf dann ein Lkw höchstens sein, wenn er einen Abstand von mindestens 30 Zentimetern zur Tunneldecke einhalten muss?

Auch hier helfen Skizzen weiter.
So kann man sich den Tunnel mit dem
Lkw vorstellen:

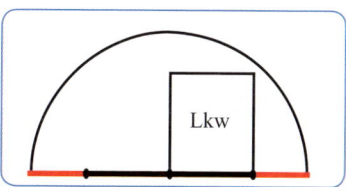

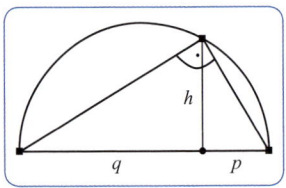

Wenn wir das Ganze nun ein wenig mathematischer zeichnen, ergibt sich folgendes Bild:

h ist hier die maximale Höhe des Lkw (von der wir später 30 Zentimeter abziehen müssen, um den Vorgaben aus der Aufgabe gerecht zu werden). p ist der rechte Sicherheitsstreifen und damit 2 Meter lang. Der gesamte Tunnel hat eine Breite von 10 Metern, also ist q 8 Meter lang. Der Höhensatz des Euklid sagt nun:

$h^2 = p \cdot q$

Also:

$h^2 = 2\text{ m} \cdot 8\text{ m} = 16\text{ m}^2$

$\Leftrightarrow h = \sqrt{16\text{ m}^2} = 4\text{ m}$

h ist also 4 Meter hoch. Ziehen wir nun noch die 30 Zentimeter ab, erhalten wir als Lösung der Aufgabe, dass der Lkw maximal 3,70 Meter hoch sein darf.

Vierecke

Fügt man dem Dreieck nun einen weiteren Eckpunkt hinzu, erhält man – na klar – ein Viereck. Damit kann man die Angelegenheit aber noch lange nicht abhaken, eigentlich fängt es jetzt erst so richtig an, denn man unterscheidet eine Menge unterschiedlicher Vierecke, die alle – zumindest teilweise – andere Eigenschaften aufweisen.

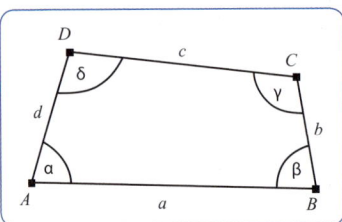

Die vier Eckpunkte eines Vierecks werden mit den Buchstaben A, B, C und D gegen den Uhrzeigersinn und links unten beginnend gekennzeichnet. Die vier Seiten heißen a, b, c und d. Dabei verbindet a die Punkte A und B, b die Punkte B und C, c die Punkte C und D und d die verbleibenden Punkte D und A. Die einzelnen Winkel können Sie der Grafik entnehmen.

> Für alle Vierecke gilt, dass die Summe der Innenwinkel 360 Grad beträgt. Als Formel liest sich diese Beziehung so:
> $\alpha + \beta + \gamma + \delta = 360°$

Das Quadrat

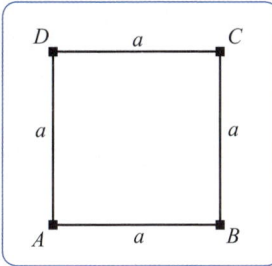

Sind alle vier Seiten eines Vierecks gleich lang und verfügt es zusätzlich über vier rechte Winkel, haben wir es mit einem Quadrat zu tun. Da alle vier Seiten des Quadrats gleich lang sind, werden sie häufig auch nur mit dem Buchstaben a benannt.

Quadrate auf einem Schachbrett, das übrigens auch ein Quadrat ist.

Umfang U und Fläche A eines Quadrats können mit folgenden Formeln ermittelt werden:
$$U = a + a + a + a = 4 \cdot a$$
$$A = a \cdot a = a^2$$

Das Rechteck

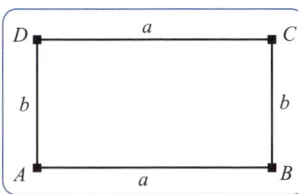

Eng verwandt mit dem Quadrat ist das Rechteck. Hier sind nur noch die beiden gegenüberliegenden Seiten gleich lang und nicht mehr alle vier. Gleich lange Seiten werden hier für gewöhnlich auch mit gleichen Buchstaben bezeichnet.

Dominosteine von oben gesehen haben die Form eines Rechtecks.

Umfang U und Fläche A des Rechtecks ermitteln Sie mit den folgenden Formeln:
$$U = a + b + a + b = 2 \cdot a + 2 \cdot b$$
$$A = a \cdot b$$

Quadratische Fliesen auf rechteckiger Wand

Quadrate tauchen im Alltag – wie übrigens alle Vierecke – recht häufig auf. Besonders gern werden Wand- oder Bodenfliesen in dieser Form hergestellt, da man mit quadratischen Fliesen recht problemlos nahezu jede Fläche verkleiden kann. Man nehme z. B. eine Badezimmerwand in der Größe von 2,5 Meter auf 5 Meter. Wie viele quadratische Fliesen mit einer Seitenlänge von 0,5 Metern müssen Sie kaufen, um die Wand fliesen zu können? Die Fugen lassen wir unberücksichtigt.

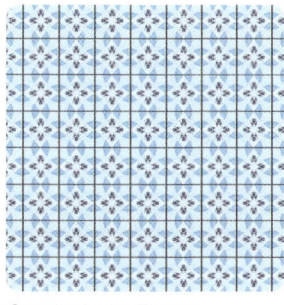

Quadratische Fliesen

Zunächst berechnen wir die Fläche der Wand:

$A_{Wand} = 2{,}5\ \text{m} \cdot 5\ \text{m} = 12{,}5\ \text{m}^2$

Nun können wir die Fläche einer einzigen Fliese berechnen:

$A_{Fliese} = 0{,}5\ \text{m} \cdot 0{,}5\ \text{m} = 0{,}25\ \text{m}^2$

Sie benötigen für die Wand also 12,50 m² : 0,25 m² = 50 Fliesen.

Die Raute

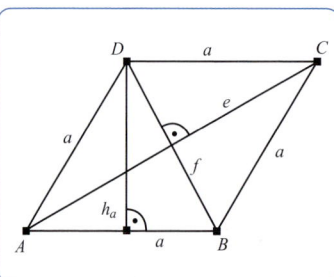

Die Raute wird auch Rhombus genannt. Wir wollen hier aber der Übersicht halber beim Begriff Raute bleiben. Diese Figur ist eng mit dem Quadrat verwandt, besitzt sie doch auch vier gleich lange Seiten. Im Gegensatz zum Quadrat muss eine Raute aber keine rechten Winkel besitzen. Zwei besondere Strecken in der Raute sind die Diagonalen *e* und *f*. Sie halbieren die Winkel (man nennt solche Strecken auch Winkelhalbierende) und stehen im rechten Winkel aufeinander. Für die Berechnung der Fläche einer Raute benötigt man auch wieder die Höhe. Sie wird genau wie in einem Dreieck konstruiert.

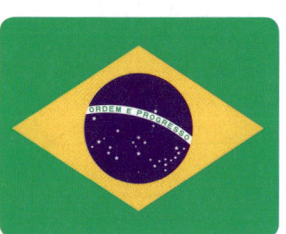

Die brasilianische Flagge enthält eine Raute.

Auch die bayerische Flagge besteht aus Rauten.

> Den Umfang U und die Fläche A einer Raute kann man so berechnen:
>
> $U = 4 \cdot a$
>
> $A = a \cdot h_a = \dfrac{e \cdot f}{2}$

Die Formel zur Berechnung der Fläche ergibt sich folgendermaßen: Teilen Sie die Raute in zwei Dreiecke auf, in eines mit den Eckpunkten A, C und D und in ein weiteres mit den Eckpunkten A, C und B. Die Flächen der beiden Dreiecke sind gleich: $A = \dfrac{1}{4} \cdot e \cdot f$. In unserem Fall ist e die Grundfläche und $\dfrac{1}{2} \cdot f$ die Höhe. Die Raute beinhaltet aber zwei solcher Dreiecke. Daher müssen wir zum Abschluss die Dreiecksfläche noch verdoppeln.

Das Parallelogramm

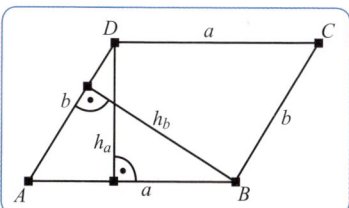

Jetzt verändern wir ein wenig die Längen zweier Seiten, sodass nur die jeweils gegenüberliegenden Seiten die gleiche Länge aufweisen. Schon erhalten wir ein ganz neues Viereck, nämlich ein Parallelogramm. Auch hier benötigen wir wieder zur Berechnung der Fläche die Höhen.

> Im Parallelogramm berechnen sich Umfang U und Fläche A folgendermaßen:
>
> $U = 2 \cdot a + 2 \cdot b = 2 \cdot (a + b)$
>
> $A = a \cdot h_a = b \cdot h_b$

Zwei sich kreuzende Schienenstränge bilden ein Parallelogramm.

Parallelogramme findet man im Alltag an verschiedenen Stellen. Kreuzen sich beispielsweise zwei Paare von Straßenbahnschienen, erhält man an ihrem Kreuzungspunkt ein Parallelogramm. Auch bei einigen Waagen (z. B. Briefwaagen) finden wir Parallelogramme.

Das Drachenviereck

Im symmetrischen Drachenviereck (und das wollen wir uns zunächst zu Gemüte führen) sind die jeweils benachbarten Seiten gleich lang. Die beiden Diagonalen stehen in dieser Figur wieder senkrecht aufeinander. Drachenvierecke stellen für die meisten von uns keine Unbekannten dar, da wir sie in unserer Kindheit wahrscheinlich alle als Flugobjekt verwendet haben.

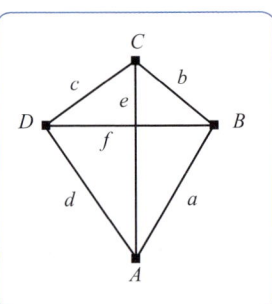

Umfang U und Fläche A des Drachenvierecks berechnen Sie mithilfe dieser Formeln:

$U = 2 \cdot (a + b)$

$A = \dfrac{e \cdot f}{2}$

Die Berechnung der Fläche läuft hier – Sie haben es sicherlich schon bemerkt – genauso ab wie bei der Raute.

Einen Drachen basteln

Sie finden im Keller zwei Holzstäbe mit einer Länge von 30 und 50 Zentimetern und möchten daraus für Ihre Tochter einen schönen Drachen bauen. Sie binden die beiden Stäbe kreuzweise so zusammen, dass das obere Stück des senkrechten Stabs 15 Zentimeter misst und gleichzeitig den waagerechten Stab genau in der Mitte teilt. Um die Ecken der Stäbe möchten Sie eine Schnur spannen, bekleben möchten Sie den Drachen mit Pergamentpapier. Wie lang muss die Schnur sein und wie viel Papier benötigen Sie (dabei lassen wir einmal außer Acht, dass das Papier größer sein muss als der Drachen)?

Ein buntes Herbstvergnügen: Drachen steigen lassen

Die Skizze weist hier den Weg zum Ziel:

Die Fläche lässt sich nun ganz einfach aus

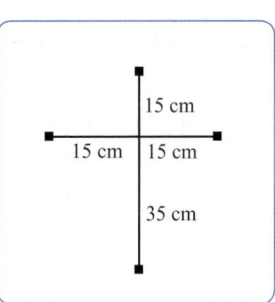

$$A = \frac{e \cdot f}{2} = \frac{30 \text{ cm} \cdot 50 \text{ cm}}{2} = 750 \text{ cm}^2 \text{ berechnen.}$$

Um den Umfang zu ermitteln, brauchen wir zunächst die Länge der Seiten. Die ergeben sich aus zweimaliger Anwendung des Satzes von Pythagoras.

$$a = \sqrt{35^2 \text{ cm}^2 + 15^2 \text{ cm}^2} = 38,1 \text{ cm}$$
$$b = \sqrt{15^2 \text{ cm}^2 + 15^2 \text{ cm}^2} = 21,2 \text{ cm}$$

Nun ist es auch nicht mehr schwer, den Umfang zu berechnen:

$$U = 2 \cdot (38,1 \text{ cm} + 21,2 \text{ cm}) = 118,6 \text{ cm}$$

Das Trapez

Vielen dürfte das Trapez aus dem Zirkus bzw. der Sporthalle ein Begriff sein, doch auch der Mathematiker arbeitet sich an einem solchen Ding ab. In der Mathematik bezeichnet man ein Viereck mit zwei parallelen Seiten als Trapez. Mehr ist bei dieser Figur nicht festgelegt. Ein durchschnittliches Trapez hat aber ein Aussehen wie auf unserer Skizze.

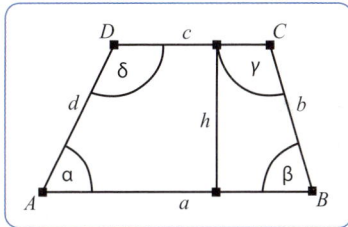

Im Trapez gibt es eine interessante Winkelbeziehung, die bisweilen bei der Konstruktion oder Berechnung einer solchen Figur behilflich sein kann:

$$\alpha + \delta = \beta + \gamma = 180°$$

Umfang U und Fläche A berechnen sich aus:

$$U = a + b + c + d$$
$$A = \frac{a + c}{2} \cdot h$$

Trapeze, wohin man schaut

Auch mit Trapezen haben wir es in unserem normalen Leben hin und wieder zu tun. Abgesehen von dem Turngerät, das seinen Namen wegen der Form trägt, finden wir sie beispielsweise, wenn es um das perspektivische Zeichnen geht. Ein Fußballplatz, perspektivisch korrekt gezeichnet, gleicht einem Trapez. Auch in der Spiegelreflexkamera verbirgt sich ein wichtiges Bauteil mit trapezförmiger Fläche, das Umkehrprisma. Es dient dazu, das Bild, das durch die Linsen im Objektiv auf den Kopf gestellt wurde, für den Betrachter im Sucher wieder auf die Füße zu stellen.

Spielfeld im Olympiastadion Berlin

Das allgemeine Viereck

Auf den letzten Seiten konnten Sie schon ahnen, wie vielschichtig sich ein vermeintlich einfaches Ding wie ein Viereck in der Mathematik darstellen kann. Als krönenden Abschluss beschäftigen wir uns nun mit dem allgemeinen Viereck, das außer seinen vier Ecken keine Regelmäßigkeiten mehr aufweist.

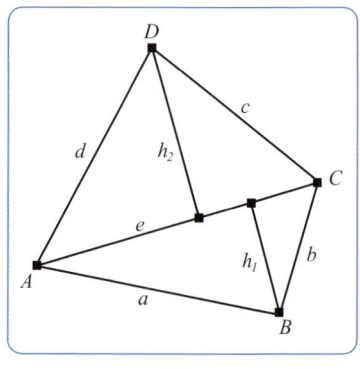

Es ist nicht immer ganz einfach, die Berechnungen an einem beliebigen Viereck vorzunehmen. Zu diesem Zweck muss man es auf jeden Fall in zwei Dreiecke unterteilen. Sie werden konstruiert, indem man die Diagonale e einzeichnet. Außerdem sind die Höhen der beiden nun entstandenen Dreiecke – hier mit h_1 und h_2 bezeichnet – zu bilden.

Jetzt gilt für die Berechnung des Umfangs U und der Fläche A:

$$U = a + b + c + d$$

$$A = \frac{(h_1 + h_2) \cdot e}{2}$$

Die Formel zur Berechnung der Fläche ergibt sich auch hier wieder aus der Berechnung zweier Dreiecke.

Achtung: Auch wenn alle vier Seiten eines beliebigen Vierecks gegeben sind, kann man trotzdem noch keine Rückschlüsse auf seine Form oder seine Fläche ziehen. Es gibt unendlich viele Vierecke, die die bekannten Seitenlängen aufweisen!

Der Kreis

Geometrische Figuren mit drei und vier Ecken
sind nun bekannt, jetzt wollen wir die Anzahl der
Ecken ins Unendliche steigern und erhalten dann
einen Kreis. Mathematisch korrekt ausgedrückt
ist die Menge aller Punkte einer Ebene, die von
einem Mittelpunkt M denselben Abstand haben,
die Kreislinie oder auch der Kreis. Den Abstand
bezeichnet man als Radius r, der doppelte Radius
heißt Durchmesser und wird mit dem Buchstaben
d bezeichnet.

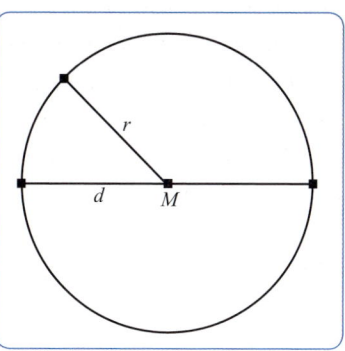

*Ein Kreis mit hohem Freizeitwert: das
Riesenrad.*

Man kann einen Kreis auch als regelmäßiges
n-Eck mit unendlich vielen Ecken betrachten. Dabei
bezeichnet n die Anzahl der Ecken. Diese Sicht-
weise ist nicht nur reine Spielerei, sondern erlangt
weiter unten, wenn es um die Kreiszahl π geht,
noch Bedeutung.

Zuvor wollen wir uns aber noch einigen wichtigen Formeln im Zusammenhang mit dem Kreis
zuwenden.

Ein Kreis besitzt als Innenwinkel den Vollwinkel von 360 Grad.
Der Umfang U und die Fläche A eines Kreises berechnen sich so:
$U = 2 \cdot \pi \cdot r$
$A = \pi \cdot r^2$

Dabei ist π die sogenannte Kreiszahl. Es handelt sich hierbei um eine irrationale Zahl,
die man nicht als Bruch darstellen kann. Sie besitzt unendlich viele Nachkommastellen,
die sich jedoch niemals periodisch wiederholen. Man kann π demnach nur näherungsweise bestimmen. $\pi \approx 3,14159265 \ldots$

Ermittlung der Zahl π

Archimedes

π ist zweifellos eine extrem nützliche, aber auch sehr seltsame Zahl. Da darf man sich schon einmal fragen, wie man überhaupt darauf gekommen ist. Der griechische Gelehrte Archimedes hat sich bereits im 3. Jahrhundert v. Chr. mit Kreisen beschäftigt. Seine Faszination für diese Gebilde soll sogar so weit gegangen sein, dass er nach der Eroberung seiner Heimatstadt Syrakus durch die Römer einen römischen Soldaten, der ihn gerade festnehmen wollte, anherrschte: „Störe meine Kreise nicht!" Allerdings teilte der Soldat Archimedes' Begeisterung für die Mathematik offenbar nicht – und so erschlug er wutentbrannt den greisen Gelehrten. Heutzutage ist die Beschäftigung mit dieser Wissenschaft übrigens deutlich ungefährlicher, legen Sie das Buch also nicht weg!

Archimedes nahm zur Konstruktion von π, um wieder auf den Kern der Sache zurückzukommen, einen Kreis mit dem Radius 1 (die Einheit ist hier unerheblich) und konstruierte ein Quadrat, das dem Kreis genau einbeschrieben war. Der Kreis wurde außerdem von einem zweiten Quadrat umschrieben.

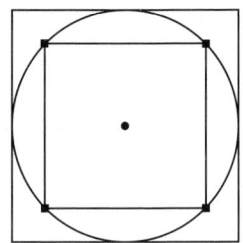

In einem nächsten Schritt verdoppelte er die Anzahl der Ecken der Quadrate und erhielt so jeweils ein regelmäßiges Achteck innerhalb wie auch außerhalb des Kreises. Die Figur, die so entstand, können Sie an nebenstehender Skizze ablesen.

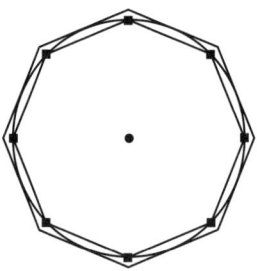

Auch damit gab sich der Grieche nicht zufrieden und er verdoppelte die Eckenzahl immer weiter auf 16, 32, 64 … So näherte er die n-Ecken immer mehr dem Aussehen eines Kreises an, und auch ihre Fläche kam der des Kreises nahe. Gleichzeitig berechnete er – bisweilen in mühevoller Kleinarbeit – die Flächen der Vielecke. Der resultierende

Wert nähert sich mit zunehmender Eckenzahl – wie Sie der folgenden Tabelle entnehmen können – immer mehr der Zahl π an:

Anzahl Ecken	Fläche		Anzahl Ecken	Fläche
4	2		256	3,141277
8	2,828427		512	3,141513
16	3,061467		1024	3,141572
32	3,121445		2048	3,141587
64	3,136548		4096	3,141591
128	3,140331		8192	3,141592

Eine erstaunliche Kreisberechnung

Folgende Aufgabe findet sich gern in den diversen PISA-Tests. Sie ist also bereits so etwas wie ein Klassiker: Man stelle sich vor, dass um den Äquator ein Seil gespannt wird (wir gehen aus Gründen der besseren Übersichtlichkeit von einer Länge von 40.000 Kilometern für den Äquatorumfang aus), das einen Meter länger ist als der Äquatorumfang. Durch eine spezielle Vorrichtung wird dieses Seil überall auf gleichem Abstand vom Erdboden gehalten. Ist der Abstand nun groß genug, um ein Buch hindurchschieben zu können?

An einem Globus kann man sich den Äquatorumfang gut vorstellen.

Zunächst einmal berechnen wir den Radius des Kreises, den der Äquator bildet. Dazu ziehen wir folgende Formel zur Kreisberechnung heran:

$$r = \frac{U}{2\,\pi}$$

Setzen wir nun den uns bekannten Wert für U ein und nennen den tatsächlichen Radius der Erde r_1:

$$r_1 = \frac{40.000 \text{ km}}{2\,\pi} = 6.366{,}187723 \text{ km}$$

Nun wollen wir das Seil um einen Meter verlängern. Wir erhalten dann einen neuen Radius r_2.

$$r_2 = \frac{40.000,001 \text{ km}}{2\,\pi} = 6.366,197882 \text{ km}$$

Die beiden Radien unterscheiden sich um 0,000159 Kilometer oder 15,9 Zentimeter voneinander – genug Platz für ein durchschnittliches Buch also und ein für viele Menschen erstaunliches Ergebnis dieser Aufgabe.

Kreissektoren

Nun gibt es in unserem Leben natürlich nicht nur perfekte Vollkreise, bisweilen haben wir es auch mit Ausschnitten von Kreisen zu tun – man denke bloß an Tortenstücke, die ja äußerst schmackhafte Kreisausschnitte darstellen. In der Geometrie ist jedoch nicht die Rede von Tortenstücken, sondern von Kreissektoren.

Ein solcher Sektor wird durch eine Reihe unterschiedlicher Größen charakterisiert. Wichtig ist natürlich wiederum der Radius des Kreises. Die Fläche des Kreissektors hängt ganz entscheidend von der Größe des Mittelpunktswinkels ε ab. Schließlich bezeichnet man den Rand des Kreissektors als Kreisbogen. Ihm ist der Buchstabe b zugeordnet.

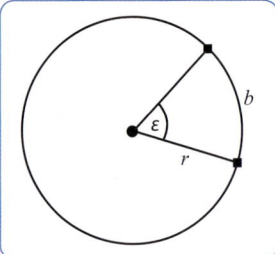

Nun lassen sich auch die Fläche A_{Sk} des Kreissektors sowie die Länge des Kreisbogens b berechnen:

$$b = 2 \cdot \pi \cdot r \cdot \frac{\varepsilon}{360°} = \frac{\pi \cdot r \cdot \varepsilon}{180°}$$

$$A_{Sk} = \pi \cdot r^2 \cdot \frac{\varepsilon}{360°}$$

Anjas Kreissektoren

Anja hat eine Spielzeugmühle mit einem Durchmesser von 10 Zentimetern gebastelt. Sie sieht so aus:

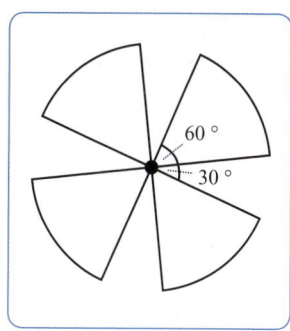

Nun möchte sie die Flügel mit Silberfolie bekleben. Wie viel Folie benötigt sie dafür?

Gesucht wird nun die Fläche eines Kreissektors. Da wir es mit vier gleich großen Sektoren zu tun haben, reicht es, die Fläche eines Sektors zu berechnen und das Ergebnis dann mit 4 zu multiplizieren.

Es gilt also:

$$A_{Sk} = \pi \cdot 5^2 \text{ cm}^2 \cdot \frac{60°}{360°} = \pi \cdot 25 \text{ cm}^2 \cdot \frac{1}{6} = 13{,}09 \text{ cm}^2$$

Die Fläche eines Segments beträgt also (gerundet) 13,09 cm², demnach hat die ganze Spielzeugmühle eine Fläche von 52,36 cm².

Anja benötigt also 52,36 cm² Silberfolie, um ihre Spielzeugmühle (von einer Seite) zu bekleben.

Nicht alle Mühlenflügel haben die Form von Kreissektoren.

Kreisgleichungen

Dass es in der Mathematik nicht nur eine Geometrie gibt, haben wir weiter vorne schon erwähnt. An dieser Stelle wollen wir nun einen kleinen Ausflug in die sogenannte analytische Geometrie unternehmen. Das Besondere hierbei ist, dass sie Hilfsmittel aus der Algebra verwendet, um geometrische Probleme zu lösen. In ihr lassen sich also (häufig, aber nicht immer) geometrische Probleme rein rechnerisch lösen.

Das Koordinatensystem

Eines der wichtigsten Hilfsmittel in der analy-
tischen Geometrie ist das Koordinatensystem. Sie
können es in gewisser Weise mit dem Raster, das
eine Landkarte in Planquadrate unterteilt, vergleichen. Ein zweidimensionales Koordinatensystem
(mit höherdimensionalen Systemen beschäftigen
wir uns zunächst nicht) verfügt über eine waage-
rechte Achse (meist x-Achse genannt) und eine
senkrechte Achse (entsprechend als y-Achse
bezeichnet). Den Schnittpunkt der beiden Achsen nennt man auch Ursprung. Jeder Punkt inner-

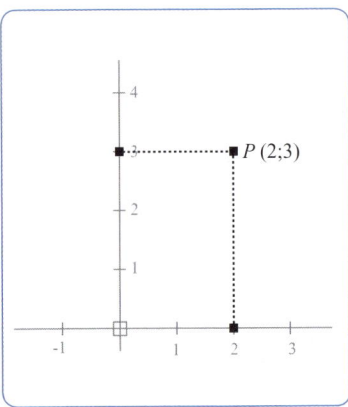

halb dieses Koordinatensystems ist nun exakt über zwei Koordinaten, den Wert auf
der x- und den Wert auf der y-Achse, definiert. Der Punkt $P(2;3)$ befindet sich also am
Schnittpunkt einer Geraden, die im Abstand 2 parallel zur y-Achse verläuft, mit einer
zweiten Geraden, die im Abstand 3 eine Parallele zur x-Achse bildet.
Mit solchen Punkten und Koordinaten lässt sich nun eine ganze Menge anstellen.

Der Kreis im Koordinatensystem

Natürlich lassen sich nicht nur einzelne Punkte in einem Koordinatensystem darstel-

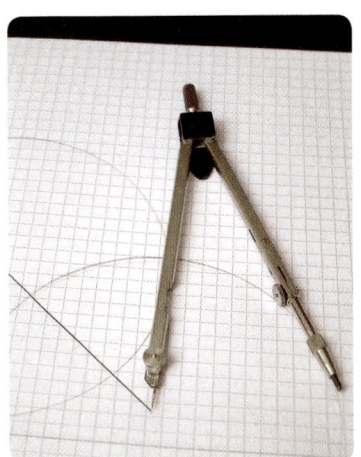

len (auch wenn das auf den Mathematiker bereits
einen gewissen Reiz ausübt), sondern auch ganze
geometrische Figuren, wie beispielsweise Kreise.
Um einen solchen Kreis ganz exakt zu bestimmen,
sind zwei Angaben nötig: die Lage seines Mittelpunkts und sein Radius. Der Mittelpunkt legt die
exakte Position des Kreises innerhalb des Koordinatensystems fest und der Radius beschreibt seine
Größe. Hier gilt es, zwei grundsätzliche Fälle zu
unterscheiden:

*Der Zirkel – das beste Hilfsmittel, um exakte Kreise zu
zeichnen.*

1. Der Mittelpunkt des Kreises liegt im Ursprung

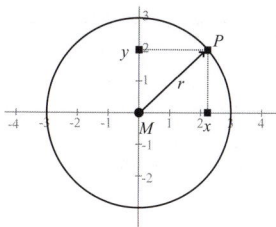

An und mit diesem Kreis lassen sich bestimmte Berechnungen anstellen. So kann man aus der Lage des Punktes P mit den Koordinaten $(x;y)$ den Radius des Kreises bestimmen und weiß dann alles, um die Figur konstruieren zu können. Das funktioniert ganz einfach, indem man den Satz des Pythagoras zu Hilfe nimmt.

> Die Kreisgleichung für einen Kreis, der sich im Ursprung eines Koordinatensystems befindet, lautet:
>
> $r^2 = x^2 + y^2$

2. Der Mittelpunkt des Kreises liegt in einer beliebigen Stelle und wird durch die Koordinaten a und b bestimmt

Natürlich tun uns Kreise nicht immer den Gefallen, einen Mittelpunkt im Ursprung des Koordinatensystems zu haben; sie siedeln sich für gewöhnlich dort an, wo es ihnen (oder demjenigen, der sich mathematische Probleme ausdenkt) gefällt. Das ist kein Grund zur Verzweiflung, denn auch hier gibt es eine Gleichung, mit der Sie dem Kreis zu Leibe rücken können. Doch zunächst zur Veranschaulichung eine kleine Skizze:

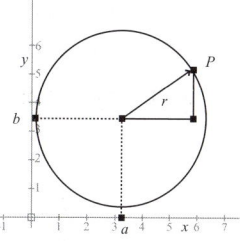

Auch hier erkennt unser mittlerweile geschulter Blick sofort wieder ein rechtwinkliges Dreieck (Sie merken bereits jetzt, wie praktisch ein solches rechtwinkliges Dreieck sein kann). Also wird auch bei dieser Berechnung der Satz des Pythagoras eine Rolle spielen. Die Länge der beiden Katheten berechnet sich aus $x - a$ bzw. $y - b$.

> Die Kreisgleichung für einen Kreis, der sich an einer beliebigen Stelle eines Koordinatensystems befindet, lautet also:
>
> $r^2 = (x - a)^2 + (y - b)^2$

Die Ellipse

Wenn Sie in Ihrem Bekanntenkreis um die Definition einer Ellipse bitten (als Party-gag ist diese Frage jedoch nicht unbedingt geeignet), wird man Ihnen wohl häufig zur Antwort geben: „Das ist doch so ein Ei. So etwas wie ein Football." So anschaulich die Antworten auch sind, in der Mathematik könnte man sie so nicht durchgehen lassen.

Eier in verschiedenen Formen und Größen, aber keine Ellipse.

Auch der Football ist nicht perfekt.

Die mathematisch korrekte Definition einer Ellipse liest sich da ein wenig komplizierter:

> Man nennt die Menge aller Punkte in einer Ebene, für die die Summe der Entfernungen von zwei festen Punkten F_1 und F_2 konstant ist, Ellipse.

In einer Ellipse nennt man die Entfernungen r_1 und r_2 Brennstrahlen; e bezeichnet die Brennweite. Der Abstand zwischen den Punkten F_1 und F_2 beträgt $2 \cdot e$. Außerdem gelten folgende Beziehungen:

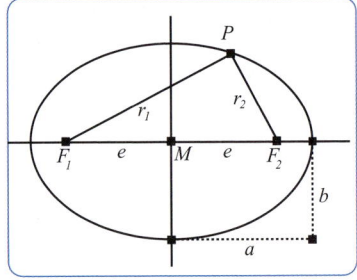

> $r_1 + r_2 = 2 \cdot a$
> $a^2 - b^2 = e^2$

„Wie bitte?", werden Sie nun wahrscheinlich denken, aber ein kleines Beispiel aus der Praxis kann hier Licht ins Dunkel bringen.

Die Gärtnerkonstruktion der Ellipse

Stellen wir uns einmal vor, Sie seien ein Gärtner und von ihrem Arbeitgeber mit der Aufgabe betraut, ein ellipsenförmiges Blumenbeet anzulegen (ja genau, der alte Herr ist ein wenig kauzig). Wie stellen Sie das am besten an? Hierzu gibt es eine ganz einfache Methode, die Ihnen mühelos das Lob des alten Herrn einbringen wird.

Sie rammen zwei Pflöcke in den Boden, die jeweils die Punkte F_1 und F_2 repräsentieren. Nun spannen Sie zwischen die Pflöcke ein Seil mit der Länge $2 \cdot a$. Mit einem dritten Pflock straffen Sie nun das Seil und führen es im Bogen um die Pflöcke – und siehe da, Sie erhalten eine wunderschöne Ellipse.

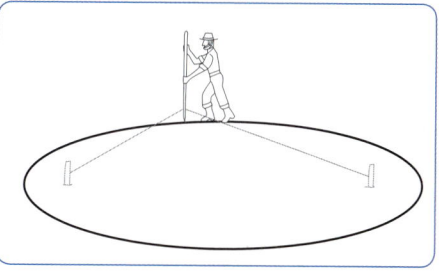

An diesem Beispiel wird nun auch klar, was mit der „konstanten Summe der Entfernungen", wie die Definition es fordert, gemeint ist. Die Gesamtlänge des Seils, das zwischen die beiden Pflöcke gespannt ist, ändert sich ja nicht. Lediglich die Aufteilung dieser Länge ist veränderlich. Je länger das eine Stück wird, desto kürzer wird das andere und umgekehrt.

Fläche und Umfang der Ellipse

Bei der Berechnung von Fläche und Umfang einer Ellipse gibt es eine weitere Überraschung. Während sich die Fläche A noch recht ordentlich bestimmen lässt, ist für den Umfang U mit elementaren mathematischen Methoden nur eine Näherung möglich.

$$A = \pi \cdot a \cdot b$$
$$U \approx \pi \left(1,5 \cdot (a + b) - \sqrt{a \cdot b} \right)$$

Ein Tisch für das Besprechungszimmer

Repräsentative Bürobauten benötigen repräsentatives Mobiliar. Das gilt ganz besonders für die Besprechungsräume, in denen Geschäftspartner empfangen werden. Zeitlos elegant sind da ellipsenförmige Tische. Herr Müller jun. will sich für seinen neuen Besprechungsraum einen ellipsenförmigen Tisch mit einer maximalen Länge von 8 Metern und einer maximalen Breite von 5 Metern anfertigen lassen. Der Hersteller hat in seiner Preisliste nur Quadratmeterpreise für verschiedene Materialien angegeben. Da hilft nichts, Herr Müller muss Stift und Zettel zücken und die Fläche seines künftigen Tischs berechnen, um vielleicht beim Material ein Schnäppchen machen zu können.

$$A = \pi \cdot a \cdot b$$
$$\Leftrightarrow A = \pi \cdot 4 \text{ m} \cdot 2{,}5 \text{ m} = \pi \cdot 10 \text{ m}^2 = 31{,}42 \text{ m}^2$$

Der stattliche Tisch hat also mit seinen 31,42 Quadratmetern auch eine stattliche Größe.

Polygone

Weder die Natur noch die Geometrie tun uns den Gefallen, mit den bereits vorgestellten Figuren zufrieden zu sein. Daher soll es nun um Gebilde gehen, die mehr als vier Ecken aufweisen und weder Kreise noch Ellipsen sind. Solche Figuren werden auch als Polygone bezeichnet. Der Begriff setzt sich aus den griechischen Bestandteilen *polys* = *viel* und *gonia* = *Winkel* zusammen. Die mathematisch korrekte Definition eines Polygons sieht so aus:

Polygone in vielen Varianten

> Jede geschlossene Figur, die durch Verbindung von *n* Punkten entsteht, nennt man Polygon.

Dabei ist *n* eine beliebige natürliche Zahl. Sie sehen schon, streng genommen sind also auch Dreiecke und Vierecke nichts weiter als normale Polygone. Da für sie aber spezielle Regeln gelten, betrachtet man sie gerne gesondert.

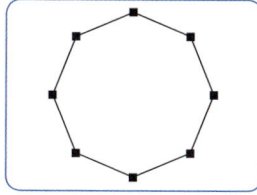

regelmäßiges n-Eck

Sind alle Seiten eines Polygons gleich lang, spricht man von einem regelmäßigen *n*-Eck, ist dies nicht der Fall, hat man es entsprechend mit einem unregelmäßigen *n*-Eck zu tun.

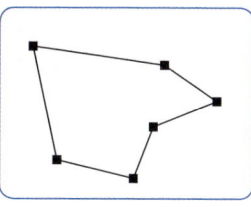

unregelmäßiges n-Eck

Mit Polygonen lassen sich grundsätzlich zwei verschiedene Dinge anstellen: Man kann sie konstruieren und man kann sie berechnen.

Polygone konstruieren

Zur Konstruktion unregelmäßiger *n*-Ecke lässt sich nicht viel sagen. Eine allgemeine Beschreibung hierzu gibt es nicht, da Form und Größe von der Lage der einzelnen Eckpunkte abhängen und bei jeder neuen Figur anders aussehen können.

Das Pentagon ist wohl das bekannteste Fünfeck.

Bei der Konstruktion regelmäßiger *n*-Ecke helfen uns einige Regeln entscheidend weiter (und bisweilen auch ein wenig Geduld – je nachdem, wie viele Ecken Ihr Polygon haben soll).

Ganz wichtig für die spätere Konstruktion ist folgender Satz:

> Alle *n* Ecken eines regelmäßigen *n*-Ecks liegen auf einem Kreis, dem Umkreis der Figur.

Die folgende Skizze zeigt Ihnen diesen
Sachverhalt noch einmal:

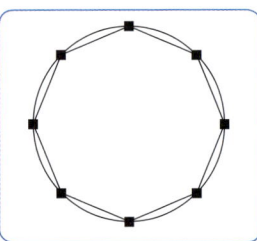

Nun gelten noch weitere Sätze:

> Alle *n* Seiten (mit der Bezeichnung *s*) sind gleich lang.
> Alle *n* Mittelpunktswinkel (mit der Bezeichnung α) sind gleich groß. Es gilt:
> $$\alpha = \frac{360°}{n}$$

Regelmäßige Sechsecke konstruieren

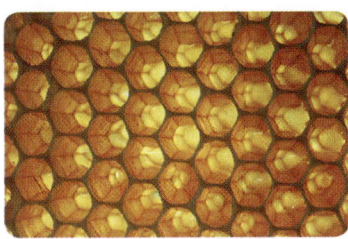

Bienenwaben – eine Fülle von
Sechsecken!

Bienenwaben bestehen aus einer Vielzahl regelmäßiger Sechsecke. Nehmen wir nun einmal an, Sie wollten ein Modell einer Bienenwabe zeichnen und benötigten dafür eine Schablone eines regelmäßigen Sechsecks. Wir wollen Ihnen nun Schritt für Schritt zeigen, wie Sie mithilfe der eben erwähnten Sätze eine solche Figur konstruieren können.

Zunächst benötigen Sie natürlich einen Kreis. Da es sich um ein Sechseck handeln soll, berechnet sich der Mittelpunktswinkel so:

$$\alpha = \frac{360°}{6} = 60°$$

Sie können nun also auch diesen ersten
Winkel in Ihren Kreis einzeichnen.

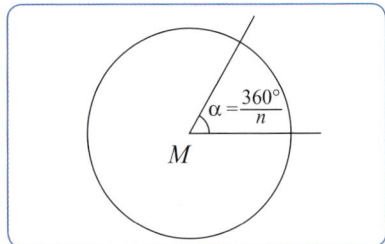

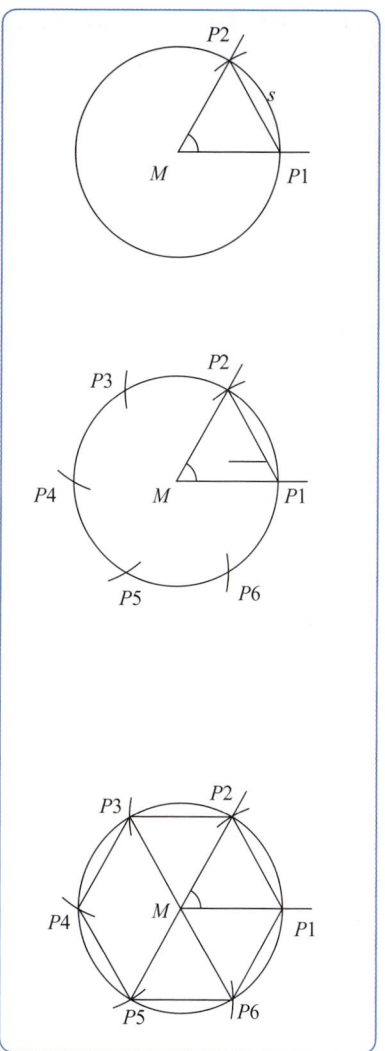

Wenn Sie nun die beiden Schnittpunkte der Schenkel mit dem Kreis verbinden, haben Sie schon die erste Seite Ihres Sechsecks.

Gehen Sie nun von Punkt *P2* aus und ziehen Sie mit dem Zirkel einen Kreis mit dem Radius *s*. Dort, wo der Kreis den Umkreis des Sechsecks schneidet, befindet sich der nächste Punkt *P3*. Es bietet sich übrigens an, nur den Kreisabschnitt wirklich zu zeichnen, der den Schnittpunkt bestimmt. Ansonsten könnte die Konstruktion ein wenig unübersichtlich werden. Punkt *P3* ist dann der neue Kreismittelpunkt. Auf diese Weise können Sie nun alle verbleibenden Punkte einzeichnen.

Als letzten Schritt müssen Sie nun nur noch die einzelnen Punkte miteinander verbinden. Fertig ist ein wunderschönes regelmäßiges Sechseck.

Nun können Sie die Schablone ausschneiden und nach Herzenslust Bienenwaben zeichnen.

Nach diesem Prinzip können Sie nun auch jedes beliebige andere *n*-Eck konstruieren.

Polygone berechnen

Die Berechnung der Fläche von Polygonen ist nicht immer ganz unproblematisch. Grundsätzlich muss man versuchen, diese bisweilen sehr komplexen Figuren wieder in Drei- oder Vierecke zu zerlegen, um dann deren Flächen nach den bekannten Regeln zu berechnen. Doch auch das gestaltet sich nicht immer so einfach, da es bisweilen recht kompliziert sein kann, alle nötigen Werte (wie z. B. die Höhen) zu erhalten.

Noch mehr Eigenschaften
Es gibt noch ein paar weitere Beziehungen, die bei der Arbeit mit Polygonen nützlich sein können.

> Die Anzahl der Diagonalen beträgt in einem n-Eck:
>
> $$\frac{n \cdot (n - 3)}{2}$$

Das kann man sich recht einfach vor Augen führen. Jede Ecke kann mit jeder anderen Ecke durch eine Diagonale verbunden werden. Dabei gibt es aber drei Ausnahmen. Nämlich die Ecke selber und ihre beiden Nachbarn. So kommt der Term $n - 3$ zustande. Da diese Gesetzmäßigkeit für jede Ecke des n-Ecks gilt, erhalten wir $n \cdot (n - 3)$. Das Ganze muss nun noch durch 2 geteilt werden, da eine Diagonale ja zwei Punkte miteinander verbindet.

Eine weitere Gesetzmäßigkeit beschäftigt sich mit den Innenwinkeln. Wir haben in die folgende Skizze einmal einen Innenwinkel eingezeichnet.

> Die Summe der Innenwinkel in einem n-Eck beträgt $(n - 2) \cdot 180°$.

So ergibt sich beispielsweise bei einem Fünfeck eine Summe von 540 Grad, bei einem Zehneck sind es bereits 1440 Grad.

Symmetrie und Kongruenz

In der Mathematik ist es (manchmal) genauso wie im richtigen Leben. So gibt es beispielsweise geometrische Figuren oder Körper, die uns sympathischer sind als andere. Zu den sympathischeren zählen zumeist symmetrische Figuren, also solche, die über zwei gleiche Hälften verfügen.

Das Ludwigsburger Schloss als symmetrische Meisterleistung.

Man bezeichnet die Linie, die wir in die Abbildung eingezeichnet haben und die das Gebäude in die beiden gleichen Hälften teilt, als Symmetrieachse.
Da diese Definition aber ganz und gar nicht mathematisch ist, wollen wir versuchen, die ganze Angelegenheit ein wenig exakter zu fassen.

Vor allem muss die Symmetrieachse nicht notwendigerweise ein Objekt in zwei Hälften teilen, sie funktioniert auch im Zusammenhang mit zwei Objekten.

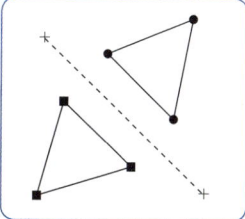

Nun kann man – mathematisch immer noch nicht ganz exakt – sagen:

> Man bezeichnet das Verhältnis zwischen zwei oder mehreren Objekten, die als Teil eines Ganzen betrachtet werden, weil sie sich „wie ein Ei dem anderen" gleichen, als Symmetrie.

Weihnachtsbäume basteln

In der Praxis lassen sich einige Dinge wesentlich erleichtern, wenn man um die Symmetrie und ihre Eigenschaften weiß. Das Herstellen schöner Papierweihnachtsbäume für die Adventsdekoration etwa. Wenn man hierzu nämlich ein Blatt der Länge nach in der Mitte faltet, muss man die Äste nur noch auf einer Seite ausschneiden. Faltet man das Blatt nun wieder auseinander, hält man einen absolut symmetrischen Weihnachtsbaum in den Händen.

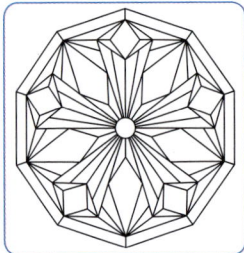

Auch Mandalas beruhen auf dem Prinzip der Symmetrie. Man sagt diesen kunstvollen Figuren eine beruhigende Wirkung nach. Hier zeigt sich also auch wieder, dass der Mensch Symmetrie durchaus zu schätzen weiß.

Kunstvolles tibetanisches Mandala

Kongruenz

„Zwei gleiche Hälften", „wie ein Ei dem anderen gleichen" – das sind zwar sehr anschauliche Umschreibungen, mit Mathematik haben diese Aussagen aber nichts zu tun. Um die Sache nun endgültig wasserdicht zu machen, wollen wir einen neuen Begriff einführen, die Kongruenz.

> Geometrische Figuren heißen dann kongruent, wenn sie in Form und Größe völlig übereinstimmen und sich nur durch ihre Lage unterscheiden.

Wenn zwei Objekte, A und B, kongruent sind, schreibt man auch $A \cong B$.

Dem Mathematiker reicht diese Aussage allein aber noch nicht. Er möchte gerne wissen, mithilfe welcher mathematischen Operationen man zwei kongruente Figuren zur Deckung bringen kann. Solche Operationen gibt es natürlich, sie werden unter dem Namen Kongruenzabbildungen zusammengefasst. Man unterscheidet insgesamt vier Kongruenzabbildungen: Geradenspiegelung, Punktspiegelung, Verschiebung und Drehung.

Spiegelungen im Wasser …

… oder an einer Häuserfassade.

Die Geradenspiegelung

Der Hauptakteur bei einer Geradenspiegelung ist die Gerade, die auch Spiegelgerade oder Spiegelachse genannt wird. Jedem Punkt P eines Objekts wird durch sie ein Punkt P' zugeordnet. Dabei sind beide Punkte exakt gleich weit von der Spiegelgeraden entfernt und die Verbindungsstrecke $\overline{PP'}$ schneidet die Gerade im rechten Winkel.

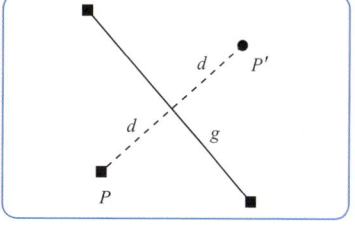

Geradenspiegelung an der Geraden g

Auf diese Weise lassen sich nun alle Punkte des Originals an der Geraden spiegeln und man erhält ein gespiegeltes Objekt (in der Praxis wird man sich natürlich mit den markantesten Punkten – etwa den Eckpunkten eines Dreiecks – begnügen und diese dann miteinander verbinden). Dabei ist es wichtig, dass sich der Umlaufsinn des Objekts ändert (s. Grafik – im ursprünglichen Dreieck läuft die Bezeichnung gegen den Uhrzeigersinn, im gespiegelten Objekt mit ihm). Man spricht in diesem Fall von gegensinnig kongruenten Objekten. Die Geradenspiegelung ist übrigens die einzige gegensinnige Kongruenzabbildung.

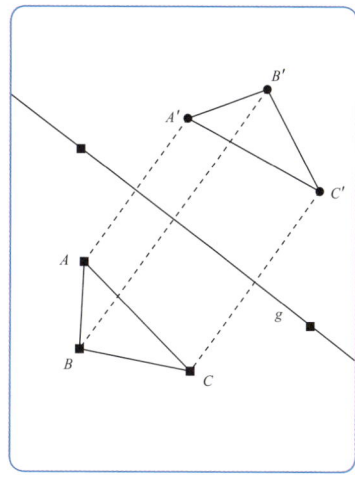

Die Punktspiegelung

Bei der Punktspiegelung findet die Spiegelung nicht an einer Geraden, sondern in einem einzigen Punkt Z statt. Dabei wird von jedem Punkt des Objekts eine Gerade durch den Punkt Z gezogen und die Entfernung des Punktes zu Z auf der anderen Seite wieder abgetragen, sodass alle Punkte des zu spiegelnden Objekts auf jeder Seite gleich weit von Z entfernt sind.

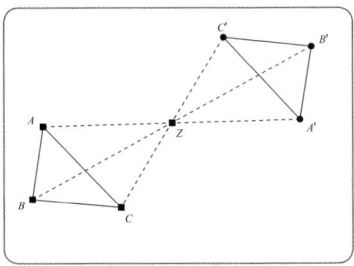

Punktspiegelung im Punkt Z

Der Umlaufsinn der Punkte bleibt bei dieser Form der Kongruenzabbildung erhalten. Es handelt sich hier also – wie auch bei allen weiteren Kongruenzabbildungen – um eine gleichsinnige Kongruenzabbildung. Die dabei entstehenden Objekte heißen entsprechend gleichsinnig kongruent.

Die Verschiebung

Bei der Verschiebung $V_{\vec{a}}$ wird jeder Punkt des zu verschiebenden Objekts exakt gleich weit in exakt die gleiche Richtung verschoben. Dabei werden Länge und Richtung der Verschiebung durch den Verschiebungsvektor $\vec{a}$ eindeutig definiert.

Unter Vektor versteht man dabei nicht ein einziges Gebilde, sondern die Menge aller gleich langen, parallelen und gleichgerichteten Pfeile, die die Ausgangspunkte eines Objekts in die Bildpunkte des verschobenen Objekts überführen. Entscheidend für die Verschiebung sind also die Vektorlänge, die man mit $|\vec{a}|$ bezeichnet und die Richtung.

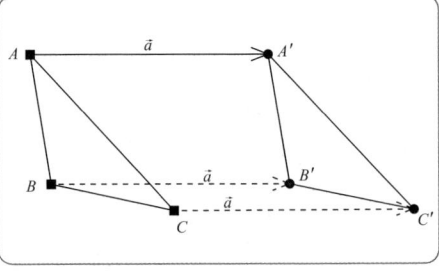

Verschiebung

Verschiebungen dürften wohl die natürlichste aller Kongruenzabbildungen sein. Schließlich vollführen wir alle sie täglich gleich dutzendfach. Vielleicht möchten Sie ja demnächst Ihre Mitmenschen zu der gelungenen Kongruenzabbildung beglückwünschen, wenn sie ihre Kaffeetasse erfolgreich von *A* nach *B* verschoben haben? Sollte Ihr Gegenüber daraufhin nach einem Arzt für Sie verlangen, wissen Sie, dass Sie es mit einem Mathematikbanausen zu tun haben.

Übrigens lässt sich jede Verschiebung auch als Folge von zwei Geradenspiegelungen darstellen.

Die Drehung

Auch eine Drehung $D_{Z;\alpha}$ wird durch zwei Parameter eindeutig bestimmt. Da ist zunächst der Drehpunkt *Z* zu nennen. Um diesen Punkt wird die Drehung vorgenommen. Der zweite Parameter wird durch den Winkel α, um den ein Objekt gedreht werden soll, bestimmt. Die Drehrichtung wird dabei vom Vorzeichen des Winkels bestimmt.

Will man ein Objekt also drehen, zeichnet man von seinen Punkten zunächst eine Verbindung zum Drehpunkt *Z*.

Dann müssen Sie den Winkel α dort abtragen und auf dem zweiten Schenkel des Winkels wiederum die Entfernung zwischen *Z* und dem Objektpunkt abtragen.

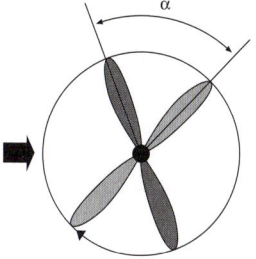

Im Alltag finden Sie Drehungen beispielsweise bei einem Kinderkarussell. Der Drehpunkt ist hier natürlich die Achse, um die das Karussell rotiert, und die Drehkörper sind die verschiedenen Fahrzeuge, auf denen sich die Kinder im Kreis bewegen. Auch bei Propellern findet man das Phänomen der Drehung, wie unsere Abbildung zeigt. Ebenso gut kann man sich anhand einer Schaukel das Prinzip der Drehung vor Augen führen.

Windräder besitzen ebenfalls einen Drehpunkt.

Kongruenzsätze für Dreiecke

Auch beim Thema Kongruenz zeigt sich wieder, dass Dreiecke ganz besondere Figuren sind – und daher gelten für sie eine Reihe spezieller Kongruenzsätze. Sie besagen:

> Zwei Dreiecke sind dann kongruent, wenn sie
> – in ihren drei Seiten übereinstimmen (kurz: SSS)
> – in zwei Seiten und dem von ihnen eingeschlossenen Winkel übereinstimmen (kurz: SWS)
> – in zwei Seiten und dem der längeren Seite gegenüberliegenden Winkel übereinstimmen (kurz: SSW)
> – in einer Seite und den beiden anliegenden Winkeln übereinstimmen (kurz: WSW).

Diese Kongruenzsätze zeigen auch, dass drei gleiche Winkel nicht ausreichen, um kongruente Dreiecke zu erhalten. Dreiecke, die in diesen Kennzeichen übereinstimmen, nennt man ähnlich. Mehr dazu erfahren Sie im folgenden Kapitel.

Ähnlichkeit

Ähnlichkeit ist ein sensationell unpräziser Begriff, wenn wir ihn im Alltag benutzen. „Die beiden Kinder sehen sich aber ähnlich!" kann ebenso gut heißen, dass sie in fast allen wesentlichen Merkmalen übereinstimmen, wie auch gemeint sein kann, dass beide abstehende Ohren haben. Was ausgedrückt werden soll, hängt ganz vom Beobachter ab. Wie kann es aber nun sein, dass ein derart verschwommener Begriff wie Ähnlichkeit dennoch seinen Platz in der Geometrie behauptet?

Ähnlichkeit bei Geschwistern

Sie ahnen die Antwort bereits: Weil die Ähnlichkeit in der Mathematik viel klarer definiert ist als in unserer Umgangssprache. Es gilt nämlich:

Zwei ebene Figuren heißen dann einander ähnlich, wenn einander entsprechende Streckenlängen im gleichen Verhältnis stehen. Das bedeutet auch, dass die einander entsprechenden Winkel gleich groß sind.

Die Ähnlichkeit ist also von der Kongruenz aus dem letzten Kapitel gar nicht so weit entfernt. In der Tat ist die Kongruenz – wenn man so will – ein Spezialfall der Ähnlichkeit, bei dem das Verhältnis entsprechender Seitenlängen stets gleich 1 ist.

Wenn wir uns das vor Augen führen, können wir nun noch einen Schritt weitergehen und die Kongruenzsätze, die wir für Dreiecke formuliert haben, zu Ähnlichkeitssätzen verallgemeinern:

Dreiecke sind einander dann ähnlich, wenn sie
– im Verhältnis aller drei einander entsprechenden Seiten übereinstimmen,
  $a : a' = b : b' = c : c'$
– im Verhältnis je zweier einander entsprechender Seiten und dem von ihnen eingeschlossenen Winkel übereinstimmen, z. B. $a : a' = b : b'$ und $\gamma = \gamma'$
– im Verhältnis von je zwei Seiten und dem Maß desjenigen Winkels, der der größeren Seite gegenüberliegt, übereinstimmen,
  $a : a' = b : b'$ und $\alpha = \alpha'$ für $b < a$
– im Maß von zwei Winkeln übereinstimmen (und damit automatisch im Maß aller drei Winkel), z. B. $\alpha = \alpha'$ und $\beta = \beta'$

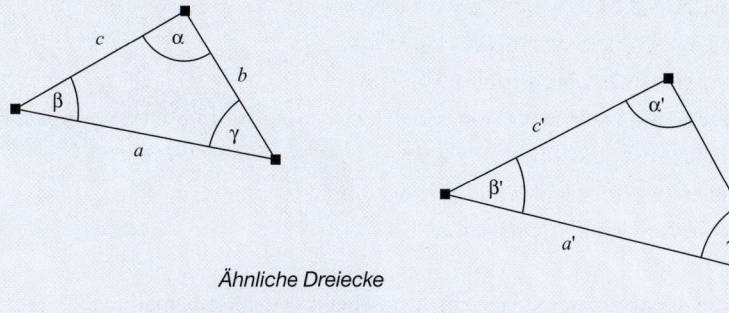

Ähnliche Dreiecke

Zentrische Streckung

Ebenso wie es bei den Kongruenzen Kongruenzabbildungen gibt, kann auch die Ähnlichkeit mit einer eigenen Abbildung, der zentrischen Streckung, aufwarten. Das Prinzip einer solchen Streckung können Sie der Skizze entnehmen.

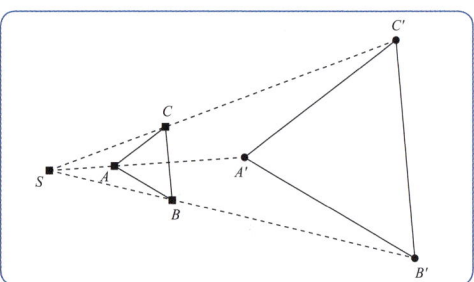

Der Mathematiker drückt diesen Sachverhalt dann in der ihm eigenen Art so aus:

> Eine zentrische Streckung $Z_{S,k}$ wird durch einen Punkt S und eine Zahl $k \neq 0$ eindeutig bestimmt. Dabei nennt man S das Streckungszentrum und k den Streckungsfaktor. Jede Länge im Original wird durch eine zentrische Streckung auf das k-Fache verändert.

k kann dabei negative und positive Werte annehmen. Ist $k = -1$, ist die zentrische Streckung eine Punktspiegelung im Streckungszentrum.

Zentrische Streckung im Alltag

In grauer Vorzeit, als es noch keine Digitalkameras gab, erfreuten sich Dias großer Beliebtheit (auch wenn sich einige Diashows bei den zum Betrachten genötigten Freunden und Bekannten nicht wirklich als der Renner erwiesen). Da es hier aber nicht um nostalgische Betrachtungen, sondern um Mathematik geht, wollen wir uns das Prinzip des „Dia-an-die-Wand-Werfens" einmal näher ansehen.

Diavorführung: zentrische Streckung im Alltag

Wir haben an der einen Seite eine starke Lampe, davor ein kleines Dia und in größerer Entfernung auf der Leinwand ein großes Bild. Zwischen Dia und Bild befindet sich eine Linse. Das Ganze sieht dann ungefähr so aus:

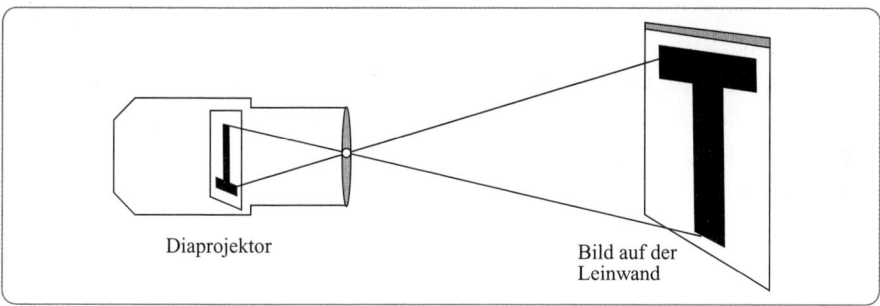

Das Streckungszentrum liegt in diesem Fall in der Linse, die das Bild dann auf den Kopf stellt (was für unsere Zwecke aber ganz unerheblich ist).

Strahlensätze

Wir bleiben an dieser Stelle noch ein wenig bei unserem Beispiel mit dem Diaprojektor. Anhand dessen lässt sich nämlich die Geometrie noch ein Stück weiter betreiben. Wir wollen uns nun nämlich einmal verschiedene Strecken ansehen und untersuchen, in welcher Beziehung sie zueinander stehen. Dazu zunächst eine Grafik, die das Beispiel von eben ein bisschen allgemeiner (und auch mathematischer) darstellt.

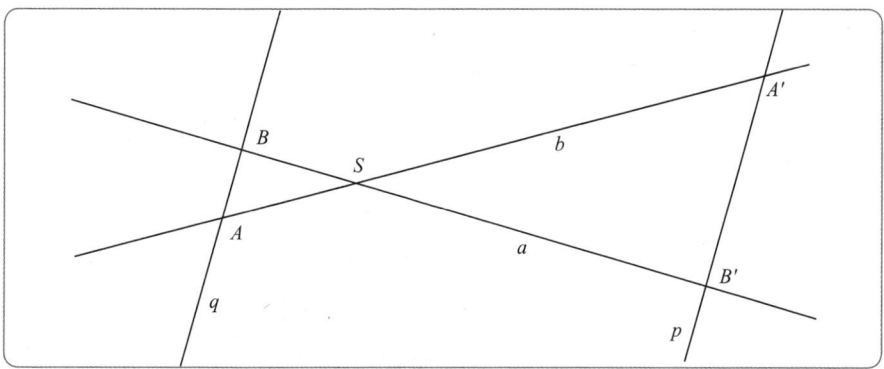

Wichtig hierbei ist, dass die sich kreuzenden Geraden a und b von zwei parallelen Geraden (hier p und q genannt) geschnitten werden. Dabei ist es unerheblich, ob sich die Geraden p und q auf derselben Seite von S befinden oder – wie hier dargestellt – links und rechts vom Schnittpunkt.

Nun lässt sich der erste Strahlensatz so formulieren:

> Werden zwei sich kreuzende Geraden von zwei parallelen Geraden geschnitten, so verhalten sich die Abschnitte auf der einen Geraden wie die Abschnitte auf der anderen.
>
> $$\frac{\overline{SA}}{\overline{SA'}} = \frac{\overline{SB}}{\overline{SB'}}$$

Wir verwenden der besseren Übersicht halber in diesem und den folgenden Beispielen meistens zwei Geraden. Die Strahlensätze funktionieren aber auch mit beliebig vielen sich kreuzenden und/oder schneidenden Geraden.

Bevor wir das Ganze mit einem Beispiel üben wollen, folgt hier noch der zweite Strahlensatz. Wieder benutzen wir dieselbe Grafik wie eben.

> Werden zwei sich kreuzende Geraden von zwei parallelen Geraden geschnitten, dann verhalten sich die Abschnitte auf den Parallelen so wie die vom Schnittpunkt aus gemessenen Abschnitte auf den sich kreuzenden Geraden.
>
> $$\frac{\overline{SA}}{\overline{SA'}} = \frac{\overline{AB}}{\overline{A'B'}}$$

Entfernung Projektor zur Leinwand

Nehmen wir noch einmal unseren Diaprojektor aus dem Kapitel über die zentrische Streckung. Nun wollen wir unsere eigene Diashow vorbereiten und dabei die Dias möglichst füllend auf eine 2,5 Meter mal 2,5 Meter große Leinwand bringen. Wir wissen, dass der Abstand vom Dia zur Projektionsbirne 8 Zentimeter beträgt und ein Dia 24 Millimeter mal 36 Millimeter groß ist. Die Frage ist nun: Wie weit müssen wir den Projektor von

der Leinwand entfernen? Das könnte man
natürlich ausprobieren (was übrigens genau
die Sorte von Vorschlägen ist, die Mathematiklehrer in der Schule zur Weißglut treibt),
aber der Mathematiker gibt sich mit so etwas
natürlich nicht zufrieden und berechnet den
Abstand.

Wie weit muss er weg von der Wand?

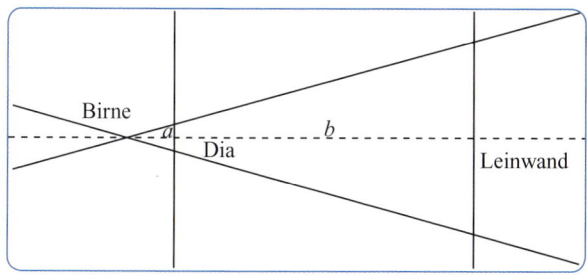

Die durchgezogenen, sich kreuzenden Geraden stellen hier die äußere Begrenzung des
Lichtkegels dar. Sie sehen, wir haben hier (gestrichelt gezeichnet) eine dritte Gerade
hinzugefügt. Sie zeigt den Abstand a von der Birne zum Dia (8 Zentimeter) und den
gesuchten Abstand b vom Dia zur Leinwand. Mit dem zweiten Strahlensatz erhalten
wir nun folgende Beziehung:

$$\frac{\text{Bildhöhe}}{\text{Diahöhe}} = \frac{\text{Entfernung Projektor–Leinwand}}{\text{Entfernung Birne–Dia}}$$

Wir wandeln alle Maße in Millimeter um und erhalten dann:

$$\frac{2500\,\text{mm}}{36\,\text{mm}} = \frac{b}{80\,\text{mm}}$$

$$\Leftrightarrow b = \frac{2500\,\text{mm} \cdot 80\,\text{mm}}{36\,\text{mm}} = 5555{,}56\,\text{mm} = 5{,}56\,\text{m}$$

Stellt man den Projektor also in einer Entfernung von 5,56 Metern auf, lässt sich die
Leinwand am besten mit dem Bild füllen.

Auch in der Mathematik sind bisweilen aller guten Dinge drei – und so gibt es auch noch einen dritten Strahlensatz. Er besagt:

> Werden mindestens drei sich kreuzende Geraden von zwei parallelen Geraden geschnitten, so verhalten sich die Abschnitte auf der einen Parallelen so wie die Abschnitte auf der anderen.

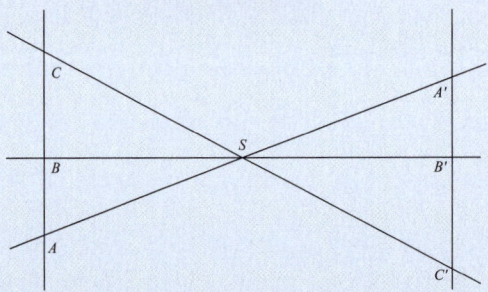

$$\frac{\overline{AB}}{\overline{BC}} = \frac{\overline{A'B'}}{\overline{B'C'}} \quad \text{Es gilt hier aber auch:} \quad \frac{\overline{AC}}{\overline{AB}} = \frac{\overline{A'C'}}{\overline{A'B'}}$$

Turmhöhen

Zum Nachmessen: Der Eiffelturm ist – einschließlich der Fernsehantenne – 327 Meter hoch.

Sie stehen vor der Aufgabe, die Höhe eines Turms zu bestimmen, können dies aber nicht direkt tun, da Sie keine Möglichkeit haben, den Turm zu erklimmen. Sie verfügen aber über ein langes Maßband und einen Stab, außerdem scheint die Sonne. Wie gehen Sie vor?

Zunächst einmal stellen Sie den Stab senkrecht so auf, dass die Spitze seines Schattens mit der Spitze des Turmschattens zusammenfällt. Der ganze Aufbau sieht dann ungefähr so aus:

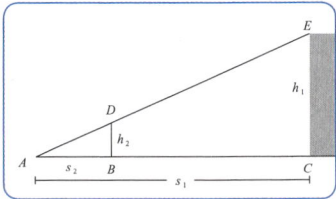

Die Strecken s_1 (65 Meter) und s_2 (3 Meter) sowie die Länge des Stabes h_2 (2 Meter) können Sie nun messen. Nach dem 2. Strahlensatz ergibt sich:

$$\frac{h_1}{s_1} = \frac{h_2}{s_2}$$

$$\Leftrightarrow h_1 = \frac{s_1 \cdot h_2}{s_2} = \frac{65\,\text{m} \cdot 2\,\text{m}}{3\,\text{m}} = 43{,}33\,\text{m}$$

Der Turm ist 43,33 Meter hoch.

Winkel

Bislang haben wir bereits eine Menge unterschiedlicher geometrischer Figuren kennengelernt und auch an ihnen schon zahlreiche Berechnungen vorgenommen. Allerdings haben wir – der aufmerksame Leser hat es schon längst bemerkt – eine Größe bis zu diesem Zeitpunkt sorgfältig ausgespart: die Winkel. Diesen Missstand werden wir nun und in den folgenden Kapiteln beheben.

Zunächst einmal soll es – zum Aufwärmen sozusagen – um den Winkel an und für sich gehen. Winkel findet man in der Geometrie überall dort, wo Strecken, Geraden oder Ebenen aufeinanderstoßen oder sich schneiden.

Winkel: Strecken, Geraden und Ebenen treffen aufeinander.

Die Strecken $\overline{AS}$ und $\overline{BS}$ nennt man die Schenkel des Winkels, S wird als dessen Scheitelpunkt bezeichnet. Die Größe des Winkels wird in Grad angegeben.

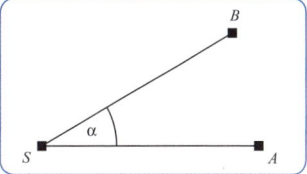

Winkelarten

Je nach ihrer Größe tragen Winkel unterschiedliche Bezeichnungen. Dass man einen 90°-Winkel auch als rechten Winkel bezeichnet, dürfte allgemein bekannt sein. Wir haben im Folgenden einmal alle Winkelbezeichnungen und ihre jeweilige Größe in einer übersichtlichen Tabelle zusammengefasst.

Winkel	Bezeichnung
$\alpha = 0°$	Nullwinkel
$\alpha < 90°$	spitzer Winkel
$\alpha = 90°$	rechter Winkel
$90° < \alpha < 180°$	stumpfer Winkel
$\alpha = 180°$	gestreckter Winkel
$180° < \alpha < 360°$	überstumpfer Winkel
$\alpha = 360°$	Vollwinkel

Spitze, stumpfe und rechte Winkel im Fachwerk

Einige besondere Winkel

Wenn sich zwei Geraden schneiden, entstehen immer vier Winkel, wie Sie der folgenden Grafik entnehmen können.

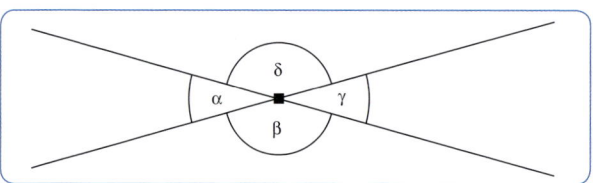

In einer solchen Konstellation tragen die Winkel bisweilen ganz besondere Bezeichnungen.

> So werden die beiden gegenüberliegenden Winkel Scheitelwinkel genannt.
> Dabei gilt:
> $\alpha = \gamma$ und $\beta = \delta$
> Die nebeneinanderliegenden Winkel heißen Nebenwinkel. Hier gilt:
> $\alpha + \delta = 180°$ und $\beta + \gamma = 180°$

In der Geometrie gibt es bisweilen auch die Situation, dass zwei Parallelen von einer dritten Geraden geschnitten werden. Das sieht dann so aus:

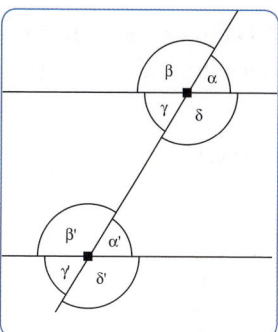

Auch in diesem Fall gibt es ganz besonders bezeichnete Winkel.

> Die Winkel α und α', β und β', γ und γ' sowie δ und δ' heißen Stufenwinkel und sind jeweils gleich groß.
> Die Winkel α und γ', β und δ', γ und α', sowie δ und β' heißen Wechselwinkel und sind ebenfalls jeweils gleich groß.

Sinus, Kosinus und Tangens

Mittlerweile haben Sie bereits einige Dinge über Dreiecke und über Winkel erfahren. An dieser Stelle wollen wir nun einen entscheidenden Schritt weitergehen. Nun soll es um den Zusammenhang zwischen Seitenlängen und Winkeln in zunächst rechtwinkligen Dreiecken gehen. Das Teilgebiet der Geometrie, das sich hiermit beschäftigt, nennt man Trigonometrie. Ein besonderes Augenmerk liegt hier auf den trigonometrischen Funktionen Sinus $\sin(\alpha)$, Kosinus $\cos(\alpha)$ und Tangens $\tan(\alpha)$. Trigonometrie wird z. B. in der Vermessungstechnik und der Astronomie angewendet.

Sinus, Kosinus und Tangens im rechtwinkligen Dreieck

Führen wir uns zunächst noch einmal ein schönes rechtwinkliges Dreieck in seiner ganzen Pracht zu Gemüte.

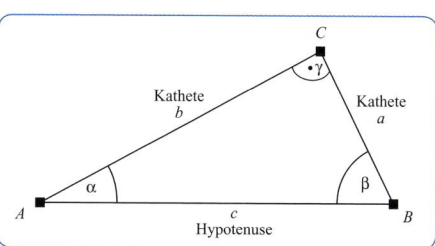

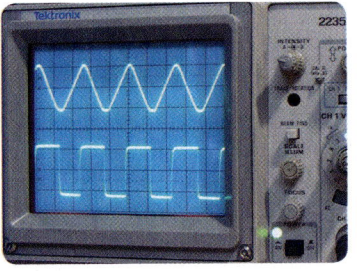

Nun wollen wir uns die Definitionen der drei trigonometrischen Funktionen ansehen, bevor wir sie anhand einiger praktischer Beispiele (deren es in Physik, Astronomie, Navigation und Landvermessung zahlreiche gibt) erläutern.

So sieht z. B. ein Sinuston auf einem Oszilloskop aus.

Sinus

Der Sinus des Winkels α bezeichnet das Verhältnis der Gegenkathete zur Hypotenuse.

$$\sin(\alpha) = \frac{Gegenkathete}{Hypotenuse} = \frac{a}{c}$$

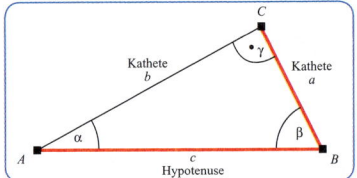

Kosinus

Der Kosinus des Winkels α bezeichnet das Verhältnis der Ankathete zur Hypotenuse.

$$\cos(\alpha) = \frac{Ankathete}{Hypotenuse} = \frac{b}{c}$$

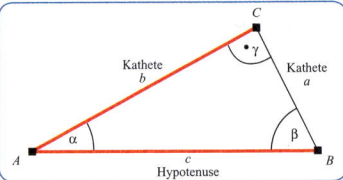

Tangens

Der Tangens des Winkels α bezeichnet das Verhältnis der Gegenkathete zur Ankathete.

$$\tan(\alpha) = \frac{Gegenkathete}{Ankathete} = \frac{a}{b}$$

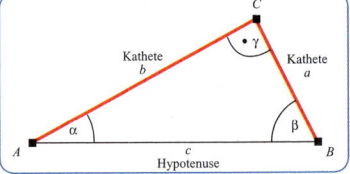

Die Ankathete ist die Kathete, die gemeinsam mit der Hypotenuse den Winkel bildet, also **an** dem Winkel anliegt, die Gegenkathete liegt dem Winkel **gegen**über.

Landvermessung

Stellen Sie sich vor, Sie müssen als Landvermesser bestimmen, wie weit der Fußpunkt eines 1240 Meter hohen Berges von Ihrem Standpunkt entfernt ist. Mit einem speziellen Messgerät können Sie den Gipfel anpeilen und erhalten einen Höhenwinkel von 19,5 Grad. Diese beiden Angaben reichen nun aus, um die Entfernung zu bestimmen. Wir machen zunächst wieder eine Skizze:

Landvermessungsgeräte

Bekannt sind uns hier der Winkel α und die Länge der Gegenkathete, gesucht wird die Länge der Ankathete. Dieser Aufgabe können wir also mit dem Tangens zu Leibe rücken. Es gilt:

$$\tan(\alpha) = \frac{1{,}24 \text{ km}}{d}$$

$$\Leftrightarrow d = \frac{1{,}24 \text{ km}}{\tan(19{,}5°)} = 3{,}502 \text{ km}$$

Kurvenfahrt

Neigung in der Kurve

Wir alle haben es schon erlebt: Wenn wir mit dem Fahrrad oder Motorrad eine Kurve fahren, neigt sich das Gefährt mit uns. Das ist auch gut so, denn mit dieser Neigung wirken wir der Fliehkraft entgegen, die uns sonst aus der Kurve tragen würde. Welche Kräfte bei diesem Vorgang wie wirken, zeigt die nebenstehende Skizze.

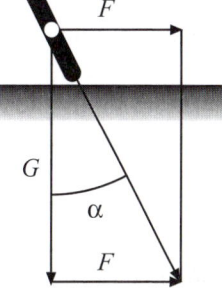

Es gilt nun folgende Beziehung:

$$\tan(\alpha) = \frac{F}{G}$$

Dabei ist F die Fliehkraft und G die Gewichtskraft des Fahrzeugs. Für die Fliehkraft

gilt $F = \frac{m \cdot v^2}{r}$. Hier ist m die Masse des Fahrzeugs, v seine Geschwindigkeit und r der

Radius des zu fahrenden Kreises. Da nun auch gilt $G = m \cdot g$, wobei g die Erdbeschleunigung ist und einen Wert von $9{,}81\,\text{m/s}^2$ aufweist, erhalten wir schließlich durch simples Einsetzen folgende Formel:

$$\tan(\alpha) = \frac{v^2}{g \cdot r}$$

Wenn der Neigungswinkel des Motorrads und der Kurvenradius bekannt sind, ergibt sich zur Berechnung der Geschwindigkeit Folgendes:

$$v = \sqrt{g \cdot r \cdot \tan(\alpha)}$$

Angenommen, der Neigungswinkel beträgt 15 Grad und der Kurvenradius 10 Meter, dann erhält man für die Geschwindigkeit.

$$v = \sqrt{9{,}81\ \text{m/s}^2 \cdot 10\ \text{m} \cdot \tan(15°)} \approx 5\ \text{m/s} \approx 18\ \text{km/h}$$

Die Umkehrfunktionen

Ist der Winkel nicht bekannt, kennt man also beispielsweise nur die Längen der beiden Katheten und möchte den Winkel ermitteln, geht das auch. Zunächst gilt auch hier:

$$\tan(\alpha) = \frac{a}{b}$$

Um nun den Winkel zu ermitteln, muss die Umkehrfunktion des Tangens, der sogenannte Arcus-Tangens arctan, herhalten. Wir erhalten dann:

$$\alpha = \arctan\left(\frac{a}{b}\right)$$

Sie können diesen Wert mit dem Taschenrechner ermitteln. Entweder finden Sie dort eine Taste mit der Beschriftung arctan oder mit der Beschriftung $\tan^{-1}$.

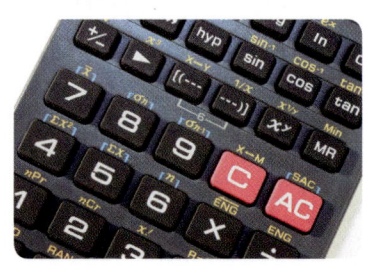

Sinus, Kosinus und Tangens mit Umkehr-
funktionen auf dem Taschenrechner

Auch für den Sinus und den Kosinus kennt man solche Umkehrfunktionen. Da Sie mit ihnen genauso umgehen können, wie wir es in unserem kleinen Tangens-Beispiel gezeigt haben, wollen wir das Thema an dieser Stelle aber nicht mehr weiter vertiefen.

Sinus und Kosinus im beliebigen Dreieck

Es ist in den bisherigen Kapiteln bereits mehrfach angeklungen, welch herausragende Bedeutung rechtwinklige Dreiecke für die Geometrie haben – und auch im Zusammenhang mit den trigonometrischen Funktionen hat sich dies wieder bestätigt. Aber auch „normale" Dreiecke sind nicht zu verachten. Da kann man sich glücklich schätzen, dass sich mithilfe von Sinus und Kosinus auch hier viele nützliche Berechnungen anstellen lassen. Es kommen besonders zwei Sätze, der Sinussatz und der Kosinussatz, die wir Ihnen nun vorstellen wollen, zum Tragen. Zur Einstimmung finden Sie hier noch einmal die Skizze eines Dreiecks mit allen wichtigen Größen.

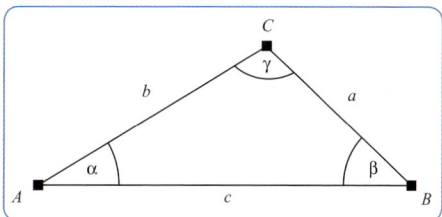

Der Sinussatz im beliebigen Dreieck

Die Zusammenhänge zwischen Seitenlängen und Winkeln sind in beliebigen Dreiecken nicht ganz so simpel wie in rechtwinkligen Exemplaren, aber gleichwohl auch nicht zu kompliziert.

> In einem beliebigen Dreieck ist das Verhältnis aller Seitenlängen zu dem Sinus des jeweils gegenüberliegenden Winkels gleich.
>
> $$\frac{a}{\sin(\alpha)} = \frac{b}{\sin(\beta)} = \frac{c}{\sin(\gamma)}$$

Durch Umformungen erhält man dann folgende Aussagen:

> Das Verhältnis von jeweils zwei Seitenlängen ist gleich dem Verhältnis der Größen des Sinus ihrer gegenüberliegenden Winkel.

Das funktioniert so:

$$\frac{a}{\sin(\alpha)} = \frac{b}{\sin(\beta)}$$

$$\Leftrightarrow a = \frac{b \cdot \sin(\alpha)}{\sin(\beta)}$$

$$\Leftrightarrow \frac{a}{b} = \frac{\sin(\alpha)}{\sin(\beta)}$$

Das lässt sich nun analog für die anderen möglichen Verhältnisse umformen, sodass sich diese drei Beziehungen ergeben:

$$\frac{a}{b} = \frac{\sin(\alpha)}{\sin(\beta)}$$

$$\frac{b}{c} = \frac{\sin(\beta)}{\sin(\gamma)}$$

$$\frac{a}{c} = \frac{\sin(\alpha)}{\sin(\gamma)}$$

Die Navigation auf See

Stellen Sie sich vor, Sie befinden sich auf See und peilen ein Leuchtfeuer an. Dabei messen Sie einen Winkel von 43 Grad. Nachdem Sie eine Strecke von 15 Kilometern zurückgelegt haben, wiederholen Sie die Peilung und messen nun einen Winkel von 58 Grad. Sie möchten nun wissen, wie weit Sie im Moment der zweiten Peilung vom Leuchtfeuer entfernt sind.

Leuchtfeuer

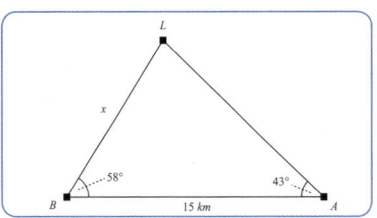

Für die Lösung fertigen wir zunächst wieder eine Skizze an:

Als Erstes können wir den fehlenden Winkel γ ermitteln.

$$\gamma = 180° - 43° - 58° = 79°$$

Nun hilft uns der Sinussatz auf die Sprünge:

$$\frac{x}{15\ km} = \frac{\sin(43°)}{\sin(79°)}$$

$$\Leftrightarrow x = \frac{\sin(43°)}{\sin(79°)} \cdot 15\ \text{km} = 10{,}42\ \text{km}$$

Im Moment der zweiten Peilung befindet sich das Leuchtfeuer also in einer Entfernung von 10,42 Kilometern.

Der Kosinussatz im beliebigen Dreieck

Der Schwerpunkt beim Kosinussatz liegt im beliebigen Dreieck auf den Seitenbeziehungen. Dabei wird aber noch jeweils genau ein Winkel berücksichtigt.

Sind zwei Seiten und der zwischen ihnen liegende Winkel bekannt, kann der Kosinussatz in all seiner Pracht zur Anwendung kommen. Auch hier ergeben sich wieder drei Formeln, die auf den ersten Blick vielleicht ein wenig kompliziert wirken, nach einer Weile aber jeglichen Schrecken verlieren.

$$a^2 = b^2 + c^2 - 2 \cdot b \cdot c \cdot \cos(\alpha)$$
$$b^2 = a^2 + c^2 - 2 \cdot a \cdot c \cdot \cos(\beta)$$
$$c^2 = a^2 + b^2 - 2 \cdot a \cdot b \cdot \cos(\gamma)$$

Sie können den Kosinussatz in einem Dreieck also immer dann anwenden, wenn Ihnen zwei Seiten und ihr Zwischenwinkel bekannt sind.

Eine neue Straße

In einem touristisch recht gut erschlossenen Gebiet gibt es keine direkte Verbindung zwischen den beiden Ausflugszielen *A* und *C*. Daher müssen alle Ausflügler einen

Umweg über den Ort *B* in Kauf nehmen. Das stört dessen Bewohner in ihrer Ruhe und bedeutet mehr Mühsal für die Touristen. Daher möchte man eine direkte Verbindung bauen, muss aber zunächst die Kosten kalkulieren. Dafür ist es nötig, die Länge der Verbindungsstraße zu ermitteln (messen geht nicht, weil das Gelände teilweise recht unwegsam ist). Bekannt sind die Längen der beiden Straßen (10 und 14 Kilometer) sowie der Winkel, den beide Straßen miteinander bilden (54 Grad).

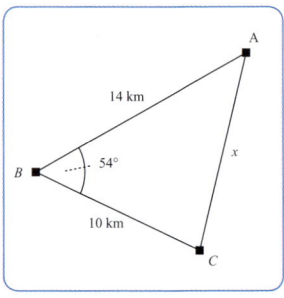

Zunächst zeichnen wir uns wieder eine kleine Skizze:
Nun lässt sich leicht erkennen, dass zwei Seiten eines Dreiecks und der Zwischenwinkel bekannt sind – ein klarer Fall für den Kosinussatz also. Es ergibt sich für x folglich:

$$x = \sqrt{10^2\ \text{km}^2 + 14^2\ \text{km}^2 - 2 \cdot 10\text{km} \cdot 14\ \text{km} \cdot \cos(54°)} = 11{,}46\ \text{km}$$

Die Additionstheoreme

Wie wir gesehen haben, sind die trigonometrischen Funktionen gar nicht so furchtbar schwer. Sie tun uns allerdings nicht jeden erdenklichen Gefallen. So folgen Berechnungen mit trigonometrischen Funktionen ganz eigenen Gesetzen, die in den sogenannten Additionstheoremen formuliert werden.

Wieso Sie eigene Rechengesetze für Sinus, Kosinus und Tangens lernen sollten, zeigt ein einfaches Beispiel. So ist $\sin 30° = 0{,}5$. Verdreifacht man nun den Winkel auf 90 Grad, wäre es ja nett, wenn sich auch der entsprechende Sinus verdreifachte – tut er aber nicht, denn $\sin 90° = 1$ und der Sinus von 180 Grad ist gar 0. Hier kommen wir also offensichtlich mit unseren guten alten Rechenvorschriften nicht weiter. Woran liegt das? Ganz einfach: Bei den trigonometrischen Funktionen handelt es sich nicht um lineare Funktionen, d. h. nicht um solche Funktionen, die sich in einem Koordinatensystem als Gerade darstellen lassen. Und wenn eine Funktion nicht mehr linear ist, wird es eben ein wenig komplizierter.

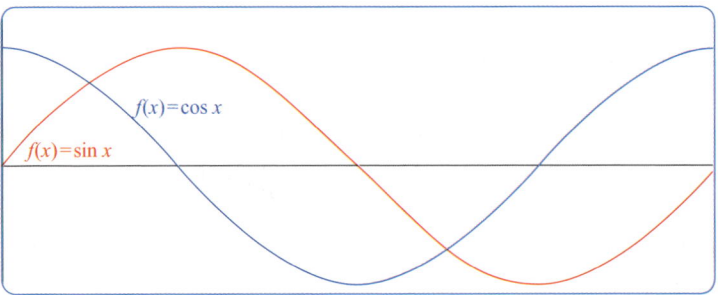

Aber nun wollen wir nicht mehr lange um den heißen Brei herumreden, hier kommt ein ganzer Sack voll Rechenregeln für Sie:

$$\sin(x + y) = \sin x \cdot \cos y + \cos x \cdot \sin y$$

$$\sin(x - y) = \sin x \cdot \cos y - \cos x \cdot \sin y$$

$$\cos(x + y) = \cos x \cdot \cos y - \sin x \cdot \sin y$$

$$\cos(x - y) = \cos x \cdot \cos y + \sin x \cdot \sin y$$

$$\sin 2x = 2 \cdot \sin x \cdot \cos x$$

$$\cos 2x = \cos^2 x - \sin^2 x$$

$$\sin x + \sin y = 2 \cdot \sin \frac{x + y}{2} \cdot \cos \frac{x - y}{2}$$

$$\cos x + \cos y = 2 \cdot \cos \frac{x + y}{2} \cdot \cos \frac{x - y}{2}$$

$$\sin \frac{x}{2} = \sqrt{\frac{1}{2} \cdot (1 - \cos x)}$$

$$\cos \frac{x}{2} = \sqrt{\frac{1}{2} \cdot (1 + \cos x)}$$

$$\tan(x + y) = \frac{\tan x + \tan y}{1 - \tan x \cdot \tan y} \qquad \text{mit } \tan x \cdot \tan y \neq 1$$

$$\tan(x - y) = \frac{\tan x - \tan y}{1 + \tan x \cdot \tan y} \qquad \text{mit } \tan x \cdot \tan y \neq -1$$

$$\cot(x + y) = \frac{\cot x \cdot \cot y - 1}{\cot x + \cot y} \qquad \text{mit } \cot x \neq -\cot y$$

$$\cot(x - y) = \frac{\cot x \cdot \cot y + 1}{\cot x - \cot y} \qquad \text{mit } \cot x \neq \cot y$$

Zugegeben, das ist eine Menge Material und könnte einem fast die gute Laune verderben. Wenn Sie sich die Gesetze aber einmal ein wenig näher ansehen, werden Sie feststellen, dass sie gar nicht so schwierig zu merken sind. Außerdem geht es in der Mathematik gar nicht unbedingt darum, alle Formeln auswendig zu wissen. Sie sollten wissen, dass es die Additionstheoreme gibt, die Ihnen das Rechnen mit trigonometrischen Funktionen deutlich erleichtern, und Sie sollten natürlich wissen, wo diese Theoreme zu finden sind.

Der Zylinder

In unserem täglichen Leben sind wir alle ständig von Zylindern umgeben – und damit meinen wir nicht die wichtigen Bauteile von Automotoren.

Nahezu jede Konservendose, die wir in den Händen halten, hat die Form eines Zylinders. Sicherlich wäre es jetzt interessant, herauszufinden, warum dieser praktische Behälter, den der französische Konditor Nicolas François Appert (1749–1841) erfand, ausgerechnet wie ein Zylinder geformt war und nicht beispielsweise wie ein Quader (so wäre

François Appert

Eine der bekanntesten Konservendosen der Welt

das gute Stück doch auch viel besser zu stapeln gewesen) – doch das führt an dieser Stelle wirklich zu weit und so bleiben wir beim Zylinder und schauen uns an, wie man diesen Körper berechnen kann.

Wer sich die Berechnungen an einem Kreis vor Augen führt, wird mit dem Zylinder keine größeren Probleme haben (so geht das übrigens mit vielen Körpern; die Kenntnis der Berechnungen an ebenen geometrischen Objekten stellt oft mehr als die halbe Miete bei der Berechnung von dreidimensionalen Körpern dar).

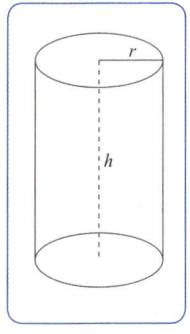

Bevor wir uns mit den konkreten Formeln und Berechnungen befassen wollen, stellen wir uns an dieser Stelle zunächst einmal kurz die Frage, welche Berechnungen bei einem dreidimensionalen Körper überhaupt sinnvoll bzw. interessant sind. Bei den zweidimensionalen Figuren haben wir jeweils den Umfang U und die Fläche A bestimmt. Dreidimensionale Körper verfügen darüber hinaus natürlich noch über ein Volumen V (das

z. B. anzeigt, wie viel Suppe in die Dose passt) und eine Oberfläche O (dieser Wert zeigt Ihnen z. B., wie viel Blech Sie kaufen müssten, wenn Sie eigene Konservendosen basteln wollten). Manchmal wird auch noch der Mantel M berechnet. Das ist die Oberfläche ohne Deckel und Boden.

Die Form gab dem Zylinderhut seinen Namen.

Diese fünf Werte werden es also auch sein, die uns im Weiteren schwerpunktmäßig interessieren sollen (die beiden ersten Werte werden dabei natürlich nur kurz zur Wiederholung angesprochen). Sollten darüber hinaus weitere Berechnungen spannend oder unerlässlich sein, werden wir Sie damit selbstverständlich auch nicht verschonen.

Doch nun zurück zum Zylinder. Es fällt sicher nicht schwer, sich dieses Objekt als eine ganze Menge aufeinander gestapelter Kreise gleichen Durchmessers vorzustellen. Mit dieser Vorstellung haben wir bereits das größte Geheimnis des Zylinders gelüftet. Alles Weitere ist nun ein Kinderspiel.

Da es nicht immer so einfach wie beim Zylinder ist, sich den Aufbau eines Körpers vorzustellen, verraten wir Ihnen hier noch einen kleinen Trick: Stellen Sie sich das Netz des Körpers vor. Dieses Netz erhalten Sie, wenn Sie den Körper an seinen Kanten auftrennen und platt auf den Tisch legen. Die Grafik zeigt das Netz eines Zylinders und dürfte das Prinzip recht gut erklären.

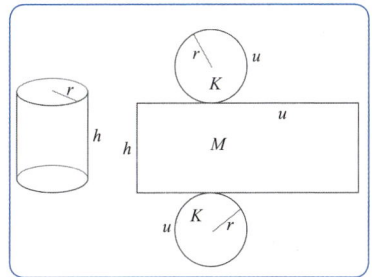

Nun wollen wir aber endgültig zu den Berechnungen kommen, auf die Sie schon so sehnsüchtig warten.

Zur Wiederholung beginnen wir mit den beiden Formeln zur Berechnung eines Kreises. Der Umfang U des Kreises berechnet sich nach $U = 2 \cdot \pi \cdot r$, seine Fläche A wird mit $A = \pi \cdot r^2$ bestimmt.

Kommen wir nun zum Volumen V des Zylinders. Um dieses zu errechnen, nehmen wir die Grundfläche und multiplizieren sie mit der Höhe. Für das Volumen gilt also:

$$V = \pi \cdot r^2 \cdot h$$

Der Mantel M (also die Oberfläche ohne Deckel und Boden) ist beim Zylinder, wie wir anhand des Netzes sehen können, ein Rechteck. Die eine Seite ist so lang wie der

Umfang des Bodens bzw. des Deckels, die zweite Seite wird durch die Höhe des Zylinders bestimmt. Als Formel zur Berechnung des Mantels M erhalten wir also:

$$M = 2 \cdot \pi \cdot r \cdot h$$

Nun gilt es noch, die gesamte Oberfläche O des Zylinders zu ermitteln. Sie setzt sich aus dem Mantel und den beiden Deckeln zusammen.

$$O = 2 \cdot \pi \cdot r \cdot h + 2 \cdot \pi \cdot r^2 = 2 \cdot \pi \cdot r \cdot (r + h)$$

Und schon haben wir alle wichtigen Werte eines beliebigen Zylinders berechnet.

Die Öltonne

Stellen Sie sich vor, in Ihrem Keller steht ein altes Ölfass mit folgenden Maßen: Es hat einen Durchmesser von 65 Zentimetern und eine Höhe von 90 Zentimetern. Sie bekommen 300 Liter Öl geliefert und möchten nun wissen, ob das Fass groß genug für diese Menge ist.

Diese Werte kennen wir aus der Aufgabenstellung bereits: das Volumen V, den Radius r (der halbe Durchmesser) und die Höhe h des Fasses. Die Formel zur Berechnung des Volumens eines Zylinders lautet $V = \pi \cdot r^2 \cdot h$. Wir wollen wissen, ob das Fass groß genug ist, also die nötige Höhe aufweist. Wir müssen die Formel also nach h auflösen:

$$h = \frac{V}{\pi \cdot r^2}$$

Ein solches genormtes Fass fasst ein Barrel (ca. 159 Liter) Öl.

Was wir nun erhalten, ist die Höhe, die 300 Liter Öl in einem Fass mit dem genannten Durchmesser brauchen. Um mit den Einheiten nicht durcheinander zu geraten, rechnen wir die Angaben in Dezimeter um und erhalten so folgende Formel:

$$h = \frac{300 \text{ dm}^3}{\pi \cdot 3{,}25^2 \text{ dm}^2} = 9{,}04 \text{ dm} = 90{,}4 \text{ cm}$$

Für 300 Liter Öl reicht das Fass nicht ganz aus.

Die Kugel

Zweifellos hat auch die Kugel etwas mit dem Kreis
zu tun – und dennoch ist dieser Körper etwas ganz
Besonderes. Sie stellt so etwas wie die Königin
unter den Körpern dar. Kein anderer Körper hat bei
gleicher Fläche mehr Volumen als die Kugel und
bei keinem anderen Körper wird Druck gleichmä-
ßiger über die Oberfläche verteilt als bei ihr.

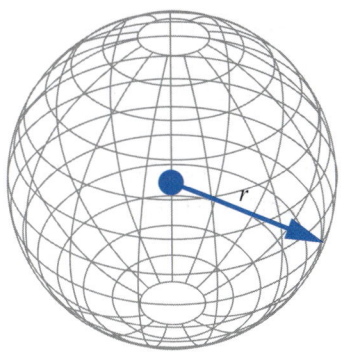

Wie Sie anhand der Grafik sehen können, besitzt
dieser spezielle Körper aber noch andere Beson-
derheiten. Sie finden als einzige Größe den Radius
eingezeichnet – und tatsächlich benötigen Sie außer dem Radius nur noch die irrationale
Zahl π, um Berechnungen an der Kugel vornehmen zu können. Überhaupt sind es nur
zwei Werte, die im Zusammenhang mit ihr von Interesse sind, ihr Volumen und ihre
Oberfläche. Den Mantel einer Kugel gibt es nicht bzw. er ist mit ihrer Oberfläche identisch. Wie Sie das beurteilen, ist Ansichtssache (viele denken ja, eine Königin könne
nicht ohne einen entsprechenden Mantel in der Öffentlichkeit erscheinen).

An dieser Stelle wollen wir nicht noch einmal die beiden zur Berechnung eines Kreises
relevanten Formeln rekapitulieren; Sie finden sie bei unseren Betrachtungen über den
Zylinder. Stürzen wir uns also sofort in die Berechnung der Kugel.

Die Oberfläche O einer Kugel berechnen Sie mit dieser Formel:

$$O = 4 \cdot \pi \cdot r^2$$

Zur Berechnung ihres Volumens V bedienen Sie sich folgender Formel:

$$V = \frac{4}{3} \cdot \pi \cdot r^3$$

Billardkugeln

Billard ist ein beliebtes Spiel (seit es Computerspiele gibt, verwaisen zwar immer mehr Billardtische, aber dennoch darf man das Spiel mit den Kugeln noch immer zu den

beliebteren Freizeitvergnügen zählen). Nun neigt der Mensch dazu, auch aus seinen Freizeitaktivitäten eine Wissenschaft zu machen, und so war er stets bemüht, die Kugeln und Tische des Billardspiels zu vervollkommnen. Elfenbeinkugeln galten lange als das Nonplusultra. Heute werden die Kugeln meist aus Phenolharz hergestellt. Wir wollen berechnen, wie schwer eine solche Elfenbeinkugel wohl ist. Der Durchmesser einer durchschnittlichen Billardkugel beträgt 60 Millimeter. Die Dichte von Elfenbein wird mit 1,8 g/cm³ angegeben.

Rechnen wir zunächst das Volumen der Kugel aus. Da wir es bei den Angaben über die Dichte des Elfenbeins mit Kubikzentimetern zu tun haben, bietet es sich an, auch bei der Berechnung des Volumens diese Einheit zu verwenden.

$$V = \frac{4}{3} \cdot \pi \cdot r^3 = \frac{4}{3} \cdot \pi \cdot 3^3 \text{ cm}^3 = 113,1 \text{ cm}^3$$

Nun müssen wir das Volumen noch mit der Dichte des Elfenbeins multiplizieren und erhalten dann das Gewicht G einer durchschnittlichen Billardkugel.

$$G = 113,1 \text{ cm}^3 \cdot 1,8 \, \frac{\text{g}}{\text{cm}^3} = 203,6 \text{ g}$$

Eine Billardkugel aus Elfenbein wiegt also 203,6 Gramm.

Das Prisma

Viele von Ihnen werden ein Prisma aus dem Physikunterricht kennen. Die dort vor allem in der Optik gebräuchlichen Prismen haben eine dreieckige Grundfläche und sehen sonst so aus, wie es unsere Grafik zeigt. Verwendet werden diese Prismen, um Licht so zu brechen, dass es in seine Spektralfarben zerlegt wird.

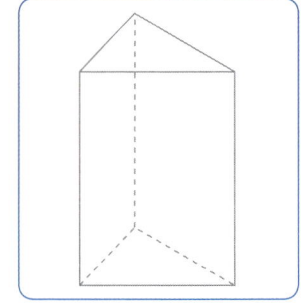

Auch wenn dieses Dreiecksprisma die uns am geläufigsten erscheinende Form des Körpers ist, stellt es nur einen Sonderfall in der großen Gruppe der Prismen dar. Allgemein ist ein Prisma nämlich so definiert:

> Ein Körper, dessen Grund- und Deckfläche parallele kongruente n-Ecke sind, wird Prisma genannt.

In der Tat kann ein Prisma nicht nur eine dreieckige Grund- und Deckfläche – wie auf der Skizze – aufweisen, sondern jede beliebige Form annehmen, solange die beiden Flächen kongruent sind. Entsprechend lassen sich auch nur allgemeine Aussagen zu den einzelnen Berechnungen treffen:

Die Grundfläche des Prismas entspricht der Grundfläche des n-Ecks, das seine Grund- und Deckfläche bildet. Beim Dreiecksprisma berechnet man sie nach $A = \frac{1}{2} \cdot g \cdot h$.

Die Seitenflächen werden von Parallelogrammen gebildet. Bei regelmäßigen Prismen haben wir es hier mit Rechtecken zu tun (im Falle einer regelmäßigen dreieckigen Grundfläche mit der Kantenlänge a wäre die Fläche einer Seitenfläche gleich $a \cdot h$). Das Prisma kann aber auch „schief" stehen. Dann gelten die entsprechenden Formeln für ein Parallelogramm.

Die Summe aller Seitenflächen ergibt die Mantelfläche M. Addieren Sie dazu noch die Grund- und Deckfläche, so erhalten Sie die Oberfläche O. Das Volumen V des Prismas erhalten Sie schließlich, wenn Sie die Grundfläche mit der Höhe h multiplizieren. Hier unterscheidet sich das Prisma also keinesfalls von den anderen geometrischen Körpern.

Das Prisma in der Optik

Bilder von Prismen, die das Licht brechen und alle Spektralfarben als „Ergebnis" auf einer Seite wieder „entlassen", kennen Sie bestimmt (z. B. aus dem Physikunterricht oder von dem berühmten Plattencover der LP *The Dark Side Of The Moon* der Band Pink Floyd). Wie macht das Prisma das aber eigentlich, wie funktioniert dieser eindrucksvolle „Trick"?

Zunächst einmal ist es wichtig, dass das Licht nicht im rechten Winkel auf eine Seite des Prismas fällt. Denn dann würde es im Inneren an einer anderen Seite total reflektiert und träte in der gleichen Form an anderer Stelle aus dem Prisma wieder aus. Der Lichtstrahl würde also bloß umgelenkt.

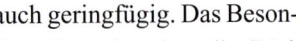

Tritt der Strahl aber in einem anderen als dem rechten Winkel in das Prisma ein, wird er gebrochen, d. h., er ändert seine Richtung auch geringfügig. Das Beson-

dere daran ist, dass die Stärke dieser Ablenkung nicht nur vom Winkel abhängt, mit dem das Licht auf das Prisma trifft, sondern auch von der Farbe des Lichts. Und so tritt das Licht unterschiedlicher Farbe natürlich auch an unterschiedlichen Stellen wieder aus dem Prisma aus. Auf diese Weise „zerlegt" ein Prisma also das eintretende Licht in seine farblichen Bestandteile.

Die Pyramide

Wenn Sie an eine Pyramide denken, wird wahrscheinlich zuerst das Bild eines der berühmten gleichnamigen Bauwerke vor Ihrem inneren Auge erscheinen. Vierseitige Pyramiden, wie die in Ägypten zu bestaunenden, stellen aber nur einen Spezialfall der allgemeinen Pyramide dar (wenngleich dieser Spezialfall auch in der Geometrie sehr häufig auftritt). Pyramiden können nämlich jede beliebige Grundfläche besitzen. Auch muss ihre Spitze nicht zwangsläufig über dem Mittelpunkt der Grundfläche liegen.

Auch das Tipi ist eine „handelsübliche"
Pyramide – trotz mehrerer Ecken.

Wir wollen uns hier aber schwerpunktmäßig mit der ganz regelmäßigen Pyramide mit viereckiger Grundfläche beschäftigen, wie Sie sie auf der Skizze sehen können.

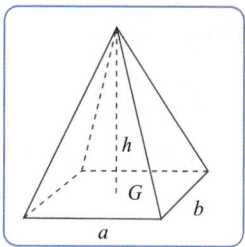

Im Falle einer rechteckigen Grundfläche G berechnen Sie diese natürlich als $G = a \cdot b$ mit den Seitenlängen a und b.

Die Pyramiden von Giseh

Die Seitenflächen der Pyramide werden von Dreiecken gebildet. Bei einer regelmäßigen Pyramide handelt es sich um kongruente Dreiecke, was die Berechnungen (vor allem der Oberfläche – einen Mantel gibt es hier nicht) sehr erleichtert, da man nur die Fläche eines Dreiecks berechnen muss.

An dieser Stelle wollen wir Sie nicht mit der Berechnung der Fläche eines der Dreiecke im Regen stehen lassen, sondern ein paar Bemerkungen dazu verlieren. Die Fläche A eines Dreiecks berechnet sich bekannterweise aus $A = \frac{1}{2} \cdot g \cdot h$. Die Hälfte der Grundseite ist schnell ermittelt, wie steht es aber mit der Höhe eines solchen Dreiecks? Um diese zu ermitteln, müssen wir den Satz des Pythagoras bemühen. Stellen Sie sich dazu ein rechtwinkliges Dreieck vor, dessen Hypotenuse von der Höhe des zu berechnenden Dreiecks gebildet wird und dessen beide Katheten die Höhe der Pyramide und die Strecke zwischen dem Mittelpunkt der Grundfläche und der Außenkante sind. Diese letzte Strecke misst dann in unserem Fall genau $\frac{1}{2} b$. Demnach gilt für die Höhe des Dreiecks, dessen Fläche wir berechnen wollen, $h_D = \sqrt{\left(\frac{1}{2} b\right)^2 + h^2}$.

Nun können Sie ganz in Ruhe fortfahren, die Fläche des Dreiecks zu berechnen und dann auch die Gesamtfläche der Pyramide zu ermitteln.

Das Volumen V der Pyramide ermitteln Sie mit der folgenden Formel:

$$V = \frac{1}{3} \cdot G \cdot h$$

Dabei ist G die Grundfläche und h die Höhe der Pyramide.

Der Pyramidenstumpf

Wenn Sie von einer Pyramide die Spitze abschneiden, erhalten Sie einen Pyramidenstumpf, wie Sie auch in der Grafik erkennen können.

Im Vergleich zur ursprünglichen Pyramide hat sich nur die Grundfläche G nicht verändert. Die gravierendste Veränderung besteht darin, dass es nun auch eine Deck-

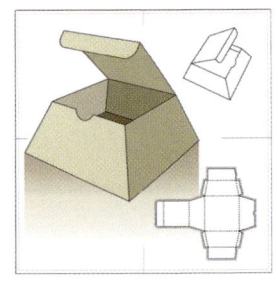

Pyramidenstümpfe lassen sich auch als Paket verschicken.

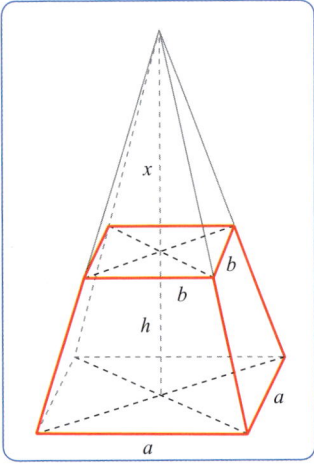

fläche gibt, die ähnlich zur Grundfläche ist. Eine allgemeingültige Formel zur Berechnung kann natürlich nicht angegeben werden. Wenn es sich um ein Quadrat handelt und wir die Kanten mit b benennen, beträgt die Fläche b^2. Außerdem werden die Seitenflächen nicht mehr durch Dreiecke, sondern durch Trapeze gebildet.

Zur Berechnung der Oberfläche des Pyramidenstumpfs müssen Sie nun „nur" noch die Flächen der einzelnen Trapeze, der Grundfläche und der Deckfläche addieren.

Zur Berechnung des Volumens V haben wir zwei Möglichkeiten im Angebot. Zunächst einmal können Sie das Volumen der kompletten Pyramide berechnen und von diesem das Volumen des „weggeschnittenen" Teils (der ja auch eine kleine Pyramide darstellt) subtrahieren. Das ist eine feine Möglichkeit, wenn Sie die Höhe der ursprünglichen Pyramide kennen.

Sollte diese nicht auf den ersten Blick bekannt sein, ist das kein Grund zur Verzweiflung. Wir können sie nämlich ermitteln. Sehen wir uns dazu einmal den Querschnitt durch den Pyramidenstumpf an. Die „Erweiterung" zur kompletten Pyramide ist mit grauen Strichen eingezeichnet.

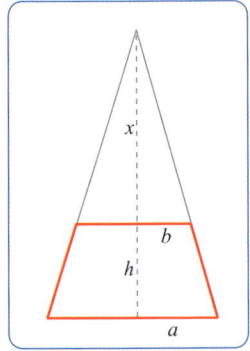

Erinnern Sie sich noch an die Strahlensätze? Wenn nicht, dann sollten Sie sich das entsprechende Kapitel noch einmal anschauen, denn genau diese Sätze benötigen wir nun. Wir erhalten damit folgende Beziehung:

$$x : \frac{b}{2} = (x + h) : \frac{a}{2}$$

Wenn wir diese Gleichung weiter umformen (die einzelnen Schritte sparen wir uns an dieser Stelle), erhalten wir schließlich:

$$x = \frac{b \cdot h}{a - b}$$

Der Tetraeder – eine besondere Pyramide

An dieser Stelle möchten wir Ihnen noch eine ganz besondere Pyramide vorstellen, den Tetraeder. Diese Pyramide besteht aus vier Dreiecken. Das genaue Aussehen dieses Körpers zeigt wiederum die Grafik.

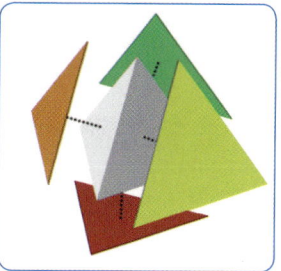

Der 1995 erbaute Tetraeder in Bottrop. Von diesem 60 Meter hohen Bauwerk hat man einen fantastischen Blick über das Ruhrgebiet.

Wenn Sie die Oberfläche eines Tetraeders berechnen wollen, müssen Sie die Oberflächen der vier Dreiecke berechnen und addieren. Das Volumen des Tetraeders hingegen berechnet sich mit derselben Formel wie das Volumen jeder Pyramide:

$$V = \frac{1}{3} \cdot G \cdot h$$

Tetraeder sind vor allem für Chemiker interessant, da die einzelnen Atome in vielen Molekülen tetraedisch angeordnet sind. So folgen beispielsweise die Kohlenstoffatome im Diamantgitter dieser geometrischen Anordnung. Auch die Wasserstoffatome im Methanmolekül sind so angeordnet.

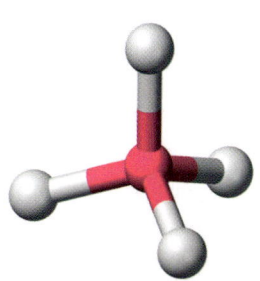

Der Quader

Gerade die Pyramide hat uns gezeigt, dass die Berechnungen bei Körpern nicht immer ganz trivial sind. Da muss man mitunter ganz genau hinschauen und eine Menge Rechenarbeit leisten, um erfolgreich zu sein. Nachdem wir diese Aufgabe aber mit Bravour gemeistert haben, können wir uns nun ein wenig entspannen und uns dem Quader zuwenden.

> Ein gerades Prisma, dessen Grund- und Deckflächen Rechtecke sind, nennt man Quader.

Ein Quader besitzt sechs rechteckige Seitenflächen, von denen jeweils zwei parallel sind; das ist die etwas einfachere, aber nicht weniger richtige Definition. In unserem täglichen Leben sind wir von Quadern umgeben. Das fängt schon bei der Butter auf dem Frühstückstisch an. Die Tetrapaks, in denen sich unsere Milch und der Orangensaft befinden, haben auch häufig Quaderform. Ziegelsteine

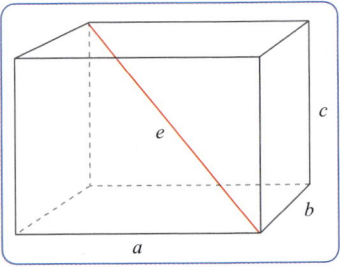

sind so etwas wie die klassischen Quader. Auch viele der Zimmer, in denen wir unsere Zeit verbringen, haben diese Form. Wir könnten die Liste hier noch lange fortsetzen, wollen uns aber mit diesen Beispielen begnügen und nun einmal zur Berechnung des Quaders übergehen.

Die Grundlage bildet die Berechnung des Rechtecks. Ein Rechteck mit den Seitenlängen a und b hat den Umfang $2 \cdot (a + b)$ und die Fläche $a \cdot b$, das ist bekannt.

Quader, die wir häufig auf dem Frühstückstisch finden.

Um nun die Oberfläche *O* und den Mantel *M* eines Quaders zu berechnen, müssen wir einfach die Flächen der beteiligten Rechtecke ermitteln und addieren. Auch das Volumen *V* eines Quaders ist leicht zu ermitteln. Sie benötigen hierzu lediglich die Grundfläche *G* und die Höhe *h* des Quaders. Das Volumen berechnet sich dann wieder aus:

$$V = G \cdot h = a \cdot b \cdot c$$

Bisweilen muss man im Zusammenhang mit Quadern die Raumdiagonalen berechnen. In unserer Grafik ist eine der Raumdiagonalen eingezeichnet und mit *e* bezeichnet. Berechnen können Sie die Länge dieser Diagonalen (alle Raumdiagonalen im Quader sind gleich lang) nach der folgenden Formel:

$$e = \sqrt{a^2 \cdot b^2 \cdot c^2}$$

Der Würfel – ein ganz regelmäßiger Quader

Ein Würfel stellt eine Sonderform eines Quaders dar, der über sechs gleich große quadratische Seitenflächen verfügt. Bei seiner Berechnung genügt die Kenntnis einer einzigen Größe, nämlich der Länge einer Kante *a*. Alle anderen Kanten besitzen dann natürlich die gleiche Länge *a*. Die Berechnungen werden durch diese Tatsache natürlich noch ein wenig einfacher. Wir haben Ihnen hier einmal die wichtigen Formeln zusammengestellt:

Der Zauberwürfel: zwar einfach zu berechnen, aber schwer zu lösen.

Grundfläche:	$G = a^2$
Deckfläche:	$D = G = a^2$
Oberfläche:	$O = 6a^2$
Volumen:	$V = a^3$
Raumdiagonale:	$e = a \cdot \sqrt{3}$

Ein Quader kann die Form eines Würfels haben – aber nicht jeder Würfel ist ein Quader.

Kleine Tüftelei

Aufgaben wie die nun folgende finden Sie häufig auf den Rätselseiten von Zeitschriften oder in Büchern mit Aufgaben, die sich am PISA-Test orientieren:

Die drei Kanten eines Quaders stehen im Verhältnis 1 : 2 : 3. Wie lang sind diese, wenn das Volumen des Quaders 1 Kubikmeter beträgt?

Das Volumen V des Quaders berechnet sich aus $V = a \cdot b \cdot c$. Nun haben wir in der Aufgabenstellung das Verhältnis angegeben, in dem die einzelnen Seitenlängen zueinander stehen. Wir können also folgende Gleichung aufstellen (und lösen):

$1 = a \cdot 2a \cdot 3a$

$\Leftrightarrow 1 = 6a^3$

$\Leftrightarrow a = \sqrt[3]{\dfrac{1}{6}} = 0{,}55$

Seite a ist also 0,55 Meter lang, Seite b misst entsprechend 1,10 Meter und Seite c 1,65 Meter.

Der Kegel

Als letzten Körper möchten wir Ihnen den Kegel vorstellen. Er hat mit dem gleichnamigen Freizeitsportgerät herzlich wenig zu tun und gleicht äußerlich eher einem Zauberhut. Seine Grundfläche ist ein Kreis, seine Deckfläche wird durch einen Punkt gebildet, der über dem Mittelpunkt der Grundfläche liegt. Sie sehen, der Kreiskegel, wie dieser Körper korrekt heißt, ähnelt sehr der Pyramide. In der Tat stellt eine Pyramide

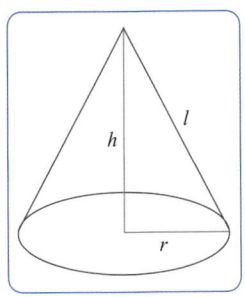

mit unendlich vielen Ecken einen Kreiskegel dar.

Im Alltag finden Sie Kreiskegel übrigens nicht nur in Zaubererfilmen, sondern auch auf Straßenbaustellen, wo sie als rot-weiß gestreifte Signal- und Absperrhütchen ihr trauriges Dasein fristen.

Kegel sichern nicht nur Baustellen. Man kann auch …

… mit ihnen feiern …

*… aus ihnen
ein feines Eis
genießen …*

… und den Schulanfang erleichtern.

Doch nun wollen wir die trüben Gedanken verscheuchen und uns mit den üblichen Berechnungen vergnügen!

Die Grundfläche G eines Kegels wird durch einen Kreis gebildet, Sie können sie mit der Formel $G = \pi \cdot r^2$ ermitteln.

Beim Kegel gibt es noch eine ganz besondere Größe, die für einige weitere Berechnungen bedeutsam ist, die Mantellinie (wir wollen sie mit l bezeichnen). Sie erhalten sie, wenn Sie von der Spitze auf dem Mantel eine gerade Linie zur Grundfläche ziehen. Mithilfe des Radius der Grundfläche und der Höhe können Sie die Mantellinie berechnen, indem Sie auch hier wieder den Satz des Pythagoras anwenden.

$$l = \sqrt{h^2 + r^2}$$

Die Mantelfläche M eines Kegels berechnen Sie nach der folgenden Formel:

$$M = \pi \cdot r \cdot l = \pi \cdot r \cdot \sqrt{h^2 + r^2}$$

Die Oberfläche O des Kegels setzt sich aus der Mantelfläche und der Kreisfläche, die die Grundfläche bildet, zusammen.

$$O = \pi \cdot r^2 \cdot l + \pi \cdot r \cdot l = \pi \cdot r \cdot (r + l)$$

Sie haben sicherlich schon sehnsüchtig auf die Formel zu Berechnung des Volumens V eines Kegels gewartet – hier kommt sie:

$$V = \frac{1}{3} \cdot \pi \cdot r^2 \cdot h$$

Der Kegel bietet Ihnen noch eine weitere Möglichkeit zur Berechnung. Vielleicht möchten Sie ja auch wissen, wie „steil" der Kegel genau ist, d. h. wie groß der Winkel α zwischen der Grundfläche und dem Mantel ist. Auch dafür gibt es eine recht einfache Formel. Diesmal ziehen wir die trigonometrischen Formeln zurate. Es gilt:

$$\tan(\alpha) = \frac{h}{r}$$
$$\Leftrightarrow \alpha = \arctan\left(\frac{h}{r}\right)$$

Das Sanduhr-Rätsel

Eine Sanduhr besteht aus zwei gleich großen Kegeln, die an ihrer Spitze miteinander verbunden sind. Der Radius der Kegel beträgt 3 Zentimeter, die Höhe der gesamten Sanduhr 10 Zentimeter. Der obere Kegel ist ganz mit Sand gefüllt, der gleichmäßig nach unten rinnt. Nach 5 Minuten ist der Sand komplett im unteren Kegel angekommen. Wie viel Sand rinnt pro Sekunde nach unten?

Zuerst überlegen wir, welche Fakten sich aus der Aufgabenstellung ergeben: Wir kennen die Größe eines Kegels und wissen, dass er komplett mit Sand gefüllt ist. Außerdem wissen wir, wie lange dieser Sand benötigt, um vollständig in den unteren Kegel zu rieseln. Wenn wir also das Volumen des Sandes kennen, können wir daraus ermitteln, wie viel Sand in einer Sekunde hindurchrinnt. Wir brauchen also zunächst das Volumen des Sandes.

Setzt man alle bekannten Größen in die entsprechende Formel ein, ergibt sich für das Volumen des Sandes:

$$V = \frac{\pi \cdot 9\ \text{cm}^2 \cdot 5\ \text{cm}}{3} = 47{,}12\ \text{cm}^3$$

47,12 Kubikzentimeter Sand rinnen also in fünf Minuten durch die Sanduhr. Fünf Minuten sind 300 Sekunden. Wenn wir nun das Volumen durch 300 teilen, wissen wir, wie viel Sand pro Sekunde nach unten rieselt. Es sind 0,157 Kubikzentimeter.

Wenn man dies weiß, kann man darangehen, die Sanduhr zu eichen. Wir können dann zunächst ausrechnen, wie viel Sand innerhalb einer Minute durch die Uhr rinnt, und in einem zweiten Schritt, wie hoch der Sand dann im unteren Kegel stehen müsste.

Wir alle kennen dieses Zeichen und wissen, was es bedeutet:
Der Computer ist gerade beschäftigt.

Der Kegelstumpf

Ähnlich wie eine Pyramide kann man auch einen Kegel seiner Spitze berauben. Den Rest, den man dann erhält, nennt man Kegelstumpf. Anstelle der Spitze weist er dann einen zweiten Kreis als Deckfläche auf.

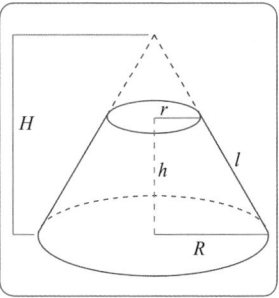

Die Berechnung der einzelnen Parameter verläuft ganz ähnlich wie beim intakten Kegel. Allerdings müssen Sie hier natürlich immer die neu entstandene Deckfläche mit in Betracht ziehen. Entsprechend erhalten wir auch einige weitere Variablen. Im Einzelnen sind das:
– R der Radius der Grundfläche
– r der Radius der Deckfläche
– H die Höhe des Kegels incl. Spitze
– h die Höhe des Kegelstumpfs
Die weiteren Variablen ändern sich gegenüber dem Kegel nicht.

Nun können wir uns anschauen, wie die einzelnen Werte beim Kegelstumpf berechnet werden:

Auch hier greift bei der Berechnung der Mantellinie *l* der Satz des Pythagoras. Die Höhe bleibt als ein Faktor erhalten, allerdings muss die zweite Kathete berechnet werden. Ihre Länge ist die Differenz aus den beiden Radien. Für die Mantellinie erhalten wir schließlich diese Formel:

$$l = \sqrt{h^2 + (R - r)^2}$$

Die Mantelfläche *M* errechnet sich nach folgender Formel:

$$M = \pi \cdot l \cdot (R + r)$$

In die Berechnung der Oberfläche *O* fließen nun natürlich einige Werte mehr ein als beim Kegel. Schließlich gibt es plötzlich eine Deckfläche. Und so setzt sich die Oberfläche aus den beiden Kreisen und der Mantelfläche zusammen. Wir erhalten schließlich:

$$O = \pi \cdot r^2 + \pi \cdot R^2 + \pi \cdot l \cdot (R + r)$$

Auch das Volumen *V* lässt sich nicht mehr so einfach und ohne nennenswerten Aufwand bestimmen. Sie erhalten nun:

$$V = \frac{\pi \cdot h}{3} \cdot (R^2 + R \cdot r + r^2)$$

Bei der Berechnung des Winkels α ändert sich nicht sehr viel. Hier gilt wieder

$$\tan(\alpha) = \frac{H}{R}$$
$$\Leftrightarrow \alpha = \arctan\left(\frac{H}{R}\right)$$

Allerdings kann es bisweilen nötig sein, *H* noch zu berechnen. Das bewerkstelligen Sie mit der folgenden Formel:

$$H = h + \frac{h \cdot r}{R - r}$$

Kegelschnitte

Ein Doppelkegel der modernen Architektur

Von Kegeln lässt sich nicht nur die Spitze abschneiden, im Grunde genommen können Sie an jeder beliebigen Stelle einen Schnitt ansetzen. Das kann man, werden Sie nun vielleicht einwenden, doch mit jedem geometrischen Körper so handhaben. Mit einem solchen Gedanken haben Sie sicherlich Recht, aber so einzigartige und schöne Schnitte können Sie nur durch einen Kegel bzw. durch einen Doppelkegel machen, denn diese Figur stellt die Grundlage der Kegelschnitte dar. Einen Doppelkegel können Sie sich wie eine Sanduhr vorstellen, er besteht also aus zwei Kegeln, die senkrecht aufeinanderstehen und deren Spitzen zusammenstoßen.

Wie Sie der Grafik entnehmen können, führt man die Kegelschnitte für gewöhnlich in einem Koordinatensystem durch. Dabei befindet sich die Spitze der beiden Kegel im Ursprung des Koordinatensystems. Als Werkzeug für den Schnitt verwendet man auch kein handelsübliches Messer, sondern eine Ebene. Es gibt nun mehrere Möglichkeiten, wie die Ebene unsere Kegel schneiden kann.

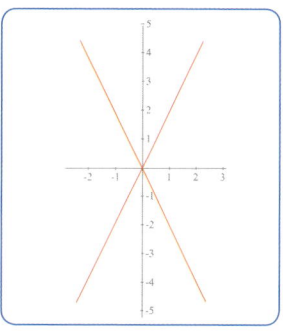

Schnittfiguren

Stellen Sie sich nun einmal vor, die Ebene steht senkrecht, ist parallel zur y-Achse ausgerichtet und geht durch den Ursprung des Koordinatensystems. Die Figur, die Sie dann erhalten, ist sehr unspektakulär, sie besteht aus zwei sich kreuzenden Geraden.

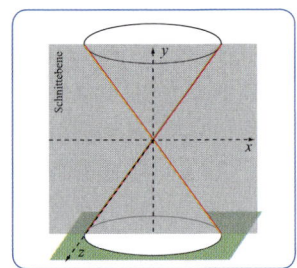

Nun beginnen wir die Ebene ein wenig zu neigen. Solange sie noch nicht parallel zu den „Kegelwänden" steht, erhalten wir als Ergebnis dieses Schnitts eine Hyperbel.

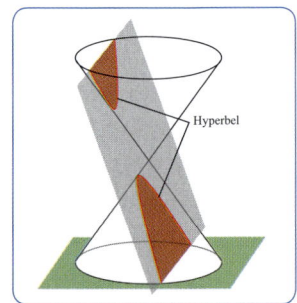

Drehen wir die Ebene nun noch weiter, erhalten wir schließlich eine einzelne Gerade. Das ist genau dann der Fall, wenn die Ebene den Mantel des Kegels berührt.

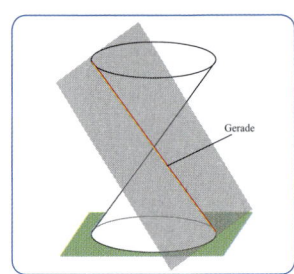

Nun belassen wir die Ebene parallel zum Mantel, verschieben sie aber entlang der y-Achse. In diesem Fall ergibt sich als Schnittfigur eine Parabel, wie Sie sehr schön anhand der Grafik sehen können.

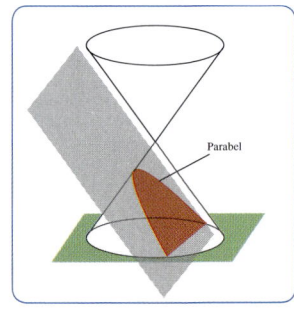

Wenn wir die Ebene nun weiter kippen, schneidet sie wieder beide Außenkanten des Kegels. Wir erhalten dann als Schnittfigur eine Ellipse.

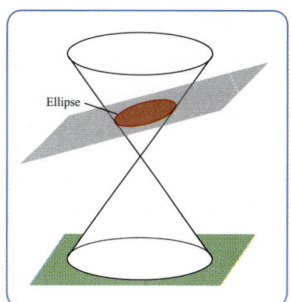

Kippen wir die Ebene so weit, dass sie parallel zur x-Achse liegt, erhalten wir einen waschechten Kreis. Auch diese beiden Schnitte können Sie sehr gut anhand der Grafik verfolgen.

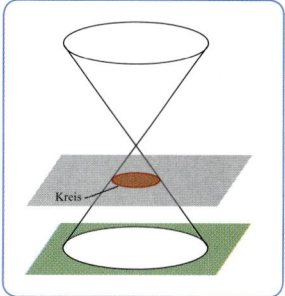

Wandert die Ebene nun nach oben und schneidet den Doppelkegel genau im Ursprung des Koordinatensystems, erhalten wir als Schnittfigur schließlich einen Punkt.

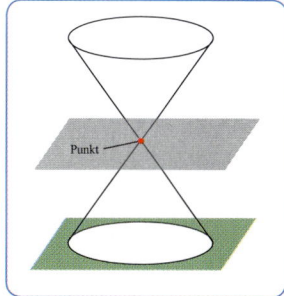

II. Algebra

Beträge

Mit Beträgen haben wir – zumindest umgangssprachlich – ständig zu tun. „Bitte überweisen
Sie den Rechnungsbetrag ohne Abzüge innerhalb
von 14 Tagen." Solche oder ähnliche gelegentlich
unliebsame Formulierungen finden sich auf fast
jeder Rechnung. Auch die Mathematik kann mit
Beträgen aufwarten.

Veranschaulichen kann man sich das Ganze gut anhand eines Zahlenstrahls:

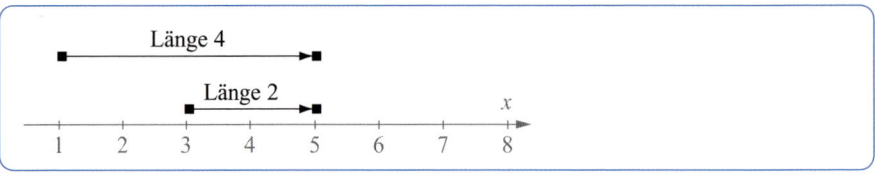

In der Grafik oben sehen Sie zwei Pfeile. Einer hat die Länge 4, der andere die Länge 2
(die Längeneinheiten spielen in diesem Fall einmal keine Rolle). Man kann nun sagen,
dass diese Pfeile natürliche Zahlen darstellen. Ihre Länge nennt man auch den Betrag
der entsprechenden Zahl. Dabei ist es unerheblich, in welche Richtung ein Pfeil weist.
Beim Betrag interessiert nur die wirkliche Länge. Ein Pfeil, der 4 Einheiten nach rechts
zeigt, ist schließlich genauso lang wie ein Pfeil, der 4 Einheiten nach links zeigt. Durch
die Pfeile auf dem Zahlenstrahl werden Differenzen dargestellt, die auch ein Vorzeichen
haben können.

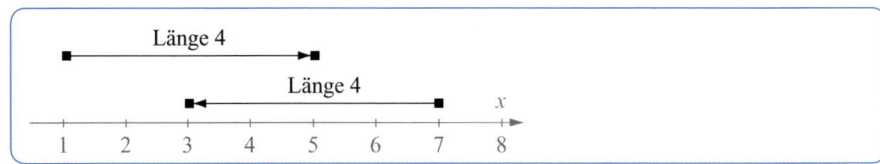

Das führt uns nun direkt und ohne weitere Umwege zur mathematischen Definition des Betrages:

> Für den Betrag einer Zahl a, geschrieben $|a|$, gilt:
> $$|a| = \begin{cases} a, \text{ für } a \geq 0 \\ -a, \text{ für } a < 0 \end{cases}$$

Man kann also sagen, dass die Betragsstriche eine negative Zahl positiv machen und eine positive Zahl nicht verändern.

Beträge in der Praxis

Beträge spielen überall dort eine Rolle, wo es um Abstände geht. Ein schönes Beispiel ist der Abstand zwischen den Zahlen -3 und 5.
Bei einer „normalen" Addition ergibt sich
$-3 + 5 = 2$
Das hat aber noch nichts mit dem Abstand zwischen beiden Zahlen zu tun. Hier kommen nun Beträge ins Spiel. Die Rechnung $|5 - (-3)| = |5 + 3| = 8$ führt zum korrekten Ergebnis.

Abstände: gut sichtbar am Meterstab

Auch in der Vektorrechnung, die u. a. in der Physik eine große Rolle spielt, können Beträge sehr wichtig werden, und zwar immer dann, wenn ausschließlich die Länge eines Vektors (und nicht seine Richtung) ausschlaggebend ist.

Kompliziertere Beträge

Grundsätzlich kann der Mathematiker natürlich zwischen die Betragsstriche schreiben, was ihm gefällt – oder besser ausgedrückt: was ihm notwendig erscheint. Dabei kommen dann schon einmal kompliziertere Ausdrücke als lediglich $|a|$ heraus. Auch bei der Auflösung dieser Beträge muss eine Fallunterscheidung gemacht werden. Überlegen Sie sich also immer, wann der Ausdruck zwischen den Betragsstrichen negativ ist und wann größer oder gleich null und was dann mit ihm geschieht. Sehen wir uns beispielsweise einmal folgenden Betrag an:

$|x - 3|$

Überlegen wir zunächst, wann der Ausdruck zwischen den Betragsstrichen einen negativen Wert annimmt. Das ist der Fall, wenn x kleiner als 3 ist. Man unterscheidet also:

$$|x - 3| = \begin{cases} x - 3, \text{ für } x \geq 3 \\ -(x - 3), \text{ für } x < 3 \end{cases}$$

Terme

Einer der zentralen Begriffe, der gerade in der Algebra (aber nicht nur dort) immer wieder auftaucht, ist der Term. Es ist wichtig, diesen Begriff an dieser Stelle einmal genau zu erklären (und sich diese Erklärung auch zu merken), denn im weiteren Verlauf werden wir noch häufig über ihn stolpern.

> Eine sinnvoll verknüpfte mathematische Zeichenreihe bezeichnet man als Term. Auch eine einzelne Zahl oder eine einzelne Variable kann ein Term sein.

Terme ohne Variablen sind z. B.:

1	$1 + 2$	$7 : 4$

Terme mit Variablen sind z. B.:

x	$1 + x$	$5x - 3$	$7x + b$

Keine Terme sind z. B.:

$2 = 7$	$3x - 4 < 9$

Nun, da wir geklärt haben, was überhaupt ein Term ist, gilt es noch Unterscheidungen innerhalb der Terme zu treffen.

Dabei bezeichnet man Terme mit gleichen Variablen als gleichartige Terme, z. B.:

$4x^2$	$-2x^2$	$\frac{1}{2} x^2$

Verschiedenartige Terme weisen keine gleichen Variablen auf, z. B.:

$$x^2y \qquad 3xy \qquad y^2x^2 \qquad \frac{1}{3}\,xy^2$$

Es gibt natürlich auch Terme, die aus anderen Termen zusammengesetzt sind. Ein solcher zusammengesetzter Term kann beispielsweise so aussehen:

$$4x + 3z - 2a^2 + 3z - a^2$$

Um mit solchen Gebilden sinnvoll umgehen zu können – der Term aus unserem Beispiel ist sogar noch vergleichsweise übersichtlich, da existieren ganz andere Kaliber –, gibt es eine Reihe von Rechenregeln, die wir Ihnen nun vorstellen möchten.

Da es sich auch hierbei noch um das grundlegende Handwerkszeug handelt, mit dem Sie später mathematische Aufgabenstellungen (wie das Lösen von Gleichungen) schnell und sicher bearbeiten können, finden sich hier nur selten praktische Beispiele.

Auflösen algebraischer Summen

Um Übersicht in algebraische Summen zu bringen, empfiehlt es sich, die Einzelterme zunächst zu ordnen und dann auszurechnen. Dabei müssen Sie natürlich sorgfältig auf die richtigen Vorzeichen achten:

$$4x + 4z - 2x - 5a + 2a^2 - 3x - 2a =$$
$$4x - 2x - 3x + 4z - 5a - 2a + 2a^2 =$$
$$-x + 4z - 7a + 2a^2$$

Nun können in Termen auch Klammern auftreten. Es empfiehlt sich, bei verschachtelten Klammern, wie in unserem gleich folgenden Beispiel, die Klammern von innen nach außen aufzulösen.

$$-[3y - \{4z + 4x + (5y + 3x - 2z - [3x - 2z])\}] =$$
$$-[3y - \{4z + 4x + (5y + 3x - 2z - 3x + 2z)\}] =$$
$$-[3y - \{4z + 4x + 5y + 3x - 2z - 3x + 2z\}] =$$
$$-[3y - 4z - 4x - 5y - 3x + 2z + 3x - 2z] =$$
$$-3y + 4z + 4x + 5y + 3x - 2z - 3x + 2z =$$
$$4x + 3x - 3x - 3y + 5y + 4z - 2z + 2z =$$
$$4x + 2y + 4z$$

Nicht alle Klammern sind zum Rechnen da.

Ausklammern und Ausmultiplizieren

Nun bestehen Terme unglücklicherweise nicht nur aus Summen, es kommen auch Multiplikationen und Divisionen vor. Reine Multiplikationen/Divisionen lassen sich dabei leicht ausrechnen (Achten Sie aber wiederum auf die Vorzeichen!).

$4x \cdot (-2z) \cdot 3z =$

$-24xz^2$

Allerdings hat es die Mathematik – und nicht nur sie, sondern das Leben überhaupt – so an sich, dass sie selten einfach und unkompliziert abläuft. Daher werden Sie in der Praxis häufig auf Terme stoßen, in denen Summen und Multiplikationen gemeinsam auftreten. Auch hier besteht kein Grund zur Verzweiflung, denn Sie können auch derartigen Gebilden effektiv zu Leibe rücken und ihnen so jeden Schrecken nehmen. Zwei grundlegende Operationen werden Sie dabei immer wieder anwenden: das Ausklammern und das Ausmultiplizieren.

> Das Zerlegen einer algebraischen Summe in Faktoren nennt man Ausklammern oder Faktorisieren. Wenn Sie ein Produkt in eine algebraische Summe zerlegen, nennt man diesen Vorgang Ausmultiplizieren.

Hier zunächst einmal ein Beispiel für das Ausklammern. Stellen Sie sich vor, im Verlauf einer Berechnung erhalten Sie irgendwann folgenden Term:

$ab - ax + ca - a^2d$

Beim Ausklammern kommt es darauf an, einen Faktor zu finden, der in allen Einzeltermen vorkommt. In unserem Fall ist das a. Diesen Faktor kann man nun vor die Klammer schreiben.

$a \cdot (b - x + c - ad)$

Was bei diesem Term noch nicht so sehr ins Gewicht fällt, kann bei komplizierteren Ausdrücken durchaus sehr zur Übersichtlichkeit beitragen.

Dieser ganze Vorgang funktioniert natürlich auch in die andere Richtung. Das nennt sich dann Ausmultiplizieren. Dabei muss natürlich jeder Einzelterm mit allen anderen Einzeltermen multipliziert werden. Nehmen Sie beispielsweise diesen Term:

$(2x - 3z) \cdot (4z - 4y + 2)$

Nach dem Ausmultiplizieren erhalten Sie folgenden Term:

$8xz - 12z^2 - 8xy + 12yz + 4x - 6z$

Da alle Einzelterme nun verschiedenartig sind, können Sie sie nicht weiter zusammenfassen.

Binomische Formeln

Viele berühmte mathematische Formeln oder Gesetzmäßigkeiten sind nach ihrem Entdecker benannt – wie z. B. der Satz des Pythagoras. Bei den binomischen Formeln ist das anders, sie stammen nicht von einem ominösen Herrn Binom, sondern tragen ihren Namen wegen der speziellen Terme, die Gegenstand dieser Formeln sind, den sogenannten Binomen.

> Ein Binom ist ein Term, der aus zwei Gliedern besteht.

Einige Beispiele für Binome sind $(a + b)$, $(4a - 9b)$, $(x - 3y)$.

Weiterhin kann man Binome nach ihrem Grad unterscheiden. Der Grad eines Binoms entspricht dabei dem Exponenten seiner äußeren Klammer. $(a - b)$ ist also ein Binom ersten Grades, $(x + y)^2$ ein Binom zweiten Grades usw. Je höher der Grad eines Binoms wird, desto komplizierter gestaltet sich natürlich auch seine Berechnung. An dieser Stelle kommen dann die binomischen Formeln ins Spiel, die diese Berechnungen ganz entscheidend vereinfachen – vorausgesetzt, Sie kennen die Formeln oder wissen, wie Sie sie herleiten können. Beides wollen wir Ihnen nun zeigen.

Für die Berechnung von Binomen zweiten Grades gibt es drei – ebenso berühmte wie berüchtigte – Formeln. Schülern wird im Mathematikunterricht nahe gelegt, diese Formeln so gut auswendig zu lernen, dass sie sie in jeder, aber auch wirklich jeder Situation herbeten können. Auch wenn Mathematiklehrer häufig zu Übertreibungen neigen, wenn es um ihr Fach geht, haben sie in diesem Fall tatsächlich uneingeschränkt recht.

Jetzt wollen wir Sie aber nicht mehr länger auf die Folter spannen, hier kommen die drei binomischen Formeln:

$$(a + b)^2 = a^2 + 2ab + b^2$$
$$(a - b)^2 = a^2 - 2ab + b^2$$
$$(a + b) \cdot (a - b) = a^2 - b^2$$

Anhand der ersten Formel lässt sich durch einfaches Ausmultiplizieren schnell zeigen, dass diese Ausdrücke auch wirklich stimmen.
$$(a + b)^2 = (a + b) \cdot (a + b) = a^2 + ab + ba + b^2 = a^2 + 2ab + b^2$$

Auch grafisch kann die Richtigkeit der ersten binomischen Formel dargestellt und nachgewiesen werden:

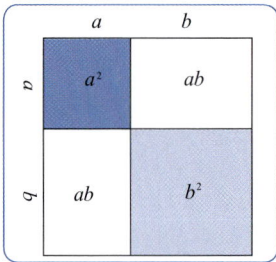

Für die beiden weiteren Formeln können Sie den Beweis analog antreten.

Rätselseiten knacken

Binomische Formeln tauchen in der Mathematik oft und gerne auf – und wie sieht das im „echten" Leben aus? Auch dort haben Sie immer wieder mit ihnen zu tun. Sie stellen eine wichtige Hilfe dar, wenn es z. B. um die Lösung von Gleichungen geht (mehr dazu erfahren Sie im Verlauf dieses Kapitels). Aber auch auf den Rätselseiten einschlägiger Magazine können sie sich verbergen.

Da wird dann beispielsweise eine Zahl x gesucht, die folgende Eigenschaften hat: Nimmt man das Produkt aus

Kreuzworträtsel muss man leider ohne binomische Formeln knacken.

der um 5 verkleinerten Zahl mit der um 5 vergrößerten Zahl, so ist dies um 25 kleiner als das Quadrat der Zahl selbst!

So, und jetzt langsam: Die Zahl lautet also x. Die um 5 verkleinerte Zahl muss also $x - 5$ sein, die um 5 vergrößerte Zahl entsprechend $x + 5$. Das Produkt dieser beiden – also $(x - 5) \cdot (x + 5)$ (Kommt Ihnen dieser Ausdruck irgendwie bekannt vor?) – soll nun gleich dem Quadrat der Zahl abzüglich 25 sein. Sie erhalten somit folgende Aufgabe:

$(x - 5) \cdot (x + 5) = x^2 - 25$

Mithilfe der dritten binomischen Formel können Sie die linke Seite dieser Gleichung wunderbar einfach ausrechnen und erhalten dann:

$x^2 - 25 = x^2 - 25$

$\Leftrightarrow 0 = 0$

Was sagt uns nun dieses Ergebnis? Ganz einfach: $0 = 0$ ist eine allgemeingültige Aussage. Sie können sie so interpretieren, dass die Gleichung für jedes beliebige x eine richtige Lösung liefert. Probieren Sie es aus!

Binome höheren Grades

Das Handwerkszeug, um mit Binomen zweiten Grades effektiv umgehen zu können, steht Ihnen nun zur Verfügung. Aber seien wir ehrlich – diese Terme lassen sich zur Not auch noch immer dann, wenn es nötig ist, ausrechnen. Viel fieser wird es hingegen, wenn Binome höheren Grades ins Spiel kommen. Selbst schon beim dritten Grad, also bei einem Binom wie $(a + b)^3$ ist das mit einer erklecklichen Rechnerei verbunden. Das ist nicht nur mühsam (Mühen gehen wir als Vollblutmathematiker natürlich niemals aus dem Weg), sondern auch fehleranfällig.

Nun sind wir aber nicht die einzigen Menschen, denen auffällt, dass eine unkomplizierte Lösung zur Berechnung von Binomen höheren Grades eine feine Sache wäre. Und so können wir Ihnen hier nun zunächst die Formeln für Binome dritten und vierten Grades präsentieren:

$$(a + b)^3 = a^3 + 3a^2b + 3ab^2 + b^3$$
$$(a + b)^4 = a^4 + 4a^3b + 6a^2b^2 + 4ab^3 + b^4$$

„Moment", wird da nun manch einer denken. „Das sieht alles aber gar nicht wie ein Zufall aus." Und es stimmt: Zufälle spielen in der Mathematik – zumindest an dieser Stelle – nahezu gar keine Rolle. Es muss also ein System hinter der ganzen Angelegenheit stecken. Um diesem System auf die Schliche zu kommen, schreiben wir noch einmal die rechten Seiten der Formeln für die Binome zweiten bis vierten Grades untereinander auf.

$$a^2 + 2ab + b^2$$
$$a^3 + 3a^2b + 3ab^2 + b^3$$
$$a^4 + 4a^3b + 6a^2b^2 + 4ab^3 + b^4$$

Einen besonderen Blick wollen wir dabei auf die Faktoren vor den einzelnen Termen, die aus a bzw. b und den zugehörigen Potenzen bestehen, werfen.

Diese Faktoren werden als Binomialkoeffizienten bezeichnet.

Um noch ein bisschen mehr Klarheit in die Angelegenheit zu bringen, schreiben wir jetzt als Beispiel das Binom 4. Grades noch ausführlicher auf:
$$(a + b)^4 = a^4b^0 + 4a^3b^1 + 6a^2b^2 + 4a^1b^3 + a^0b^4$$

Einige Dinge fallen nun schnell auf:
Die höchsten Exponenten entsprechen dem Grad des Binoms.
a fängt mit dem höchsten Exponenten an. Er verringert sich mit jedem Teilterm um 1, bis er den Wert 0 erreicht hat.
Mit b verhält es sich genau umgekehrt.

Diese Gesetzmäßigkeiten beschränken sich nicht nur auf unser Beispiel, sie sind allgemeingültig.

Das ist soweit schon einmal sehr schön, doch um beliebige Binome n-ten Grades berechnen zu können, benötigen wir auch noch Informationen über die Binomialkoeffizienten. Wie Sie an diese Informationen kommen – und dass das gar nicht so kompliziert ist – erfahren Sie im nächsten Kapitel.

Das Pascal'sche Dreieck

Die Verteilung der Potenzen in beliebigen binomischen Formeln kann als geklärt angesehen werden, nun wenden wir uns den Binomialkoeffizienten – also den Ausdrücken, die vor a und b stehen – zu. Wenn man nur diese untereinanderschreibt, ergibt sich folgendes Dreieck:

Blaise Pascal (1623–62)

```
                    1
                1       1
            1       2       1
        1       3       3       1
    1       4       6       4       1
 1     5      10      10      5       1
1    6     15      20      15      6      1
```

Man muss sich das Dreieck nicht lange ansehen, um festzustellen, dass die Zahlen nicht vom Himmel gefallen sind, sondern einer ganz bestimmten Regelmäßigkeit folgen. An der Spitze steht eine 1 und auch die jeweils erste und letzte Zahl in einer Reihe ist eine 1. Die anderen Zahlen ergeben sich dann aus der Addition der schräg über ihnen stehenden Zahlen – und schon ist das Pascal'sche Dreieck fertig. Was man genau mit diesen Zahlen anfangen kann, erschließt sich am besten, wenn wir nun noch die zur jeweiligen Zeile passenden Binome einblenden:

$$(a+b)^0 \qquad\qquad\qquad 1$$
$$(a+b)^1 \qquad\qquad\quad\; 1 \qquad 1$$
$$(a+b)^2 \qquad\qquad 1 \qquad 2 \qquad 1$$
$$(a+b)^3 \qquad\quad 1 \qquad 3 \qquad 3 \qquad 1$$
$$(a+b)^4 \qquad 1 \qquad 4 \qquad 6 \qquad 4 \qquad 1$$
$$(a+b)^5 \quad 1 \qquad 5 \qquad 10 \qquad 10 \qquad 5 \qquad 1$$
$$(a+b)^6 \; 1 \qquad 6 \qquad 15 \qquad 20 \qquad 15 \qquad 6 \qquad 1$$

Das Dreieck, das hier mit dem Binom sechsten Grades aufhört, lässt sich natürlich ohne Probleme beliebig weit fortsetzen – es bedarf lediglich simpler Additionen, um neue Zeilen hinzuzufügen.

Im Zusammenhang mit den Regeln, die wir weiter oben für die „Verteilung" der Potenzen aufgestellt haben, lässt sich nun also jedes beliebige Binom ohne allzu große Probleme ausrechnen.

Pascal und Fibonacci

Mit der Arbeitserleichterung beim Ausrechnen von Binomen begnügen sich Pascal'sche Dreiecke aber nicht, sie können noch viel mehr.

Hierzu unternehmen wir zunächst einen kleinen Ausflug in die Welt der Kaninchen. Die hatten es nämlich auch dem Mathematiker Leonardo da Pisa (auch als Fibonacci bekannt; um 1200) angetan. Er stellte sich folgende Frage:

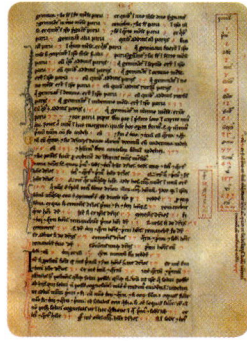

Leonardo da Pisa, auch bekannt als Fibonacci

„Ein Kaninchenpaar wirft vom zweiten Monat an monatlich ein junges Paar, das seinerseits vom zweiten Monat an monatlich ein Paar zur Welt bringt. Wie viele Kaninchen leben nach n Monaten, wenn zu Beginn ein junges Paar lebte?"

Leonardo da Pisa, Liber abbaci: Berechnung der Kaninchenfrage

Einige hundert Jahre später entwickelte Leonhard Euler (1707–83) ein Modell zur Berechnung dieser Frage. Die Formel zur Berechnung der Kaninchenanzahl k, die er fand, lautet:

$$k_n = k_{n-1} + k_{n-2} \text{ mit } k_1 = k_2 = 1$$

Die Zahlen, die bei diesen Berechnungen herauskommen, sind
1, 1, 2, 3, 5, 8, 13, 21, 34, 55, …
und werden auch Fibonacci-Zahlen genannt. Insbesondere in der Pflanzenwelt stößt man übrigens

dauernd auf Fibonacci-Zahlen. So ist die Anzahl der Blütenblätter von Blumen sehr häufig eine Fibonacci-Zahl. Rosen bringen es oft auf 34 oder 55 Blütenblätter. Bei Sonnenblumen, Gänseblümchen und Kiefernzapfen sind die Samen spiralförmig so angeordnet, dass beim Abzählen dieser Spiralen stets Fibonacci-Zahlen herauskommen.

	.1	.1	.2	.3	.5	.8	13	21
1								
1	1							
1	2	1						
1	3	3	1					
1	4	6	4	1				
1	5	10	10	5	1			
1	6	15	20	15	6	1		
1	7	21	35	35	21	7	1	

Und was hat das Ganze – so erstaunlich es auch sein mag – nun mit unserem Zahlendreieck zu tun? Ganz einfach: Wenn man das Dreieck richtig betrachtet, kann man aus ihm die Fibonacci-Zahlen ablesen. Um das zu verdeutlichen, schreiben wir das Dreieck ein wenig anders auf. Nun können Sie leicht erkennen, dass die Zahlen auf den eingetragenen Diagonalen addiert die Fibonacci-Zahlen ergeben.

Pascal und Sierpinski

Auch der polnische Mathematiker Waclaw Sierpinski (1882–1969) hat einem ganz speziellen Dreieck seinen Namen gegeben. Die Figuren in der Grafik stellen solche Sierpinski-Dreiecke dar.

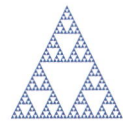

Das Konstruktionsprinzip ist recht einfach: Man unterteile ein Dreieck in vier kongruente Dreiecke. Das mittlere Dreieck wird nun herausgenommen, und der Vorgang mit den verbleibenden Dreiecken wieder durchgeführt.

Wenn Sie nun bei einem Pascal'schen Dreieck die ungeraden und die geraden Zahlen unterschiedlich markieren, erhalten Sie folgendes Bild:

Sie sehen also auch an diesen Beispielen, dass in der Mathematik viele Dinge auf ganz erstaunliche Art und Weise zusammengehören.

Binomialkoeffizienten

Mit dem Pascal'schen Dreieck haben wir nun eine ebenso einfache wie effektive Methode kennengelernt, die Binomialkoeffizienten zu bestimmen. Allerdings kann das einige Rechenarbeit mit sich bringen, wenn es um Binome sehr hohen Grades geht. Um sich dies zu ersparen, hat man eine allgemeine Formel zur Berechnung von Binomen entwickelt.

Zunächst einmal soll uns dabei die Ermittlung der Binomialkoeffizienten beschäftigen. Um hier direkt einmal mit der Tür ins Haus zu fallen, folgt nun die allgemeine Formel zu ihrer Bestimmung:

$$\binom{n}{k} = \begin{cases} \dfrac{n!}{k! \cdot (n-k)!}, \text{ für } 0 \leq k \leq n \\[2mm] 0, \text{ für } 0 \leq n < k \end{cases}$$

Das ist jetzt natürlich erst einmal ein ganz schöner Hammer und daher wollen wir uns der Formel nun in Einzelteilen widmen.

Zunächst wollen wir klären, was n und k eigentlich sind. n stellt im Pascal'schen Dreieck die Zeilennummer dar, k die Nummer der Spalte.

Der Ausdruck $\binom{n}{k}$ ist Ihnen wahrscheinlich auch noch nicht so oft über den Weg gelaufen. Hier fehlt nicht etwa der Bruchstrich, sondern man liest ihn „n über k".

Wie er berechnet wird, folgt auf der rechten Seite des Gleichheitszeichens. Aber auch dort hat sich ein auf den ersten Blick kryptisches Symbol versteckt: Das Ausrufezeichen. Es steht für die mathematische Operation „Fakultät". Dabei gilt: $n! = 1 \cdot 2 \cdot 3 \cdot 4 \cdot \ldots \cdot n$

Die Fakultät aus 5 beispielsweise berechnet sich also: $5! = 1 \cdot 2 \cdot 3 \cdot 4 \cdot 5 = 120$
Per Definition gilt ferner: $0! = 1$ und $1! = 1$.

Die Formel zur Bestimmung der Binomialkoeffizienten lässt sich also auch so aufschreiben (und kommt vielen Leuten in dieser Schreibweise wesentlich weniger bedrohlich vor):

$$\binom{n}{k} = \frac{n \cdot (n-1) \cdot (n-2) \cdot \ldots \cdot (n-k+1)}{1 \cdot 2 \cdot \ldots \cdot k}$$

Binomialkoeffizienten – und auch ihre Berechnung nach dieser Formel – tauchen später noch einmal auf, wenn es um das Thema Stochastik geht. In diesem Zusammenhang fällt dann für gewöhnlich auch ein wenig leichter der Groschen, da man es dort mit anschaulicheren Beispielen zu tun hat.

Der Weg von den Binomialkoeffizienten zu einer allgemeinen Formel zur Berechnung von Binomen n-ten Grades ist nun nicht mehr weit. Sie lautet:

$$(a+b)^n = \sum_{k=0}^{n} \binom{n}{k} \cdot a^{n-k} b^k$$

Wenn man die Summe ausschreibt (repräsentiert durch das Σ-Symbol, das große griechische Sigma), wird die Formel länger, aber auch ein wenig verständlicher.

$$(a+b)^n = \binom{n}{0} \cdot a^n b^0 + \binom{n}{1} \cdot a^{n-1} b^1 + \ldots + \binom{n}{n} \cdot a^0 b^n$$

Mengen und Mengenoperationen

Viele Menschen verbinden mit der Mengenlehre gleichzeitig die *Sesamstraße*, antiautoritäre Erziehung und die sozial-liberalen Bildungsreformen aus den 1970er-Jahren. Dabei ist das Arbeiten mit Mengen nun wirklich kein Phänomen der sogenannten 68er, denn bereits die Urmenschen haben den Umgang mit Mengen gekannt, wenngleich sie vielleicht die Überlegungen, die wir nun folgen lassen, noch nicht unbedingt vorgenommen haben.

Die Mengenlehre ist nicht zwingend ein Phänomen der 68er-Generation.

Wenn wir umgangssprachlich von einer Menge sprechen, meinen wir meist eine unbestimmte Anzahl, die schwierig zu zählen ist oder gar nicht quantitativ ausgedrückt werden kann. „Das ist aber eine Menge Arbeit", lässt sich nicht so ohne Weiteres in Zahlen ausdrücken. In der Mathematik drückt man sich gern – Sie haben es bereits mehrfach bemerkt – präziser aus.

> Eine Menge stellt in der Mathematik eine nach bestimmten Eigenschaften oder Kriterien vorgenommene Zusammenstellung beliebiger Dinge (man nennt sie die Elemente einer Menge) aus einem bestimmten Grundbereich dar.

Mengen werden üblicherweise mit lateinischen Großbuchstaben, also A, B, C, … bezeichnet, ihre Elemente mit Kleinbuchstaben a, b, c, … oder auch a_1, a_2, a_3, … Man schreibt die Elemente einer Menge, wenn man sie aufzählt, in geschweifte Klammern.

Ein weiterer Begriff ist im Zusammenhang mit Mengen wichtig: ihre Mächtigkeit. Die Mächtigkeit $|M|$ einer Menge bezeichnet dabei die Anzahl ihrer Elemente. Die Mächtigkeit der Menge der Wochentage ist also 7 – so einfach geht das!

Beispiele für Mengen

A soll die Menge aller Wochentage sein, die mit einem *M* beginnen. Der Grundbereich ist in diesem Fall leicht zu ermitteln: Er wird durch alle Wochentage gebildet.

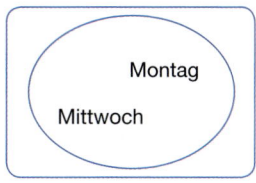

 Es gilt dann:

$A = \{Montag, Mittwoch\}$

Um auszudrücken, dass der Montag ein Element der Menge *A* ist, schreibt man kurz *Montag* $\in$ *A*. Entsprechend bedeutet *Samstag* $\notin$ *A*, dass der Samstag kein Element der Menge *A* darstellt.

Eine weitere Menge, der Sie in der Mathematik häufig begegnen, ist die Menge der natürlichen Zahlen $\mathbb{N} = \{1, 2, 3, \ldots\}$. Hierbei handelt es sich um eine unendliche Menge, während die Menge *A* aus unserem ersten Beispiel einfach als endliche Menge zu erkennen ist.

Mengendarstellungen

In unserem ersten Beispiel ist es einfach, die Menge darzustellen, indem man ihre Elemente aufzählt (schließlich handelt es sich nur um zwei). Das ist aber nicht immer so problemlos. Nehmen wir einmal an, Sie wollen alle ungeraden natürlichen Zahlen in einer Menge *B* zusammenfassen. $B = \{1, 3, 5, 7, \ldots\}$ ist zwar eine mögliche Darstellung, aber weder vollständig noch präzise. In diesem Fall bietet sich eine andere Form der Mengendarstellung an, nämlich die beschreibende Form:

$B = \{a | a \text{ ist eine ungerade Zahl}\}$

Gelesen wird das Ganze dann so: Die Menge *B* besteht aus Elementen *a*, für die gilt: *a* ist eine ungerade Zahl.

Zur Lösung bestimmter Probleme kann es auch sehr hilfreich sein, eine grafische Mengendarstellung zu verwenden. Hier haben sich Kreise oder Ellipsen (bzw. ihnen ganz ähnliche Gebilde – das hängt von der Kunstfertigkeit des Zeichners ab) eingebürgert. Diese Mengendarstellung dürfte Ihnen sicherlich geläufig sein.

Besondere Mengen

Wenn man sich mit Mengen in der Mathematik beschäftigt und über sie spricht, unterscheidet man einige spezielle Mengen. Diese und die zugehörigen Schreibweisen wollen wir Ihnen nun kurz vorstellen.

Teil- und Obermenge

Bleiben wir zunächst bei unseren Wochentagen. Die Wochentage, die mit dem Buchstaben M anfangen, sind ja nicht nur Elemente der Menge A aus unserem Beispiel, sondern auch Elemente der Menge aller Wochentage, die wir einmal W nennen wollen.

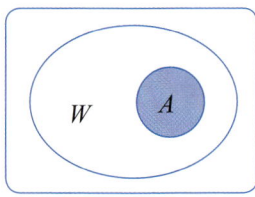

Teilmenge

Man kann dann auch sagen, dass A eine Teilmenge von W ist. Man schreibt dann $A \subseteq W$. Umgekehrt bezeichnet man W als Obermenge von A und schreibt entsprechend $W \supseteq A$.

Potenzmenge

Jetzt treiben wir die Sache mit den Teilmengen noch ein Stückchen weiter. Man könnte sich ja auch vorstellen, dass jede Teilmenge ein Element in einer anderen übergeordneten Menge ist. Dann erhält man also die Menge aller Teilmengen.

Die Menge aller Teilmengen einer Menge A nennt man Potenzmenge $P(A)$.

Schnittmenge

Zwei Mengen können natürlich auch in anderen Beziehungen zueinander stehen, als gerade dargestellt. Beispielsweise kann der Fall auftreten, dass sie sich einige ihrer Elemente „teilen". Die Menge dieser gemeinsamen Elemente bildet dann die Schnittmenge der Mengen A und B; man schreibt: $A \cap B$.

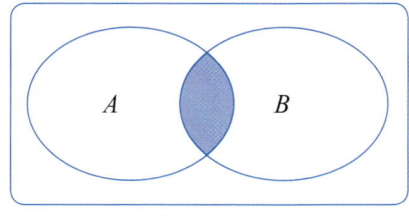

Schnittmenge

Will man diesen Sachverhalt mathematisch korrekt ausdrücken, schreibt man:

$$A \cap B = \{x | x \in A \text{ und } x \in B\}$$

Veranschaulichen kann man das schön am Beispiel einer Schule. Hier dürfen, nehmen wir an, die Schüler und Schülerinnen bestimmte Fächer aus einem Fächerangebot frei wählen. In Menge A versammeln wir nun alle Schüler/innen, die einen zusätzlichen Mathematikkurs gewählt haben. In Menge B werden all diejenigen zusammengefasst, die einen Fußballkurs belegen. Da beide Kurse nicht gleichzeitig stattfinden, können Schüler/innen also theoretisch beide Kurse wählen. In der Schnittmenge aus A und B befinden sich nun also all diejenigen Schüler/innen, die sowohl Mathematik als auch Fußball gewählt haben – eine seltene Spezies.

Rechnen? Oder Fußball? Oder beides?!?

Vereinigungsmenge

Dort, wo es ein „und" gibt, lauert irgendwo, nicht weit entfernt, zumeist auch ein „oder". Das ist auch hier der Fall. Wie sieht es also aus, wenn eine Menge nicht nur die Elemente enthält, die in A und B gleichzeitig vorhanden sind, sondern auch solche, die es nur in A oder B gibt. Dann erhalten wir die sogenannte Vereinigungsmenge $A \cup B$, die alle Elemente aus beiden Mengen enthält.

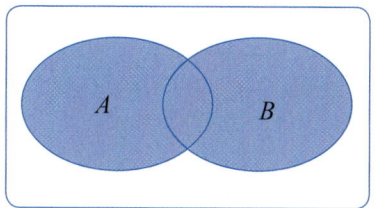

Vereinigungsmenge

$$A \cup B = \{x | x \in A \text{ oder } x \in B\}$$

Wenn beide Kurse aus unserem vorherigen Beispiel einen gemeinsamen Ausflug zum Fußball-Länderspiel machen wollen, muss der Mathematiklehrer, der dieses Event organisiert, die Vereinigungsmenge aus beiden Kursen bilden, um zu ermitteln, wie viele Eintrittskarten und Bustickets er besorgen soll.

Restmenge

Einen Fall gilt es nun noch zu betrachten. Man kann natürlich auch die Menge
A nehmen und alle Elemente der Menge
B entfernen. Dann erhält man die sogenannte Restmenge $A\backslash B$.

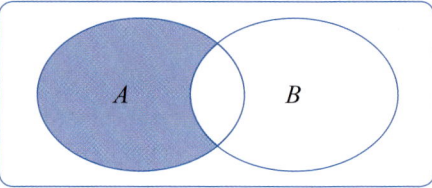

Restmenge

$$A\backslash B = \{x|x \in A \text{ und } x \notin B\}$$

Bleiben wir noch einen Moment bei unserem Schulbeispiel. Nun steht nämlich die
Matheolympiade an und die Schüler/innen des Mathematikkurses sollen selbst auswählen, wer von ihnen an diesem besonderen Wettkampf teilnimmt. Schließlich entscheiden sie, dass diejenigen unter ihnen, die zusätzlich noch Fußball spielen, nur
halbherzig die Mathematik betreiben und deshalb lieber zu Hause bleiben sollen (die
protestieren aber gar nicht dagegen, denn am selben Tag findet ein Fußballturnier
statt …). Die Restmenge der Schüler/innen beider Kurse stellt sich also dem mathematischen Wettbewerb.

Mengenprodukt

Man kann mit zwei Mengen bzw. mit den Elementen aus zwei Mengen noch weitere
Dinge anstellen. So lässt sich z. B. ein Mengenprodukt $A \times B$ (sprich: A kreuz B)
bilden. Dabei werden geordnete Paare aus allen Elementen der beiden Mengen gebildet.

Geordnete Paare und vor allem die Ordnung dieser Paare sind in der Mathematik
sowieso sehr wichtig, wie ein Beispiel zeigt,
das nicht aus der Mengenlehre kommt. Bei
der Subtraktion zweier Zahlen kommt es
– das ist leicht einsichtig – entscheidend
auf die Ordnung der beiden Zahlen an. Das
Ergebnis von $7 - 3$ ist schließlich komplett
anders als das Ergebnis von $3 - 7$.

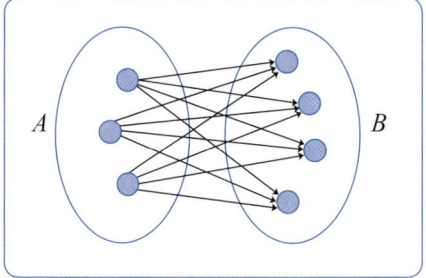

Mengenprodukt

Aber zurück zum Mengenprodukt bzw. zur Produktmenge, wie man auch sagt. Die ist in der Mathematik so definiert:

> Das Mengenprodukt der beiden Mengen A und B besteht aus allen geordneten Paaren $(a;b)$. Dabei nennt man das Element $a \in A$ die 1. Komponente oder 1. Koordinate des geordneten Paares und das Element $b \in B$ entsprechend die 2. Komponente bzw. 2. Koordinate.
> $A \times B = \{(a;b)|a \in A \text{ und } b \in B\}$

Bisweilen wird das Mengenprodukt auch als Kreuzprodukt bezeichnet.

Nehmen wir als Beispiel einmal folgende Mengen A und B:

$A = \{1, 2, 3\}$
$B = \{a, b\}$

Nun lässt sich das Mengenprodukt bestimmen. Wir vergleichen beide möglichen Fälle und sehen, wie wichtig die Ordnung der Paare ist.

$A \times B = \{(1;a), (2;a), (3;a), (1;b), (2;b), (3;b)\}$
$B \times A = \{(a;1), (a;2), (a;3), (b;1), (b;2), (b;3)\}$

Bruchrechnung

Es ist eine nahezu philosophische Frage, ob man ein zur Hälfte gefülltes Glas als bereits halb leer oder noch halb voll bezeichnen möchte. Die Mathematik mischt sich in dieses Problem nicht ein. Sie ist hier lediglich an der quantitativen Feststellung interessiert, dass die eine Hälfte des Inhalts verschwunden und die andere Hälfte noch vorhanden ist. Diese Aussage kann sie

Ist das Glas halb voll oder halb leer?

aber nur treffen, da ihr mit den Brüchen eine bestimmte Form von Zahlen zur Verfügung steht, die Teile eines Ganzen bezeichnen.

Ein Bruch ist eine Zahl in der Form $\frac{a}{b}$. Dabei sind a und b ganze Zahlen und es gilt $b \neq 0$ (da eine Division durch 0 nicht definiert und damit unzulässig ist).
a wird Zähler des Bruchs genannt, b Nenner.

Im Zähler eines Bruchs darf übrigens durchaus die 0 stehen. In diesem Fall ist der Wert des kompletten Bruchs 0 (denn auch ein Teil von nichts ist immer noch nichts – doch auch das führt wieder in philosophische Regionen).

Brüche lassen sich in verschiedene Kategorien einteilen. Als Stammbruch bezeichnet man einen Bruch, der im Zähler eine 1 aufweist. Mit einem echten Bruch haben Sie es zu tun, wenn der Zähler kleiner als der Nenner ist. Im umgekehrten Fall, also wenn der Zähler größer als der Nenner ist, spricht man von einem unechten Bruch. Ein unechter Bruch lässt sich in eine sogenannte gemischte Zahl (z. B. $\frac{5}{4} = 1\frac{1}{4}$) umwandeln.

Wenn es darum geht, Brüche zu veranschaulichen, greift man immer wieder gerne zu Tortenvergleichen. Eine ganze Torte muss geteilt werden und man erhält – je nach Gusto des Autors – eine halbe, eine dritte, eine achtel Torte. Es liegt übrigens nicht an der Vorliebe von Mathematikern für süße Sachen, dass dieses Beispiel immer wieder auftaucht, sondern daran, dass es sich auch wunderbar grafisch darstellen lässt. Ebenso gut funktioniert es mit einem Ziffernblatt. Hin und wieder werden in Mathematikbüchern zur Einführung der Bruchrechnung auch Balken zersägt, das erscheint aber deutlich weniger plakativ – und schmackhaft ist es auch nicht.

Ein schmackhaftes Stück Bruchrechnung

Kürzen und Erweitern

Natürlich kann man mit Brüchen auch vorzüglich rechnen. Zwei Grundfertigkeiten sind dabei von großer Wichtigkeit: das Kürzen und das Erweitern.

> Beim Kürzen dividiert man Zähler und Nenner des Bruchs durch die gleiche Zahl. Beim Erweitern multipliziert man Zähler und Nenner eines Bruchs mit der gleichen Zahl. Dabei bleibt der Wert des Bruchs jeweils erhalten.

Nehmen wir z. B. den Bruch $\frac{1}{2}$ und erweitern ihn mit 3, so erhalten wir $\frac{1 \cdot 3}{2 \cdot 3} = \frac{3}{6}$. Wollen wir den Bruch $\frac{3}{12}$ sinnvoll kürzen, wählen wir als Faktor die 3 und erhalten $\frac{3 : 3}{12 : 3} = \frac{1}{4}$. Dabei ist es recht verständlich, dass die Brüche vor und nach dem Erweitern bzw. Kürzen gleich sind.

Verwirrung kann nun entstehen, wenn man gleiche Brüche mit den sehr ähnlich klingenden gleichnamigen Brüchen verwechselt.

> Zwei Brüche heißen gleich, wenn sie den gleichen Wert haben.
> Zwei Brüche heißen gleichnamig, wenn sie den gleichen Nenner haben.

Die Brüche $\frac{2}{3}$ und $\frac{27}{3}$ sind also gleichnamig. Man kann sie aber auf keinen Fall als gleich bezeichnen. Langsam pirschen wir uns nun an das Rechnen mit Brüchen heran, denn es gibt eine Möglichkeit, Brüche, die nicht gleichnamig sind, gleichnamig zu machen.

Hauptnenner

Das Zauberwort hierbei heißt Hauptnenner. Man kann Brüche gleichnamig machen, indem man sie auf einen Hauptnenner bringt. Wie das geht, wollen wir Ihnen anhand der Brüche $\frac{1}{3}$, $\frac{1}{4}$ und $\frac{1}{6}$ demonstrieren.

Zunächst einmal müssen Sie das kleinste gemeinsame Vielfache (kgV) der einzelnen Nenner suchen.

Die Vielfachen von 3 sind: 6, 9, 12, 15 …

Die Vielfachen von 4 sind 8, 12, 16, 20 …

Die Vielfachen von 6 sind 12, 18, 24, 30 …

Das kleinste gemeinsame Vielfache ist also 12.

Nun müssen alle Brüche so erweitert werden, dass in ihrem Nenner die 12 steht. Die Zahl x, mit der sie erweitert werden müssen, lässt sich einfach aus $x = \dfrac{kgV}{Nenner}$ ermitteln. Für den ersten Bruch heißt das $x = \dfrac{12}{3} = 4$, beim zweiten Bruch ist $x = 3$ und beim Dritten ist $x = 2$.

Nun ist also klar, wie die Brüche erweitert werden müssen. Wir erhalten letztlich nach dem Erweitern mit x:

$$\frac{1 \cdot 4}{3 \cdot 4} = \frac{4}{12} \qquad \frac{1 \cdot 3}{4 \cdot 3} = \frac{3}{12} \qquad \frac{1 \cdot 2}{6 \cdot 2} = \frac{2}{12}$$

Nun verfügen alle Brüche offensichtlich über den gleichen Nenner, sie sind gleichnamig.

Rechnen mit Brüchen

Nun, da wir verschiedene Brüche auf einen Nenner bringen können, fällt uns das Rechnen mit ihnen auch nicht mehr schwer. In der Tat stellt das Finden des Hauptnenners häufig das größte Problem beim Umgang mit Brüchen dar. Hier sollten Sie also besonders aufmerksam vorgehen.

Addition

Wenn Sie zwei Brüche addieren möchten, gehen Sie folgendermaßen vor (das Vorgehen funktioniert analog auch bei mehr als zwei Brüchen, aber der Übersichtlichkeit halber bleiben wir hier auf der einfachsten Stufe):

> Um zwei Brüche zu addieren, bringen Sie die Brüche zunächst auf einen Hauptnenner und addieren dann die beiden Zähler.

Beispiel:

$$\frac{1}{2} + \frac{1}{3} = \frac{3}{6} + \frac{2}{6} = \frac{3+2}{6} = \frac{5}{6}$$

Subtraktion

Das Vorgehen bei der Subtraktion unterscheidet sich nicht substanziell von demjenigen bei der Addition.

> Um zwei Brüche zu subtrahieren, bringen Sie die Brüche zunächst auf einen Hauptnenner und subtrahieren dann die beiden Zähler.

Beispiel:

$$\frac{1}{2} - \frac{1}{3} = \frac{3}{6} - \frac{2}{6} = \frac{3-2}{6} = \frac{1}{6}$$

Multiplikation

Bei der Multiplikation zweier Brüche ist es nicht erforderlich, den Hauptnenner zu finden. Bei dieser Operation gehen Sie einfach so vor:

> Um zwei Brüche zu multiplizieren, multiplizieren Sie jeweils ihre Zähler und Nenner miteinander.

Beispiel:

$$\frac{1}{4} \cdot \frac{1}{5} = \frac{1 \cdot 1}{4 \cdot 5} = \frac{1}{20}$$

Die Multiplikation von Brüchen benötigen Sie u. a. immer dann, wenn es in einer Aufgabenstellung (sinngemäß) heißt, sie mögen einen Bruchteil *von* einem anderen Bruchteil bestimmen. In unserem Beispiel bestimmen wir also ein Fünftel *von* einem Viertel. Es ist wichtig, sich dies zu merken, um in einem solchen Fall nicht etwa die Division anzuwenden, was das Ergebnis sehr verfälschen würde. Um solche Fehler zu vermeiden, sollte man sich immer vergegenwärtigen, mit welcher Rechenoperation man es zu tun hat.

Division

Um zwei Brüche dividieren zu können, benötigen Sie eine neue Art von Brüchen, die man Kehrwerte nennt. Man bildet sie ganz einfach, indem man Zähler und Nenner vertauscht. Der Kehrwert von $\frac{2}{3}$ ist also $\frac{3}{2}$.

> Um einen Bruch durch einen anderen zu dividieren, multiplizieren Sie den ersten Bruch mit dem Kehrwert des zweiten.

Beispiel:

$$\frac{1}{4} : \frac{1}{5} = \frac{1}{4} \cdot \frac{5}{1} = \frac{1 \cdot 5}{4 \cdot 1} = \frac{5}{4}$$

Man kann eine Division auch als Doppelbruch schreiben.

$$\frac{1}{4} : \frac{1}{5} = \frac{\dfrac{1}{4}}{\dfrac{1}{5}}$$

Bei der Auflösung derartiger Doppelbrüche müssen Sie unbedingt darauf achten, den Kehrwert des Nenners zu bilden.

Dezimalzahlen

Brüche, wie wir sie bislang kennengelernt haben, lassen sich immer auch als Dezimalzahlen aufschreiben. So kann man für $\frac{1}{4}$ auch 0,25 schreiben. Den Bruch $c = a : b$ können Sie durch einfaches schriftliches Dividieren ermitteln.

Im günstigsten Fall erbringt das Ergebnis dieser Division ab einer bestimmten Nachkommastelle nur noch das Ergebnis 0. Eine solche Dezimalzahl nennt man auch abbrechend. Die 0,25 in unserem einführenden Beispiel ist eine solche abbrechende Dezimalzahl.

In Form von Prozentangaben begegnet uns der Dezimalbruch auch häufig im alltäglichen Leben.

Sehen wir uns nun einmal die Darstellung von $\frac{1}{3}$ als Dezimalzahl an. Die Berechnung ergibt 0,33333… Hier wiederholt sich die 3 unendlich lange. In diesem Fall, also wenn sich ab einer bestimmten Stelle die Zahlen immer wiederholen, spricht man von einer periodischen Dezimalbruchentwicklung. Man schreibt dann auch $0,\overline{3}$. Der Querstrich über den Nachkommastellen signalisiert die sich periodisch wiederholenden Bestandteile. $2,34\overline{567}$ bedeutet also 2,34567567567… Dabei wird die Ziffernfolge 34 als Vorperiode bezeichnet und die 567 als Periode. Wenn bereits die erste Ziffer hinter dem Komma zur Periode zählt, haben Sie es mit einer reinperiodischen Dezimalbruchentwicklung zu tun, ansonsten liegt – wie in unserem zweiten Beispiel mit der 567 eine gemischtperiodische Dezimalbruchentwicklung vor.

Proportionalität

Wenn uns ein Körper oder Gegenstand merkwürdig erscheint (was auch häufig bei dessen künstlerischen Darstellung der Fall ist), erkennen wir immer wieder als Ursache für unsere Irritation, dass „die Proportionen irgendwie nicht stimmen". Wie ein Gegenstand aussieht, dessen Proportionen stimmen, erfahren Sie weiter unter. Hier wollen wir uns zunächst dem mathematischen Begriff der Proportionalität widmen.

Ganz allgemein sagt die Mathematik zu diesem Thema:

> Eine Proportion ist der Quotient zweier Zahlen oder Größen.

Man kann deshalb sagen, dass eine Proportionalität zwischen zwei Zahlen oder Größen besteht, wenn sie immer im gleichen Verhältnis stehen.

Bekannte Proportionen

Ein bekanntes Beispiel aus der Geometrie ist die Proportionalität (oder das Verhältnis) von Kreisdurchmesser zu Kreisumfang. Der Proportionalitätsfaktor zwischen diesen beiden Größen ist π.

Auch beim Kauf von Waren stoßen wir auf einen prominenten Proportionalitätsfaktor. Der Betrag der Mehrwertsteuer ist hier nämlich proportional zum Nettopreis der Ware, der Faktor beträgt (derzeit) 0,19.

Man unterscheidet grundsätzlich zwischen zwei verschiedenen Arten von Proportionalität: der direkten und der umgekehrten Proportionalität.

Direkte Proportionalität

> Man spricht von einer direkten Proportionalität zwischen zwei veränderlichen Größen a und b, wenn ihr Quotient eine feste Zahl c ist. Es gilt also: $\frac{a}{b} = c$.
> c wird in diesem Fall Proportionalitätsfaktor genannt.

Nehmen wir zum Beispiel die Proportion zwischen der Menge eines Lebensmittels und seines Preises. Einige Werte sind in der folgenden Tabelle festgehalten:

Preis in Euro	2	4	8	16
Menge in kg	1	2	4	8

$$c = \frac{Preis}{Menge} = 2$$

Bleiben wir noch ein wenig bei diesem Beispiel. Man kann sich nun auch vorstellen, die Werte für den Preis und das Gewicht des Lebensmittels in ein Koordinatensystem einzutragen. Stellen wir uns vor, dass auf der x-Achse der Preis und auf der y-Achse das Gewicht eingetragen wird. Stellen wir uns ferner vor, dass wir die Punkte, die wir auf diese Weise erhalten, miteinander verbinden. Wir erhalten dann eine Gerade, die durch den Ursprung des Koordinatensystems geht.

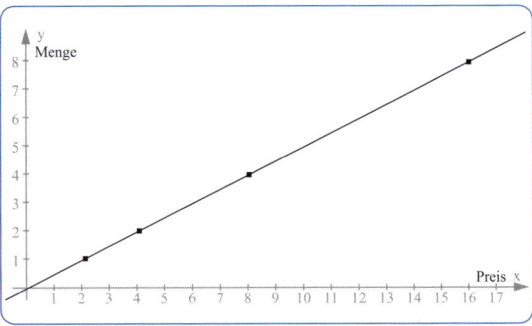

Sie erkennen eine direkte Proportionalität daran, dass sich bei der Verdoppelung, Verdreifachung, Vervierfachung … des Ausgangswerts der Zielwert entsprechend auch verdoppelt, verdreifacht, vervierfacht …

Umgekehrte Proportionalität

Man spricht von einer umgekehrten Proportionalität zwischen zwei Größen a und b, wenn gilt $c = a \cdot b$. Dabei ist c eine feste Zahl. Auch in diesem Fall wird c Proportionalitätsfaktor genannt.

Bleiben wir auch jetzt noch ein wenig in kulinarischen Gefilden und stellen wir uns vor, dass auf dem Tisch eine schöne leckere Pizza steht. Mehr gibt es nicht. Befindet sich nur eine Person im Raum, darf sie die ganze Pizza allein essen. Sind zwei Personen dort, muss gerecht geteilt werden und jeder bekommt die Hälfte. Bei drei Personen ist es ein Drittel usw. Tabellarisch stellt sich die Situation so dar:

Personen	1	2	3	4
Pizza	1	$\frac{1}{2}$	$\frac{1}{3}$	$\frac{1}{4}$

Der Proportionalitätsfaktor lässt sich hier einfach als $c = 1$ bestimmen.

Eine umgekehrte Proportion können Sie daran erkennen, dass das Verdoppeln, Verdreifachen, Vervierfachen … des Ausgangswerts eine Halbierung, Drittelung, Viertelung … des entsprechenden Zielwerts nach sich zieht.

Trägt man nun die Ergebnisse in ein Koordinatensystem ein, erhält man einen ganz anderen Kurvenverlauf. Das Ergebnis ist nun eine Hyperbel.

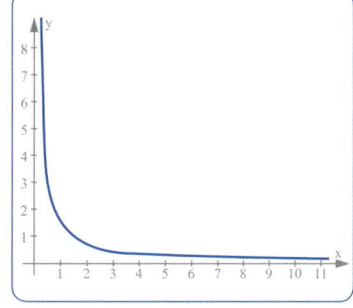

Göttliche Proportionen oder der Goldene Schnitt

Ideale Proportionen und das individuelle Schönheitsempfinden sind ganz persönliche Einstellungen und lassen sich nicht mathematisch berechnen. Wirklich nicht? Tatsächlich scheint es so zu sein, dass bestimmte Proportionen den Menschen eher ansprechen als andere.

So hat beispielsweise schon der griechische Mathematiker Eudoxos (um 410–350 v. Chr.) Legenden zufolge Freunden einen Stab gereicht und sie gebeten, den Punkt auf dem Stab zu kennzeichnen, der ihnen am besten gefiele. Die Meisten wählten demnach einen Punkt, der den Stab so aufteilte, dass sich der kleinere Abschnitt zum größeren Abschnitt so verhielt wie der größere Abschnitt zur gesamten Stocklänge.

Exakt mathematisch bestimmen lässt sich der Punkt nur schwer, aber das Verhältnis vom langen zum kurzen Stück ist ungefähr 55 : 34, das entspricht einem Proportionalitätsfaktor von ca. 1,6.

Auch Künstler und Architekten ließen sich von diesem Faktor, der übrigens mit dem griechischen Buchstaben „Phi" (Φ bzw. φ) benannt wird, inspirieren. Besonders bekannt dürfte hier eine Illustration Leonardo da Vincis sein, die einen nackten Mann mit ausgestreckten Armen zeigt, der in einem Quadrat steht, das in einen Kreis einbeschrieben ist. Der Radius des Kreises verhält sich zur Seitenlänge des Quadrats nach der beschriebenen „göttlichen Proportion" – wie der Mathematiker Luca Pacioli das Verhältnis bereits 1509 in einem Buch nannte.

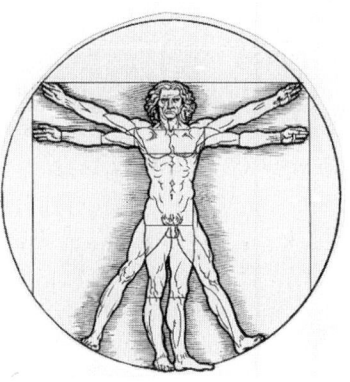

Der vitruvianische Mensch,
Skizze von Leonardo da Vinci

Diese göttliche Proportion wurde später auch als der „Goldene Schnitt" bekannt, der als Inbegriff von Harmonie und Ästhetik angesehen wird.

Dreisatz

Neben den vier Grundrechenarten stellt der Dreisatz sicherlich das zentrale Werkzeug in der „Alltagsmathematik" dar. Das Schöne am Dreisatz ist, dass er einem überschaubaren Lösungsschema folgt und zumeist auf einfachen alltäglichen Überlegungen beruht. Man unterscheidet drei Formen des Dreisatzes, die gleichwohl alle eng miteinander verwandt sind.

Einfacher direkter Dreisatz

Diese Art des Dreisatzes folgt immer einer Fragestellung, die so ähnlich wie in dem nun folgenden Beispiel aussieht:

2 Hunde fressen pro Tag 3 Dosen Hundefutter. Wie viele Dosen Hundefutter fressen 5 Hunde täglich?
Die Lösung ist recht einfach zu ermitteln und erfolgt in drei Schritten (daher auch der Name Dreisatz):
1) 2 Hunde fressen 3 Dosen.

2) Dann frisst 1 Hund $\frac{3}{2}$ Dosen.

3) 5 Hunde fressen folglich $5 \cdot \frac{3}{2} = \frac{5 \cdot 3}{2} = \frac{15}{2} = 7\frac{1}{2}$ Dosen.

Der zentrale Schritt hierbei ist eigentlich der zweite Schritt, in dem der Schluss auf die Einheit (wie viele Dosen frisst 1 Hund pro Tag?) vorgenommen wird.

Man kann das Ganze nun auch noch ein wenig formaler ausdrücken:

> Bei einem einfachen direkten Dreisatz hängt eine Größe b von einer Größe a so ab, dass gilt: $\frac{b}{a} = c$, wobei c immer eine feste Zahl ist.

Bemerken Sie etwas? Richtig, der Dreisatz ist eng mit der Proportionalität aus dem letzten Kapitel verknüpft.

Einfacher umgekehrter Dreisatz

Aufgaben, die nach dem Prinzip des einfachen umgekehrten Dreisatzes „gestrickt" sind (unterhalten Sie sich einmal mit einem Mathematiker und Sie werden sich wundern, wie häufig diese Wissenschaftler etwas „stricken"), haben alle mehr oder weniger eine solche Form:

3 Bagger brauchen für das Ausschachten eines Kellers 2 Stunden. Wie lange brauchen 6 Bagger für diese Aufgabe?

Auch hier ist die Lösung einfach zu ermitteln:

1) 3 Bagger benötigen 2 Stunden.

2) 1 Bagger benötigt $3 \cdot 2 = 6$ Stunden.

3) 6 Bagger erledigen diese Aufgabe

   in $\dfrac{6}{6} = 1$ Stunde.

Wie lange brauchen fünf Bagger?

Auch hier stellt der zweite Schritt wieder die zentrale Operation dar, um letztlich auf das Ergebnis zu kommen.

Die formale Version wollen wir Ihnen natürlich nicht vorenthalten.

> Beim einfachen umgekehrten Dreisatz hängt eine Größe b von einer Größe a so ab, dass gilt: $a \cdot b = c$, wobei c immer eine feste Zahl ist.

Doppelter Dreisatz

Bisher war immer die Rede von einem einfachen Dreisatz, da liegt die Vermutung nahe, es gebe auch einen doppelten. Und diese Vermutung erweist sich hiermit als richtig.

Wie der Name schon suggeriert, beruht der doppelte Dreisatz auf einer zweifachen Ausführung eines einfachen Dreisatzes. Der ist aber nur unwesentlich komplizierter als die beiden bislang vorgestellten Modelle. Wichtig hierbei ist es allerdings, den Überblick zu bewahren. Sehen wir uns zunächst wieder ein Beispiel an:

5 Personen trinken während einer Konferenz an 3 Tagen morgens 30 Tassen Kaffee. Wie viel Kaffee nehmen 8 Personen an 2 Morgen zu sich? Zur Lösung benötigen wir hier nun fünf Schritte – und trotzdem ist es das bekannte Schema, wie Sie sehen werden:

1) 5 Personen brauchen an 3 Morgen 30 Tassen.

2) 1 Person braucht an 3 Morgen $\frac{30}{5}$ = 6 Tassen.

3) 1 Person braucht an einem Morgen

$$\frac{30}{5} : 3 = \frac{30}{15} = 2 \text{ Tassen.}$$

Es sollte immer genug Kaffee bereitstehen.

4) 1 Person braucht an 2 Morgen 2 · 2 = 4 Tassen.

5) 8 Personen benötigen an 2 Morgen 8 · 4 = 32 Tassen.

Insgesamt ist diese Art des Dreisatzes also wirklich nicht viel schwieriger als der einfache Dreisatz. Sie müssen sich vorher lediglich darüber Gedanken machen, was Sie eigentlich genau ausrechnen wollen und in welcher Reihenfolge Sie Ihre Berechnungen durchführen müssen. Dabei sind mehrere Lösungswege möglich. Sie hätten im Beispiel auch im zweiten Schritt zunächst ausrechnen können, wie viele Tassen 5 Personen an einem Morgen benötigt hätten.

Reelle Zahlen

Bisher haben wir es bereits mit einigen Zahlenmengen zu tun gehabt, ohne diese explizit zu benennen. Das wollen wir nun nachholen und dann eine neue, für die Analysis sehr wichtige Zahlenmenge, die Menge der reellen Zahlen, einführen.

Die erste Konstruktion der reellen Zahlen geht auf Karl Weierstraß zurück, einen Mathematiker des 19. Jahrhunderts.

Die Menge der reellen Zahlen R setzt sich aus folgenden Zahlenmengen zusammen, mit denen wir teilweise auch schon hantiert haben, ohne sie jeweils benannt zu haben:

- Menge der natürlichen Zahlen N = {1, 2, 3, ...}
- Menge der ganzen Zahlen Z = {..., –2, –1, 0, 1, 2, ...}
- Menge der rationalen Zahlen Q: Bruchzahlen der Form ganze Zahl/ganze Zahl
- Menge der irrationalen Zahlen Y. Mit diesen Zahlen wollen wir uns nun kurz ein wenig ausführlicher beschäftigen.

Irrationale Zahlen

Wenn es um irrationale Zahlen geht, müssen Sie sich zunächst einmal von den umgangssprachlichen Vorstellungen verabschieden, die mit dem Begriff „irrational" verbunden sind. Irrationale Zahlen sind also keine kleinen mathematischen Anarchisten, die verrückte Dinge tun und die Welt des Mathematikers aus den Angeln zu heben versuchen. Ganz im Gegenteil, sie tragen ganz entscheidend dazu bei, dass diese Welt schön geordnet bleibt.

Es gibt Zahlen, die entziehen sich so ganz den Kategorien, die wir bislang kennengelernt haben. Das sind nämlich die Zahlen, die sich weder durch einen endlichen noch durch einen unendlich periodischen Dezimalbruch darstellen lassen. Ein wenig verständlicher lässt sich der Sachverhalt auch so ausdrücken:

> Eine Zahl ist dann eine irrationale Zahl, wenn man sie nicht als Bruch zweier ganzer Zahlen darstellen kann.

Auch, wenn die Sache nun bereits ein wenig klarer sein dürfte, sind die Fragezeichen wahrscheinlich noch immer nicht ganz verschwunden. Hier hilft, wie so oft, ein Beispiel weiter.

Eine ganz berühmte irrationale Zahl haben Sie bereits kennengelernt, die Zahl π. π ist solch ein nicht endender und nicht periodischer Dezimalbruch. Immer wieder geistern Meldungen durch die Presse, dass jemand (oder ein neuer Supercomputer) die Zahl um ein paar Tausend Nachkommastellen mehr bestimmt hat. Falls Sie Interesse daran

Nur eine kleine Auswahl der Nachkommastellen der Kreiszahl

haben, sei Ihnen die Internetseite pibel.de empfohlen. Hier können Sie die ersten zehn Millionen Nachkommastellen der Kreiszahl herunterladen (nur das Telefonbuch ist spannender).

Eine weitere dieser Zahlen ist die sogenannte Euler'sche Zahl e (2,71828...). Mit ihr werden wir es später, wenn es um Logarithmen und Zinsrechnung geht, noch häufiger zu tun bekommen. Auch in Naturwissenschaft (z. B. bei der Darstellung von Wachstumsvorgängen) und Technik (u. a. in der Strömungslehre) spielt sie eine große Rolle.

Irrationale Zahlen wie π oder e werden auch transzendente irrationale Zahlen genannt. Daneben gibt es noch eine weitere Kategorie irrationaler Zahlen, die algebraischen irrationalen Zahlen. Zu ihnen zählen beispielsweise $\sqrt{2}$ oder $\sqrt[3]{5}$.

Intervallschachtelung

Wie findet man aber nun irrationale Zahlen, wenn sie sich doch nur so schwer darstellen lassen? Man nähert sich ihnen immer weiter an – und erhält so immer mehr Nachkommastellen.

Der Grundgedanke, der dahintersteckt, ist, dass man jeder rationalen und auch jeder irrationalen Zahl auf einer Zahlengeraden genau einen Punkt zuordnen kann. Nehmen wir nun einmal an, wir wollten $\sqrt{200}$ bestimmen. Dabei stellen wir fest, dass $14^2 = 196$ und $15^2 = 225$ ist. Die gesuchte Zahl muss also irgendwo zwischen 14 und 15 liegen. Nun kann man die Grenzen immer enger ziehen und so die wirkliche Zahl immer weiter eingrenzen. Es gilt nämlich:

Jede irrationale Zahl lässt sich beliebig zwischen zwei rationale Zahlen einschachteln. Bei diesem Vorgang spricht man von Intervallschachtelung.

Die Menge aller reellen Zahlen, die zwischen zwei rationalen Zahlen l und r liegt, nennt man Intervall. l heißt dabei linke Intervallgrenze, r rechte Intervallgrenze. Man schreibt $[l; r] = \{x \in \mathbb{R} \mid l \leq x \leq r\}$

Das Prinzip der Intervallschachtelung können Sie anhand der folgenden Beispiele gut nachvollziehen:

$$2 < \sqrt{5} < 3$$
$$2{,}2 < \sqrt{5} < 2{,}4$$
$$2{,}22 < \sqrt{5} < 2{,}24$$
$$2{,}235 < \sqrt{5} < 2{,}237$$
$$2{,}2360 < \sqrt{5} < 2{,}2361$$
$$\sqrt{5}$$

$$5 < \sqrt{30} < 6$$
$$5{,}4 < \sqrt{30} < 5{,}5$$
$$5{,}47 < \sqrt{30} < 5{,}48$$
$$5{,}477 < \sqrt{30} < 5{,}478$$
$$5{,}4772 < \sqrt{30} < 5{,}4773$$
$$\sqrt{30}$$

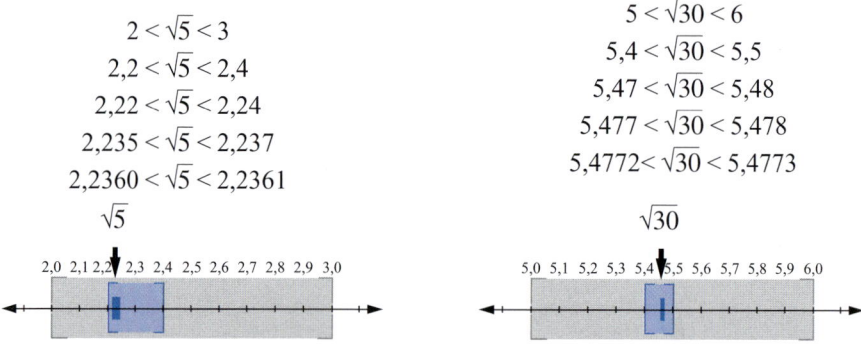

Die Intervallschachtelung der
Zahl √5 auf der Zahlengeraden

Die Intervallschachtelung der
Zahl √30 auf der Zahlengeraden

Lineare Gleichungen

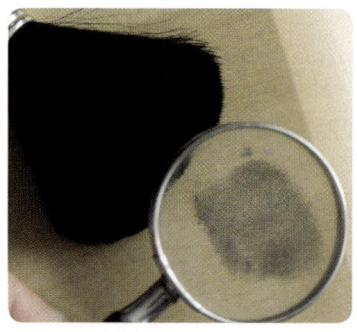

In Kriminalromanen oder -filmen spielt die Jagd nach dem oder der großen Unbekannten zumeist eine zentrale Rolle und sorgt nicht selten für atemlose Spannung. Atemlose Spannung können Unbekannte auch in der Mathematik erzeugen. Bei vielen Nicht-Mathematikern stellt sich aber angesichts dieser Unbekannten nicht unbedingt das wohlige Kribbeln ein, das sie sonst bei der Lek-

Die Suche nach der großen Unbekannten beschäftigt nicht nur die Kriminologie.

türe eines guten Krimis verspüren, sondern eher so etwas wie die Starre des Kaninchens vor der Schlange. Dass eine solche Reaktion eigentlich gar nicht nötig ist, wollen wir Ihnen in diesem Kapitel, das ganz im Zeichen von linearen Gleichungen steht, zeigen.

Grundsätzlich ist es beim Lösen einer Gleichung Ihr Ziel, die Unbekannte oder auch Variable (meistens mit x bezeichnet) zu bestimmen. Wie Sie dieses Ziel erreichen können, erfahren Sie gleich. Zunächst müssen wir noch ein paar wenige wichtige Dinge klären.

Drei Mengen

Wenn es darum geht, Gleichungen zu lösen, sollten Sie sich zunächst einmal ein paar grundlegende Gedanken machen. Als Ergebnis der einführenden Überlegungen können Sie zunächst einmal zwei Mengen definieren, die bei der Lösung der Gleichung von großer Wichtigkeit sind.

Die Grundmenge

Als Grundmenge bezeichnet man die Menge aller Werte, die grundsätzlich für die Variable zur Verfügung stehen. Bezeichnet wird die Grundmenge mit dem Buchstaben G. Normalerweise ist die Grundmenge die Menge der rationalen Zahlen $\mathbb{Q}$ oder die Menge der reellen Zahlen $\mathbb{R}$.

Die Definitionsmenge

Die Definitionsmenge stellt eine Einschränkung der Grundmenge dar.

Man bezeichnet die Menge aller Werte, die für die Variable in die Gleichung eingesetzt werden dürfen, als Definitionsmenge. Bezeichnet wird diese Menge mit dem Buchstaben D.

Um die Definitionsmenge sinnvoll wählen zu können, sollte man wissen, welche Größe die Variable darstellt.

Wird z. B. eine unbekannte Anzahl an Eiern gesucht, ist es nicht sinnvoll, auch negative Zahlen als Lösung in Betracht zu ziehen. Auch werden Bruchteile von Eiern in solchen Rechnungen nicht gern gesehen. Daher sollten Sie sich für die Menge der natürlichen Zahlen N als Definitionsmenge entscheiden. Geht es in der Gleichung aber um den Kontostand auf Ihrem Girokonto, sind – leider – auch negative Werte denkbar. Hier erscheint also die Menge der rationalen Zahlen Q als geeignete Definitionsmenge.

Eier zählt man am besten mithilfe natürlicher Zahlen.

Grundsätzlich gilt: Die Definitionsmenge darf nie größer sein (also mehr Elemente enthalten) als die Grundmenge.

Haben Sie die Gleichung schließlich gelöst – wie das geht, zeigen wir Ihnen gleich – bekommen Sie es noch mit einer weiteren Menge zu tun.

Die Lösungsmenge

> Die Lösungsmenge ist die Menge aller Werte, für die die Gleichung ein korrektes Ergebnis liefert. Sie wird mit L bezeichnet.

Die Lösungsmenge der Gleichung $x + 1 = 2$ (ein Beispiel, für dessen Lösung wir noch keine spezielle Technik entwickeln müssen) ist also $L = \{1\}$.

Auf den ersten Blick mag das Benennen dieser drei Mengen ein wenig banal und vielleicht sogar überflüssig erscheinen. Wenn die Gleichungen aber komplizierter werden, ist es oft unerlässlich, sich zunächst darüber Gedanken zu machen, um später überhaupt eine Chance zu haben, auf das korrekte Ergebnis zu kommen. Dies ist beispielsweise bei quadratischen Gleichungen, die wir später behandeln werden, der Fall.

Das Lösen von Gleichungen

Wie bereits angedeutet, besteht die einzige Existenzberechtigung einer Gleichung darin, uns dabei behilflich zu sein, den Wert einer – oder auch mehrerer – Variablen zu bestimmen (und nicht, wie viele meinen, um arme Schüler und Schülerinnen zu quälen oder um sadistischen Mathematikern Freude zu bereiten).

Grundsätzlich löst man Gleichungen, indem man sie so umformt, dass auf der einen Seite des Gleichheitszeichens die zu berechnende Variable steht und auf der anderen Seite der Rest. Schlicht, ergreifend und vom Prinzip her einfach! Eigentlich ist dies schon das ganze Geheimnis – ein paar Dinge sollten Sie aber doch noch beachten.

Die Umformungen können – je nach Komplexität der Gleichung – in einem oder in mehreren Schritten vonstatten gehen. Wichtig dabei ist, dass die Gleichheit auf beiden Seiten jeweils bestehen bleibt. Das erreichen Sie dadurch, dass Sie beide Seiten exakt gleich behandeln (wenn Sie also auf der linken Seite einen bestimmten Term subtrahieren, muss das auch auf der rechten Seite geschehen).

Dieser Punkt stellt für gewöhnlich das größte Problem beim Lösen von Gleichungen dar. Sie können es sich am besten anhand einer Waage vorstellen. Nehmen wir an, die Gleichung sei eine Waage, die sich im Gleichgewicht befindet. Sie können jetzt mit dem Inhalt der Waagschalen anstellen, was Ihnen richtig erscheint. Einzige Bedingung: Die Waage muss anschließend wieder im Gleichgewicht sein. Nehmen Sie nun aus der linken Waagschale 100 Gramm heraus, dann müssen Sie das gleiche Gewicht auch rechts entfernen, um das Gleichgewicht wiederherzustellen.

Immer schön ausgewogen!

> Die einzelnen Umformungsschritte werden Äquivalenzumformungen genannt. Sie werden für gewöhnlich durch den sogenannten Äquivalenzpfeil ⇔ angezeigt.

Die letzten Unklarheiten lassen sich nun am besten mit einem kleinen Beispiel aus dem Weg räumen. Dabei soll es zunächst nur um die Frage gehen, wie man eine gegebene Gleichung löst. Die ebenso wichtige und vielleicht sogar interessantere Frage, wie man aus einer Aufgabenstellung die korrekte Gleichung ableitet, behandeln wir im Anschluss daran.

Nehmen wir zunächst einmal ein ganz simples Beispiel:

$2x = 16$

Ihr Ziel ist es also, das x ganz allein auf die linke Seite zu bekommen. Wie stellen Sie das an? In diesem Fall bietet sich eine Division durch 2 an. Denken Sie aber daran, diesen Schritt auf beiden Seiten durchzuführen. Damit man sehen kann, was Sie mit der Gleichung vorhaben, schreiben Sie es so auf:

$2x = 16 \qquad |:2$

$\Leftrightarrow \dfrac{2x}{2} = \dfrac{16}{2}$

$\Leftrightarrow x = 8$

Die Lösungsmenge dieser Gleichung ist also $L = \{8\}$.

Das geht natürlich auch beliebig komplizierter. Sehen wir uns also einmal die folgende Gleichung an:

$\dfrac{2}{3}x - \dfrac{1}{4} = \dfrac{1}{3} - \dfrac{x}{2}$

Hier haben wir es sogar mit einer Gleichung zu tun, in der die Variable in mehreren Teiltermen auftritt; aber keine Panik (!), wir bekommen auch das in den Griff. Zunächst einmal sorgen wir dafür, dass die Variable nur auf einer – nämlich der linken – Seite steht, indem wir auf beiden Seiten den Term $\dfrac{x}{2}$ addieren. Dann fahren wir fort, die Gleichung zu sortieren. Wir erhalten:

$\dfrac{2}{3}x - \dfrac{1}{4} + \dfrac{x}{2} = \dfrac{1}{3} \qquad \left| + \dfrac{1}{4} \right.$

$\Leftrightarrow \dfrac{2}{3}x + \dfrac{x}{2} = \dfrac{1}{3} + \dfrac{1}{4}$

Nun können wir uns glücklich schätzen, die Bruchrechnung zu beherrschen, und bringen die Brüche jeweils fix auf einen Hauptnenner.

$\dfrac{4}{6}x + \dfrac{3}{6}x = \dfrac{4}{12} + \dfrac{3}{12}$

Nach dem Ausrechnen der Brüche erhalten wir:

$$\frac{7}{6}x = \frac{7}{12} \quad \Big| \cdot \frac{6}{7}$$

$$\Leftrightarrow x = \frac{7}{12} \cdot \frac{6}{7} = \frac{1}{2}$$

Die Lösungsmenge für diese Gleichung lautet also $\mathsf{L} = \left\{ \frac{1}{2} \right\}$.

Sie sehen, es ist gar nicht so schwer, Gleichungen so weit in den Griff zu bekommen, dass plötzlich die Lösung auf dem Blatt Papier vor Ihnen steht. Sollte es an der ein oder anderen Stelle doch einmal haken, können Ihnen die folgenden allgemeinen Tipps zum Lösen von Gleichungen vielleicht weiterhelfen:

- Prüfen Sie zunächst, ob sich die linke oder rechte Seite der Gleichung vereinfachen lässt (z. B. durch Ausklammern).
- Fassen Sie alle x-Terme und alle Terme, in denen kein x steht, zusammen.
- Entfernen Sie dann alle x-Terme von der rechten Seite der Gleichung (durch geeignete Rechenoperationen). Ebenso sollten Sie alle Terme ohne x auf die rechte Seite der Gleichung bringen. Dann stehen links nur noch Terme mit x, rechts nur noch solche ohne x.
- Entfernen Sie dann die Faktoren auf der x-Seite durch Division oder Multiplikation mit dem Kehrwert.
- Abschließend müssen Sie noch testen, ob Ihre Lösung in der Definitionsmenge enthalten ist. Wenn ja, können Sie dann die Lösungsmenge formulieren.

Auf der Suche nach der Gleichung

Vielleicht werden Sie nun einwenden, dass es ja schön und gut ist, eine Gleichung so elegant lösen zu können, es Ihnen aber mindestens ebenso interessant erscheint, überhaupt auf die richtige Gleichung zu kommen. Schließlich präsentieren sich uns im Alltag die Aufgaben selten als fertige Gleichungen, sondern als mehr oder minder komplexe Darstellungen eines Problems, dessen wir erst einmal Herr werden müssen.

Und an dieser Stelle gibt es erst einmal eine schlechte Nachricht, denn ein echtes Rezept, wie man aus einer Aufgabenstellung eine Gleichung machen kann, gibt es nicht. Ein paar Anhaltspunkte sind alles, was wir Ihnen an die Hand geben können.

Zechen mit Euler

Der Schweizer Mathematiker Leonhard Euler (1707–83) stellte folgende feuchtfröhliche Aufgabe, die wir nun an Sie weitergeben:
20 Personen, Männer und Frauen, besuchen ein Gasthaus. Jeder Mann gibt 8 Groschen, jede Frau 7 Groschen aus, und die ganze Zeche beläuft sich auf 6 Reichstaler. Wie viele Männer und Frauen feiern da zusammen? (1 Reichstaler = 24 Groschen)

Leonhard Euler

Auf den ersten Blick mag diese Aufgabe ein wenig ratlos machen. Auf den zweiten Blick ist sie dann gar nicht mehr so schwer. Nennen wir die Anzahl der Frauen einfach einmal x. Da es insgesamt 20 Personen sind, können wir die Anzahl der Männer als 20 minus der Anzahl der Frauen, also $20 - x$, bezeichnen.

Jede Frau gibt 7 Groschen aus, das sind insgesamt also $7x$ Groschen.

Jeder Mann muss 8 Groschen zahlen, also insgesamt $8 \cdot (20 - x)$.

Nun wissen wir noch, dass sich die ganze Zeche – also die Summe der Männerzeche und der Frauenzeche – auf 6 Reichstaler oder umgerechnet 144 Groschen beläuft. Wir kommen also auf folgende Gleichung:

$7x + 8 \cdot (20 - x) = 144$

Nun multiplizieren wir die Gleichung zunächst aus und formen sie dann gemäß den eben gelernten Schritten um.

$7x + 8 \cdot (20 - x) = 144$

$\Leftrightarrow 7x + 160 - 8x = 144$

$\Leftrightarrow -x = -16$

$\Leftrightarrow x = 16$

$\mathsf{L} = \{16\}$

Es sind also 16 Frauen zugegen gewesen. Daraus folgt natürlich direkt, dass nur 4 Männer an der Zecherei beteiligt gewesen sind.

Wie das Beispiel schon zeigt, lassen sich auch kompliziert klingende Sachverhalte häufig recht einfach darstellen. Fragen Sie sich zunächst immer, was genau in der Aufgabe eigentlich gesucht ist. Das mag banal klingen, aber wenn Sie wissen, wonach Sie suchen, haben sie bereits die halbe Ernte eingefahren. Bisweilen kann es wirklich kompliziert sein, das herauszufinden, nehmen Sie diese Aufgabe also nicht auf die leichte Schulter.

Wenn Sie wissen, wonach Sie suchen, können Sie das Gesuchte gut mit x (oder einer anderen Variablen Ihres Vertrauens) benennen. Danach fangen Sie an, andere Größen zu suchen, die mit x in eine mathematische Beziehung zu bringen sind. Die gibt es immer (sofern die Aufgabe überhaupt lösbar ist). Sie können solche Beziehungen auch erst einmal in Textform formulieren (es gibt x Frauen und y Männer und zusammen sind das 20 Personen). Dann formulieren Sie schließlich die Gleichung oder die Einzelterme, die in der Gleichung vorkommen.

Tiere auf dem Bauernhof

Vielleicht sollten wir noch ein weiteres Beispiel rechnen, um Ihnen diese Vorgehensweise noch etwas transparenter zu machen:

Diesmal begeben wir uns auf einen Bauerhof. Dort befinden sich im Stall Hühner und Schweine. Insgesamt handelt es sich um 32 Tiere. Zählt man die Beine aller Tiere, kommt man auf eine Zahl von 106. Wie viele Tiere jeder Art befinden sich im Stall?

Zunächst einmal legen wir fest, dass die Anzahl der Hühner mit dem Buchstaben x gekennzeichnet werden soll. Da es insgesamt 32 Tiere sind, haben wir es also mit $32 - x$ Schweinen zu tun (die Anzahl aller Tiere minus die Anzahl der Hühner). Hühner haben 2 Beine, also ist die Anzahl der Hühnerbeine $2x$. Schweine verfügen über 4 Beine. Die Anzahl der Schweinebeine ist also $4 \cdot (32 - x)$. Insgesamt gibt es im Stall 106 Beine, das wissen wir noch aus der Aufgabenstellung. Es ergibt sich also folgende Gleichung:

$2x + 4 \cdot (32 - x) = 106$

$\Leftrightarrow 2x + 128 - 4x = 106$

$\Leftrightarrow -2x = -22$

$\Leftrightarrow x = 11$

$\mathsf{L} = \{11\}$

Nun wissen wir also, dass sich 11 Hühner im Stall befinden. Demnach müssen sich dort noch 21 Schweine aufhalten.

Ungleichungen

Wer mit Gleichungen umgehen kann – und das
können Sie ja nun – wird auch mit Ungleichungen
keine Schwierigkeiten haben. Aber klären wir doch
zunächst einmal, was eine Ungleichung überhaupt
ist.

Tierische Ungleichung

> Eine Ungleichung entsteht, wenn verschiedene Terme mit einem der Zeichen
> $<, >, \leq, \geq$ oder $\neq$ verbunden werden.

Im Gegensatz zur Gleichung finden wir hier also kein Gleichheitszeichen, sondern ein
anderes Zeichen vor, das die beiden Seiten miteinander in Beziehung setzt. Da wundert
es Sie sicherlich nicht, wenn wir Ihnen nun mitteilen, dass Sie mit Ungleichungen fast
genauso umgehen können, wie mit Gleichungen. Das „fast" deutet jedoch schon an,
dass es da keine hundertprozentige Übereinstimmung gibt.

Zwei wesentliche Unterschiede gibt es, die es bei der Behandlung von Ungleichungen
immer zu bedenken gilt.

Zeichen umkehren

> Wenn Sie eine Ungleichung durch eine negative Zahl dividieren oder mit einer
> negativen Zahl multiplizieren, kehrt sich das betreffende Zeichen ($<, >, \leq, \geq$)
> um.

Nehmen wir z. B. die Ungleichung $50 - 10x \leq 200$
Die Rechnung erscheint zunächst bekannt, doch dann kehrt sich das $\leq$-Zeichen um:

$$50 - 10x \leq 200 \qquad |-50$$
$$\Leftrightarrow -10x \leq 150 \qquad |: (-10)$$
$$\Leftrightarrow x \geq -15$$

Sie können schnell ausprobieren, ob das mit dem sich umkehrenden Zeichen wirklich stimmt, indem Sie die Umkehrung nicht vornehmen und Ihre Lösung dann überprüfen. Sie werden feststellen, dass die korrekte Lösung nur erscheint, wenn Sie das Zeichen umkehren.

Lösungsmenge einer Ungleichung

Den zweiten Unterschied zwischen einer Gleichung und einer Ungleichung bildet die jeweilige Lösungsmenge. Nehmen wir noch einmal unser Beispiel von eben und tun wir für einen Moment so, als sei es eine Gleichung gewesen. Dann sähe die Lösung so aus:

$x = -15$

Und die Lösungsmenge wäre:

$L = \{-15\}$

In der Ungleichung steht als Lösung aber

$x \geq -15$.

Das bedeutet, dass sich in der Lösungsmenge alle Zahlen befinden, die größer oder gleich -15 sind. Die Lösungsmenge ist also viel mächtiger. Als Lösungsmenge schreibt man dann:

$L = [-15; \infty[$

Die liegende Acht ist das mathematische Symbol für unendlich. Die eckigen Klammern bezeichnen ein Intervall.

An dieser Stelle erscheint es angesichts dieses doch etwas seltsam anmutenden Intervalls (vor allem wegen der komischen Klammersetzung) angebracht, sich ein wenig näher mit den verschiedenen Intervallen zu beschäftigen.

Exkurs: vier Intervalle

Man kann grundsätzlich vier verschiedene Arten von Intervallen unterscheiden:

- Intervalle in der Form $[a; b]$ nennt man geschlossene Intervalle. Die geschlossenen Klammern zeigen hier an, dass die beiden Grenzen des Intervalls, a und b, auch zum Intervall gehören.
- Das Intervall $]a; b]$ wird halb offenes Intervall genannt. Hier gehört a als untere Grenze nicht mehr zum Intervall, b gehört dazu.

- $[a; b[$ ist die zweite Möglichkeit eines halb offenen Intervalls. Diesmal zählt die untere Grenze a noch zum Intervall, b fällt indes hinaus.
- Bleibt als letzte Möglichkeit noch das offene Intervall $]a; b[$, bei dem beide Grenzen nicht mehr zum Intervall zählen.

Wenn eine der Grenzen eines Intervalls ∞ oder $-\infty$ ist, ist das Intervall dort jeweils per Definition halb offen. Man schreibt also immer $]-\infty; b]$ bzw. $[a; \infty[$.

Doch nun zurück zur Lösungsmenge einer Ungleichung. Im Gegensatz zur Lösungsmenge einer Gleichung gibt es für die Lösungsmenge einer Ungleichung drei Möglichkeiten:

1. Die Lösungsmenge ist leer. $L = \{\ \}$
2. Die Lösungsmenge enthält einzelne konkrete Werte, wie z. B. $L = \{2; 3; 4\}$
3. Die Lösungsmenge enthält einen oder mehrere Wertebereiche, die durch Intervalle angegeben werden, z. B. $L = [-4; 6]$ oder $L = [-5; \infty[$.

Aber Achtung: Auch bei Gleichungen gibt es mehrere Möglichkeiten für die Lösungsmenge.

Der Handy-Vertrag

Dass Ungleichungen auch im alltäglichen Leben durchaus eine Rolle spielen können, zeigt ein kleines Beispiel.

Nehmen Sie an, Sie wollen sich ein neues Handy kaufen und haben nun zwei Vertragsoptionen. Entweder Sie entscheiden sich für eine Prepaid-Lösung ohne Grundgebühr und mit Gesprächskosten von 0,15 € pro Minute (dieser Wert enthält alle anfallenden Kosten). Oder Sie nehmen einen Vertrag mit einer Grundgebühr von 10 € im Monat und Telefonkosten von 0,07 € pro Minute. Die Frage ist nun: Bis zu welcher monatlichen Gesprächszeit ist die Prepaid-Lösung vorzuziehen?

Nennen wir die Gesprächszeit in Minuten x. Dann gilt folgende Ungleichung:
$0,15x < 10 + 0,07x$

Die linke Seite der Ungleichung spiegelt die Prepaid-Lösung wieder, die rechte Seite die monatlichen Kosten des Vertrags. Da uns interessiert, bis wann die Prepaid-Lösung günstiger ist, müssen wir hier das <-Zeichen setzen. Nun können wir die Ungleichung ausrechnen:

$0{,}15x < 10 + 0{,}07x$ $\quad |-0{,}07x$

$\Leftrightarrow 0{,}08x < 10$ $\quad |: 0{,}08$

$\Leftrightarrow x < 125$

Bis zu einer monatlichen Gesprächszeit von 125 Minuten ist die Prepaid-Lösung also preiswerter.

Prozentrechnung

Wie Sie in den letzten Kapiteln gesehen haben, tauchen in unserem Alltag Gleichungen und Ungleichungen häufiger auf, als man denkt. Man tut also gut daran, die Techniken zu ihrer Lösung ein wenig zu trainieren. Ein anderes Gebiet, das wahrscheinlich sogar noch weiter in unseren Alltag hineinreicht, ist die Prozentrechnung. An jeder Ecke stolpern wir eigentlich über Prozentsätze (z. B. bei der Berechnung der Mehrwertsteuer oder von Mischungsverhältnissen oder bei der Bestimmung von Blutalkoholwerten) und andere Angaben, bei denen Prozentwerte eine Rolle spielen.

Die Mehrwertsteuer als Beispiel für Prozentangaben

Wenden wir uns zunächst einmal der Frage zu, was das überhaupt genau ist, ein Prozent. Hier verrät uns der Name eigentlich schon alles Wesentliche. Prozent stammt aus dem Lateinischen und heißt übersetzt so viel wie „von Hundert". 1 Prozent ist demnach also „Eins von Hundert". Das mathematische Zeichen für Prozent ist %.

Im Grunde genommen ist das Prozent also nichts anderes als ein Bruch mit dem Nenner 100. Man kann also schreiben:

$$1\% = \frac{1}{100} = 0,01$$

Diesen Zusammenhang sollten Sie immer im Hinterkopf behalten, wenn es darum geht, mit Prozenten zu rechnen.

Rechnen mit Prozenten

Bei der Prozentrechnung tauchen drei Begriffe und die dazu gehörenden Abkürzungen immer wieder auf. Dabei handelt es sich um:

> Grundwert: G
> Prozentwert: W
> Prozentsatz: p

Dabei ist der Grundwert die Größe, die dem Ganzen, also 100 Prozent entspricht. Der Prozentsatz ist die Angabe in Prozent. Zu ihm gehört der Prozentwert, der den entsprechenden Anteil am Grundwert bezeichnet.

Nehmen wir als kurzes Beispiel einmal die Aussage, 19 € sind 19 Prozent von 100 €. Hier bezeichnet 100 € den Grundwert. 19 Prozent ist der Prozentsatz und 19 € stellt den Prozentwert dar.

Am besten prägen Sie sich diese Begriffe gut ein, denn ansonsten wird es immer wieder zu Konfusionen kommen.

Doch nun zu den bereits angekündigten Rechnungen. Fragen wie „Wie viel Prozent von 80 Kilogramm sind eigentlich 12 Kilogramm?" oder „Hier steht, 60 Prozent des menschlichen Körpers bestehen aus Wasser. Wie viel Wasser trage ich eigentlich mit mir herum?" lassen sich – Sie werden es vielleicht gemutmaßt haben – als einfacher Dreisatz berechnen. Schneller und eleganter geht das allerdings, wenn Sie die jeweils richtige Formel anwenden.

Drei Formeln gibt es, um die drei genannten Werte zu berechnen (allerdings müssen Sie eigentlich nur eine der drei Formeln kennen, da man die anderen Formeln durch entsprechende Umformungen, wie wir sie schon von den Gleichungen kennen, erhält).

Den Grundwert berechnet man mit dieser Formel:

$$G = \frac{W \cdot 100}{p}$$

Für die Berechnung des Prozentwerts gilt:

$$W = \frac{G \cdot p}{100}$$

Den Prozentsatz berechnen Sie mit:

$$p = \frac{W \cdot 100}{G}$$

Sie sehen, die Formeln sind einander sehr ähnlich und können auch voneinander abgeleitet werden. So formen Sie z. B. die erste Formel zur zweiten um:

$$G = \frac{W \cdot 100}{p} \qquad | : W$$

$$\Leftrightarrow \frac{G}{W} = \frac{100}{p} \qquad | : G$$

$$\Leftrightarrow \frac{1}{W} = \frac{100}{G \cdot p}$$

$$\Leftrightarrow W = \frac{G \cdot p}{100}$$

Das heißt also, dass Sie sich im Grunde nur eine Formel merken müssen, den Rest können Sie dann problemlos ausrechnen.

Ein Körper voller Wasser

Wir hatten es ja schon vorher einmal kurz erwähnt: Der menschliche Körper besteht zu 60 Prozent aus Wasser. Das hat auch Katja in der Schule gelernt. Außerdem weiß sie, dass 1 Liter Wasser 1 Kilogramm wiegt. Nun schaut sie in den Spiegel und versucht sich vorzustellen, dass 33 Liter Wasser in ihrem Körper enthalten sind. Wie schwer ist Katja nun?

Was auf den ersten Blick vielleicht Furcht einflößend wirken kann (wie soll ich nur auf diese Lösung kommen?), entwirrt sich bereits auf den zweiten Blick beträchtlich. Wie bei allen Textaufgaben müssen Sie sich auch hier vor Augen führen, was eigentlich gesucht wird. Denken Sie dabei immer an unsere drei Werte – Grundwert, Prozentwert und Prozentsatz – und deren Definition. Schnell kommen Sie dann auf den Gedanken, dass wir den Grundwert (also Katjas komplettes Körpergewicht) suchen. Dann wird Ihnen auffallen, dass wir den Prozentwert (33 kg) und den Prozentsatz (60 %) auch gegeben haben – und schließlich war plötzlich alle Furcht umsonst, denn die Lösung ergibt sich fast von selbst:

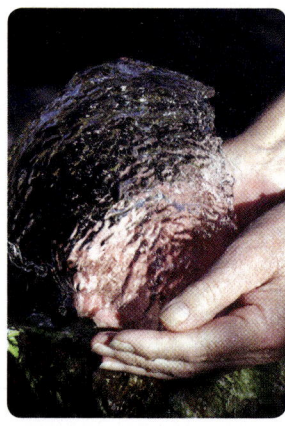

Der menschliche Körper besteht größtenteils aus Wasser.

$$G = \frac{W \cdot 100}{p} = \frac{33 \text{ kg} \cdot 100}{60} = 55 \text{ kg}$$

Katja wiegt also 55 Kilogramm.

Hohe Mietbelastung

Das funktioniert nun im Grunde genommen mit beliebigen anderen Aufgaben auch. Ein Beispiel soll Ihnen noch etwas mehr Sicherheit geben.

Herr Schmidt verfügt über ein Gehalt von monatlich 3600 €. Für die Miete muss er stolze 1260 € aufwenden. Wie viel Prozent seines Gehalts sind das?

Wieder müssen Sie sich zunächst fragen, welcher Wert eigentlich gesucht wird. In diesem Fall ist es der Prozentwert. Es gilt also die Formel

$$p = \frac{W \cdot 100}{G} = \frac{1260 \text{ € } \cdot 100}{3600 \text{ €}} = 35\,\%$$

Herr Schmidt muss also 35 Prozent seines Gehalts an den Vermieter zahlen.

Zinsrechnung

Vielleicht haben einige von Ihnen bei unseren Beispielen zur Prozentrechnung aus dem letzten Kapitel Aufgaben aus der Finanzwelt vermisst. Schließlich wird dort doch besonders häufig und gern mit Prozenten jongliert. Das war keine Nachlässigkeit unsererseits, denn der Finanzwelt ist ein ganzes Kapitel vorbehalten: die Zinsrechnung.

Hier dreht sich alles um Zinsen und Prozente.

Die Prinzipien der Zinsrechnung finden sich beispielsweise bei der Abwicklung von Kreditgeschäften oder der Berechnung von günstigen Anlagemöglichkeiten wieder. Auch sie basieren auf recht wenigen Formeln, die zudem noch einige Ähnlichkeit mit denen der Prozentrechnung aufweisen. Also gilt auch hier: Keine Angst vor „komischen" Zinsen – zumindest solange es darum geht, sie zu berechnen.

Bei aller Ähnlichkeit mit der Prozentrechnung werden in der Zinsrechnung die verschiedenen Größen anders bezeichnet. Die nebenstehende Tabelle zeigt Ihnen die Zuordnungen.

Prozentrechnung	Zinsrechnung
Grundwert G	Kapital K
Prozentwert W	Zinsen Z
Prozentsatz p	Zinssatz p
	Zeit = Tage t

Zinsrechnung für ein Jahr

Der einfachste Fall bei der Zinsrechnung ist die Berechnung von Jahreszinsen. Hierbei kommen Formeln analog zur Prozentrechnung zur Anwendung. Um die Anzahl der Tage t müssen Sie sich in diesem Fall gar nicht erst kümmern. Wir wollen auch für diesen Fall die Formeln in einer Tabelle zusammenfassen und den entsprechenden Ausdrücken aus der Prozentrechnung gegenüberstellen.

Prozentrechnung	Zinsrechnung
$G = \dfrac{W \cdot 100}{p}$	$K = \dfrac{Z \cdot 100}{p}$
$W = \dfrac{G \cdot p}{100}$	$Z = \dfrac{K \cdot p}{100}$
$p = \dfrac{W \cdot 100}{G}$	$p = \dfrac{Z \cdot 100}{K}$

Sie sehen, die Formeln unterscheiden sich nur in der Benennung der verwendeten Variablen. Auch die Berechnung der einzelnen Werte gestaltet sich folglich nicht schwieriger als bei der Prozentrechnung. Daher wollen wir hier nur ein kurzes Beispiel anführen, um Ihnen den Umgang mit dieser einfachsten Art der Zinsrechnung ein wenig näherzubringen.

Die Frage, wie viele Zinsen man für sein Geld bekommt, wird häufig gestellt und – zumindest in der Werbung – ebenso häufig mit Zinssätzen beantwortet. Dann heißt es z. B.: „Unser sensationelles Angebot garantiert Ihnen 6,5 Prozent Zinsen pro Jahr!" Was bedeutet das nun konkret, wenn man 750 € ein Jahr lang zu diesen Bedingungen auf einem Konto liegen hat?

Hier berechnen wir zunächst die Jahreszinsen mit der Formel

$$Z = \frac{K \cdot p}{100} = \frac{750\,\text{€} \cdot 6{,}5}{100} = 48{,}75\,\text{€}$$

Sie bekommen also 48,75 € Zinsen und verfügen daher nach einem Jahr über 798,75 €.

Berechnung von Tages- und Monatszinsen

Nun haben wir es im Alltag natürlich nicht immer mit so „glatten" Zeiträumen wie einem Jahr zu tun. Daher benötigen wir auch Formeln, mit denen wir die Zinsen in beliebigen Zeiträumen ausrechnen können (und irgendwie muss es ja auch seine Berechtigung haben, dass wir in der ersten Tabelle ganz unten noch die Variable t für die Zeit eingeführt haben – so etwas Weitreichendes macht ein Mathematiker nicht unbedacht und aus reinem Spaß an der Einführung neuer Variablen).

Bevor wir uns jetzt wieder auf die Formeln stürzen, wollen wir aber noch einen neuen Begriff einführen: das Bankenjahr. Es gibt nämlich nicht nur ein Kirchenjahr, sondern auch eines, das sich ganz dem schnöden Mammon verschrieben hat.

Ein Bankenjahr besteht aus 12 Monaten mit je 30 Tagen, umfasst insgesamt also 360 Tage.

Eingeführt wurde das Bankenjahr, um das Rechnen mit Zinsen etwas zu erleichtern – und auch Sie können darüber froh sein, denn so gestalten sich die Formeln schließlich doch noch recht übersichtlich.

Um die Zinsen für Zeiträume, die nicht einem kompletten Jahr entsprechen, ausrechnen zu können, benötigen Sie den sogenannten Tageszinssatz $p(t)$. Diesen berechnen Sie so:

$p(t) = p \cdot \dfrac{t}{360}$, dabei stellt t die Anzahl der Tage dar, $\dfrac{t}{360}$ ist entsprechend der Anteil des Jahres, in dem Sie das Geld angelegt haben. Daraus können Sie ersehen, dass für

ein ganzes Jahr $p(t) = p \cdot \dfrac{360}{360} = p$ ist.

Nun lässt sich die Formel zur Berechnung der Zinsen entsprechend anpassen:

$$Z(t) = Z \cdot \frac{t}{360} = \frac{K \cdot p \cdot t}{100 \cdot 360}$$

Man könnte hier die Zahlen im Nenner noch zusammenrechnen, lässt ihn aber der Übersichtlichkeit halber zumeist in dieser Form stehen.

Nehmen wir uns noch einmal das Beispiel von eben und überlegen nun, wie viele Zinsen es wohl nach 100 Tagen geben wird.

$$Z(t) = Z \cdot \frac{100}{360} = 48{,}75 \text{ €} \cdot \frac{100}{360} \approx 13{,}54 \text{ €}$$

Nach 100 Tagen erhält man (gerundet) 13,54 € Zinsen.

Kapital und Zinssatz bei Tages- und Monatszinsen

Die Formeln zur Berechnung des Kapitals und des jährlichen Zinssatzes bezogen auf einen Teil des Jahres lassen sich nun ohne größere Schwierigkeiten aufstellen. Statt mit dem Jahreszins rechnet man jeweils mit $p(t) = \dfrac{p \cdot t}{360}$.

Für die Berechnung des Kapitals ergibt sich dann:

$$K = \frac{Z(t) \cdot 100 \cdot 360}{p \cdot t}$$

Hier können Sie für Ihre zukünftigen Bankgeschäfte noch etwas lernen. Mit dieser Formel können Sie z. B. die Frage beantworten, wie hoch das Kapital ist, wenn es bei einem Zinssatz von 3 % und einer Laufzeit von 200 Tagen 10 € Zinsen erbringt.

Rechnen wir kurz:

$$K = \frac{Z(t) \cdot 100 \cdot 360}{p \cdot t} = \frac{10 \text{ €} \cdot 100 \cdot 360}{3 \cdot 200} = 600 \text{ €}$$

Das Kapital beträgt also 600 €.

Zur Berechnung des jährlichen Zinssatzes benötigen wir folgende Formel:

$$p = \frac{Z(t) \cdot 100 \cdot 360}{K \cdot t}$$

Zur Veranschaulichung:
Bisher lautete die Frage nach dem Zinssatz: Wie hoch ist der jährliche Zinssatz, wenn ein Kapital von x Euro im Jahr y Euro Zinsen ergibt? Nun müssen wir in unserem jetzigen Fall die Frage umformulieren: Wie hoch ist der jährliche Zinssatz, wenn ein Kapital von x Euro in t Tagen y Euro Zinsen ergibt?

Nun können wir beispielsweise berechnen, wie hoch der jährliche Zinssatz ist, wenn ein Kapital von 21.000 € in 40 Tagen Zinsen in der Höhe von 70 € ergibt.

$$p = \frac{70 \text{ €} \cdot 100 \cdot 360}{21.000 \text{ €} \cdot 40} = 3\,\%$$

Der jährliche Zinssatz beträgt in diesem Fall drei Prozent.

Berechnung des Zinseszinses

Das Leben bzw. der Alltag können manchmal ganz
schön gemein sein. Zum Beispiel in unserem Fall.
Denn nun haben wir einmal richtig schöne Formeln
gefunden, mit denen wir Kapital, Zinsen und Zinssatz – je nach Bedarf – errechnen können, da schrecken uns folgende Überlegungen wieder auf:

Nehmen wir einmal an, unser Geld liegt länger als ein Jahr auf einem Konto und wird
dort verzinst. Dann stehen dort nach einem Jahr unser Anfangskapital K und die er-
zielten Zinsen $K \cdot \frac{p}{100}$ zu Buche. Unser Kapital beträgt also $K \cdot \left(1 + \frac{p}{100}\right)$. Im nächsten Jahr wird aber nicht unser Grundkapital noch einmal zum gleichen Satz verzinst,
sondern das Kapital, das sich zum Ende des ersten Jahres auf dem Konto befindet.

In der folgenden Tabelle finden Sie ein kleines Beispiel, das diese Überlegung ein
wenig erhellt:

Zeitspanne	Guthaben in €	Zinsen für $p = 10\,\%$	Guthaben nach Ablauf eines weiteren Jahres in €
Anfang	100	10	110
nach 1 Jahr	110	11	121
nach 2 Jahren	121	12,10	133,10

Sie sehen also, K verändert sich jedes Jahr. Wir brauchen für solche Fälle also eine Formel, die auch die Zinsen auf die Zinsen, die sogenannten Zinseszinsen, in die Betrachtungen einbezieht.

Eine solche Formel gibt es natürlich.

Für die Berechnung des Kapitals nach n Jahren ergibt sich:

$$K_n = K \cdot \left(1 + \frac{p}{100}\right)^n$$

Dabei stellt K_n das Kapital nach n Jahren und K das Anfangskapital dar.

Einige Mathematikbücher verwenden auch hier das t anstelle des n, aber wir wollen Verwechselungen mit dem t aus den Tageszinsen vermeiden und haben uns daher für einen anderen Buchstaben entschieden.

Wer hatte die bessere Anlagestrategie?

Herr Braun hat 800 €, Frau Weiß 700 € auf zehn Jahre angelegt. Die zwei Guthaben wurden mit je einem festen Zinssatz verzinst. Die Zinsen wurden den Guthaben gutgeschrieben. Nach dem Ablauf der Frist hat Herr Braun 1242,38 €, Frau Weiß 1140,23 € auf dem Konto. Wer hat sein Geld günstiger angelegt?

Zur Lösung dieser Aufgabe benötigen wir die Zinseszinsformel:

$$K_n = K \cdot \left(1 + \frac{p}{100}\right)^n$$

Im Fall von Herrn Braun sind folgende Werte gegeben: $K = 800$ €, $K_{10} = 1242{,}38$ €, $n = 10$ Jahre. Gesucht wird p. Nach Einsetzen der Werte erhalten wir folgende Rechnung:

$$1242{,}38 \text{ €} = 800 \text{ €} \cdot \left(1 + \frac{p}{100}\right)^{10}$$

$$\Leftrightarrow \frac{1242{,}38 \text{ €}}{800 \text{ €}} = \left(1 + \frac{p}{100}\right)^{10}$$

$$\Leftrightarrow \sqrt[10]{\frac{1242{,}38 \text{ €}}{800 \text{ €}}} = 1 + \frac{p}{100}$$

$$\Leftrightarrow 0{,}045 = \frac{p}{100}$$

$$p = 4{,}5$$

Der Zinssatz von Herrn Braun beträgt also 4,5 Prozent.

Auch für Frau Weiß lässt sich diese Rechnung nun durchführen. Da wir Herrn Brauns Fall ja schon exemplarisch durchgerechnet haben, schreiben wir Frau Weiß' Rechnung mit den anderen Werten nicht mehr ausführlich auf, sondern gehen direkt zum Ergebnis über: Frau Weiß hat nämlich ihr Geld zu einem Zinssatz von fünf Prozent angelegt, hatte also das bessere Händchen als ihr männlicher Konkurrent.

Primzahlen

In der Mathematik ist es viel häufiger wie im richtigen Leben, als man denken sollte. Da gibt es beispielsweise Menschen, die sich äußerlich kaum oder gar nicht von anderen unterscheiden, die aber Eigenschaften besitzen, die sie zu etwas ganz Besonderem machen. Und es gibt auch immer wieder ganz besondere Zahlen. Auf den ersten Blick sehen sie aus wie ganz gewöhnliche Otto-Normalzahlen, schaut man sie sich aber etwas genauer an, bemerkt man plötzlich ganz außerordentliche Eigenschaften. Wir wollen uns nun einer Kategorie solcher Zahlen zuwenden, den Primzahlen.

> Eine Zahl, die nur durch 1 oder sich selbst teilbar ist, ist eine Primzahl. Die 1 an sich zählt jedoch per Definition nicht zur Menge der Primzahlen.

Die ersten Primzahlen lauten 2, 3, 5, 7, 11, 13, 17, 19, 23, 29, 31, 37, 41, 43, 47, 53, 59, 61, 67, 71, 73, 79, 83, 89, 97.

Es gibt mehrere Wege, die Primzahlen zu ermitteln. Am einfachsten ist es, die Zahlen der Reihe nach zu betrachten und jeweils zu prüfen, ob sie die Bedingungen für eine Primzahl erfüllen. Das ist natürlich ein mühsamer Weg und empfiehlt sich nur bei den ersten paar Primzahlen.

Sieb des Eratosthenes

Eine weitere Methode trägt den Namen „Sieb des Eratosthenes". Hier schreibt man alle Zahlen in Form einer Tabelle auf. Das könnte dann ungefähr so aussehen:

1	2	3	4	5	6	7	8	9	10
11	12	13	14	15	16	17	18	19	20
21	22	23	24	25	26	27	28	29	30
31	32	33	34	35	36	37	38	39	40
41	42	43	44	45	46	47	48	49	50
51	52	53	54	55	56	57	58	59	60
61	62	63	64	65	66	67	68	69	70
71	72	73	74	75	76	77	78	79	80
81	82	83	84	85	86	87	88	89	90
91	92	93	94	95	96	97	98	99	100

Das Grundprinzip besteht darin, alle Zahlen wegzu-
streichen, die keine Primzahlen sind.

Eratosthenes

Als Erstes können Sie also die 1 wegstreichen. Sie stellt
ja keine Primzahl dar.

Dann folgt die 2. Sie wurde bislang nicht weggestrichen,
muss also eine Primzahl sein. Am besten markieren Sie
die 2, um später nicht durcheinander zu kommen.

Nun streichen Sie alle durch 2 teilbaren Zahlen weg, denn
sie können ja keine Primzahlen sein.

Unsere Tabelle sieht dann so aus (um eine bessere Übersichtlichkeit zu erreichen, haben
wir alle gestrichenen Zahlen rot markiert, die Primzahlen grün):

1	2	3	4	5	6	7	8	9	10
11	12	13	14	15	16	17	18	19	20
21	22	23	24	25	26	27	28	29	30
31	32	33	34	35	36	37	38	39	40
41	42	43	44	45	46	47	48	49	50
51	52	53	54	55	56	57	58	59	60
61	62	63	64	65	66	67	68	69	70
71	72	73	74	75	76	77	78	79	80
81	82	83	84	85	86	87	88	89	90
91	92	93	94	95	96	97	98	99	100

Die nächste ungestrichene Zahl ist die 3. Sie müssen also die 3 markieren und dann alle
durch 3 teilbaren Zahlen streichen.

1	2	3	4	5	6	7	8	9	10
11	12	13	14	15	16	17	18	19	20
21	22	23	24	25	26	27	28	29	30
31	32	33	34	35	36	37	38	39	40
41	42	43	44	45	46	47	48	49	50
51	52	53	54	55	56	57	58	59	60
61	62	63	64	65	66	67	68	69	70
71	72	73	74	75	76	77	78	79	80
81	82	83	84	85	86	87	88	89	90
91	92	93	94	95	96	97	98	99	100

Als nächste ungestrichene Zahl erhalten Sie die 5. Mit ihr verfahren Sie genauso wie
mit der 2 und der 3.

Wir wollen das Verfahren an dieser Stelle nicht bis zum bitteren Ende vorführen, das Prinzip dürfte klar sein und vor allem dürfte auch klar geworden sein, dass es nicht schwer anzuwenden ist.

Primzahlen in der Praxis

Primzahlen sind nicht nur eine lustige Spielerei, die sich griechische Mathematiker ausgedacht haben, weil ihnen gerade langweilig war, sie kommen erstaunlicherweise auch in der Natur vor.

In weiten Teilen Nordamerikas treten Zikaden auf, die sich alle 13 oder 17 Jahre über der Erde massenhaft vermehren. Danach leben sie als Larven wieder 13 oder 17 Jahre unter der Erde. Dabei sind diese Werte nicht einfach so über den Daumen gepeilt richtig. Innerhalb dieser doch recht langen Zyklen verspäten sich die Zikaden höchstens um eine Woche (so viel Pünktlichkeit würde man sich von manchen Menschen auch wünschen).

Periodische Zikade der Gattung Magicicada

Die Vermehrung im Intervall von 13 oder 17 Jahren erklären Wissenschaftler mit den Jäger-Beute-Beziehungen: Wäre die Zykluslänge nämlich z. B. 12 Jahre, so könnten die Zikaden von allen Räubern gefressen werden, die alle 1, 2, 3, 4, 6 und 12 Jahre erscheinen. Erscheinen die Zikaden jedoch in einen Zyklus von 13 Jahren, so sind nur noch die Arten, die jedes Jahr oder alle 13 Jahre auftreten, Fressfeinde und folglich ist die Überlebenschance wesentlich größer.

Primzahlen erlangen auch in der Technik immer größere Bedeutung. So bauen einige Verschlüsselungsverfahren, um Daten sicher im Internet übertragen zu können, auf die Verwendung besonders großer Primzahlen. Eines dieser Verfahren, dessen Name bisweilen fällt, ist das RSA-Verfahren, das auf komplizierten Berechnungen basiert, die auf den Mathematiker Leonhard Euler zurückgehen (und dessen Erklärung an dieser Stelle die Grenzen des Buchs gewaltig sprengen würde – wer Interesse an diesem Verfahren hat, findet im Internet unter primzahlen.de eine ausführliche Beschreibung des Verfahrens).

Primfaktorzerlegung

Wenn Sie nun den Gedanken der Primzahlen einmal weiterdenken, werden Sie darauf kommen, dass Sie es insgesamt mit zwei grundsätzlichen Kategorien von Zahlen zu tun haben: den Primzahlen als unteilbare „Elementarteilchen" und den zusammengesetzten Zahlen, die durch Multiplikation von Primzahlen entstehen.

Wir haben hier das Bild der Elementarteilchen bewusst gewählt und wollen es noch ein wenig fortführen. Vielleicht haben Sie es ja in der Presse verfolgt, dass im Jahr 2008 in Genf am Forschungszentrum CERN ein gigantischer Teilchenbeschleuniger seinen Betrieb aufgenommen hat. Seine Aufgabe besteht – vereinfacht gesagt – darin, unsere Materie in ihre Elementarteilchen – also ihre unteilbaren Bestandteile – zu zerlegen. Genau so etwas kann man auch in der Mathematik anstellen. Sie können jede zusammengesetzte Zahl in ihre unteilbaren Bestandteile zerlegen. Diesen Vorgang nennt man dann Primfaktorzerlegung.

Das Forschungszentrum CERN in Genf

Wie eine solche Primfaktorzerlegung funktioniert, wollen wir Ihnen an einem Beispiel zeigen:

Wir suchen die Primfaktoren der Zahl 36.
Wir gehen nun die Reihe der Primzahlen von unten durch und prüfen, ob die Zahl (also in unserem Beispiel die 36) ohne Rest durch sie teilbar ist. Die niedrigste Primzahl ist die 2, also versuchen wir unser Glück zunächst mit ihr.
36 : 2 = 18
Wir notieren uns die 2.
Die gleiche Probe machen wir mit der 18.
18 : 2 = 9
Und wieder notieren wir uns die 2.
Bei der 9 sieht es anders aus. Sie ist nicht ohne Rest durch 2 teilbar, also gehen wir zur nächsten Primzahl. Das ist die 3.

$9 : 3 = 3$

$3 : 3 = 1$

In beiden Fällen müssen wir uns die 3 notieren.

Nun ist die Rechnung abgeschlossen. Wir haben die 36 also folgendermaßen in ihre Primfaktoren zerlegt:

$36 = 2 \cdot 2 \cdot 3 \cdot 3 = 2^2 \cdot 3^2$

Auf diese Art und Weise lässt sich nun jede Zahl in ihre Primfaktoren zerlegen. Bei größeren Zahlen kann es durchaus hilfreich sein, ein paar Teilbarkeitsregeln zu kennen, die Ihnen die Auswahl der Primzahlen erleichtern.

Sie können eine natürliche Zahl …
- durch 2 teilen, wenn sie gerade ist.
- durch 3 teilen, wenn ihre Quersumme durch 3 teilbar ist.
- durch 4 teilen, wenn die letzten beiden Ziffern eine Zahl bilden, die durch 4 teilbar ist.
- durch 5 teilen, wenn die letzte Ziffer 0 oder 5 ist.
- durch 8 teilen, wenn die letzten drei Ziffern eine Zahl bilden, die durch 8 teilbar ist.
- durch 9 teilen, wenn die Quersumme durch 9 teilbar ist.
- durch 10 teilen, wenn die letzte Ziffer eine 0 ist.
- durch 25 teilen, wenn die letzten beiden Ziffern durch 25 teilbar sind.
- durch 100 teilen, wenn die letzten beiden Ziffern 00 sind.

Diese Regeln gelten natürlich – Sie haben es längst gemerkt – nicht nur im Zusammenhang mit der Primfaktorzerlegung, sondern für alle Divisionen.

Größter gemeinsamer Teiler (ggT)

Nicht viele Begriffe in der Mathematik erklären sich einfach von selbst.

Der größte gemeinsame Teiler (ggT) zweier Zahlen a und b ist die größte Zahl, durch die a und b ohne Rest teilbar sind.

Um den ggT zu ermitteln, müssen Sie die infrage kommenden Zahlen in ihre Primfaktoren zerlegen. Der ggT ist dann das Produkt derjenigen Primzahlen, die beide Zahlen gemeinsam haben. Auch hier bringt ein kleines Beispiel das erwünschte Licht ins Dunkel:

Gesucht wird der ggT von 53.667 und 459.486. Zunächst machen wir eine Primfaktorzerlegung und erhalten:

$53.667 = 3 \cdot 3 \cdot 67 \cdot 89$

$459.486 = 2 \cdot 3 \cdot 3 \cdot 3 \cdot 67 \cdot 127$

Beiden Primfaktorzerlegungen gemeinsam ist $3 \cdot 3 \cdot 67 = 603$.

603 stellt also den ggT der beiden Zahlen dar.

Ergibt sich als ggT zweier Zahlen die 1, so nennt man diese beiden Zahlen teilerfremd.

Anwendung findet die Suche nach dem ggT beispielsweise in der Bruchrechnung, um einen Bruch sinnvoll zu kürzen. So kann man den Bruch $\frac{105}{217}$ durchaus noch vereinfachen. Dazu sucht man zunächst den ggT von 105 und 217, er beträgt 7. Nun können Sie den Bruch entsprechend kürzen und erhalten schließlich $\frac{15}{31}$.

Kleinstes gemeinsames Vielfaches (kgV)

Auch in der Bruchrechnung haben Sie bereits das kleinste gemeinsame Vielfache (kgV) mehrerer Zahlen gesucht, nämlich bei der Suche nach dem gemeinsamen Nenner von Brüchen.

> Das kleinste gemeinsame Vielfache (kgV) der Zahlen a und b bezeichnet die kleinste Zahl, deren Teiler sowohl a als auch b ist.

Ermitteln lässt sich das kgV in einfachen Fällen im Kopf. So fällt es nicht schwer, als kgV der Zahlen 3, 4 und 6 die 12 zu ermitteln. Komplizierter wird es indes bei großen Zahlen. Hier kommen dann wieder die Primfaktoren ins Spiel. Man nimmt hier aber das Produkt aller Primzahlen, die in der Zerlegung beider Zahlen vorkommen. Kommt bei beiden Zahlen die gleiche Primzahl vor, nimmt man die größte vorkommende Potenz dieser Primzahl. Auch hier hilft ein kurzes Beispiel weiter:

Wir suchen das kgV der Zahlen 24, 160 und 180. Hier zunächst die Primfaktorzerlegung für die drei Zahlen:

$24 = 2^3 \cdot 3$

$160 = 2^5 \cdot 5$

$180 = 2^2 \cdot 3^2 \cdot 5$

2, 3 und 5 sind also die Primzahlen, die insgesamt hier vorkommen. Nun müssen wir noch die höchsten Potenzen nehmen und die Zahlen miteinander multiplizieren. Dann erhalten wir:

$kgV(24; 160; 180) = 2^5 \cdot 3^2 \cdot 5 = 1440$

An diesem Beispiel können Sie auch sehr schön sehen, dass das kgV für gewöhnlich deutlich kleiner ist als das Produkt der einzelnen Zahlen, denn $24 \cdot 160 \cdot 180 = 691.200$.

Sie müssen – solange es nur um zwei Zahlen geht – übrigens nur eines von beiden, entweder das kgV oder den ggT kennen, um den jeweils anderen Wert ermitteln zu können, denn es gibt hier eine schöne Beziehung:

$$ggT(a; b) \cdot kgV(a; b) = a \cdot b$$

Potenzen

Die Mathematik kann ganz schön kompliziert sein, da gibt es nichts zu beschönigen. Aber sie hält auch immer wieder Instrumente bereit, um komplizierte Ausdrücke ein wenig zu vereinfachen und übersichtlicher zu gestalten. Eines dieser Instrumente stellt die Potenzschreibweise dar. Denn im Grunde genommen ist eine Potenz nichts anderes als eine Kurzschreibweise für eine bestimmte Multiplikation.

Wir sprechen in diesem Zusammenhang von einer „bestimmten Form", da sich nicht jede Multiplikation einfach so verkürzt darstellen lässt. Die Verkürzung, von der hier die Rede ist, funktioniert nämlich nur, wenn dieselbe Zahl mehrfach miteinander multipliziert wird.

Zum Beispiel kann man $4 \cdot 4 \cdot 4 \cdot 4 \cdot 4$ auch viel kürzer als 4^5 schreiben. 4^5 nennt man auch Potenz. Allgemein gilt Folgendes für Potenzen:

> Eine Potenz besteht aus einer Basis a und einem Exponenten n. Man schreibt dann a^n. Der Wert einer Potenz wird als Potenzwert bezeichnet.

Nimmt man also die Potenz aus unserem Beispiel, die 4^5, dann ist ihr Potenzwert $4 \cdot 4 \cdot 4 \cdot 4 \cdot 4 = 1024$. Das Berechnen einer Potenz nennt man potenzieren.

Eine Basis mit dem Exponenten 2 stellt eine ganz besondere Potenz dar, nämlich eine Quadratzahl. Man spricht in einem solchen Fall anstelle von „4 hoch 2" auch von „4 Quadrat".

Rechnen mit Potenzen

Da man in der Mathematik eigentlich (fast) immer bestrebt ist, Terme so weit wie möglich zu vereinfachen und übersichtlich zu gestalten, erhält das Rechnen mit Potenzen eine ganz besondere Bedeutung, denn hier lässt sich häufig ein auf den ersten Blick verwirrender Term schön vereinfachen. Im Folgenden haben wir einmal die Regeln für das Rechnen mit Potenzen für Sie zusammengefasst:

Wenn Sie ein Produkt zweier Zahlen potenzieren möchten, müssen Sie jeden einzelnen Faktor mit dem Exponenten versehen und die Potenzen dann miteinander multiplizieren.

> $(a \cdot b)^n = a^n \cdot b^n$

Hier wird Ihnen übrigens eine große Stärke der Mathematik sehr anschaulich vorgeführt: Gemeint ist die Tatsache, dass oft eine kurze Formel wesentlich aussagekräftiger ist als ein langer Prosatext.

Bleiben wir noch einen Moment bei der Multiplikation und sehen wir uns an, wie man hier mit mehreren Potenzen mit gleichem Exponenten umgeht.

$$a^n \cdot b^n \cdot c^n = (a \cdot b \cdot c)^n$$

Dieser Zusammenhang überrascht nur wenig, wenn man sich die erste Rechenregel ansieht. Wie sieht es aber nun aus, wenn die Potenzen die gleiche Basis, aber unterschiedliche Exponenten haben? In diesem Fall bleibt die Basis erhalten und die Exponenten werden addiert.

$$a^m \cdot a^n = a^{m+n}$$

Am besten merken Sie sich diese Regel gut, denn erfahrungsgemäß geschehen hier in der Praxis häufig Fehler, da ja die Multiplikation „plötzlich" verschwindet.

Kommen wir nun von der Multiplikation zur Division. Wenn Sie Potenzen mit dem gleichen Exponenten dividieren möchten, dividieren Sie die Basen der beiden Faktoren und versehen den so gewonnenen Quotienten mit dem Exponenten. Auch diese Rechenregel sieht als Formel wesentlich einfacher aus:

$$a^n : b^n = (a : b)^n$$

Das funktioniert natürlich auch mit Brüchen:

$$\frac{a^n}{b^n} = \left(\frac{a}{b}\right)^n$$

Wahrscheinlich ahnen Sie bereits, was nun kommt. Wir nehmen jetzt nämlich einmal gleiche Basen und unterschiedliche Exponenten und führen wieder die Division aus. Das Ergebnis sieht wie folgt aus:

$$a^m : a^n = a^{m-n}$$

Nun sind auch noch weitere Fälle denkbar. Wie sieht es beispielsweise bei Potenzen mit negativen Exponenten aus? Grundsätzlich gelten hier natürlich auch die bereits aufgeführten Rechenregeln. Es kann aber auch sinnvoll sein, den negativen Exponenten zu eliminieren.

Dazu dient die folgende Regel:

$$a^{-n} = \frac{1}{a^n}$$

Abschließend wollen wir uns noch den Fall ansehen, dass eine Potenz noch weiter potenziert wird. Auch solche Ausdrücke lassen sich leicht vereinfachen und sorgen für viel mehr Übersichtlichkeit innerhalb von Termen.

$$\left(a^m\right)^n = a^{m \cdot n}$$

Hier müssen Sie gut aufpassen, dass Sie diese Formel nicht mit derjenigen zur Multiplikation von Potenzen mit gleicher Basis und verschiedenen Exponenten verwechseln. Dieser Fehler wird nämlich – gerade anfangs, wenn die Handhabung der Formeln noch ein wenig ungewohnt ist – gerne gemacht und führt zu sagenhaft falschen Ergebnissen.

Lineare Funktionen

Mit linearen Gleichungen haben wir uns einige Seiten zuvor beschäftigt, nun wollen wir uns den linearen Funktionen zuwenden. Diese beiden Themen klingen nicht nur ähnlich, sie sind es auch. Im Laufe dieses Kapitels werden Sie merken, dass lineare Gleichungen und lineare Funktionen miteinander verwandt sind. Ebenso wird sich zeigen, dass Funktionen, wenn man sich einmal ein wenig in diesem Gebiet zurechtgefunden hat, keinen Grund zur Aufregung darstellen. Im Gegenteil, Techniker und Wissenschaftler sind oft froh, wenn sich bestimmte Zusammenhänge in Form von Funktionen darstellen lassen.

Aber wir greifen den Dingen vor. Lassen Sie uns zunächst einmal klären, was eine Funktion überhaupt ist.

> Eine Funktion ist eine Abbildung zwischen zwei Mengen A und B. Dabei wird jedem Element aus A genau ein Element aus B zugeordnet. Dabei wird A häufig als Funktionsmenge, B als Wertemenge bezeichnet.

An diesem Punkt verharren wir noch eine kurze Weile. Man hat also zwei Mengen, die Funktionsmenge und die Wertemenge, nimmt sich nun ein Element aus der Funktionsmenge und setzt es in eine Beziehung zu einem Element aus der Wertemenge. Wie sich diese Beziehung genau gestaltet, regelt die Funktionsvorschrift. Bei der Funktionsvorschrift handelt es sich meistens – da es sich um eine rein mathematische Beziehung handelt – um eine Rechenvorschrift.

Eine solche Rechenvorschrift könnte beispielsweise lauten: Nimm einen Ausgangswert, multipliziere ihn mit 2 und addiere anschließend 5. Nennen wir nun den Ausgangswert einmal x, dann schreibt man die eben genannte Rechenvorschrift in der Mathematik so:

$f(x) = 2x + 5$

Den linken Teil dieser sogenannten Funktionsgleichung liest man „f von x".

Die Funktion muss übrigens nicht unbedingt mit dem Buchstaben f gekennzeichnet werden, man kann ebenso gut das g oder h wählen. Auch ist das x als Variable nicht vorgeschrieben, hat sich aber in der Mathematik eingebürgert.

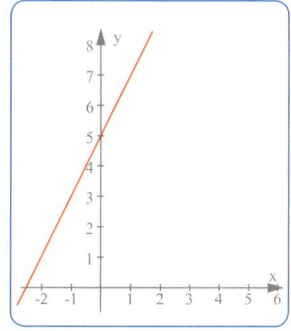

Unsere Beispielfunktion lässt sich nun in einem Koordinatensystem grafisch darstellen. Hier wird der Wert von x auf der x-Achse eingetragen. Der Funktionswert $f(x)$ lässt sich auf der y-Achse ablesen. Setzt man beispielsweise für x die 1 ein, ergibt sich:

$f(x) = 2 \cdot 1 + 5 = 7$

Diesen Wert kann man auch im Diagramm ablesen. Die rote Gerade wird übrigens als Funktionsgraph bezeichnet. Da die Funktionswerte auf der y-Achse eingetragen werden, schreibt man die Funktion im Zusammenhang mit grafischen Darstellungen auch oft $y = 2x + 5$. Auf die grafische Darstellung von Funktionen kommen wir später noch einmal zurück.

Drei Mengen

Ebenso wie bei den linearen Gleichungen unterscheidet man bei den linearen Funktionen drei Mengen, die für sie relevant sind (in der Tat tragen sogar zwei der Mengen den gleichen Namen wie bei den Gleichungen).

Die Grundmenge

> Die Grundmenge G enthält alle Eingangswerte, die grundsätzlich für die Variable x eingesetzt werden können.

Für gewöhnlich verwendet man die Menge der rationalen Zahlen Q oder der reellen Zahlen R als Grundmenge.

Die Definitionsmenge

> Mit dem Buchstaben D wird die Definitionsmenge gekennzeichnet, die alle Werte beinhaltet, die dann tatsächlich für x eingesetzt werden sollen.

Die Definitionsmenge kann maximal die Größe der Grundmenge annehmen, kann aber auch eine Teilmenge der Grundmenge sein (das ist z. B. dann der Fall, wenn aus mathematischen Gründen nicht alle Elemente von G verwendet werden dürfen, wie das etwa bei einer „drohenden" Division durch 0 der Fall ist). Die Größe der Definitionsmenge kann aber auch mehr oder weniger willkürlich eingeschränkt werden, wenn zur Lösung eines bestimmten Problems nur ein bestimmter Bereich der möglichen Eingangswerte interessant ist.

Die Wertemenge

> Die Menge aller Funktionswerte wird Wertemenge W genannt.

Die Wertemenge wird bisweilen auch als Bildmenge oder Menge der Funktionswerte bezeichnet.

Funktion von Funktionen

Nachdem wir Ihnen nun die Grundlagen der linearen Funktionen recht ausführlich nahegebracht haben, wird es Zeit, die Frage der Fragen zu stellen: „Wozu braucht man so etwas eigentlich?" Wir gehen hier sogar noch einen Schritt weiter und stellen die Frage nicht nur, wir beantworten sie auch!

Grundsätzlich haben wir ja bereits gesehen, dass bei einer linearen Funktion ein Ausgangswert direkt mit einem Zielwert zusammenhängt. Es lässt sich hier ein konstanter Faktor finden, der diesen Zusammenhang beschreibt. Mit anderen Worten: Es besteht eine Proportionalität zwischen den beiden Werten.

Nehmen wir beispielsweise eine spezielle Federform, die sogenannte lineare Feder. Hier besteht ein Zusammenhang zwischen der Ausdehnung der Feder und der Gewichtskraft, mit der sie nach unten gedehnt wird. Kennt man diesen Faktor, lässt sich eine lineare Funktion formulieren, anhand derer man die Feder nun als Federwaage einsetzen kann. Sie müssen nur noch die Ausdehnung der Feder messen und können anhand der Funktionsgleichung oder des Funktionsgraphen ermitteln, wie groß die Gewichtskraft ist, die hier zur Wirkung kommt.

Lineare Federung ist z. B. für Mountainbikes unerlässlich.

Dies ist nur ein Beispiel, das allerdings die grundsätzliche Qualität von Funktionen zeigt. Auch in anderen wissenschaftlichen und technischen Gebieten sind sie nützlich. So nutzen sie z. B. Statiker beim Berechnen der Kräfte, die etwa auf Wolkenkratzer

oder Brückenkonstruktionen einwirken. Mithilfe der Funktionen können sie entscheiden, wie das Material beschaffen sein muss, um den zu erwartenden Belastungen standhalten zu können. Hier haben Funktionen also eine lebenswichtige Bedeutung.

Der moderne Brückenbau arbeitet mit linearen Funktionen.

Die allgemeine Form der Funktionsgleichung

Bislang hatten wir es nur mit einer ganz konkreten Form der Funktionsgleichung zu tun: $f(x) = 2x + 5$. Nun wollen wir einen Schritt weitergehen und uns die allgemeine Form einer linearen Funktionsgleichung ansehen. Sie lautet:

$$f(x) = mx + t$$

Für lineare Funktionen gelten nun noch einige Regeln:

1. Lineare Funktionen besitzen genau eine Variable.
   In unserem Fall ist es das x. Es kann aber auch jeder andere Buchstabe als Variable in Betracht kommen. Insbesondere in der Physik kommen häufig andere Buchstaben zum Einsatz, wenn es etwa um physikalische Größen geht, die anders bezeichnet werden.
2. Die Variable einer linearen Funktion besitzt die Potenz 1.
   Funktionen, deren Variablen höhere Potenzen aufweisen (z. B. x^2) sind keine linearen Funktionen mehr.
3. Die Variable einer linearen Funktion besitzt einen Koeffizienten m.
4. Lineare Funktionen können zusätzlich über eine Konstante t verfügen. Sie ist aber nicht zwingend erforderlich.
5. Die Grundmenge einer linearen Funktion ist in der Regel $\mathbb{Q}$ oder $\mathbb{R}$.

Diesen fünf Anforderungen muss jede lineare Funktion gerecht werden.

Grafische Darstellung einer Funktion

Bereits im Rahmen der einführenden Bemerkungen zu diesem Thema haben wir kurz die grafische Darstellung einer Funktion angesprochen, diese wenigen Bemerkungen wollen wir nun vertiefen.

Welchen Vorteil kann die grafische Darstellung einer Funktion eigentlich haben? Dieser Frage möchten wir uns zunächst kurz zuwenden.

Anhand des Funktionsgraphen kann man das Verhalten der Funktion sehr gut veranschaulichen. Man sieht sofort, wie stark die Gerade (bei einer linearen Funktion ist der Graph eine Gerade) ansteigt (oder abfällt) und kann weitere charakteristische Werte – wie z. B. den Schnittpunkt mit der x-Achse – einfach ablesen. Sie hilft uns also, den Zusammenhang zwischen zwei Werten schnell zu erfassen und zu verstehen.

Wenn wir es mit einer linearen Funktion zu tun haben, gibt es immer einen Ausgangswert und genau einen dazugehörenden Zielwert; wir haben es also mit sogenannten Wertepaaren zu tun.

Sie können nun jedes Wertepaar der Form $(x, f(x))$ als Punkt in einem Koordinatensystem darstellen. Die beiden Koordinaten sind dann x und $f(x)$. Man schreibt in diesem Fall aber meist – wie bereits weiter oben gesagt – nicht $f(x)$, sondern y. In unserem Beispiel finden Sie nun zwei Punkte, P und Q, bereits in das Koordinatensystem

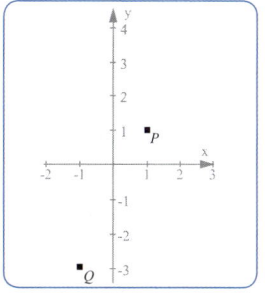

eingezeichnet. P besitzt die Koordinaten $(1;1)$ und Q die Koordinaten $(-1;-3)$.

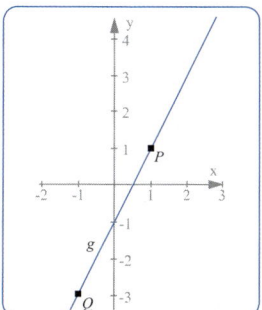

Durch diese beiden Punkte lässt sich nun auf jeden Fall eine Gerade ziehen. Diese Gerade stellt den Funktionsgraphen dar. Wie er aussieht, veranschaulicht die Grafik. Sie sehen also: Der Graph einer linearen Funktion ist immer eine Gerade. Sie wird mit einem Kleinbuchstaben bezeichnet.

Betrachtet man einen solchen Funktionsgraphen im Koordinatensystem einmal genauer, dann wird man einige charakteristische Größen bemerken. Das sind die Schnittpunkte des Graphen mit den beiden Achsen und seine Steigung (da die beiden Punkte P und Q willkürlich gewählt wurden, zählen sie nicht zu diesen charakteristischen Größen). Diese Größen wollen wir uns nun einmal ein wenig näher ansehen.

Die Nullstelle der Funktion

> Die Schnittstelle eines Funktionsgraphen mit der x-Achse wird Nullstelle genannt. Sie hat diesen Namen erhalten, weil an dieser Stelle der Funktionswert gleich 0 ist.

Die Nullstelle einer linearen Funktion lässt sich einfach berechnen. In unserem grafischen Beispiel von S. 149 lautet die Funktionsgleichung: $f(x) = 2x - 1$. Die Nullstelle berechnen Sie nun so:

$2x - 1 = 0 \qquad |+1$

$\Leftrightarrow 2x = 1 \qquad |: 2$

$\Leftrightarrow x = \dfrac{1}{2}$

Der Funktionsgraph schneidet die x-Achse also an der Nullstelle $x = \dfrac{1}{2}$.

Diesen Wert können Sie auch für die allgemeine Funktionsgleichung ermitteln.

$mx + t = 0$

$\Leftrightarrow mx = -t$

$\Leftrightarrow x = -\dfrac{t}{m}$

Demnach schneidet der Funktionsgraph einer beliebigen linearen Funktion die x-Achse an der Nullstelle $x = -\dfrac{t}{m}$.

Es ist ganz praktisch, diese allgemeinen Koordinaten zu lernen, da Sie sich so Rechenarbeit sparen (auch wenn die Rechnungen bei linearen Gleichungen keine allzu großen Anforderungen an Ihr mathematisches Geschick stellen dürften).

Der Schnittpunkt mit der *y*-Achse

Der Schnittpunkt mit der *y*-Achse ist ein sehr sympathischer Geselle, da seine Koordinaten sehr einfach zu bestimmen sind. Der *x*-Wert muss natürlich null sein. Dann gilt es noch, den *y*-Wert zu ermitteln. Setzen wir kurz die Null für das *x* in die allgemeine Gleichung ein. Dann erhalten wir:

$f(0) = m \cdot 0 + t = t$

Der Schnittpunkt mit der *y*-Achse besitzt folglich die Koordinaten

$$S_y\,(0;t)$$

Die Steigung

Es ist eine feine Sache, wenn man zwei Punkte gegeben hat und mit ihrer Hilfe den Graphen einer linearen Funktion zeichnen muss. Diese Aufgabe erledigt sich fast von allein, man muss darüber keine weiteren Worte verlieren. Aber weder die Mathematik noch unsere Umwelt sind immer so freundlich und liefern uns alle benötigten Daten so ab, wie wir sie am besten weiterverarbeiten können. Manchmal sind nur ein Punkt und die Steigung bekannt. Aber auch dann müssen Sie nicht verzweifeln, denn hier kommt das Steigungsdreieck ins Spiel.

Das Steigungsdreieck

In der Grafik ist das Steigungsdreieck, ein rechtwinkliges Dreieck, bereits eingezeichnet. Die zugrunde liegende Funktion ist auch hier wieder $f(x) = 2x - 1$.

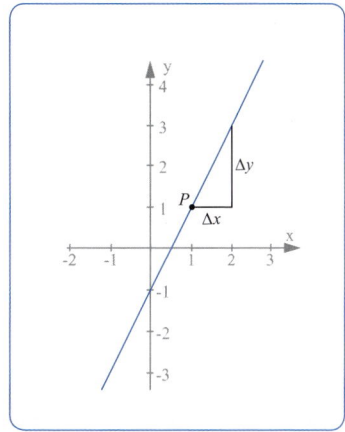

Entscheidend sind hier die beiden sogenannten Deltastrecken Δx und Δy. Ihr Verhältnis gibt nämlich die Steigung des Funktionsgraphen an. Das Delta Δ steht hier für Differenz. Es lässt sich recht einfach erklären: Die *x*-Koordinate des Dreieckspunkts, der nicht auf der Geraden liegt, ist 2. Die *x*-Koordinate von *P* ist 1. Die Länge der Strecke zwischen beiden Punkten ist die Differenz beider Werte, also 1. Auf dieselbe Weise können Sie die Länge von Δy bestimmen.

Wie hängen diese beiden Strecken nun mit der Steigung zusammen? Dieser Zusammenhang ist recht einfach:

> Das Verhältnis $\frac{\Delta y}{\Delta x}$ entspricht der Steigung. Man schreibt auch $\frac{\Delta y}{\Delta x} = m$.

Das m in dieser Beziehung ist natürlich identisch mit dem m, das Sie aus der allgemeinen Funktionsgleichung $f(x) = mx + t$ kennen – und das ist auch gut so.

Sehen wir uns nun noch einmal kurz ein weiteres Steigungsdreieck etwas näher an (die Funktionsgleichung ist in diesem Fall nicht weiter interessant – wenn Sie mögen, können Sie sie aber zu Übungszwecken ermitteln).

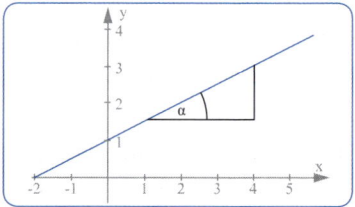

Wie Sie sehen, haben wir nun den Winkel α eingefügt. Wer nun noch die einzelnen Beziehungen aus der Trigonometrie im Kopf hat (und das haben Sie sicherlich alle), dürfte nun die Groschen fallen hören, denn es gilt auch:

> $m = \tan(\alpha) = \frac{\Delta y}{\Delta x}$

Ein kleines Beispiel zwischendurch

Begriffe, die wir aus unserem Alltag kennen, haben in der Mathematik ja bisweilen eine etwas andere Bedeutung als die uns geläufige. Das ist nicht

Die Steigung von Bergstraßen lässt sich mit dem Steigungsdreieck berechnen.

immer der Fall und so ist die Steigung eines Funktionsgraphen kaum von der Steigung einer Bergstraße zu unterscheiden.

Ist der Wert einer solchen Steigung auf den entsprechenden Verkehrsschildern beispielsweise mit 22 % angegeben, meint das ja, dass man gleichzeitig 22 Meter nach oben und 100 Meter vorwärts fährt (s. Grafik).

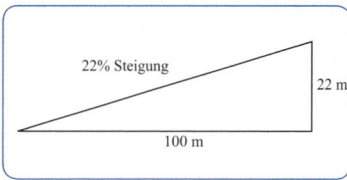

Das Verhältnis „nach oben" zu „geradeaus" beträgt also 22 zu 100 oder 0,22 oder 22 %. Stellt man sich das Ganze nun als Steigungsdreieck vor, dann wäre $\Delta x = 100$ Meter und $\Delta y = 22$ Meter. m hätte dann den Wert 0,22.

Steigung und Monotonie

Wir können nun also das Steigungsverhalten einer linearen Funktion beurteilen. Ein anderes Wort für dieses Steigungsverhalten ist die Monotonie der Funktion. Dieser Begriff sagt nichts darüber aus, wie interessant die Funktion bzw. ihr Graph ist, sondern darüber, wie der Graph sich verhält, wenn man ihn sich von links nach rechts anschaut. Dann kann man nämlich drei Fälle unterscheiden: der Graph steigt, der Graph fällt oder er ist parallel zur x-Achse.

Mathematisch ausgedrückt bedeutet das:

> $m > 0 \Leftrightarrow$ Der Graph von $f(x)$ ist streng monoton steigend.
>
> $m < 0 \Leftrightarrow$ Der Graph von $f(x)$ ist streng monoton fallend.
>
> $m = 0 \Leftrightarrow$ Der Graph von $f(x)$ verläuft parallel zur x-Achse. Man nennt die Funktion dann auch konstant.

Ermittlung des Graphen mithilfe des Steigungsdreiecks

Anhand von zwei Punkten den Graphen einer linearen Funktion zu ermitteln, stellt kein Problem dar. Auch das Zeichnen des Graphen, wenn nur ein Punkt und die Steigung bekannt sind, ist nicht sonderlich schwierig. Es geht in drei Schritten vonstatten:

1. Schritt

Der bekannte Punkt – wir nennen ihn wieder P – wird in das Koordinatensystem eingezeichnet.

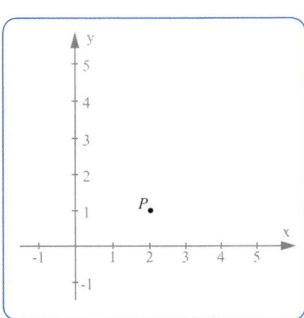

2. Schritt

Nun müssen Sie passende Werte für das Steigungsdreieck ermitteln. Die Steigung m liegt Ihnen dabei vor. Nehmen wir einmal an, m sei 3. Aus der bekannten Beziehung $m = \frac{\Delta y}{\Delta x}$ lässt sich nun ein passendes Verhältnis ermitteln. Wir setzen hier $\Delta y = 3$ und $\Delta x = 1$.

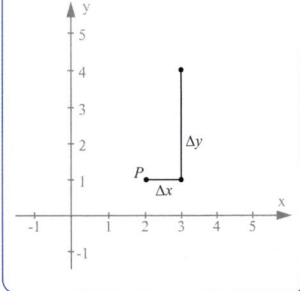

Sie können schnell herausfinden, dass diese Werte das Verhältnis korrekt wiedergeben. Nun können Sie nämlich schon – als Schritt 2b sozusagen – das Steigungsdreieck einzeichnen. Dabei gehen Sie von Punkt P aus und zeichnen die Strecke Δx parallel zur x-Achse ein. An ihrem Endpunkt zeichnen Sie dann Δy parallel zur y-Achse.

Nun haben Sie schon zwei Seiten Ihres Dreiecks fertig, allerdings gilt es noch einiges zu berücksichtigen, damit Sie das Dreieck auch wirklich an der richtigen Stelle im Koordinatensystem platzieren.

Achten Sie auf jeden Fall auf die Vorzeichen:

Wenn Δx positiv ist, müssen Sie die Strecke nach rechts zeichnen.
Wenn Δx negativ ist, müssen Sie die Strecke nach links zeichnen.
Wenn Δy positiv ist, müssen Sie die Strecke nach oben zeichnen.
Wenn Δy negativ ist, müssen Sie die Strecke nach unten zeichnen.

3. Schritt

Nun können Sie die Gerade einzeichnen.

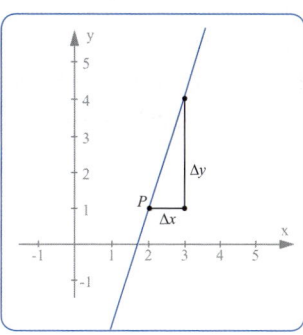

Ermittlung der Funktionsgleichung

Nun wollen wir uns der Frage zuwenden, wie wir die Funktionsgleichung erstellen können, wenn wir nur einige Angaben zum Funktionsgraphen vorliegen haben. Allgemein gilt:

> Von einer Geraden müssen
>   – mindestens zwei unterschiedliche Punkte
> oder
>   – ein Punkt und die Steigung
> bekannt sein, um die Funktionsgleichung ermitteln zu können.

Den Ausgangspunkt bei allen folgenden Überlegungen bildet die Funktionsgleichung in ihrer allgemeinen Form $f(x) = mx + t$.

Zwei-Punkte-Technik

Wenn Ihnen mindestens zwei Punkte der Geraden bekannt sind, können Sie aus ihnen die Funktionsgleichung herleiten. Dieser Fall tritt gar nicht so selten ein. Stellen Sie sich einmal vor, sie seien Wissenschaftler und führten einige wenige Messungen in einem komplizierten Versuchsaufbau durch. Der Aufbau ist so kompliziert und die Versuche sind so kostspielig, dass Sie nur wenige Messungen vornehmen können; Sie wissen aber, dass das Ergebnis eine lineare Funktion sein muss. So erhalten Sie also nur wenige Punkte und müssen aus ihnen die Funktionsgleichung ermitteln (in diesem Fall stellt die Gleichung auch die physikalische Gesetzmäßigkeit dar, die Sie eigentlich mit der Versuchsreihe ergründen wollen).

Gegeben sind also die Punkte P $(p_x; p_y)$ und Q $(q_x; q_y)$. Die Werte in den Klammern bezeichnen hier die Koordinaten der beiden Punkte. Sehen wir uns das einmal in einem Beispiel an: Hier hat P die Koordinaten $(1;1)$ und Q die Koordinaten $(2;3)$.

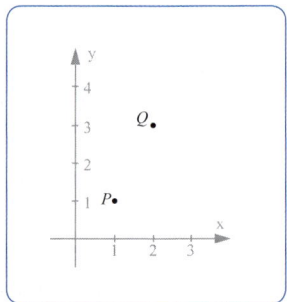

Zunächst müssen wir die Steigung m berechnen. Die Formel, die wir hierzu benötigen, lautet bekanntermaßen: $m = \frac{\Delta y}{\Delta x}$. Wir müssen also zunächst die Längen der Strecken Δy und Δx ermitteln. In der nächsten Grafik sind diese Strecken bereits eingezeichnet.

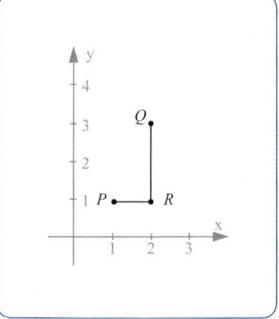

Wie Sie sehen, lassen sich die Koordinaten des Punktes R recht einfach ermitteln. Er besitzt dieselbe x-Koordinate wie der Punkt Q und dieselbe y-Koordinate wie der Punkt P. Die Koordinaten lauten also $(2;1)$. Nun lässt sich Δx als $2 - 1 = 1$ und Δy als $3 - 1 = 2$ ermitteln. Die Steigung lautet also $m = \frac{2}{1} = 2$.

Wir verallgemeinern den Rechenweg nun noch ein wenig, damit er auch für beliebige Funktionen gilt. Wir können Δx als $q_x - p_x$ und Δy als $q_y - p_y$ darstellen. Dann erhalten wir für m also:

$$m = \frac{\Delta y}{\Delta x} = \frac{(q_y - p_y)}{(q_x - p_x)}$$

Nun müssen wir also nur noch den Wert von t ermitteln. Das ist aber nicht mehr sonderlich schwierig. Wir nehmen einfach die Werte eines der beiden Punkte und den für die Steigung ermittelten Wert und setzen sie in die allgemeine Funktionsgleichung ein.

$f(x) = mx + t \qquad |-(mx)$
$\Leftrightarrow f(x) - mx = t$

Wir nehmen den Punkt P und erhalten für t:

$t = 1 - 1 \cdot 2 = -1$

Die gesuchte Funktionsgleichung lautet also:

$f(x) = 2x - 1$

Auch hier können wir wieder eine allgemeine Lösung angeben:

$t = p_y - mp_x$

Nehmen wir nun noch die allgemeinen Ergebnisse zur Ermittlung von m und t, so erhalten wir eine schöne Gleichung, mit der wir auf einen Schlag aus den Koordinaten von nur zwei bekannten Punkten die komplette Funktionsgleichung rekonstruieren können:

$$f(x) = \frac{q_y - p_y}{q_x - p_x} (x - p_x) + p_y$$

Punkt-Steigung-Technik

Diese Technik hält nun nichts Neues mehr für Sie bereit, haben wir sie doch eigentlich bereits vor wenigen Zeilen angewendet. Schließlich hatten wir in der Zwei-Punkte-Technik zunächst die Steigung ermittelt und dann willkürlich einen Punkt und diese Steigung genommen, um die komplette Funktionsgleichung aufstellen zu können. Sie müssen also nur die Koordinaten des bekannten Punktes und die bekannte Steigung in die allgemeine Funktionsgleichung einsetzen, erhalten so den Wert für t und können dann die Gleichung aufschreiben.

Zwei Beispiele aus dem Alltag

Immer wieder stellt sich natürlich die Frage: Kann ich das auch in meinem Alltag anwenden? Und oft können wir die Antwort geben: Ja, Sie können!

Energiekosten senken

Kümmern wir uns zunächst einmal in einem ersten Beispiel um unsere tägliche Energieversorgung. Ein Thema,
das ja gerade immer mehr an Brisanz gewinnt. Stellen
Sie sich nun einmal vor, Ihr Energieversorger bietet Ihnen
bei einer monatlichen Grundgebühr von 8,– € Strom zu
einem Preis von 0,14 € pro Kilowattstunde an. Fassen Sie

dieses Angebot doch einmal übersichtlich in einer linearen Funktion zusammen und zeichnen Sie diese Funktion auch auf!

Zunächst brauchen wir eine Funktionsgleichung (wir lassen hier der besseren Übersichtlichkeit wegen die Einheiten weg).

Eine Kilowattstunde Strom kostet: $0,14 \cdot 1 + 8$

Zwei Kilowattstunden kosten: $0,14 \cdot 2 + 8$

Nun fällt der Schritt zu x Kilowattstunden nicht mehr schwer. Sie kosten $0,14 \cdot x + 8$.

Dieser Term hat doch schon eine verteufelte Ähnlichkeit mit einer Funktionsgleichung, meinen Sie nicht? Und so ist es auch. Die Funktionsgleichung lautet:

$f(x) = 0,14x + 8$

Der entsprechende Funktionsgraph sieht dann so aus:

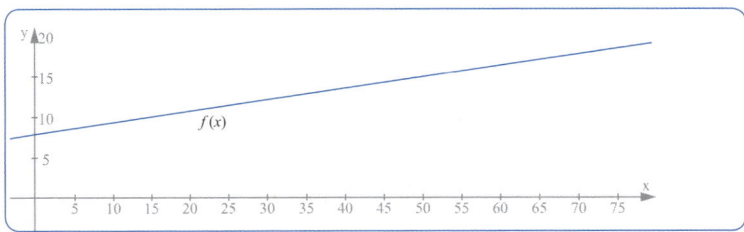

Nehmen wir nun an, ein zweiter Anbieter schickt Ihnen eine Werbebroschüre. Von ihm bekommen Sie den Strom für $0,10$ € pro Kilowattstunde, die Grundgebühr beträgt aber 10 €. Ab wann lohnt sich der Wechsel für Sie?

Stellen wir zunächst wieder eine Funktionsgleichung auf. Das funktioniert analog zum ersten Teil der Aufgabe, daher notieren wir an dieser Stelle nur das Ergebnis:

$g(x) = 0,1x + 10$

Auch diese Funktion können wir in unsere Grafik eintragen.

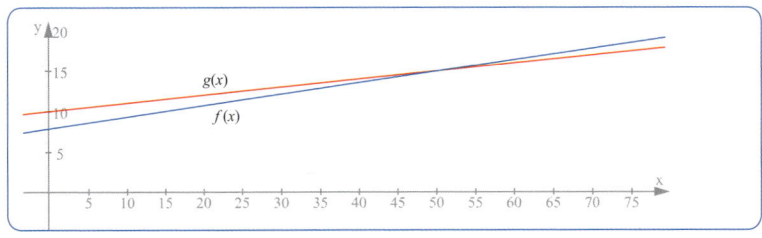

Dort, wo beide Graphen einander schneiden, sind beide Angebote gleich, rechts davon ist das neue Unternehmen günstiger.

Allerdings muss man ehrlicherweise sagen, dass eine solche grafische Lösung nicht immer ganz exakt ist. Schließlich kann man den Schnittpunkt bei zwei so flachen Graphen nicht ganz eindeutig bestimmen. Also werden wir auch noch den rechnerischen Weg beschreiten und dabei ganz einfach $f(x) = g(x)$ setzen.

$0,14x + 8 = 0,1x + 10 \qquad |-0,1x$

$\Leftrightarrow 0,04x + 8 = 10 \qquad |-8$

$\Leftrightarrow 0,04x = 2 \qquad |: 0,04$

$\Leftrightarrow x = 50$

Die Kostengleichheit ist also bei 50 Kilowattstunden hergestellt; wenn Sie monatlich mehr Strom verbrauchen, ist der zweite Anbieter günstiger.

Discobesuch

Ihre beiden Söhne, Klaus und Frank, sind Stammgäste in der Diskothek „Rainbow". Ihre großen Saturday-Night-Fever-Tage sind vorbei, aber es interessiert Sie doch, wie die Preise dort heutzutage sind. Auf entsprechende Nachfragen antwortet Klaus, er habe drei Getränke getrunken und 13,50 € bezahlen müssen, sein Bruder habe fünf Getränke bestellt und eine Rechnung von 18,50 € begleichen müssen. Wie teuer ist ein Getränk (vorausgesetzt natürlich, die Jungs haben immer das Gleiche getrunken) und was kostet der Eintritt?

Hier gibt es mehrere Wege, die Aufgabe zu lösen. Wir entschließen uns, mit linearen Gleichungen zu hantieren. Die allgemeine Funktionsgleichung lautet $f(x) = mx + t$. Hier seien mx die Kosten für x Getränke und t der Eintritt.

Außerdem sind zwei Punkte bekannt, nämlich Klaus (3; 13,50) und Frank (5; 18,50).

Bestimmen wir zunächst $m = \dfrac{(q_y - p_y)}{(q_x - p_x)} = \dfrac{18,50 - 13,50}{5 - 3} = \dfrac{5}{2} = 2,50$

Ein Getränk kostet also 2,50 €.

Nun müssen wir noch den Wert für den Eintritt, also t, bestimmen. Setzen wir Klaus'
Daten in die Gleichung ein, erhalten wir:

$2{,}50 \cdot 3 + t = 13{,}50$

$\Leftrightarrow 7{,}50 + t = 13{,}50$

$\Leftrightarrow t = 6$

Der Eintritt kostet also 6,– €.

Umkehrfunktionen

„Eine Funktion ist eine Abbildung zwischen zwei Mengen A und B. Dabei wird jedem
Element aus A genau ein Element aus B zugeordnet." So lautet die Definition der Funktion. Nun muss es doch eigentlich auch möglich sein, die Richtung der Zuordnung zu
vertauschen, also jedem Element von B das entsprechende Element von A zuzuordnen.
Das geht in der Tat, allerdings muss man die Funktionsgleichung umformen, um eine
solche Abbildung zu erhalten.

Wie das geht, wollen wir Ihnen kurz am Beispiel unserer schon bekannten Funktion
$f(x) = 2x - 1$ vorführen.

Zunächst schreiben wir anstelle des $f(x)$ ein y und erhalten also:

$y = 2x - 1$

Nun lösen wir die Gleichung nach x auf:

$y = 2x - 1$

$\Leftrightarrow y + 1 = 2x$

$\Leftrightarrow \dfrac{(y + 1)}{2} = x$

Nun lösen wir die Klammer auf und erhalten:

$x = \dfrac{1}{2} y + \dfrac{1}{2}$

Damit ist der erste Schritt der Umwandlung vollzogen, es fehlt nur noch ein Schritt. Wir
vertauschen nun x und y und damit die „Richtung" der Abbildung.

$y = \dfrac{1}{2} x + \dfrac{1}{2}$

Nun können wir die Gleichung wieder in die bekannte Form einer Funktionsgleichung bringen. Da es sich hier um die Umkehrfunktion handelt, steht auf der linken Seite jedoch nicht $f(x)$, sondern $f^{-1}(x)$. Wir erhalten also:

$$f^{-1}(x) = \frac{1}{2}x + \frac{1}{2}$$

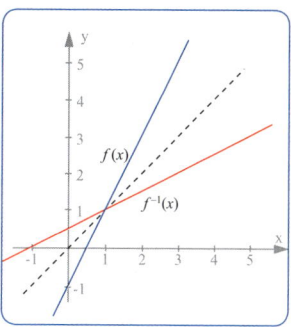

Sehen wir uns nun einmal die Abbildung beider Graphen im Koordinatensystem an. Der blaue Graph stellt unsere Funktion dar, der rote Graph die Umkehrfunktion. Die gestrichelte Linie ist die Winkelhalbierende des 1. und 3. Quadranten – und gleichzeitig die Spiegelachse beider Funktionen. Sie können eine Umkehrfunktion also auch grafisch bestimmen, indem Sie die Funktion an dieser Winkelhalbierenden spiegeln.

Allgemein lässt sich die Formel für die Umkehrfunktion so angeben:

$$f^{-1}(x) = \frac{1}{m} \cdot x - \frac{t}{m}$$

Diese Gleichung zeigt auch, dass man von konstanten Funktionen keine Umkehrfunktion bilden kann, denn die Steigung einer konstanten Funktion ist $m = 0$.

Umrechnung Grad Celsius – Fahrenheit

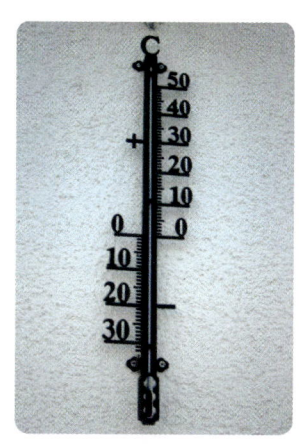

In den USA wird die Temperatur nicht wie bei uns in Grad Celsius, sondern in Grad Fahrenheit gemessen. Sie können die Umrechnung von Celsius in Fahrenheit mit folgender Funktion darstellen:

$$f(x) = \frac{9}{5}x + 32$$

Nun machen Sie aber Urlaub in den USA und würden die dortigen Temperaturen gerne in Ihre gewohnten Celsius-Werte zurückrechnen. Dazu benötigen Sie nun die Umkehrfunktion.

Wir gehen noch einmal Schritt für Schritt vor:

$$f(x) = \frac{9}{5} x + 32$$

Nun setzen wir y für $f(x)$ ein und formen die Gleichung nach x um.

$$y = \frac{9}{5} x + 32 \qquad\qquad |-32$$

$$\Leftrightarrow y - 32 = \frac{9}{5} x \qquad\qquad |\cdot \frac{5}{9}$$

$$\Leftrightarrow \frac{5}{9} y - 32 \cdot \frac{5}{9} = x$$

$$\Leftrightarrow \frac{5}{9} y - \frac{160}{9} = x$$

Wir vertauschen x und y:

$$y = \frac{5}{9} x - \frac{160}{9}$$

Die Umkehrfunktion lautet also:

$$f^{-1}(x) = \frac{5}{9} x - \frac{160}{9}$$

Nun können Sie die Umrechnungen in beide Richtungen vornehmen.

Gleichungen mit zwei und mehr Unbekannten – lineare Gleichungssysteme

Die Mathematik ist eine logische Wissenschaft, bei der vieles in irgendeiner Weise aufeinander aufbaut. Man kann sie, wie Sie sicherlich bei der bisherigen Lektüre dieses Buchs bereits gemerkt haben, auch sehr gut in kleinen Häppchen genießen. Dabei baut das eine ganz logisch auf dem anderen auf, d. h., wenn Sie die Grundlagen einmal verstanden haben, können Sie recht problemlos Schritt für Schritt weiter in die Tiefe vordringen und werden auch diese neuen Schritte gut bewältigen können. Einen solchen Schritt weiter in die Tiefe wollen wir nun vornehmen und uns Gleichungen mit zwei und mehr Unbekannten zuwenden.

Die Notwendigkeit, Gleichungen aufzustellen – und natürlich auch zu lösen –, die mehr als eine Unbekannte enthalten, ergibt sich auch in der Praxis immer wieder. Oft lösen Sie solche Probleme durch Ausprobieren (beispielsweise, wenn es darum geht, das Porto von 8,40 € mit Briefmarken von 1 € und 60 Cent

„zusammenzustellen"). Wir wollen zur Einführung ein anderes Beispiel bemühen, wie man es auf vielen Rätselseiten von Zeitungen und Magazinen finden könnte.

Altersaufgaben

Stellen Sie sich vor, Sie finden in Ihrer Lieblingszeitung folgendes Rätsel, das Sie gerne lösen möchten, da Sie ein Abonnement gewinnen können:

Regina ist 5 Jahre älter als ihre Schwester Hannah. In 20 Jahren ist sie doppelt so alt, wie Hannah heute ist. Wie alt sind die beiden heute?

Ohne Zweifel haben wir es hier mit zwei Unbekannten zu tun, nämlich dem Alter von Regina (das wollen wir x nennen) und dem Alter von Hannah (wir nennen es y). Formulieren wir nun die beiden Gleichungen:

Zunächst heißt es, dass Regina 5 Jahre älter ist als ihre Schwester Hannah. Wir können also schreiben $x = y + 5$.
In 20 Jahren (das schreiben wir als $x + 20$) ist sie sogar doppelt so alt wie Hannah. Es gilt also $x + 20 = 2y$.
Sie sehen also, dass sich das Aufstellen der beiden Gleichungen im Grunde genommen nicht von der Formulierung einer linearen Gleichung mit einer Unbekannten unterscheidet. Sind die richtigen Gleichungen vorhanden, haben Sie aber schon ein großes Stück auf dem Weg zur Lösung geschafft, denn nun müssen Sie „nur" noch das Gleichungssystem – so nennt der Mathematiker mehrere Gleichungen mit mehreren Unbekannten – lösen. Dazu gibt es verschiedene Verfahren, die wir Ihnen nun vorstellen möchten.

Welches Verfahren Sie wann anwenden können bzw. sollten, richtet sich nach der Komplexität der einzelnen Gleichung. Bisweilen kann auch eine Kombination mehrerer Verfahren zum Ziel führen. Hier entwickeln Sie mit der wachsenden Erfahrung im Umgang mit diesen Dingen das nötige Fingerspitzengefühl.

Das Einsetzungsverfahren

Beim Einsetzungsverfahren müssen Sie zunächst eine der vorhandenen Gleichungen nach einer beliebigen Variablen auflösen, also dafür sorgen, dass eine Variable allein auf einer Seite steht. In unserem Beispiel ist eine der beiden Gleichungen dankenswerterweise schon in der nötigen Form aufgestellt: $x = y + 5$.

Für das x in der zweiten Gleichung können wir nun den Term $y + 5$ einsetzen (daher auch der Name Einsetzungsverfahren). Wir erhalten dann eine Gleichung, in der auch nur eine einzige Variable vorkommt, nämlich:

$y + 5 + 20 = 2y$.

Nun kann man hier ein wenig zusammenfassen und erhält:

$y + 25 = 2y$

$\Leftrightarrow y = 25$

Nun können wir diesen Wert noch in die erste Gleichung $x = y + 5$ einsetzen und erhalten dann:

$x = 25 + 5 = 30$.

Regina ist also 30 Jahre alt und Hannah 25 Jahre.

Regina und Hannah genießen einen Cappuccino ganz ohne mathematische Mühen.

Auch bei einem linearen Gleichungssystem formuliert man eine Lösungsmenge. Sie besteht in diesem Fall aus den beiden Elementen 25 und 30. Man schreibt $L = \{(30; 25)\}$.

Das Additionsverfahren bzw. Subtraktionsverfahren

Der Grundgedanke bei diesem Verfahren ist, dass in einem Gleichungssystem Gleichungen zueinander addiert oder voneinander subtrahiert werden dürfen. Dieses Verfahren ist für Sie besonders dann interessant, wenn Sie durch Addition bzw. Subtraktion zweier Gleichungen Variablen eliminieren können.

Nehmen wir als Beispiel wieder unsere beiden Schwestern Regina und Hannah. Wir haben die Gleichungen bereits so umgeformt, dass bei beiden das x auf einer Seite steht, und erhalten folgendes System:

$$\begin{vmatrix} x &=& 2y &-& 20 \\ x &=& y &+& 5 \end{vmatrix}$$

Ein Gleichungssystem schreibt man auf diese Weise zwischen senkrechte Striche. Wenn Sie nun die zweite Gleichung von der ersten Gleichung abziehen, können Sie die Variable x eliminieren. Sie erhalten dann:

$0 = y - 25$

$\Leftrightarrow -y = -25$

$\Leftrightarrow y = 25$

Nun können Sie, wie bereits beim Einsetzungsverfahren demonstriert, den Wert für y in die zweite Gleichung einsetzen und erhalten für x die 30.

Beispiel mit Trick: der Stausee

Das bisherige Beispiel mit den beiden Schwestern Regina und Hannah war recht einfach und – vor allem – sehr übersichtlich. Nun wollen wir uns auf eine etwas unübersichtlichere Geschichte stürzen und Ihnen dabei einen kleinen „Trick" zeigen, mit dem Sie bisweilen für etwas mehr Übersicht sorgen können. Aber hier zunächst Ihre Aufgabe:

Stellen Sie sich vor, Sie sind ein Ingenieur, der vor der Aufgabe steht, einen Stausee zu füllen. Der See kann durch zwei Zuflüsse in 8 Tagen gefüllt werden. Wenn der zweite Zufluss nach 4 Tagen geschlossen wird, benötigen Sie weitere 12 Tage, um den See allein durch den ersten Zufluss zu füllen. Wie lange bräuchte jeder Zufluss zur Füllung des Sees, wenn er hierfür allein zuständig wäre?

Dieser Stausee in den Zillertaler Alpen müsste mal wieder aufgefüllt werden.

Vergeben wir zunächst wieder einmal die Variablen x und y. Hierbei soll x die Anzahl der Einsatztage von Zufluss 1 sein und y entsprechend die Anzahl der Einsatztage von Zufluss 2, falls beide jeweils allein den See füllen müssten.

Es ist nicht ganz einfach, hier die Gleichungen aufzustellen (der Mathematiker sagt in einem solchen Fall übrigens gerne „nicht ganz trivial ...“ – eine Phrase, die Sie sich unbedingt merken sollten, weil sich sicherlich immer wieder Gelegenheiten ergeben werden, in denen Sie diese anwenden können. Böse Zungen behaupten nämlich auch, dass so mancher Mathematiker zu dieser Phrase greift, um zu verschleiern, dass er keinen blassen Schimmer hat, wie er eine bestimmte Aufgabe lösen soll.).

Überlegen wir uns zunächst den Anteil, den jeder Fluss pro Tag an der Füllung des Stausees hat. Wenn der erste Zufluss x Tage Wasser liefern muss, dann beträgt sein täglicher Anteil $\frac{1}{x}$. Demnach beträgt der tägliche Anteil des zweiten Zuflusses $\frac{1}{y}$. Diese Festlegung stellt eine wichtige Grundlage dar. Nun kommen wir zur Formulierung der Gleichungen.

Die Aufgabenstellung unterscheidet zwischen zwei Fällen. Zunächst kann der See durch beide Flüsse in 8 Tagen gefüllt werden. Das heißt „übersetzt“:

$8 \cdot \left(\frac{1}{x} + \frac{1}{y} \right) = 1$. Die „1“ steht für: Der See ist ganz gefüllt.

Wenn beide Flüsse nur 4 Tage gemeinsam arbeiten, muss der erste Zufluss noch 12 Tage allein weitermachen. Das bedeutet:

$4 \cdot \left(\frac{1}{x} + \frac{1}{y} \right) + 12 \cdot \frac{1}{x} = 1$

Damit haben wir unsere beiden Gleichungen vorliegen. Nun sind aber vor allem die Terme $\frac{1}{x}$ und $\frac{1}{y}$ sperrig und nicht immer so einfach zu handhaben, daher wenden wir nun zur Rechnung einen Trick an. Wir ersetzen $\frac{1}{x}$ durch die Variable a und $\frac{1}{y}$ durch die Variable b. Am Schluss unserer Rechnung müssen wir diesen Vorgang natürlich wieder rückgängig machen, aber dazu kommen wir später noch. Diesen Trick nennt man „Substitution“ und er findet in der Mathematik recht häufig Anwendung, wenn es darum geht, komplizierte Terme ein wenig einfacher zu gestalten.

Wir erhalten also nun folgendes Gleichungssystem:

$$\begin{vmatrix} 8 \cdot (a + b) & = 1 \\ 4 \cdot (a + b) + 12a & = 1 \end{vmatrix}$$

Sie sehen, die Gleichungen machen doch gleich einen viel weniger bedrohlichen Eindruck. Nun sind ein paar Umformungen nötig.

$$\begin{vmatrix} 8a + 8b & = 1 \\ 4a + 4b + 12a & = 1 \end{vmatrix}$$

$$\Leftrightarrow \begin{vmatrix} 8a + 8b & = 1 \\ 16a + 4b & = 1 \end{vmatrix}$$

$$\Leftrightarrow \begin{vmatrix} 8a & = 1 - 8b \\ 16a & = 1 - 4b \end{vmatrix}$$ Wir multiplizieren die obere Gleichung mit 2.

$$\Leftrightarrow \begin{vmatrix} 16a & = 2 - 16b \\ 16a & = 1 - 4b \end{vmatrix}$$

Nun können wir wunderschön die Subtraktionsregel anwenden und die zweite Gleichung von der ersten subtrahieren. Wir erhalten dann:

$$0 = 1 - 12b$$
$$\Leftrightarrow b = \frac{1}{12}$$

Wenn Sie nun den Wert für b wieder in eine der Gleichungen einsetzen (eine ausführliche Darstellung dieses Schritts sparen wir uns an dieser Stelle), erhalten Sie $a = \frac{1}{24}$.

Sie erinnern sich sicherlich daran, dass wir ursprünglich nicht a und b, sondern x und y als Variablen gewählt hatten und dann eine Substitution durchgeführt haben, um die Gleichungen zu vereinfachen. Diesen Schritt müssen wir nun natürlich wieder umkehren. Wir müssen also für x wieder $\frac{1}{a}$ und für y wieder $\frac{1}{b}$ einsetzen. Als Ergebnis erhalten wir dann $x = 24$ und $y = 12$. Die Lösungsmenge unseres Gleichungssystems lautet also $\mathsf{L} = \{(24, 12)\}$.

Das bedeutet, dass Zufluss 1 alleine 24 Tage zum Füllen des Stausees benötigen würde, Zufluss 2 wäre nach 12 Tagen alleine damit fertig.

Drei Mengen

Wie bereits von den linearen Gleichungen und den linearen Funktionen bekannt, wollen wir uns auch für lineare Gleichungssysteme die drei Mengen kurz anschauen.

Die Grundmenge und Definitionsmenge

> Für ein Gleichungssystem mit mehreren Variablen muss für jede einzelne Variable die Grundmenge und Definitionsmenge angegeben werden.

In den meisten Fällen haben alle Variablen die gleiche Grund- und Definitionsmenge – zumeist ist dies die Menge der reellen Zahlen $\mathbb{R}$. Man schreibt dann z. B. für ein Gleichungssystem mit den Variablen x, y und z:
$D : x, y, z \in \mathbb{R}$.
Gibt es verschiedene Definitionsmengen für die einzelnen Variablen, kommt das Kreuzprodukt (s. a. Mengen, S. 94 ff.) ins Spiel. Ist z. B. die Definitionsmenge von x die Menge $\mathbb{N}$ und die Definitionsmenge von y die Menge $\mathbb{R}$, können Sie für x und y alle Zahlenkombinationen mit einer Zahl aus $\mathbb{N}$ und einer Zahl aus $\mathbb{R}$ verwenden. Man schreibt dann $D : (x; y) \in \mathbb{N} \times \mathbb{R}$.

Die Lösungsmenge

Die Lösungsmenge eines linearen Gleichungssystems enthält für jede vorkommende Variable einen Wert. Sie werden in runde Klammern gesetzt. Das sieht dann so aus:
$L = \{(x; y; z)\}$.

Gleichungssysteme mit mehr als zwei Variablen

Es klang ja bereits an mehreren Stellen an: Lineare Gleichungssysteme müssen nicht zwangsläufig aus lediglich zwei Gleichungen mit zwei Variablen bestehen. Sie können auch drei oder mehr Variablen und die entsprechende Anzahl von Gleichungen aufweisen. Die Lösung dieser Gleichungen folgt prinzipiell den gleichen Verfahren wie die Lösung von zwei Gleichungen – allerdings verwendet man hier zumeist eine Kombination aus Additions- und Einsetzungsverfahren, wie im folgenden Beispiel.

Unser beispielhaftes Gleichungssystem sieht so aus:

$$\begin{vmatrix} x & & + & 2z & = & 4 \\ 2x & + & y & + & z & = & 3 \\ x & + & 2y & - & 2z & = & -4 \end{vmatrix}$$

Auch hier geht es zunächst darum, dafür zu sorgen, möglichst viele Variablen zu eliminieren. Die erste Gleichung bietet uns hier schon den schönen Service, nur über zwei
Variablen, nämlich x und z, zu verfügen. Wir sollten also zunächst versuchen, in einer
der beiden anderen Gleichungen auch das y loszuwerden. Das lässt sich vergleichsweise
einfach einrichten, indem man zunächst die zweite Gleichung mit 2 multipliziert. Man
erhält dann das folgende System:

$$\begin{vmatrix} x & & + & 2z & = & 4 \\ 4x & + & 2y & + & 2z & = & 6 \\ x & + & 2y & - & 2z & = & -4 \end{vmatrix}$$

Nun subtrahieren wir die dritte Gleichung von der zweiten Gleichung. Achtung: Im
Gleichungssystem bleibt dabei die dritte Gleichung unverändert erhalten!

$$\begin{vmatrix} x & & + & 2z & = & 4 \\ 3x & & + & 4z & = & 10 \\ x & + & 2y & - & 2z & = & -4 \end{vmatrix}$$

Nun setzen wir die nächste Methode ein. Dazu formen wir zunächst die erste Gleichung
so um, dass das x isoliert auf einer Seite steht. Der Einfachheit halber notieren wir an
dieser Stelle nur diese eine Gleichung und nicht das ganze System:

$x = 4 - 2z$.

Setzen wir nun diesen Term auf der rechten Seite anstelle des x in die zweite Gleichung
ein, erhalten wir:

$3 \cdot (4 - 2z) + 4z = 10$

$\Leftrightarrow 12 - 6z + 4z = 10$

$\Leftrightarrow 12 - 2z = 10$

$\Leftrightarrow -2z = -2$

$\Leftrightarrow z = 1$

Nun können wir Schlag auf Schlag die anderen Variablen ermitteln. Mithilfe der ersten
Gleichung erhalten wir $x = 2$ und für y erhalten wir – auch durch Einsetzen – schließ-
lich den Wert –2. Die Lösungsmenge für dieses Gleichungssystem lautet also
L = {(2; –2; 1)}.

Die Frage nach der Bestimmtheit

In unseren bisherigen Beispielen hat alles immer ganz wunderbar geklappt: Wir hatten es mit einer bestimmten Anzahl von Variablen zu tun und bekamen schließlich auch immer die gewünschte Anzahl an Lösungen heraus. Der Mathematiker sagt in einem solchen Fall, man hat es mit einem eindeutig bestimmten Gleichungssystem zu tun.

> Wenn für jede Variable eines Gleichungssystems genau ein konkreter Lösungswert ermittelt werden kann, hat man es mit einem eindeutig bestimmten Gleichungssystem zu tun.

Wenn es bestimmte oder sogar eindeutig bestimmte Gleichungssysteme gibt, muss es doch auch unbestimmte Gleichungssysteme geben, wird sich der aufmerksame Leser an dieser Stelle sicherlich denken. Und richtig:

> Man bezeichnet Gleichungssysteme, die weniger Gleichungen als Variablen enthalten, als unbestimmt.

Ein Beispiel für ein unbestimmtes Gleichungssystem sieht so aus:

$$\begin{aligned} x \quad\quad + 2z &= 4 \\ 2x + y + z &= 3 \end{aligned}$$

Hier kann man natürlich auch ein wenig herumrechnen, Gleichungen nach einer Variablen auflösen und in die andere Gleichung einsetzen, das Ergebnis wird jedoch nie konkreter als so aussehen:

$$\begin{aligned} x &= 4 - 2z \\ y &= -5 + 3z \end{aligned}$$ Konkrete Lösungen sehen ein wenig anders aus!

Es ist natürlich auch noch der umgekehrte Fall denkbar.

> Gleichungssysteme, die mehr Gleichungen als Variablen enthalten, nennt man überbestimmt.

Quadrat- und andere Wurzeln

So wie jede Medaille bekannterweise zwei Seiten hat, findet man auch zu vielen Themen in der Mathematik ein Gegenstück. Ein solches „Paar" von Themen stellen die Funktionen und Umkehrfunktionen dar. Wir wollen nun ein weiteres solches Paar vervollständigen und uns mit der Wurzelrechnung beschäftigen. Sie stellt das Gegenstück zum Rechnen mit Potenzen dar.

Wir erinnern uns: Man kann das Potenzieren als Kurzschreibweise der Multiplikation verstehen. Der Term $3 \cdot 3 \cdot 3 \cdot 3$ lässt sich kürzer als 3^4 schreiben. 3^4 nennt man Potenz und das Ergebnis 81 den Potenzwert.

Nun kann natürlich auch der umgekehrte Weg interessant sein, nämlich aus dem Potenzwert die Basis der Potenz zu ermitteln. Genau hier kommt dann das Wurzelziehen ins Spiel. Ganz allgemein gilt hier:

> $\sqrt[n]{a}$ mit $a \in \mathsf{R}_0^+$ und $n \in \mathsf{N}$ ist die eindeutig bestimmte positive Zahl, deren n-te Potenz gleich a ist.

Bei $\sqrt[n]{a} = b$ nennt man a Radikand, n Wurzelexponent und b Wurzelwert. $\sqrt{}$ ist das mathematische Symbol für die Wurzel.

Quadratwurzel

Um die ganze Angelegenheit ein wenig klarer zu machen, wenden wir uns nun zunächst der einfachsten – und auch häufigsten – Art der Wurzel zu, der Quadratwurzel. Bei der Quadratwurzel ist der Wurzelexponent 2. Man schreibt in diesem Fall allerdings nicht $\sqrt[2]{a}$, sondern kurz $\sqrt{a}$, so will es eine entsprechende Vereinbarung. Was bedeutet nun aber dieses $\sqrt{a}$?

> Die Quadratwurzel b einer positiven Zahl a ist diejenige positive Zahl, die mit sich selbst multipliziert a ergibt.

Also: Aus $b^2 = a$ folgt $b = \sqrt{a}$. Mit einem Zahlenbeispiel wird das Ganze noch klarer. Es gilt natürlich $5^2 = 25$. Daraus folgt $5 = \sqrt{25}$.

Um die Quadratwurzel einer Zahl zu berechnen, werden Sie für gewöhnlich Ihren Taschenrechner zurate ziehen. Bei einigen Modellen werden Sie das Wurzelsymbol  aber vergeblich suchen. Dort finden Sie dann normalerweise eine mit „sqrt" bezeichnete Taste. Dies ist die Abkürzung für „square root", was übersetzt nichts anderes als Quadratwurzel heißt.

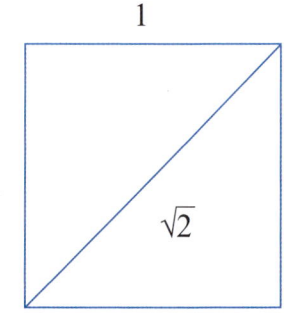

Wurzelziehen mit Bleistift und Papier

Es gibt auch diverse Verfahren, die Quadratwurzel einer Zahl ohne den Taschenrechner zu ziehen. Eine dieser Methoden möchten wir Ihnen nun vorstellen. Wer sie beherrscht, ist nicht nur vom Taschenrechner unabhängiger, sondern kann sicherlich auch Freunde und Kollegen verblüffen, denn diese „Kunst" beherrscht heutzutage kaum noch jemand.

Damit es nicht zu einfach wird (wir wollen die Kollegen ja wirklich verblüffen und uns nicht dem Verdacht aussetzen, bloß ein bisschen Kopfrechnen betrieben zu haben), ziehen wir im folgenden Beispiel die Wurzel aus 54.321.
Sie fragen sich, ob wir nicht lieber erst einmal klein anfangen können? Aber keine Angst, wenn Sie noch ein bisschen Kopfrechnen beherrschen – und das haben Sie ja bereits in der Grundschule gelernt –, brauchen Sie sich auch von größeren Zahlen und deren Wurzeln nicht aus der Ruhe bringen zu lassen.

Schritt 1:
Sie teilen zunächst die Zahl in Zweiergruppen auf und beginnen dabei von rechts.
5|43|21

Schritt 2:

Nun nehmen Sie die am weitesten links stehende Zahlengruppe – in diesem Fall ist dies die einzeln dort stehende 5 – und ziehen, beginnend mit der 1, solange ungerade Zahlen ab, wie es geht, ohne dass der Rest negativ wird. Das klingt kompliziert, ist es aber nicht, wie das Beispiel zeigt.

5 | 43 | 21

-1

<u>-3</u>

1   Es können zwei ungerade Zahlen subtrahiert werden, der Rest ist 1.

Schritt 3:

Schreiben Sie die Anzahl der ungeraden Zahlen, die Sie subtrahieren konnten, als erste Ergebnisziffer auf.

5 | 43 | 21 = 2

-1

<u>-3</u>

1

Schritt 4:

Nehmen Sie zu dem Rest nun die nächste Zahlengruppe hinzu.

5 | 43 | 21 = 2

-1

<u>-3</u>

1 43

Schritt 5:

Multiplizieren Sie das bisherige Ergebnis (also in unserem Fall die 2) mit 2 und notieren Sie das Ergebnis um eine Stelle nach links verschoben unter die in Schritt 4 erzeugte Zahl (also die 43).

5 | 43 | 21 = 2

-1

<u>-3</u>

1 43

   4

Schritt 6:

Erweitern Sie die Zahl aus Schritt 5 nun um eine 1 im Einer (dann erhalten Sie 41).

$5 \mid 43 \mid 21 = 2$
-1
<u>-3</u>
1 43
  41

Mit dieser ungeraden Zahl beginnen Sie nun wieder – wie im zweiten Schritt – die Subtraktionen. Sie ziehen also zunächst 41 von 143 ab, dann 43 usw.

$5 \mid 43 \mid 21 = 2$
-1
<u>-3</u>
1 43
  -41
  -43
  <u>-45</u>
  14

Schritt 7:

Sie konnten 3 Zahlen abziehen. Daher erhalten Sie – analog zu Schritt 3 – die 3 als zweite Ergebnisziffer.

$5 \mid 43 \mid 21 = 23$
-1
<u>-3</u>
1 43
  -41
  -43
  <u>-45</u>
  14

Nun wiederholen sich die Schritte wieder. Zunächst sind Schritt 4 und 5 an der Reihe. Holen Sie also wieder eine Zweiergruppe nach unten. Sie erhalten die 1421. Multiplizieren Sie das Ergebnis mit 2 (es ergibt die 46) und schreiben Sie es um eine Ziffer nach links versetzt auf. Sie erhalten nun:

```
5 | 43 | 21 = 23
-1
-3
1 43
 -41
 -43
 -45
  14  21
   4   6
```

Jetzt sind Schritt 6 und 7 an der Reihe. Ergänzen Sie die 46 durch eine 1 im Einer (Sie erhalten dann 461) und beginnen Sie wieder mit der Subtraktion. Sie erhalten so die nächste Stelle des Ergebnisses (wieder eine 3).

```
5 | 43 | 21 = 233
-1
-3
1 43
 -41
 -43
 -45
  14 21
  -4 61
  -4 63
  -4 65
     32
```

Nun holen Sie sich, da ja keine Ziffern mehr dort stehen, wie beim schriftlichen Dividieren, zwei Nullen nach unten und fahren fort. Was Sie nun ermitteln, sind natürlich die Nachkommastellen.

```
5 | 43 | 21 = 233,0
-1
-3
 1 43
 -41
 -43
 -45
  14 21
  -4 61
  -4 63
  -4 65
     32 00
     -46 61
```

Hier würde der Rest negativ, daher ist die 0 unsere nächste Ziffer. Nun bleibt die 3200 als Rest stehen und wir holen zwei weitere Nullen nach unten. Das Spiel beginnt erneut:

```
5 | 43 | 21 = 233,06
-1
-3
 1 43
 -41
 -43
 -45
  14 21
  -4 61
  -4 63
  -4 65
     32 00
     -46 61
     32 00 00
     -4 66 01
     -4 66 03
     -4 66 05
     -4 66 07
     -4 66 09
     -4 66 11
      4 03 64
```

Wir wollen das Verfahren an dieser Stelle nicht weiterverfolgen, da sich die Schritte nun so lange wiederholen, bis der Rest 0 wird oder das Ergebnis Ihnen ausreichend genau erscheint.

Höhere Wurzelexponenten

Auch wenn sie sehr gebräuchlich sind, repräsentieren Quadratwurzeln nicht die ganze Welt des Wurzelziehens. Wie nämlich die oben genannte Definition schon zeigt, können auch Wurzeln beliebige Wurzelexponenten aufweisen.

Die 3. Wurzel einer Zahl trägt dabei übrigens auch einen speziellen Namen: Man nennt sie Kubikwurzel. Das Prinzip der Kubikwurzel unterscheidet sich indes nicht von dem der Quadratwurzel. So gilt: $\sqrt[3]{27} = 3$, denn $3^3 = 3 \cdot 3 \cdot 3 = 27$. Ebenso verhält es sich mit den anderen Wurzelexponenten.

Rechnen mit Wurzeln

Wurzeln lassen sich nicht nur ziehen, Sie können mit ihnen auch rechnen. Dabei leiten sich die Rechengesetze für die Wurzeln von denen für die Potenzen ab. Das wird schnell einsichtig, wenn man sich einmal eine andere Schreibweise für Wurzeln ansieht:

$$\sqrt[n]{a} = a^{\frac{1}{n}}$$

Außerdem gilt:

$$\sqrt[n]{a^m} = a^{\frac{m}{n}}$$

Nun können wir schon ganz unbeschwert zu den Rechengesetzen für die Wurzeln kommen. Wenn Sie sie noch einmal mit den Gesetzmäßigkeiten vergleichen, die wir im Kapitel über Potenzen formuliert haben, werden Sie die enge Verwandtschaft schnell bemerken.

$$\sqrt[n]{a} \cdot \sqrt[n]{b} = \sqrt[n]{a \cdot b} \qquad \frac{\sqrt[n]{a}}{\sqrt[n]{b}} = \sqrt[n]{\frac{a}{b}} \qquad \frac{1}{\sqrt[n]{a}} = \sqrt[n]{\frac{1}{a}}$$

Quadratische Gleichungen

Nicht alle Gleichungen tun uns den Gefallen und treten in linearer Form auf. Hin und wieder haben wir es auch mit Exemplaren zu tun, deren Variablen über Exponenten verfügen. Wenn die höchste Potenz der Variablen in einer Gleichung 2 ist (im Falle der Variablen x wäre das also dann x^2), spricht man von einer quadratischen Gleichung.

Galileo Galilei und der Schiefe Turm von Pisa

Der berühmte italienische Wissenschaftler Galileo Galilei (1564–1642) ist vielen durch seine aufsehenerregende Kontroverse mit der katholischen Kirche bekannt; er hat für die Wissenschaft aber noch sehr viel mehr geleistet. So stellte er das korrekte Fallgesetz auf, das besagt, dass alle Körper im Vakuum gleich schnell fallen – egal, ob es sich um eine Feder handelt oder um eine Eisenkugel.

Galileo Galilei

Auf diesen Gedanken haben ihn berühmte Fallexperimente gebracht, die er um 1590 in Pisa durchführte. Dort ließ er seinem Schüler und Biografen Vincenzo Viviani zufolge nämlich mit wachsender Begeisterung Gegenstände vom Schiefen Turm zu Boden fallen. (Es gilt allerdings nicht als gesichert, ob er die Versuche wirklich vom Turm aus vornahm oder ob er nicht vielmehr auf schiefe Ebenen zurückgriff.) Wir wollen nun einmal nachrechnen, wie lange ein solcher Gegenstand wohl auf

Der Schiefe Turm von Pisa

Auch wenn es schwer vorstellbar ist: Im Vakuum fallen diese beiden Gegenstände gleich schnell.

dem Weg von der Spitze des Turms bis zum Erdboden gebraucht hätte. Die physikalische Formel, die wir für diese Berechnung benötigen, lautet:

$$s = \frac{1}{2} \cdot a \cdot t^2$$

Dabei gibt s die Fallhöhe an, a die Fallbeschleunigung und t die Zeit, die der Fall dauert. Sowohl die Fallhöhe als auch die Fallbeschleunigung kennen wir; was wir suchen, ist die Zeit. Wir können die Gleichung also nach t^2 auflösen und erhalten:

$$t^2 = \frac{2 \cdot s}{a}$$

Nun können wir die bekannten Werte einsetzen. Der Schiefe Turm von Pisa ist 54 Meter hoch, die Fallbeschleunigung beträgt 9,81 m/s². Um die Rechnung übersichtlicher zu gestalten, lassen wir nun die Einheiten weg.

$$t^2 = \frac{108}{9,81}$$

$$\Leftrightarrow t_{1,2} = \pm \sqrt{\frac{108}{9,81}}$$

Da die Wurzel gezogen wird, gibt es zwei Lösungen:

$t_1 = 11,01$

$t_2 = -11,01$

Die Lösungsmenge dieser Aufgabe enthält wiederum nur eine, nämlich die positive Lösung, da es ja definitiv einen gewissen Zeitraum dauert, der größer als null ist, bis der Gegenstand den Boden erreicht hat.

L = {11,01}

Allgemeine quadratische Gleichung

Das Beispiel enthält eine sehr einfache quadratische Gleichung, die sich ohne große Schwierigkeiten und vor allem ohne tief greifende Kenntnisse quadratischer Gleichungen lösen lässt. Aber nicht alle Gleichungen dieses Typs sind ganz so einfach gestrickt, daher wollen wir uns nun eine ganz allgemeine Form der quadratischen Gleichung ansehen und danach zwei Verfahren kennenlernen, mit denen Sie diese kleinen Biester bändigen können.

> Die allgemeine quadratische Gleichung lautet
>
> $ax^2 + bx + c = 0$, mit $a \neq 0$

Eine quadratische Gleichung, bei der einer der Koeffizienten, b oder c, gleich null ist, nennt man einfache quadratische Gleichung. Auch unser Eingangsbeispiel beinhaltet eine solche. Diese Gleichungen sind, wie wir sehen konnten, recht unkompliziert und ohne größere Probleme zu lösen.

Wie Sie auch kompliziertere quadratische Gleichungen lösen, erfahren Sie nun.

Die Diskriminante

Schon in unserem Einführungsbeispiel haben Sie gesehen, dass eine quadratische Gleichung durchaus mehr als eine Lösung haben kann (ob alle Lösungen gleichermaßen sinnvoll sind, interessiert erst bei der Bewertung der Lösung). Grundsätzlich können quadratische Gleichungen keine, eine oder zwei Lösungen haben.

Sie können bereits vor der Lösung der Gleichung entscheiden, wie viele Lösungen diese haben muss. Dazu müssen Sie die sogenannte Diskriminante berechnen. Aber was ist das? Führen wir uns noch einmal die Grundform der quadratischen Gleichung vor Augen:

$ax^2 + bx + c = 0$

> Die Diskriminante D wird aus den Koeffizienten a, b und c berechnet.
>
> $D = b^2 - 4ac$

Dabei gilt dann Folgendes:

> Die quadratische Gleichung hat keine Lösung, wenn der Wert der Diskriminante
> kleiner als null ist.
> Die quadratische Gleichung hat eine Lösung, wenn der Wert der Diskriminante
> gleich null ist.
> Die quadratische Gleichung hat zwei Lösungen, wenn der Wert der Diskriminante
> größer als null ist.

Die Bestimmung der Diskriminante ist nicht immer nötig. Wenn Sie sich aber vorher
darüber Klarheit verschaffen wollen, ob eine quadratische Gleichung überhaupt eine
Lösung besitzt, kann diese kleine Rechnung doch sehr nützlich sein. Im Zweifelsfall
erspart sie Ihnen nämlich einige Rechenarbeit. Wer in der Mathematik irgendwann
einmal höhere Weihen empfangen möchte, wird sich früher oder später von der anwen-
dungsbezogenen Seite, wie wir sie hier betreiben, ein wenig zurückziehen. Dann reicht
es häufig aus, zu wissen, ob eine Gleichung prinzipiell überhaupt lösbar ist – die
Lösung selbst ist dann nicht mehr unbedingt von Interesse.

Die *p-q*-Formel

Nun wissen wir also, wie eine quadratische Gleichung auszusehen hat und wie
wir ermitteln können, ob sie überhaupt lösbar ist und wie viele Lösungen sie aufweist. Nun wird es langsam Zeit, sich darum zu kümmern, sie auch wirklich zu lösen.
Ein schönes und recht gut nachvollziehbares Verfahren hierzu stellt die *p-q*-Formel
dar.

Gehen wir wieder von der allgemeinen Form der quadratischen Gleichung aus:
$ax^2 + bx + c = 0$

Für die Lösung der Gleichung ist es schön, wenn vor dem x^2 kein Koeffizient mehr steht.
Wie teilen also alles durch *a*, um dieses Ziel zu erreichen.

$$x^2 + \frac{b}{a}x + \frac{c}{a} = 0$$

Nun ist das a vor dem x^2 zwar verschwunden, richtig schön sieht die Formel jetzt aber wirklich nicht mehr aus. Greifen wir also wieder zum altbekannten Trick der Substitution. Wir ersetzen $\frac{b}{a}$ durch p und $\frac{c}{a}$ durch q. Unsere quadratische Gleichung wird durch diesen Kniff wieder richtig schön übersichtlich:

$$x^2 + px + q = 0$$

Hier tauchen sie also endlich auf, die beiden Namen gebenden Koeffizienten p und q. Eine solche Gleichung hat u. U. die beiden Lösungen x_1 und x_2. Die Lösungsformel, die Sie sich wohl oder übel merken sollten, lautet nun:

$$x_1 = -\frac{p}{2} + \sqrt{\left(\frac{p}{2}\right)^2 - q} \quad \text{und}$$

$$x_2 = -\frac{p}{2} - \sqrt{\left(\frac{p}{2}\right)^2 - q}$$

Das Ganze sieht nur auf den ersten Blick schlimm aus. Wenn Sie die entsprechenden Werte für p und q eingesetzt haben, erhalten Sie schnell eine nette kleine Wurzel, die zu einem Wert addiert oder von ihm abgezogen werden muss.

Sehen wir uns ein kleines Beispiel an:
Es gilt, die Gleichung $5x^2 - 5x = 30$ zu lösen.

So ohne Weiteres kann man hier die Lösungsformel noch nicht anwenden, dazu bedarf es einiger Umformungen. Zunächst einmal sorgen wir dafür, dass auf der rechten Seite eine Null steht.
$5x^2 - 5x - 30 = 0$
Jetzt eliminieren wir die lästige 5 vor dem x^2, indem wir die Gleichung durch 5 teilen.
$x^2 - x - 6 = 0$

Jetzt sieht die ganze Angelegenheit doch schon richtig harmlos aus – und das haben wir nur durch ganz einfache Umformungen ohne großen Schnickschnack erreicht!

Nun wird es aber Zeit für die Lösungsformel. Wir können $p = -1$ und $q = -6$ setzen und erhalten plötzlich ganz einfache Ausdrücke:

$$x_1 = \frac{1}{2} + \sqrt{\frac{1}{4} + 6} = \frac{1}{2} + 2\frac{1}{2} = 3$$

$$x_2 = \frac{1}{2} - \sqrt{\frac{1}{4} + 6} = \frac{1}{2} - 2\frac{1}{2} = -2$$

$\mathsf{L} = \{-2, 3\}$

Und schon hat diese quadratische Gleichung jeglichen Schrecken verloren und ist gelöst.

Drei Lösungsschritte

Die Lösung einer quadratischen Gleichung nach der p-q-Formel läuft immer in drei Schritten ab:

1. Bringen Sie die rechte Seite auf null.
2. Eliminieren Sie den Koeffizienten vor dem x^2.
3. Setzen Sie die Werte für p und q in die Lösungsformel ein.

Quadratische Ergänzung

Eine weitere – sehr elegante – Form, quadratische Gleichungen zu lösen, ist die quadratische Ergänzung. Sie stützt sich im Wesentlichen auf die binomischen Formeln und versucht, aus den gegebenen Gleichungen Ausdrücke der Form $(x + s)^2 - k = 0$ zu machen.

Sehen wir uns zunächst noch einmal kurz die binomischen Formeln an:

$(a + b)^2 = a^2 + 2ab + b^2$

$(a - b)^2 = a^2 - 2ab + b^2$

$(a + b) \cdot (a - b) = a^2 - b^2$

Um zu erläutern, wie die quadratische Ergänzung funktioniert, nehmen wir eine ganz einfache Gleichung, die dankenswerterweise schon in der Normalform vorliegt:

$x^2 + 13x + 22 = 0$

Irgendwie, das muss man zugeben, hat diese Form der Gleichung schon entfernt Ähnlichkeit mit der ersten binomischen Formel. Also streben wir es einmal an, damit weiterzuarbeiten.

Das x^2 haben wir bereits, nun sollten wir uns also um den mittleren Teil kümmern. In der binomischen Formel heißt es hier $2ab$. In unserem Fall haben wir es nicht mit a, sondern mit x zu tun, sonst ist alles gleich. Wir suchen also ein geeignetes b, um die binomische Formel perfekt zu machen. Das ist natürlich hier die 6,5, denn $2 \cdot 6{,}5x = 13x$.

Jetzt kommt es noch auf das b^2 an, um die Formel perfekt zu machen. Hier zeigt sich schnell, dass $6{,}5^2 = 42{,}25$ ist. Scheitert jetzt also die ganze Geschichte? Nein! Denn nun greifen wir wieder einmal in die Trickkiste der Mathematik und holen einen kleinen, aber feinen Trick heraus. Bislang steht in unserer Gleichung nicht die erforderliche 42,25, sondern nur 22. Addieren wir also einfach die 20,25 hinzu – und ziehen sie sofort wieder ab. Die Gleichung sieht dann so aus:
$$x^2 + 13x + 22 + 20{,}25 - 20{,}25 = 0$$
$$\Leftrightarrow x^2 + 13x + 42{,}25 - 20{,}25 = 0$$
Sie müssen zugeben, dass sich am Wert der Gleichung durch diesen Trick nichts ändert. Nun holen wir die 20,25 auf die rechte Seite und alles wird gut.
$$x^2 + 13x + 42{,}25 = 20{,}25$$
In der Tat steht nun links ein schönes Binom, das wir so umformen können:
$$x^2 + 13x + 42{,}25 = (x + 6{,}5)^2$$
In die Gleichung eingesetzt, ergibt sich:
$$(x + 6{,}5)^2 = 20{,}25$$
Und das wirkt doch nun schon wirklich übersichtlich. Nun können wir die beiden Lösungen durch Wurzelziehen schnell ermitteln:
$$x_1 + 6{,}5 = 4{,}5$$
$$\Leftrightarrow x_1 = -2$$
$$x_2 + 6{,}5 = -4{,}5$$
$$\Leftrightarrow x_2 = -11$$
$$L = \{-2, -11\}$$

Der Trick bei der ganzen Angelegenheit besteht also – um es noch einmal kurz zusammenzufassen – darin, den Summanden, den wir aus der binomischen Formel als b^2 kennen, so zu ergänzen, dass wir es wirklich mit einer waschechten binomischen Formel zu tun haben. Den ergänzten Wert müssen Sie natürlich gleich wieder subtrahieren, um den Wert der Gleichung nicht zu verändern.

Satz von Vieta

Der französische Mathematiker François Vieta (1540–1603)
beschäftigte sich u. a. mit den quadratischen Gleichungen.
Er erkannte für eine quadratische Gleichung der Form
$x^2 + px + q = 0$ einen Zusammenhang zwischen ihren
Lösungen x_1 und x_2 sowie den Koeffizienten p und q. Diesen
Zusammenhang formulierte er im berühmten Satz von Vieta
(oder auch in der Satzgruppe von Vieta – wie einige Leute
die beiden Formeln auch gern nennen):

François Vieta

$$x_1 + x_2 = -p$$
$$x_1 \cdot x_2 = q$$

Auch diese beiden Formeln können Ihnen bei der Lösung von quadratischen Gleichungen
eine wichtige Hilfe sein. Unbedingte Voraussetzung dabei ist natürlich, dass sie in der oben
bereits genannten Form $x^2 + px + q = 0$ vorliegen. Allerdings haben Sie ja bereits weiter
vorne in diesem Kapitel gesehen, dass es nur wenig Mühe bereitet, eine quadratische
Gleichung in diese Form zu bringen.

Das haben wir nun bereits getan und es liegt eine wunderschöne Gleichung vor:
$x^2 - 5x + 6 = 0$
Hier ist also $p = -5$ und $q = 6$.

Am besten ziehen Sie nun die zweite Formel Vietas zurate. Sie müssen also zwei Werte
finden, die die Beziehung $x_1 \cdot x_2 = 6$ erfüllen. Eine Möglichkeit wäre es, die beiden Zahlen 1 und 6 zu nehmen. Machen wir also die Gegenprobe, da ja auch die erste Gleichung
erfüllt sein muss. Hier stellt sich jedoch heraus, dass die Gleichung nicht stimmt, sodass
wir weitersuchen müssen. Starten wir einen weiteren Versuch und nehmen diesmal die
Zahlen 2 und 3, die auch die zweite Formel erfüllen. Hier geht auch die erste Formel
auf, denn 2 + 3 ergibt zweifelsohne 5. Wir haben also unsere Lösungen ganz schnell
und ohne die Lösungsformel gefunden.

Die Lösung von quadratischen Gleichungen mithilfe des Satzes von Vieta ist eine einfache Methode, die aber schnell an ihre Grenzen stößt. Sie funktioniert nur dann, wenn sich die beiden Teiler einfach finden lassen. Gleichungen wie $x^2 + \frac{2}{7}x + \frac{3}{19} = 0$ können Sie so nicht knacken. Dann sind wieder die anderen Methoden gefragt, die Sie im Verlauf der vorherigen Kapitel ja schon kennengelernt haben und die Ihnen für solche Situationen hoffentlich einen reichen Fundus an Ideen liefern.

Quadratische Funktionen

Neben den quadratischen Gleichungen kennt die Mathematik natürlich auch quadratische Funktionen – ähnlich wie sie lineare Gleichungen und lineare Funktionen kennt. Die allgemeine quadratische Funktion hat die Form $f(x) = ax^2 + bx + c$, mit a, b, c, $x \in \mathbb{R}$ und $a \neq 0$. Der zugehörige Graph ist eine sogenannte Parabel. Wir wollen uns nun ein paar dieser Parabeln einmal anschauen.

Der Graph der Funktion $f(x) = ax^2$ geht durch den Ursprung des Koordinatensystems. In unserer Grafik sind einige verschiedene Parabeln eingezeichnet.

Für positive a öffnet sich die Parabel nach oben, wenn a negativ wird, öffnet sie sich nach unten. Außerdem regelt der Koeffizient a die Steilheit der Parabel – je kleiner er wird, desto niedriger ist die Steigung.

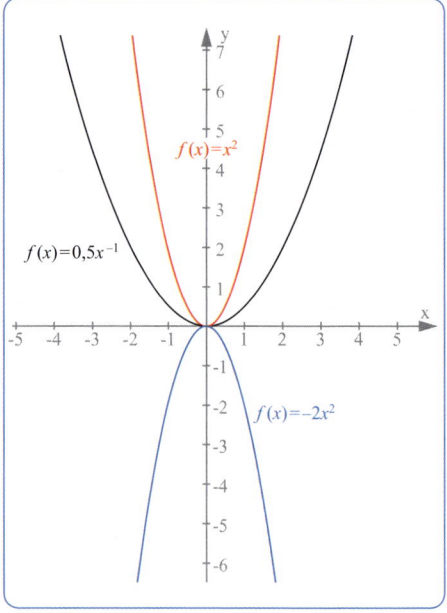

Aber natürlich muss nicht jede Parabel zwangsläufig durch den Ursprung des Koordinatensystems gehen. Als zweiten Schritt wollen wir unseren Graphen nun einmal auf der y-Achse verschieben. Hier kommt dann auch der Koeffizient c ins Spiel. Er gibt nämlich an, wie weit die Parabel nach oben (bei positivem c) oder nach unten (bei negativem c) verschoben wird – wie Sie sehr schön auf der Grafik sehen können.

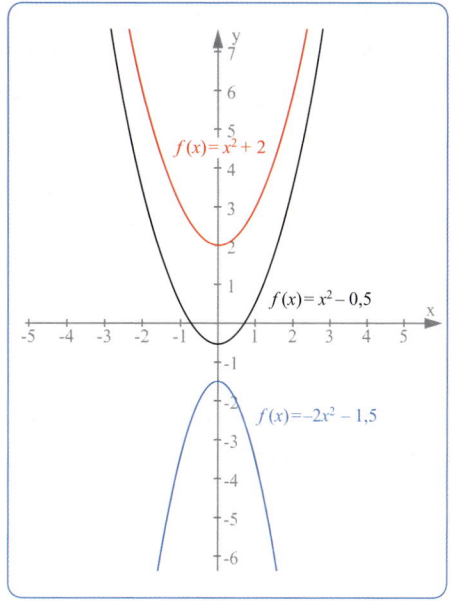

Damit aber nicht genug. Sie ahnen es schon, man kann Parabeln auch auf der x-Achse verschieben. Hier kommt schließlich der Koeffizient b ins Spiel. Der Funktionsterm sieht dann ein wenig anders aus als die allgemeine quadratische Funktion, lässt sich aber aus ihr ableiten (das wollen wir Ihnen aber an dieser Stelle ersparen):

$$f(x) = a(x + b)^2 + c$$

Dabei bewirkt ein positives b die Verschiebung der Parabel nach links; wenn b ein negatives Vorzeichen bekommt, wird die Parabel nach rechts verschoben.

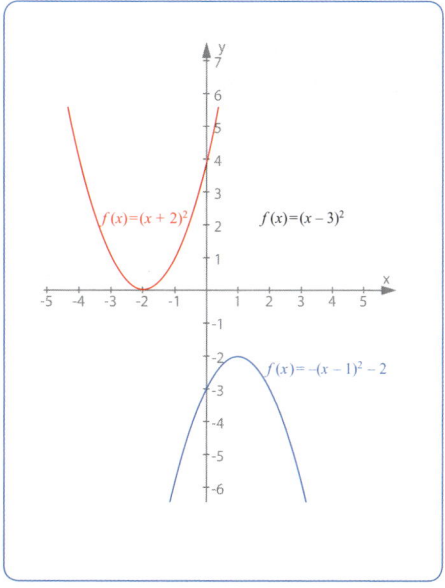

Parabeln im Alltag

Parabeln tauchen im Alltag recht häufig auf. Wahrscheinlich werden Ihnen die sprichwörtlichen Schuppen von den Augen fallen, wenn Sie die kommenden Zeilen gelesen haben.

Parabeln tauchen beispielsweise im Brückenbau immer wieder auf. Stellen Sie sich nur eine Brücke mit einem geschwungenen Bogen vor. Dieser Bogen kann entweder nach oben oder unten geöffnet sein – er stellt jeweils eine Parabel dar. Auch die Gewölbe in gotischen Kirchen haben häufig eine Art Parabelform.

Die Harbourbridge in Sydney

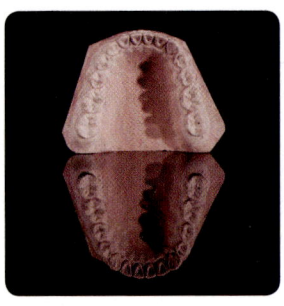

Ein menschlicher Unterkiefer (samt Spiegelung)

Eine ganz berühmte Parabel ist die sogenannte Wurfparabel. Sie beschreibt die Flugbahn eines geworfenen Gegenstands. Noch besser können Sie eine Wurfparabel mithilfe eines Wasserschlauchs erzeugen, denn der Wasserstrahl beschreibt auch eine Parabelform. Je nachdem, wie Sie den Schlauch halten, können Sie nun die Form der Parabel verändern. Auch der menschliche Körper hält Parabeln für uns bereit. Vergegenwärtigen Sie sich bloß einmal die Form Ihres Gebisses im Unterkiefer.

Auch die Schwerelosigkeit ist eng mit der Parabel verbunden – zumindest dann, wenn man sie künstlich auf der Erde „herstellen" möchte. Dann nämlich begibt man sich und alles, was man unter Bedingungen der Schwerelosigkeit testen möchte, wie z. B. potenzielle Astronauten, Material, in ein Flugzeug. Das sollte von einem guten Piloten gesteuert werden, denn der Pilot muss ein ganz besonderes Flugmanöver ausführen, den sogenannten Parabelflug.

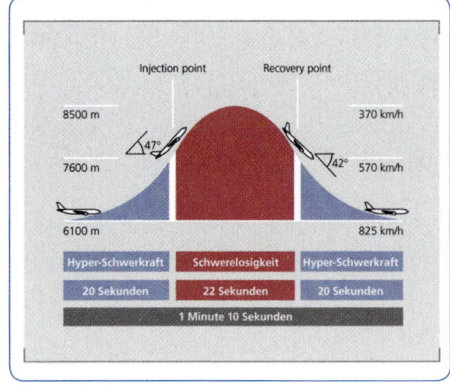

Phasen eines Parabelflugs; www. dlr.de

Während dieses Manövers beschreibt das Flugzeug in der Luft eine nach unten geöffnete Parabel. In der Phase des Fluges, in der die Maschine den Scheitelpunkt der Parabel erreicht und überschreitet, wird für ca. 25 Sekunden die Schwerelosigkeit hergestellt.

Wurzelgleichungen

Wir haben nun schon einige verschiedene Gleichungstypen kennengelernt, doch die Mathematik hält noch immer ein paar neue Arten für uns bereit (diese immer neuen Überraschungen machen diese Wissenschaft ja gerade so spannend). Dass es Gleichungen von der Art, wie wir sie nun behandeln wollen, geben muss, ist eigentlich klar. Ebenso wie quadratische Gleichungen oder Gleichungen, deren Unbekannte noch höhere Potenzen aufweisen, gibt es natürlich auch solche, deren Unbekannte Teil einer Wurzel sind. Diese Gleichungen tragen dann den Namen Wurzelgleichung.

Das Lösen von Wurzelgleichungen stellt uns mittlerweile – bei unseren jetzigen Kenntnissen – vor keine großen Probleme mehr, wie ein kleines Beispiel zeigt:
$$\sqrt{3x-4} + 5 = 8$$
Bevor wir zur Lösung dieser Aufgabe kommen, wollen wir noch darauf hinweisen, dass es bei dieser Art von Gleichungen sehr wichtig ist, die korrekte Definitionsmenge zu bestimmen, da der Radikand ja nicht negativ werden darf. Um D zu bestimmen, müssen wir zunächst also eine kleine Ungleichung lösen, nämlich $3x - 4 \geq 0$. Das Ergebnis lautet $x \geq \dfrac{4}{3}$, die Definitionsmenge ist also $D = \left\{ x | x \geq \dfrac{4}{3} \right\}$. Aber nun weiter zur Wurzelgleichung. Es ist klar, dass die Wurzel weg muss. Das geht natürlich am besten durch Quadrieren. Damit dabei aber keine lästige binomische Formel entsteht, formen wir die Gleichung zunächst ein wenig um:
$$\sqrt{3x-4} = 3$$
Nun können wir die Gleichung in aller Ruhe quadrieren und erhalten:
$$3x - 4 = 9$$
$$\Leftrightarrow 3x = 13$$
$$\Leftrightarrow x = \frac{13}{3}$$

Bei Gleichungen dieses Typs ist es immer wichtig, die Lösung zu überprüfen, da das Potenzieren mit geraden Exponenten keine Äquivalenzumformung darstellt. Wir setzen also $\frac{13}{3}$ in die Gleichung ein und prüfen, ob alles stimmt.

$$\sqrt{3 \cdot \frac{13}{3} - 4} + 5 = \sqrt{13 - 4} + 5 = 3 + 5 = 8$$

Die Probe zeigt, dass unsere Lösung korrekt ist und wir erhalten folgende Lösungsmenge: $L = \left\{ \frac{13}{3} \right\}$.

Wie wichtig diese Probe ist, zeigt unser nächstes Beispiel:

$$\sqrt{-x^2 + 6x + 16} = x - 4$$

Diese Gleichung sieht schon etwas wüster aus. Die Definitionsmenge können wir genauso ermitteln wie im letzten Beispiel. An dieser Stelle sparen wir uns die Rechnung und notieren sofort $D = \{x \mid -2 \leq x \leq 8\}$.

In diesem Beispiel können wir nun sofort quadrieren und erhalten:

$$-x^2 + 6x + 16 = (x - 4)^2$$
$$\Leftrightarrow -x^2 + 6x + 16 = x^2 + 8x + 16$$
$$\Leftrightarrow 2x^2 - 14x = 0$$
$$\Leftrightarrow 2x(x - 7) = 0$$

Hier lassen sich nun die beiden Lösungen gut ablesen:

$$x_1 = 0$$
$$x_2 = 7$$

Machen wir nun wieder die Probe. Setzten wir zunächst die 0 ein.

$$\sqrt{0 + 0 + 16} = 0 - 4$$

Diese Aussage ist definitiv falsch, daher kann 0 keine Lösung für die Wurzelgleichung sein. Probieren wir es nun mit der 7.

$$\sqrt{-49 + 42 + 16} = 7 - 4$$
$$\Leftrightarrow \sqrt{9} = 3$$

Diese Aussage ist wahr. Die Lösungsmenge der Gleichung lautet also $L = \{7\}$.

Wurzelgleichungen sind freilich nicht nur mit Quadratwurzeln legal, es können vielmehr alle erdenklichen Wurzeln dort ihr Dasein fristen. Das Lösungsprinzip bleibt aber weitgehend gleich, sodass wir hier der Einfachheit halber bei den Quadratwurzeln geblieben sind.

Wurzelfunktionen

Ebenso wie es quadratische Funktionen gibt, kennt die Mathematik auch Wurzelfunktionen. Beide Funktionen hängen sogar eng miteinander zusammen, denn die Wurzelfunktion stellt die Umkehrfunktion der quadratischen Funktion dar. Der Graph der Wurzelfunktion sieht wie eine liegende Parabel aus.

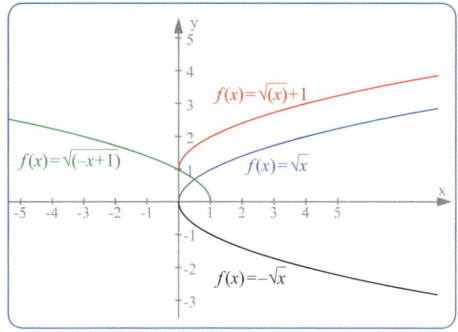

Da die Wurzel nie negativ ist, stellt der Graph lediglich eine „halbe" Parabel dar. Versieht man die Wurzel mit einem negativen Vorzeichen, „klappt" man den Graphen um. Ein Summand im Radikanden sorgt für eine Verschiebung des Graphen auf der x-Achse. Wollen Sie den Graphen jedoch auf der y-Achse verschieben, müssen Sie den entsprechenden Koeffizienten hinter der Wurzel einfügen.

Logarithmen

Im bisherigen Verlauf des Kapitels haben wir es ja schon häufig mit Potenzen zu tun gehabt. Dabei haben wir uns dem Thema von verschiedenen Seiten genähert. Als es um die Potenzrechnung ging, war es unser hauptsächliches Anliegen, den Potenzwert zu bestimmen. $x = 3^3$ ist eine typische Aufgabe für diesen Fall. Als wir uns dann ein wenig später mit dem Wurzelziehen beschäftigten, war nicht mehr der Potenzwert, sondern die Basis gesucht. Aufgaben des Typs $x^2 = 121$ waren hier an der Tagesordnung. In diesem Kapitel wollen wir uns nun mit der Frage beschäftigen, was passiert, wenn der Exponent unbekannt ist, also Aufgaben wie $2^x = 8$ zu lösen sind.

Diesen unbekannten Exponenten, dem wir uns nun widmen wollen, nennt man Logarithmus. In unserem Beispiel haben wir es mit dem Logarithmus der Zahl 8 zur Basis 2 zu tun. Dies immer auszuschreiben wäre natürlich ein wenig lang, daher schreibt man den Sachverhalt kurz so:

$x = \log_2(8)$.

> Die Lösung der Gleichung $a^x = c$ nennt man Logarithmus von c zur Basis a, $\log_a(c)$.

Hier fällt natürlich sofort auf, dass der Logarithmus eines bestimmten Ausdrucks nie null sein kann, denn es gibt keine Zahl, die die Gleichung $a^x = 0$ erfüllen würde. Wenn wir uns also daranmachen, den Logarithmus zu berechnen, kommt es auch hier wieder auf die Definitionsmenge an. Wir müssen klären, in welchen Fällen der Logarithmus nicht definiert ist. Das geschieht wiederum mit einer Ungleichung. Hier muss der Term, der logarithmiert wird, größer als 0 sein.

Wenn Sie beispielsweise $\ln(x-4)$ berechnen wollen, erhalten Sie die Definitionsmenge, indem Sie die Ungleichung $x - 4 > 0$ lösen.

Besondere Logarithmen

Da wir gerade einmal dabei sind, neue Begriffe einzuführen, wollen wir unser Augenmerk sofort auf zwei ganz besondere Logarithmen richten: den Logarithmus zur Basis 10 und den natürlichen Logarithmus.

Der Logarithmus zur Basis 10 (oder auch dekadischer Logarithmus) lässt sich mit allen gängigen Taschenrechnern berechnen. Da er sehr gebräuchlich ist, hat man für ihn eine eigene Schreibweise eingeführt: $\log_{10}(a) = \lg(a)$.

Ein weiteres ungewöhnliches Exemplar der Gattung Logarithmus ist der sogenannte natürliche Logarithmus. Darunter versteht man den Logarithmus zur Basis e. e ist eine irrationale Zahl, die nach dem deutschen Mathematiker Leonhard Euler benannt wurde. Ihr Wert liegt ungefähr bei 2,71828… (s. S. 113). Abgekürzt wird dieser Logarithmus mit $\ln(a)$.

Sie werden sich nun zu Recht fragen, wie ein so absonderlicher Logarithmus wie der zur Basis e zu solchen Ehren gelangen kann. Der Grund ist ganz einfach der, dass man diesen Logarithmus erstaunlich häufig gebrauchen kann. Besonders bei Wachstums- und Zerfallsprozessen, wie sie in der Natur immer wieder vorkommen (mehr dazu erfahren Sie später, wenn es um die praktischen Anwendungsmöglichkeiten geht), spielt die Euler'sche Zahl eine bedeutende Rolle. Das heißt auch, dass Sie bei vielen Berechnungen im Zusammenhang mit derartigen Prozessen um den natürlichen Logarithmus gar nicht herumkommen.

Viele Taschenrechner sind auch in der Lage, den $\ln(a)$ zu berechnen. Daher werden wir im Folgenden, wenn es darum geht, mit Logarithmen zu rechnen, den natürlichen Logarithmus verwenden. Die aufgezeigten Rechenwege und -gesetze gelten aber für alle erdenklichen Logarithmen und können ohne Weiteres auf sie übertragen werden.

Umrechnen zwischen verschiedenen Logarithmen

Von Zeit zu Zeit kann es angeraten sein, von einem Logarithmus in den anderen umzurechnen. Das gilt insbesondere, wenn der heimische Taschenrechner (wie die meisten Exemplare) „nur" den dekadischen und/oder natürlichen Logarithmus beherrscht. In einem solchen Fall hilft die folgende Umrechnungsformel weiter:

$$\log_a(b) = \frac{\lg(b)}{\lg(a)} = \frac{\ln(b)}{\ln(a)}$$

Rechnen mit Logarithmen

Jetzt sind wir schon recht tief in das Mysterium der Logarithmen eingedrungen. Nun wird es Zeit, sich mit den Rechenregeln vertraut zu machen, die in diesem Zusammenhang gelten. Wieder werden Ihnen die Regeln bekannt vorkommen, denn auch sie unterscheiden sich dem Wesen nach nicht von denen, die wir schon für die Potenzrechnung aufgestellt haben (warum sollten sie auch, wenn die Logarithmen sozusagen die dritte Seite der Medaille der Potenzrechnung darstellen?).

Anfangen wollen wir mit der vielleicht wichtigsten Gesetzmäßigkeit im Zusammenhang mit Logarithmen. Sie stellt nämlich das Werkzeug dar, mit dem Sie Exponenten in einen Faktor umwandeln können (das wird besonders im Zusammenhang mit dem Lösen von Exponentialgleichungen bedeutsam).

$$\ln(a^b) = b \cdot \ln(a)$$

Dieses Gesetz gilt natürlich auch dann, wenn der Exponent ein Quotient ist. Dann heißt es:

$$\ln\left(a^{\frac{m}{n}}\right) = \frac{m}{n} \cdot \ln(a)$$

Auch der Logarithmus eines Produkts bzw. eines Quotienten lässt sich einfach auflösen. Hierzu gibt es die beiden folgenden Gesetze:

$$\ln(a \cdot b) = \ln(a) + \ln(b)$$
$$\ln\left(\frac{a}{b}\right) = \ln(a) - \ln(b)$$

Logarithmen im Alltag

Sie werden wieder einmal staunen, wo Ihnen im Alltag ein mathematisches Phänomen begegnen kann.

Logarithmische Spirale eines Schneckenhauses

Nehmen wir beispielsweise ein ganz normales Schneckenhaus. Es bildet zweifelsohne eine Spirale, aber diese Spirale hat es in sich. Es handelt sich dabei nämlich um eine logarithmische Spirale. Darunter versteht man eine Spirale, die mit jeder Umdrehung den Abstand von ihrem Mittelpunkt um den gleichen Faktor vergrößert. Auch die Anordnung der Kerne auf einer Sonnenblume folgt diesem Schema.

Auch Sonnenblumenkerne folgen einer logarithmischen Anordnung.

Bereits weiter oben haben wir Wachstums- und Zerfallsprozesse angesprochen; hier spielen die Exponentialfunktion und auch der natürliche Logarithmus eine wichtige

Rolle. Derartige Prozesse findet man z. B. beim Wachstum von Bakterienkulturen oder beim Zerfall radioaktiver Substanzen.

Ein besonders eingängiges Beispiel halten viele von Ihnen häufig in der Hand: ein schönes Glas Bier. Auch der Zerfall des Bierschaums folgt nämlich strengen mathematischen Regeln, die auch wissenschaftlich untersucht und für die Nachwelt festgehalten wurden (da sage noch einer, die Mathematik sei eine dröge und wirklichkeitsferne Wissenschaft!). Das Gesetz vom Zerfall des Bierschaums lautet:

$$\ln(V) = \ln(V_0) - k \cdot t$$

Dabei ist V das aktuelle Volumen des Bierschaums, V_0 das Anfangsvolumen, k eine Geschwindigkeitskonstante und t die Variable für die Zeit. Wir werden uns nun jedoch nicht in langen Rechnereien verlieren, sondern sofort zum wichtigsten Ergebnis überblenden. Studien und Berechnungen haben nämlich ergeben, dass der Schaum eines sehr guten Bieres eine Halbwertszeit von mehr als 110 Sekunden besitzen muss. Liegt die Halbwertszeit zwischen 91 und 110 Sekunden, spricht man von gutem Bier. Ausreichend ist die Qualität noch dann, wenn der Schaum eine Halbwertszeit zwischen 71 und 90 Sekunden aufweist.

Bierschaum zu Beginn des Zerfalls-prozesses

Wenn es darum geht, diese und auch viele andere Phänomene in Natur und Wissenschaft zu berechnen, kommen zwangsläufig Exponentialgleichungen ins Spiel, die wir im folgenden Kapitel betrachten wollen.

Exponentialgleichungen

Ebenso wie das Wurzelziehen ein unverzichtbares Werkzeug zum Lösen quadratischer Gleichungen darstellt, ist der Logarithmus der Schlüssel zum Berechnen von Exponentialgleichungen. Ausgerüstet mit Ihrer Erfahrung mit Gleichungen anderen Typs und der noch frischen Erinnerung an das Kapitel über den Logarithmus, dürfte es Ihnen nicht schwer fallen, sich zu überlegen, was man unter einer Exponentialgleichung versteht.

> Gleichungen, bei denen die Variable mindestens einmal in einem Exponenten steht, nennt man Exponentialgleichungen.

Ein einfaches Beispiel für eine Exponentialgleichung haben Sie schon im letzten Kapitel kennengelernt: $2^x = 8$. Während man hier noch leicht durch Ausprobieren auf die Lösung $x = 3$ kommt, bedarf es bei komplizierteren Gleichungen größerer Anstrengungen. Dort kommt man dann ohne den Logarithmus und die für ihn geltenden Rechenregeln nicht mehr aus.

Das Lösen von Exponentialgleichungen

Nehmen wir z. B. einmal die Gleichung $3^{x^2-x-6} = 1$. Sie müssen zugeben: Ausprobieren ist hier keine Option mehr! Rücken wir der Gleichung also nach allen Regeln der mathematischen Kunst zu Leibe. An erster Stelle steht hier das Logarithmieren (wir verwenden den natürlichen Logarithmus). Nach diesem Rechenschritt sieht die Gleichung so aus:

$\ln(3^{x^2-x-6}) = \ln(1)$

Jetzt kommt der entscheidende Schritt: Wir eliminieren den Exponenten nach der Regel $\ln(a^b) = b \cdot \ln(a)$ und erhalten dann:

$(x^2 - x - 6) \cdot \ln(3) = \ln(1)$

Nun können wir durch $\ln(3)$ teilen.

Da $\ln(1) = 0$ ist, erhalten wir also folgende quadratische Gleichung:

$x^2 - x - 6 = 0$

Wenn Sie hier die Lösungsformel für quadratische Gleichungen anwenden (diesen Schritt wollen wir an dieser Stelle nicht mehr ausführlich vorexerzieren), erhalten Sie als Lösungen:

$x_1 = -2$

$x_2 = 3$

Wie die Probe zeigt, erfüllen beide Werte die Gleichung, die Lösungsmenge lautet also $L = \{-2; 3\}$.

Es deutet sich bereits an dieser Stelle an: Man muss sich zwar ein wenig an das Rechnen mit Logarithmen gewöhnen, ist dies aber einmal geschehen, verlieren auch Exponentialgleichungen jeglichen Schrecken. Als Beweis dieser „kühnen" These wollen wir uns eine weitere Gleichung ansehen:

$2^x \cdot 3^{2-x} = 5^x$

Auf den ersten Blick scheint das sicherlich ein schwerer Brocken zu sein, und vor nicht allzu langer Zeit hätten Sie sich angesichts der Herausforderung vielleicht noch die Haare gerauft; nun gehen wir hier aber ganz kühl zu Werke und logarithmieren die Gleichung zunächst.

$\ln(2^x \cdot 3^{2-x}) = \ln(5^x)$

Nach Anwendung von $\ln(a \cdot b) = \ln(a) + \ln(b)$ erhalten wir schließlich:

$\ln(2^x) + \ln(3^{2-x}) = \ln(5^x)$

Nun wird es höchste Zeit, das x aus dem Exponenten zu verbannen.

$x \cdot \ln(2) + (2 - x) \cdot \ln(3) = x \cdot \ln(5)$

Nun multiplizieren wir die Klammer aus und bringen alle x auf die linke Seite.

$x \cdot \ln(2) + 2 \cdot \ln(3) - x \cdot \ln(3) - x \cdot \ln(5) = 0 \quad |-2 \cdot \ln(3)$

$\Leftrightarrow x \cdot \ln(2) - x \cdot \ln(3) - x \cdot \ln(5) = -2 \cdot \ln(3)$

Nun klammern wir x aus und schaffen ein wenig mehr Übersicht.

$x \cdot (\ln(2) - \ln(3) - \ln(5)) = - 2 \cdot \ln(3)$

Jetzt fällt es uns nicht mehr schwer, dafür zu sorgen, dass das x allein auf der linken Seite steht.

$$x = -2 \cdot \left(\frac{\ln(3)}{\ln(2) - \ln(3) - \ln(5)} \right)$$

Wir könnten nun die rechte Seite nach den Rechengesetzen für Logarithmen weiter zusammenfassen, greifen stattdessen aber zum Taschenrechner und lassen uns sofort das Ergebnis liefern.

$x \approx 1{,}1$

Die Probe ergibt, dass dieses Ergebnis korrekt ist, wir erhalten also die Lösungsmenge $\mathsf{L} = \{1{,}1\}$.

Nicht lösbare Exponentialgleichungen

Bislang hat es ja immer wunderbar geklappt mit unserem Logarithmus und den damit verbundenen Rechenregeln. Im Handumdrehen war das x aus dem Exponenten verschwunden und dann war die Lösung der Gleichung auch nicht mehr weit entfernt.

Sehen wir uns nun einmal eine etwas andere Aufgabe an:

$3^x + 7 = 5$

Auch hier können wir zunächst einmal beide Seiten logarithmieren.

$\ln(3^x + 7) = \ln(5)$

So, und nun stehen wir da und wissen nicht mehr weiter. Wie sollen wir den Term $\ln(3^x + 7)$ weiter aufspalten, wie an das x kommen? Gar nicht, lautet die lapidare Antwort. Diese Gleichung ist nämlich nicht lösbar.

Ähnliches gilt für das nächste Beispiel – auch wenn die Rechnung hier nicht so früh endet wie im ersten Beispiel:

$x \cdot 2^x = 5$

Wir logarithmieren beide Seiten wieder und formen sie dann so weit um, wie es geht:

$\ln(x \cdot 2^x) = \ln(5)$

$\Leftrightarrow \ln(x) + \ln(2^x) = \ln(5)$

$\Leftrightarrow \ln(x) + x \cdot \ln(2) = \ln(5)$

Und an dieser Stelle ist wiederum Schluss mit lustig. „Rien ne va plus", würde der Croupier Ihres Vertrauens sagen. – Nichts geht mehr! Das x kommt hier einmal als Argument des Logarithmus und ein weiteres Mal als Faktor vor. Da lässt sich nichts mehr zusammenfassen, die Rechnung endet an dieser Stelle.

In diesen beiden Fällen ist es ja eigentlich noch glimpflich verlaufen. Ein wenig ärgerlich kann es aber schon sein, wenn man sich mit einer richtig komplizierten Exponentialgleichung abmüht, nur um nach einigen Umformungen festzustellen, dass das verflixte Ding gar nicht lösbar ist. Wie gut hätte man die Zeit nutzen können, beispielsweise um eine Entdeckung zu machen, die mit dem Nobelpreis belohnt wird. Da ist es sehr nützlich, dass es einige Merkmale gibt, die Ihnen sofort anzeigen, ob sich die Mühe überhaupt lohnt, sich mit einer Exponentialgleichung zu beschäftigen.

> Eine Exponentialgleichung ist lösbar, wenn
> – die Variable ausschließlich im Exponenten vorkommt,
> – alle Basen der Terme, bei denen die Variable im Exponenten steht, rationale Potenzen von ein und derselben Zahl sind.

Mit dem zweiten Satz ist gemeint, dass die Gleichung $4^x - 2^x = 6$ lösbar ist, weil 2 und 4 rationale Potenzen ein und derselben Zahl, nämlich 2, sind. Für $4^x - 3^x = 7$ gilt das indes nicht.

Exponentialfunktionen

Man kann es ja schon fast als schöne Tradition bezeichnen, dass der Vorstellung eines bestimmten Gleichungstyps auch die Beschäftigung mit der entsprechenden Funktion folgt.

> Eine Funktion mit der Funktionsgleichung $f(x) = a^x$ nennt man Exponentialfunktion zur Basis a.

Eine andere – durchaus auch gebräuchliche – Schreibweise für diese Funktion lautet $\exp_a(x)$. Das Aussehen einiger typischer Exponentialfunktionen können Sie der Grafik entnehmen.

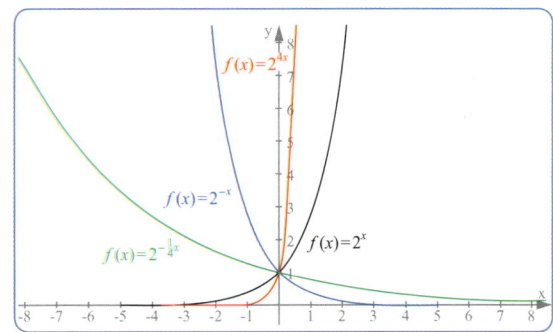

Auch diese Graphen lassen sich wieder entlang der beiden Achsen des Koordinatensystems verschieben. Um eine Verschiebung entlang der y-Achse zu erreichen, müssen Sie einen Summanden an die Funktionsgleichung anhängen. Sie erhalten dann eine Gleichung der Art $f(x) = a^x + c$. Ein positiver Koeffizient bewirkt eine Verschiebung nach oben, nimmt c einen negativen Wert an, verschiebt sich der Graph nach unten.

Um eine Verschiebung entlang der x-Achse zu erreichen, müssen Sie dem Exponenten einen Summanden hinzufügen. Die Funktionsgleichung sieht in einem solchen Fall dann so aus: $f(x) = a^{x+c}$. Ein positives c bewirkt eine Verschiebung nach links, ein negativer Koeffizient lässt den Graphen nach rechts wandern.

Logarithmusgleichungen

Logarithmen und Exponentialgleichungen gehören – wie wir gesehen haben – eng zusammen. Ebenso könnten Exponential- und Logarithmusgleichungen Geschwister sein. Benutzt man bei den Exponentialgleichungen das Logarithmieren als „Kniff", um sie zu lösen, beschreitet man bei den Logarithmusgleichungen den umgekehrten Weg und löst die Logarithmen durch Potenzieren auf.

Sehen wir uns auch hier zunächst wieder ein kleines und harmloses Beispiel an:

$\log_2(x) = 3$

Um den Logarithmus zu neutralisieren, müssen wir die Gleichung auf jeder Seite zur Basis 2 potenzieren. Die Schreibweise für diesen Vorgang lautet übrigens $\exp_2(\ )$.

$2^{\log_2(x)} = 2^3$

Der Logarithmus und das Potenzieren auf der linken Seite heben sich freundlicherweise gegenseitig auf, sodass man schließlich erhält:

$x = 2^3 = 8$

$L = \{8\}$

Nicht immer sind die Aufgaben so einfach zu lösen wie in diesem Beispiel, aber das Prinzip bleibt gleich. Beachten Sie aber jeweils die Basis des Logarithmus, denn Sie müssen zum Potenzieren die gleiche Basis wählen.

Zwei weitere Arten von Logarithmusgleichungen wollen wir uns nun noch anschauen.

Nehmen wir zunächst eine Gleichung, die mehrere Logarithmen mit verschiedenen Basen enthält.

$\log_3(x) + \log_5(x) = 4$

Hier können wir nicht so einfach vor uns hin potenzieren, denn dazu müssten die Logarithmen die gleiche Basis besitzen. Es wird uns also nichts anderes übrig bleiben, als die Logarithmen auf die gleiche Basis zu bringen. Nicht verzweifeln, es gibt eine ganz einfache Variante, die uns hier zur Lösung führt. Weil unser Taschenrechner mit dem natürlichen Logarithmus umgehen kann, nehmen wir ihn zu Hilfe und lassen uns den natürlichen Logarithmus ausrechnen.

In dieser Situation kann sich glücklich schätzen, wer die Formel zur Umrechnung von Logarithmen im Kopf hat (oder wer dieses Buch besitzt, weil wir die Formel hier natürlich noch einmal frei Haus liefern):

$$\log_a(b) = \frac{\lg(b)}{\lg(a)} = \frac{\ln(b)}{\ln(a)}.$$

Derart behandelt lautet unsere Gleichung nun:

$$\frac{\ln(x)}{\ln(3)} + \frac{\ln(x)}{\ln(5)} = 4$$

Im nächsten Schritt klammern wir $\ln(x)$ aus, um die ganze Sache wesentlich zu erleichtern.

$$\ln(x) \cdot \left(\frac{1}{\ln(3)} + \frac{1}{\ln(5)} \right) = 4$$

Hier lassen wir nun unseren Taschenrechner arbeiten und erhalten:

$$1{,}53 \cdot \ln(x) = 4$$
$$\Leftrightarrow \ln(x) = 2{,}61$$

Nun haben wir die Gleichung schon in eine sehr schöne Form gebracht und können sie potenzieren. Der natürliche Logarithmus ist ja – Sie erinnern sich – ein Logarithmus zur Basis e, also erhalten wir:

$$e^{\ln(x)} = e^{2{,}61}$$

Wieder heben sich Potenzieren und Logarithmieren zur gleichen Basis auf.

$$x = e^{2{,}61} = 13{,}60$$
$$L = \{13{,}60\}$$

Sehen wir uns nun noch ein Beispiel für eine Logarithmusgleichung an, bei der die Basis der Logarithmen identisch ist, das Argument sich jedoch unterscheidet.

$$\ln(4x - 3) - \ln(x) = \ln(2)$$

Hier fassen wir zunächst die Logarithmen auf der linken Seite gemäß des Rechengesetzes $\ln\left(\frac{a}{b}\right) = \ln(a) - \ln(b)$ zusammen und erhalten:

$$\ln\left(\frac{4x - 3}{x}\right) = \ln(2)$$

Nun geht die Angelegenheit wieder ihren Gang. Wir potenzieren zur Basis e und – das kennen Sie ja bereits aus unseren vorherigen Rechnungen – Potenzieren und Logarithmieren heben sich gegenseitig auf.

Die resultierende Gleichung lässt sich leicht lösen.

$e^{\ln\left(\frac{4x-3}{x}\right)} = e^{\ln(2)}$

$\Leftrightarrow \dfrac{4x-3}{x} = 2$

$\Leftrightarrow 4x - 3 = 2x$

$\Leftrightarrow 2x = 3$

$\Leftrightarrow x = \dfrac{2}{3}$

$\mathsf{L} = \left\{\dfrac{2}{3}\right\}$

Wir hatten bereits für die Exponentialgleichungen formuliert, wie man lösbare Exemplare von unlösbaren unterscheiden kann. Eine derartige Unterscheidung lässt sich auch für die Logarithmusgleichungen treffen.

> Es müssen die folgenden Bedingungen erfüllt sein, damit eine Logarithmusgleichung algebraisch lösbar ist:
> – Die Variable darf nur in den Argumenten der Logarithmen vorkommen.
> – Hat die Gleichung Logarithmen mit unterschiedlichen Basen, müssen die Argumente identisch sein.
> – Hat die Gleichung Logarithmen mit unterschiedlichen Argumenten, müssen die Basen identisch sein.

Logarithmusfunktionen

Der Logarithmus verfügt – wer hätte das gedacht – auch über eine eigene Funktion. Die Logarithmusfunktion stellt die Umkehrfunktion zur Exponentialfunktion dar – auch das wundert nur wenig, wenn man sich die Kapitel zu den entsprechenden Gleichungen noch einmal genau anschaut.

> Eine Funktion mit der Funktionsgleichung $f(x) = \log_a(x)$ nennt man Logarithmusfunktion.

Die Grafik zeigt Ihnen das Aussehen der Logarithmusfunktion.

Die Graphen der Logarithmusfunktion lassen sich entlang der beiden Achsen des Koordinatensystems verschieben. Um eine Verschiebung entlang der y-Achse zu erreichen, müssen Sie einen Summanden an die Funktionsgleichung anhängen.

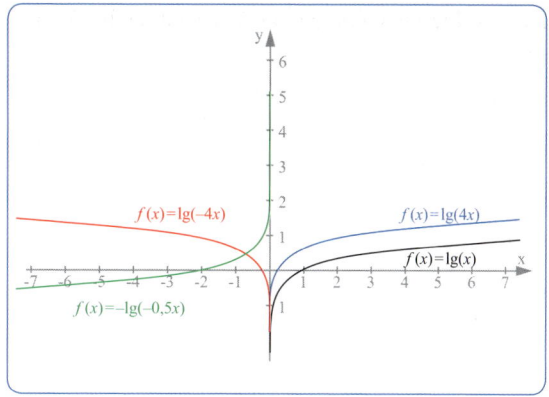

Sie erhalten dann eine Gleichung der Art $f(x) = \log_a(x) + c$. Ein positiver Koeffizient bewirkt eine Verschiebung nach oben, nimmt c einen negativen Wert an, verschiebt sich der Graph nach unten.

Um eine Verschiebung entlang der x-Achse zu erreichen, müssen Sie dem Argument einen Summanden hinzufügen. Die Funktionsgleichung sieht in einem solchen Fall dann so aus: $f(x) = \log_a(x + c)$. Ein positives c bewirkt eine Verschiebung nach links, ein negativer Koeffizient lässt den Graphen nach rechts wandern.

Komplexe Zahlen

Bisher haben wir uns zahlenmäßig eigentlich auf recht sicherem Boden bewegt. Abgesehen von einigen Kuriositäten, wie nicht endende Dezimalbrüche (beispielsweise die Kreiszahl π oder die Euler'sche Zahl e), hatten wir es nur mit Zahlen zu tun, unter denen wir uns auch etwas vorstellen konnten. Wir wollen diesen sicheren Boden nun für einige Zeit verlassen und uns auf das – für den Ungeübten – unsichere Eis der komplexen Zahlen begeben.

Da eine erschöpfende Behandlung der komplexen Zahlen mindestens ein eigenes Kapitel von der Länge dieses Algebra-Kapitels füllen würde, wollen wir es an dieser Stelle bei einer Einführung in das Thema belassen.

> Eine komplexe Zahl z setzt sich aus zwei Bestandteilen zusammen: einem Realteil a und einem Imaginärteil b, der mit der imaginären Einheit i multipliziert wird. Demnach hat eine komplexe Zahl die Form $z = a + bi$. Die Menge der komplexen Zahlen wird mit $\mathbb{C}$ bezeichnet.

Soweit dürfte alles noch ganz einleuchtend klingen. Sehen wir uns nun aber einmal den Imaginärteil b und hier ganz besonders die imaginäre Einheit i etwas näher an. i steht nämlich symbolisch für $\sqrt{-1}$. „Wie?", hören wir Sie jetzt murmeln, „die Wurzel aus einer negativen Zahl kann man doch gar nicht ziehen!" Darauf lässt sich nur antworten: Das ging in den bisher bekannten Zahlenräumen nicht, in $\mathbb{C}$ geht das schon. Dies ist aber auch genau die Sache, die die komplexen Zahlen für viele Leute so unheimlich macht. Eine weitere Frage, die sich dann schnell anschließt, ist: „Wenn es also $\sqrt{-1}$ gibt, wie viel ist das dann?" Auch hier gibt es nur eine gewöhnungsbedürftige Antwort. Sie lautet nämlich: Die Wurzel aus -1 ist i. Wenn gilt $\sqrt{-1} = i$, dann muss auch gelten $i \cdot i = -1$.

Das ist nun starker Tobak, wir geben es zu. Damit Sie ein wenig Zeit zum Durchschnaufen haben, wollen wir Ihnen einmal kurz zeigen, wozu man so seltsame Dinge wie die komplexen Zahlen überhaupt braucht, bevor wir ein bisschen mit ihnen rechnen.

Komplexe Zahlen in der Anwendung

Ein wenig pauschalisiert lässt sich sagen, dass man komplexe Zahlen vor allem in der Wissenschaft verwendet – und zwar überall dort, wo es in irgendeiner Weise um Schwingungen oder Wellen geht. Dabei tragen die komplexen Zahlen sogar dazu bei, die ansonsten sehr komplizierten Rechenvorgänge zu vereinfachen.

So wird beispielsweise das Licht in verschiedenen Substanzen unterschiedlich gebrochen – daran erinnern Sie sich sicherlich noch aus ihrem Physik-

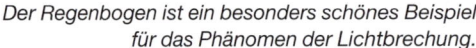

Der Regenbogen ist ein besonders schönes Beispiel für das Phänomen der Lichtbrechung.

unterricht. Will man diese Brechungsvorgänge ganz exakt beschreiben und berechnen, erhält man schnell äußerst komplizierte mathematische Ausdrücke. Hier können die komplexen Zahlen sehr zu einer Vereinfachung beitragen.

Ähnliches gilt für die Berechnung von Wechselströmen in der Elektrotechnik. Hier ginge fast gar nichts ohne die komplexen Zahlen. Mit ihrer Hilfe können die Physiker bzw. Elektrotechniker auch komplizierte elektronische Schaltungen mit vielen unterschiedlichen Bauelementen vergleichsweise einfach berechnen.

So stellen die komplexen Zahlen also in gewisser Weise eine Grundlage für das Verständnis und die Darstellung komplexer physikalischer Vorgänge dar. Mit ihrer Hilfe fällt es leichter, diese Vorgänge zu verstehen und Anwendungen zu entwickeln, die sie für uns auch im Alltag nutzbar machen.

Alternative Darstellung der komplexen Zahlen

Vielleicht können Sie sich vorstellen, dass man, wenn es um so seltsame Dinge wie die komplexen Zahlen geht, gut daran tut, diese Zahlen nicht ausschließlich so darzustellen, wie wir das bisher gewohnt waren. So kommt man beispielsweise in der Elektrotechnik mit der Ihnen bisher bekannten Form $z = a + bi$ nicht immer weiter. Wir wollen Ihnen nun einmal kurz zeigen, wie sich komplexe Zahlen auch darstellen lassen.

Dazu werfen wir zunächst einmal einen kurzen Blick auf die reellen Zahlen. Sie kann man wunderbar auf einem Zahlenstrahl darstellen, wie Sie in der Grafik sehen können.

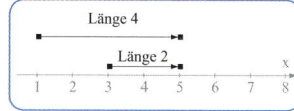

Bei komplexen Zahlen sieht die Sache nicht ganz so einfach aus. Schließlich bestehen die Zahlen hier nicht aus einer, sondern aus zwei Komponenten, die dargestellt werden müssten. Eine Darstellungsweise für Zahlen, die aus zwei Komponenten oder auch Koordinaten bestehen, kennen wir aber auch: das Koordinatensystem. Das Koordinatensystem, das wir zur Darstellung der komplexen Zahlen nutzen wollen, trägt auf der x-Achse den Realteil der Zahl und auf der y-Achse ihren Imaginärteil ab.

Allerdings spricht man in diesem Zusammenhang nicht von einem Koordinatensystem, sondern von einer Gauß'schen Zahlenebene, die nach dem deutschen Mathematiker Carl Friedrich Gauß (1777–1855) benannt wurde. Bei dieser Form der Darstellung kann man wiederum jeder komplexen Zahl genau einen Punkt zuordnen. Auch das können Sie auf der Skizze schön sehen.

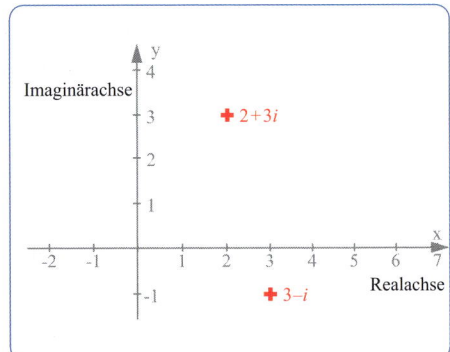

Nun können wir noch einen Schritt weitergehen und einen Vektor vom Ursprung der Zahlenebene bis hin zu dem Punkt, der unsere komplexe Zahl eindeutig bestimmt, zeichnen (Sie müssen an dieser Stelle noch nicht allzu genau wissen, wie man mit Vektoren rechnet, es reicht, dass Sie sich einen Vektor als Pfeil vorstellen).

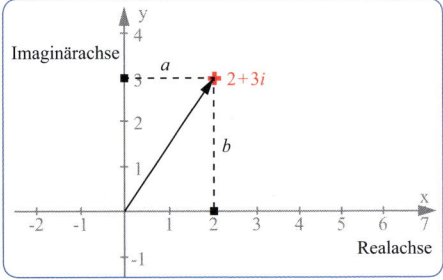

Jetzt lassen sich einige interessante Dinge anstellen. Zum Beispiel können Sie die Länge des Vektors berechnen. Diese Länge stellt gleichzeitig den Betrag der komplexen Zahl dar. Sie können sie mithilfe des Satzes von Pythagoras berechnen und erhalten folgende Aussage:

$$|z| = |a + bi| = \sqrt{a^2 + b^2}$$

Aber das ist noch nicht alles. Wie wäre es, wenn wir nun einmal den Winkel zwischen dem Vektor und der x-Achse einzeichneten? Das Ergebnis finden Sie in der Grafik.

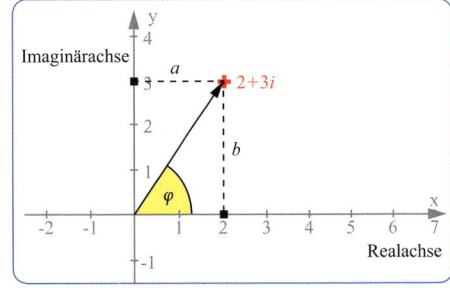

Wenn Sie sich nun an die trigonometrischen Funktionen, die wir bereits auf

Seite 52 behandelt haben, erinnern (Sie sehen, fast alles taucht in der Mathematik früher oder später und in einem anderen Zusammenhang wieder auf), können Sie die Koordinaten unserer komplexen Zahl auch so formulieren:

$a = |z| \cdot \cos \varphi$

$b = |z| \cdot \sin \varphi$

$|z|$ und φ werden die Polarkoordinaten der komplexen Zahl z genannt. Die Polarkoordinatendarstellung einer komplexen Zahl sieht dann so aus: $z = |z| \cdot (\cos \varphi + i \cdot \sin \varphi)$

Rechnen mit komplexen Zahlen

Die schönsten Zahlen nutzen nichts, wenn man nicht mit ihnen rechnen kann, da machen auch die komplexen Zahlen keine Ausnahme. Also wollen wir nun noch einen abschließenden Blick auf die Rechenregeln für komplexe Zahlen werfen.

Für die Addition zweier komplexer Zahlen z_1 und z_2 gilt:

$$z_1 + z_2 = (a + bi) + (c + di) = (a + c) + i \cdot (b + d)$$

Entsprechend gilt für die Subtraktion zweier komplexer Zahlen z_1 und z_2:

$$z_1 - z_2 = (a + bi) - (c + di) = (a - c) + i \cdot (b - d)$$

Sehen wir uns nun die Multiplikation zweier komplexer Zahlen z_1 und z_2 an:

$$z_1 \cdot z_2 = (a + bi) \cdot (c + di) = (ac - bd) + i \cdot (ad + bc)$$

Abschließend fehlt uns nur noch die Division:

$$\frac{z_1}{z_2} = \frac{a + bi}{c + di} = \frac{ac + bd}{c^2 + d^2} + \frac{bc - ad}{c^2 + d^2}$$

III. Lineare Algebra

Vektoren

In der linearen Algebra spielen insbesondere lineare Abbildungen und Vektoren eine herausragende Rolle. Mit den linearen Abbildungen werden wir uns in der zweiten Hälfte dieses Kapitels eingehender beschäftigen; die Vektoren nehmen wir uns bereits jetzt vor.

Als wir uns im Kapitel Geometrie mit der Kongruenzabbildung Verschiebung beschäftigt haben, hatten wir bereits das Vergnügen, erste Vektoren kennenzulernen. Da diese Bekanntschaft allerdings nur sehr flüchtig war, wollen wir uns des Themas nun von Grund auf noch einmal annehmen.

Vektoren in der Physik

Vektoren kommen nicht nur in der Physik vor, sie lassen sich aber anhand einfacher physikalischer Beispiele sehr schön erklären (und da wir hier natürlich der Schönheit eine Lanze brechen wollen, werden wir uns auch physikalischer Beispiele bedienen).

Was ist der Unterschied zwischen Geschwindigkeit und Temperatur – abgesehen davon, dass das eine immer zu langsam und das andere immer zu kalt ist? Aus physikalischer Sicht wird die Geschwindigkeit von zwei Größen eindeutig bestimmt – nämlich ihrem Betrag und ihrer Richtung; die Temperatur hingegen nur durch eine Größe – den Betrag (den Physiker interessiert es nämlich zunächst nicht, ob die Temperaturen schon wieder fallen und sowieso viel zu niedrig für einen echten Sommer sind). Man kann die Geschwindigkeit also als einen Pfeil darstellen. Seine Länge entspricht dem Betrag und die Pfeilspitze zeigt in die Richtung, in die sich etwas bewegt. Einen solchen Pfeil nennen wir Vektor.

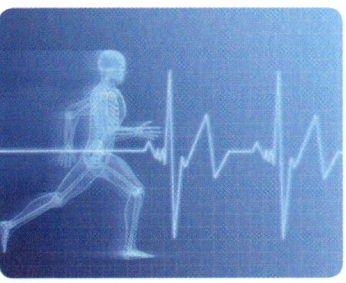

Geschwindigkeit braucht eine Richtung.

Ein Vektor wird durch seinen Betrag und seine Richtung definiert. Er wird zumeist durch einen Pfeil dargestellt. Dabei entspricht die Länge des Pfeils dem Betrag des Vektors, seine Lage im Raum der Richtung und die Spitze zeigt den Richtungssinn an.

Einen Betrag ohne Richtung, wie unsere Temperatur, nennt man übrigens einen Skalar.

Nicht nur Geschwindigkeiten werden in der Physik mit Vektoren bezeichnet, auch Wege und Kräfte.

Temperaturen können ohne Richtung angegeben werden.

Grundlegendes über Vektoren

In die oben stehende Definition hat sich allerdings eine Ungenauigkeit eingeschlichen, die es nun auszuräumen gilt. Genau genommen handelt es sich bei einem Vektor nämlich nicht um einen Pfeil, sondern um eine (unendliche) Menge aus Pfeilen mit dem gleichen Betrag und der gleichen Richtung. Die Grafik zeigt einen Ausschnitt aus einer solchen Menge.

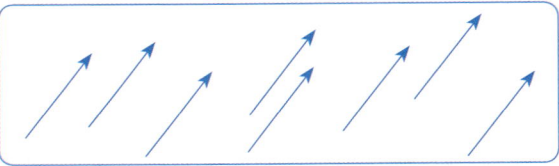

Wenn wir es nur mit einem Pfeil aus der Menge zu tun haben (und das haben wir für gewöhnlich), wäre es korrekt, von einem „Repräsentanten des Vektors" zu sprechen. Da aber auch Mathematiker bisweilen praktisch denkende Menschen sind, die sich bei ihren Formulierungen nur ungern einen Knoten in die Zunge machen, hat sich die etwas schludrige Ausdrucksweise, auch einen einzelnen Pfeil als Vektor zu bezeichnen, durchgesetzt. Auch wir wollen es hier so handhaben, aber dabei gleichzeitig – wie jeder gestandene Mathematiker – die Tatsache im Hinterkopf behalten, dass wir es ja eigentlich nur mit einem Repräsentanten zu tun haben.

Ein Vektor ist durch seinen Anfangs- und seinen Endpunkt gegeben. Daher kann man diese beiden Punkte natürlich auch hervorragend nutzen, um den Vektor darzustellen.

> Einen Vektor, der von einem Punkt P zu einem Punkt Q führt, bezeichnet man auch mit $\overrightarrow{PQ}$.

Es gibt auch alternative Schreibweisen. So kann man einen Vektor auch mit $\vec{a}$ oder fett gedruckt mit $\boldsymbol{a}$ bezeichnen. Wir werden im Folgenden der Schreibweise mit dem kleinen Pfeil den Vorzug geben.

Der Betrag des Vektors $\vec{a}$ ist $|\vec{a}| = a$. Dabei handelt es sich immer um einen nicht negativen Wert. Hat der Vektor den Betrag 1, nennt man ihn Einheitsvektor. Der Vektor mit dem Betrag 0 heißt Nullvektor. Wenn Vektoren den gleichen Betrag, aber eine andere Richtung haben, werden sie Gegenvektoren genannt.

Koordinatendarstellung von Vektoren

Weder Vektoren noch ihre Anfangs- oder Endpunkte mäandern für gewöhnlich so einfach in der Weltgeschichte umher. Nein, man kann sie sehr genau in einem Koordinatensystem verorten.

Aber wie erhält man die Koordinaten des Vektors, schließlich kennzeichnen jeweils zwei Punkte mit ganz eigenen Koordinaten einen Vektor? Vielleicht hat es bei der Lektüre dieses Satzes schon „klick" gemacht, ansonsten verraten wir Ihnen nun das Geheimnis.

> Die Koordinaten eines Vektors errechnen sich aus der Differenz der Koordinaten seines End- und Anfangspunktes.
> $$\overrightarrow{PQ} = \begin{pmatrix} x_q - x_p \\ y_q - y_p \end{pmatrix}$$

Ein Vektor mit x- und y-Koordinaten befindet sich in der Ebene, aber das muss nicht zwangsläufig so sein. Ebenso gut kann sich ein Vektor im Raum befinden. Dann kommt noch eine weitere Koordinate – wir bezeichnen sie mit z – hinzu. Auf der Skizze sehen Sie ein dreidimensionales Koordinatensystem. Die x-Achse hat ihre Position nun so verändert, dass sie aus der Zeichenebene hinausschaut.

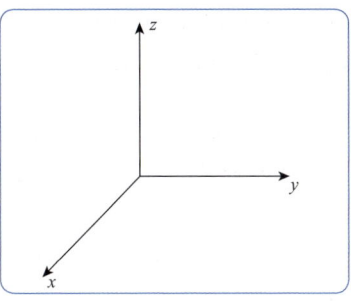

Dreidimensionales Koordinatensystem

Der Vektor $\overrightarrow{PQ}$ hat im Raum folgende Koordinaten:

$$\overrightarrow{PQ} = \begin{pmatrix} x_q - x_p \\ y_q - y_p \\ z_q - z_p \end{pmatrix}$$

Theoretisch denkbar sind auch Vektoren, die sich in Räumen mit noch mehr Dimensionen aufhalten. Die Mathematik arbeitet auch gern mit solchen Vektoren, wir hingegen werden uns hauptsächlich auf zwei- und dreidimensionale Vektoren beschränken. Die Prinzipien ihrer Handhabung sind nämlich dieselben wie bei höherdimensionalen Exemplaren.

Der Betrag eines Vektors

Sehen wir uns einmal den Vektor auf der Grafik an. In Koordinatenschreibweise kann man ihn mit $\vec{a} = \begin{pmatrix} 3 \\ 2 \end{pmatrix}$ bezeichnen.

Uns interessiert nicht nur die Koordinatenschreibweise, wir wollen uns auch um den Betrag des Vektors kümmern. Das ist eine wichtige Sache. Nehmen wir nur noch einmal das Beispiel von der Geschwindigkeit. Wenn es um sie geht, interessiert ja nicht nur ihre Richtung, sondern auch – und häufig vor allem – ihr Betrag. Könnten wir

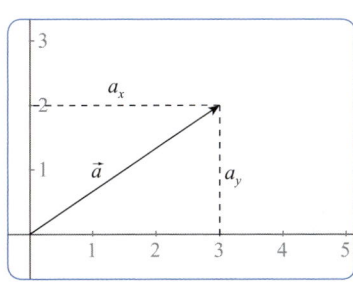

also den Betrag eines Vektors nicht bestimmen, müssten wir die ganze Vektorrechnung am besten an den Nagel hängen.

Doch nun zur Berechnung des Betrages. Die dürfte Ihnen mittlerweile denkbar leichtfallen. Wahrscheinlich haben Sie schon auf den ersten Blick gemerkt, dass sich hier wieder einmal der Satz des Pythagoras verbirgt.

$$|\vec{a}| = \sqrt{a_x^2 + a_y^2}$$

Auch hier können wir wieder einen Ausflug in den dreidimensionalen Raum machen. Der Betrag eines dreidimensionalen Vektors berechnet sich analog aus:

$$|\vec{a}| = \sqrt{a_x^2 + a_y^2 + a_z^2}$$

Rechnen mit Vektoren

Eine Schwalbe macht noch keinen Sommer, heißt es so schön in einem Sprichwort. Der Mathematiker könnte analog sagen: Ein Vektor macht noch keine lineare Algebra. Und deshalb werden wir uns nun mit mehreren Vektoren beschäftigen und uns ansehen, was man mit ihnen so alles anstellen kann – z. B. rechnen.

Addition von Vektoren

Wozu die Addition von Vektoren u. a. brauchbar ist, wollen wir Ihnen anhand eines kurzen Beispiels zeigen.

Stellen Sie sich einmal vor, Sie wollten einen Fluss schwimmend durchqueren. Sie schwimmen also munter an einem Ufer los, schwimmen immer geradeaus und erreichen das andere Ufer dennoch ein ganzes Stück stromabwärts. Verantwortlich dafür ist die Strömung des Flusses. Ihre Bewegung von einem Ufer zum anderen setzt sich also aus zwei Kom-

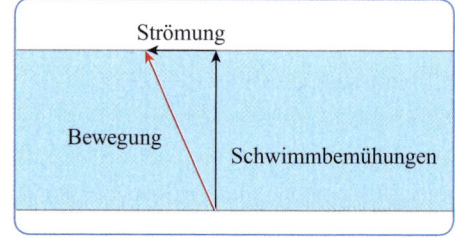

ponenten zusammen: Ihren Schwimmbemühungen und der Strömung, die beide in verschiedenen Richtungen wirken. Den eigentlichen Weg, den Sie zurückgelegt haben, finden Sie als roten Pfeil auf der Skizze.

Etwas abstrakter ausgedrückt stellt also der rote Vektor das Ergebnis der Addition der beiden schwarzen Vektoren dar.

> Man addiert also zwei Vektoren $\vec{a}$ und $\vec{b}$ zeichnerisch, indem man den Ursprung von Vektor $\vec{b}$ mit der Spitze von Vektor $\vec{a}$ verbindet. Der Ergebnisvektor führt dann vom Ursprung von Vektor $\vec{a}$ zur Spitze von Vektor $\vec{b}$.

Nun wollen wir die Aufgabe natürlich nicht nur zeichnerisch, sondern auch rechnerisch meistern. Dazu schauen wir uns eine Addition, wie wir sie eben schon gesehen haben, einmal in einem Koordinatensystem an.

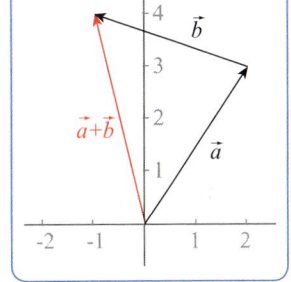

Zunächst einmal schreiben wir die Vektoren $\vec{a}$ und $\vec{b}$ in Koordinatenschreibweise.

$$\vec{a} = \begin{pmatrix} 2 \\ 3 \end{pmatrix}$$

$$\vec{b} = \begin{pmatrix} -1 - 2 \\ 4 - 3 \end{pmatrix} = \begin{pmatrix} -3 \\ 1 \end{pmatrix}$$

Nun addieren wir die beiden Vektoren, indem wir die einzelnen Koordinaten addieren. Wir erhalten also:

$$\vec{a} + \vec{b} = \begin{pmatrix} 2 - 3 \\ 3 + 1 \end{pmatrix} = \begin{pmatrix} -1 \\ 4 \end{pmatrix}$$

Ein Blick auf die Skizze zeigt, dass unsere Rechnung stimmt.
Wenn wir das nun verallgemeinern, können wir für die Addition zweier Vektoren folgende allgemeine Formel aufstellen.

> $$\vec{a} + \vec{b} = \begin{pmatrix} a_x \\ a_y \end{pmatrix} + \begin{pmatrix} b_x \\ b_y \end{pmatrix} = \begin{pmatrix} a_x + b_x \\ a_y + b_y \end{pmatrix}$$

Im dreidimensionalen Raum funktioniert die Formel natürlich auch. Hier kommt dann nur die jeweilige z-Komponente hinzu.

$$\vec{a} + \vec{b} = \begin{pmatrix} a_x \\ a_y \\ a_z \end{pmatrix} + \begin{pmatrix} b_x \\ b_y \\ b_z \end{pmatrix} = \begin{pmatrix} a_x + b_x \\ a_y + b_y \\ a_z + b_z \end{pmatrix}$$

Die Addition funktioniert auf diese Art und Weise nicht nur mit zwei Vektoren. Sie können eine beliebige Anzahl von Vektoren so addieren.

Auch für die Vektoraddition gelten zwei Gesetzmäßigkeiten, die auch für die Addition natürlicher Zahlen Gültigkeit besitzen, das Kommutativgesetz und das Assoziativgesetz.

Das Kommutativgesetz besagt:
$$\vec{a} + \vec{b} = \vec{b} + \vec{a}$$
Das Assoziativgesetz besagt:
$$(\vec{a} + \vec{b}) + \vec{c} = \vec{a} + (\vec{b} + \vec{c})$$

Subtraktion von Vektoren

Wo man addieren kann, ist auch eine Subtraktion möglich. Sehen wir uns auch hier die Ausgangslage wieder in einer kleinen Grafik an. Wir haben wieder unsere beiden bekannten Vektoren $\vec{a}$ und $\vec{b}$. Wie können wir es nun anstellen, Vektor $\vec{b}$ von Vektor $\vec{a}$ zu subtrahieren?

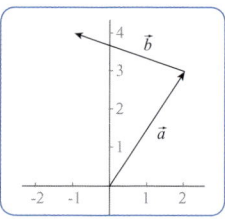

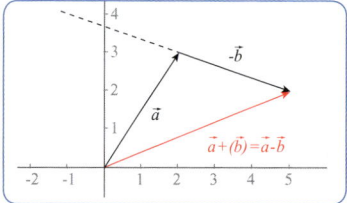

Da gibt es einen einfachen Trick:

Wir bilden den Gegenvektor von $\vec{b}$, nämlich $-\vec{b}$. Der hat dieselbe Lage wie $\vec{b}$, zeigt aber in die entgegengesetzte Richtung. Nun können wir einfach $-\vec{b}$ zu $\vec{a}$ addieren.

Auch rechnerisch können wir das einfach zeigen:
$\vec{a}$ bleibt unverändert.

$$\vec{a} = \begin{pmatrix} 2 \\ 3 \end{pmatrix}$$

Nun bilden wir den Gegenvektor zu Vektor $\vec{b}$.

$$\vec{b} = \begin{pmatrix} -3 \\ 1 \end{pmatrix}$$

$$\Leftrightarrow -\vec{b} = \begin{pmatrix} 3 \\ -1 \end{pmatrix}$$

Als Nächstes folgt die Addition der beiden Vektoren:

$$\vec{a} + (-\vec{b}) = \begin{pmatrix} 2 \\ 3 \end{pmatrix} + \begin{pmatrix} 3 \\ -1 \end{pmatrix} = \begin{pmatrix} 5 \\ 2 \end{pmatrix}$$

Ein Blick auf unsere Grafik zeigt, dass wir wieder richtig gerechnet haben.

> Man subtrahiert einen Vektor $\vec{b}$ von einem Vektor $\vec{a}$, indem man seinen Gegen-
> vektor $-\vec{b}$ zu $\vec{a}$ addiert.

Skalare Vervielfachung von Vektoren

Den Unterschied zwischen Vektoren und Skalaren haben Sie bereits zu Beginn dieses Kapitels kennengelernt. Wer nun aber meint, die beiden hätten nichts miteinander zu tun, irrt sich. Es lassen sich nämlich auch mathematische Verknüpfungen zwischen Skalaren und Vektoren herstellen. Das Zauberwort lautet hier skalare Vervielfachung von Vektoren und bedeutet eigentlich nichts anderes als die Multiplikation eines Vektors mit einem Skalar.

Das Ergebnis einer solchen Multiplikation ist ein gestreckter oder gestauchter Vektor der gleichen Richtung, wie Sie in der Grafik erkennen können. Hat der Skalar einen Wert, der größer als 1 ist, wird der Vektor gestreckt.

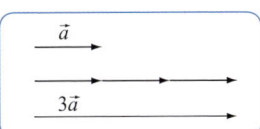

Der Skalar kann natürlich auch einen Wert annehmen, der kleiner als 1 ist, dann wird der Vektor, wie in unserer nebenstehenden Grafik dargestellt, gestaucht.

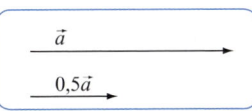

Natürlich lässt sich dieser Sachverhalt auch mathematisch ausdrücken. Die Berechnung der skalaren Vervielfachung von Vektoren ist denkbar einfach und bedarf keiner weiteren Erklärung.

Sei $\vec{a}$ ein Vektor und k ein Skalar.
Dann berechnet sich $k \cdot \vec{a}$ folgendermaßen:

$$k \cdot \vec{a} = \begin{pmatrix} k \cdot a_x \\ k \cdot a_y \end{pmatrix} \quad \text{in der Ebene}$$

$$k \cdot \vec{a} = \begin{pmatrix} k \cdot a_x \\ k \cdot a_y \\ k \cdot a_z \end{pmatrix} \quad \text{im Raum}$$

Für die skalare Vervielfachung gelten wiederum einige Rechengesetze. In diesem Fall sind es zwei Distributivgesetze und ein Assoziativgesetz.

Distributivgesetze:

$$k \cdot (\vec{a} + \vec{b}) = k \cdot \vec{a} + k \cdot \vec{b}$$

$$(k_1 + k_2) \cdot \vec{a} = k_1 \cdot \vec{a} + k_2 \cdot \vec{a}$$

Assoziativgesetz:

$$(k_1 \cdot k_2) \cdot \vec{a} = k_1 \cdot (k_2 \cdot \vec{a})$$

Ortsvektoren

Wir haben nun bereits einige unterschiedliche Vektoren kennengelernt: Einheitsvektoren, Nullvektoren, Gegenvektoren und natürlich die ganz normalen Vektoren. Nun möchten wir Sie noch mit einem weiteren Typ von Vektoren bekannt machen, den Ortsvektoren.

Einen Vektor, der im Ursprung der Ebene oder des Raumes beginnt, nennt man einen Ortsvektor.

Bedeutsam werden diese Ortsvektoren u. a. durch folgenden Sachverhalt: Man kann jeden Vektor als Differenz zweier Ortsvektoren darstellen. Ein Beispiel dafür finden Sie in unserer Grafik.

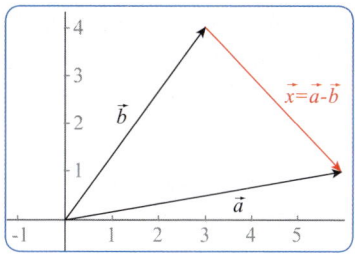

Behalten Sie den Begriff Ortsvektor am besten einfach im Kopf, Sie werden in der linearen Algebra noch häufiger über ihn stolpern, und dann ist es gut, nicht immer nachschlagen zu müssen, um zu klären, was das denn schon wieder ist.

Vom Quaternion zum Vektor

Wer hat eigentlich die Vektoren erfunden? Das könnten Sie sich zu Recht an dieser Stelle fragen. Das Studium der Vektoren nahm seinen Ausgangspunkt in Irland, bei dem Mathematiker Sir William Rowan Hamilton (1805–65). Der entdeckte 1843 (einige Quellen wollen es sogar noch genauer wissen und nennen den 16. Oktober des Jahres als Stichtag der Entdeckung) die Quaternionen, die man als die Urahnen der Vektoren bezeichnen kann.

Sir William Rowan Hamilton

Was kann man sich nun unter einem Quaternion vorstellen? Fast schon einen Pfeil? Vielleicht doch einer ohne Spitze? Zunächst einmal sind Quaternionen nichts weiter als eine Erweiterung der reellen Zahlen um drei neue Bestandteile i, j und k. Das Besondere an diesen Erweiterungen ist, dass sie nach einer ganz besonderen Regel, der sogenannten Hamilton-Regel, multipliziert werden. Und die lautet folgendermaßen:

$$i^2 = j^2 = k^2 = i \cdot j \cdot k = -1$$

Ein Quaternion hat dann die Form $a + bi + cj + dk$. Hamilton bezeichnete hierbei die drei Bestandteile i, j und k als den skalaren Teil des Quaternions und den Rest als vektoriellen Teil.

Sie können sich sicherlich vorstellen, dass der Umgang mit einem solch seltsamen Gebilde wie dem Quaternion nicht wirklich einfach war. Tatsächlich gab es damit bisweilen sogar erhebliche Probleme. Es stellte sich aber heraus, dass man an vielen Stellen diese Probleme ganz einfach dadurch umgehen konnte, dass man nur den vektoriellen Teil betrachtete. Dieser Teil beschreibt genau das, was wir heute als dreidimensionale Vektoren bezeichnen.

Auf diesen Gedanken war aber nicht Hamilton gekommen, sondern sein Kollege Josiah Willard Gibbs (1839–1903). Er formulierte ihn 1881 in seinem Buch „Vector Analysis". Man kann sich also durchaus darüber streiten, wann unser Vektor nun das Licht der Welt erblickte, 1843 oder 1881.

Josiah Willard Gibbs

Die Linearkombination

Nachdem wir mit dem Ortsvektor die Grundlagen der Vektorrechnung abgeschlossen haben, wollen wir uns nun zu einem der zentralen Punkte der linearen Algebra vorantasten, der sogenannten linearen Abhängigkeit. Bis wir zu diesem Begriff kommen, müssen wir aber noch ein paar hinführende Betrachtungen anstellen. Da soll es zunächst einmal um die Frage gehen, was man unter einer Linearkombination versteht.

Hier wollen wir uns zunächst einmal die Definition ansehen und dann in einem weiteren Schritt evtl. bestehende Unklarheiten ausräumen.

> Gegeben seien eine Menge von Vektoren, die wir mit $\vec{v}, \vec{w}, \ldots$ benennen wollen und zudem eine Menge von Zahlen $\{\alpha, \beta, \ldots\}$.
> Jeder Vektor der Form $\alpha \cdot \vec{v} + \beta \cdot \vec{w} + \ldots$ wird dann eine Linearkombination der Vektoren $\vec{v}, \vec{w}, \ldots$ genannt.

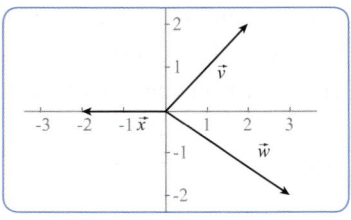

Anhand eines kleinen Beispiels lässt sich diese auf den ersten Blick vielleicht verwirrend klingende Definition sehr schön veranschaulichen – und schon hat sie jeglichen Schrecken verloren. Nehmen wir nun einmal die Vektoren $\vec{v}$, $\vec{w}$, und $\vec{x}$, wie Sie sie in der Grafik sehen können.

Nun schauen wir uns in einer weiteren Grafik einmal den Vektor $2 \cdot \vec{v} + 3 \cdot \vec{w} + 4 \cdot \vec{x}$ an. Diesen Vektor haben wir mit roter Farbe in die Grafik eingetragen.

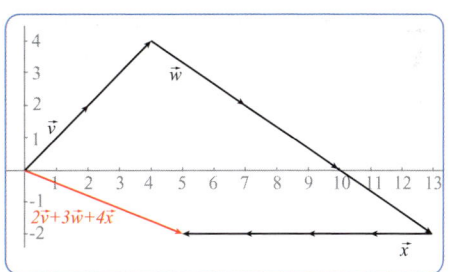

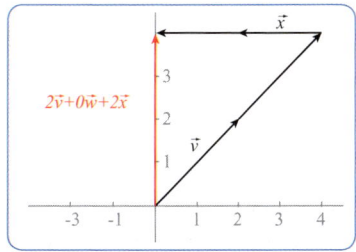

Der rote Vektor $2 \cdot \vec{v} + 3 \cdot \vec{w} + 4 \cdot \vec{x}$ stellt nun eine Linearkombination der Vektoren $\vec{v}$, $\vec{w}$ und $\vec{x}$ dar. Das gilt auch für den Vektor $2 \cdot \vec{v} + 0 \cdot \vec{w} + 2 \cdot x$.

Linearkombinationen lassen sich aber auch noch anders erzielen. Dazu benötigen Sie die sogenannten Basisvektoren. Davon gibt es im dreidimensionalen Raum exakt drei,

z. B $\vec{i} = \begin{pmatrix} 1 \\ 0 \\ 0 \end{pmatrix}, \vec{j} = \begin{pmatrix} 0 \\ 1 \\ 0 \end{pmatrix}$ und $\vec{k} = \begin{pmatrix} 0 \\ 0 \\ 1 \end{pmatrix}$. Es müssen aber nicht zwangsläufig diese Vektoren

als Basisvektoren benutzt werden.

Nun lässt sich eine Vielzahl von Vektoren als Linearkombination dieser drei Basisvektoren darstellen. Beispielsweise können Sie den Vektor

$\vec{x} = \begin{pmatrix} 3 \\ -1 \\ 2 \end{pmatrix}$ auch als $\vec{x} = 3 \cdot \vec{i} - 1 \cdot \vec{j} + 2 \cdot \vec{k} = 3 \cdot \begin{pmatrix} 1 \\ 0 \\ 0 \end{pmatrix} - \begin{pmatrix} 0 \\ 1 \\ 0 \end{pmatrix} + 2 \cdot \begin{pmatrix} 0 \\ 0 \\ 1 \end{pmatrix} = \begin{pmatrix} 3 \\ -1 \\ 2 \end{pmatrix}$ darstellen.

Nullsummen

Nach anfänglichem Schrecken dürften die Linearkombinationen nun keine große Schwierigkeit mehr darstellen. Nach der Leistung, dieses Kapitel verstanden zu haben, haben Sie nun eine – wenn auch nur kleine – Verschnaufpause verdient. Das Kapitel über die Nullsummen hält nämlich keine bösen Überraschungen hinsichtlich komplizierter Definitionen für Sie bereit.

> Man spricht von einer Nullsumme, wenn eine Linearkombination $\alpha \cdot \vec{v} + \beta \cdot \vec{w} + \dots$ als Ergebnis den Nullvektor hat.

Grafisch kann man eine Nullsumme daran erkennen, dass sie eine sogenannte geschlossene Vektorkette bildet. Man sagt statt geschlossener Vektorkette auch geschlossener Vektorzug. Unsere Grafik zeigt eine solche geschlossene Vektorkette.

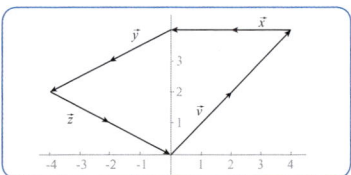

Oft ist es in der Mathematik so, dass man ein Thema zu beherrschen glaubt, und dann kommt doch noch ein unschöner Nachschlag, der die ganze Angelegenheit ein wenig komplizierter und unverdaulicher macht, als man das eigentlich erwartet hätte. Einen Nachschlag halten wir auch jetzt für Sie bereit, den Appetit dürfte er Ihnen aber nicht verderben.

Es wird nämlich zwischen zwei verschiedenen Nullsummen unterschieden. Eine Nullsumme, wie wir sie in unserem Beispiel kennengelernt haben, nennt man nichttriviale Nullsumme (hier taucht es also wieder auf, das Lieblingswort des Mathematikers: trivial).

Wo es eine nichttriviale Nullsumme gibt, muss irgendwo auch eine triviale Nullsumme existieren – und die Nullsumme, die wir Ihnen nun präsentieren, ist wirklich schrecklich trivial. Eine Linearkombination, bei der die Skalare α, β, … alle gleich 0 sind, nennt man triviale Nullsumme.
$\vec{0} = 0 \cdot \vec{v} + 0 \cdot \vec{w} + 0 \cdot \vec{x}$ ist zum Beispiel eine triviale Nullsumme. Grafisch lassen sich diese Dinge allerdings nicht darstellen.

Lineare Abhängigkeit

Nun wagen wir einen weiteren Schritt in das Dickicht der linearen Algebra. Wir wollen uns nun anschauen, unter welchen Bedingungen man davon sprechen kann, dass Vektoren linear abhängig sind.

Wenden wir uns zunächst einmal einem recht einfachen Fall zu, nämlich der linearen Abhängigkeit von zwei Vektoren.

> Zwei Vektoren $\vec{v}$ und $\vec{w}$ sind linear abhängig, wenn es eine reelle Zahl α gibt, sodass gilt: $\vec{w} = \alpha \cdot \vec{v}$

Was mit dieser Definition genau gemeint ist, können wir uns anhand der beiden Vektoren $\vec{v} = \begin{pmatrix} -3 \\ 6 \\ 11 \end{pmatrix}$ und $\vec{w} = \begin{pmatrix} 6 \\ -12 \\ -22 \end{pmatrix}$ ansehen. Wenn die beiden Vektoren linear abhängig sind, muss gelten:

$$\alpha \cdot \begin{pmatrix} -3 \\ 6 \\ 11 \end{pmatrix} = \begin{pmatrix} 6 \\ -12 \\ -22 \end{pmatrix}$$

$$\Leftrightarrow -3 \cdot \alpha = 6$$
$$6 \cdot \alpha = -12$$
$$11 \cdot \alpha = -22$$

In allen drei Fällen ergibt sich schließlich für α der Wert -2. Die beiden Vektoren sind also linear abhängig. Nehmen wir uns hingegen zwei andere Vektoren, nämlich $\vec{x} = \begin{pmatrix} -4 \\ 6 \\ 8 \end{pmatrix}$ und $\vec{y} = \begin{pmatrix} 10 \\ 15 \\ 20 \end{pmatrix}$ vor, so kommen wir zu keinem Ergebnis, da α beim ersten Wert $-2,5$, sonst aber $2,5$ ist. Ein eindeutiges α lässt sich also nicht finden. Die beiden Vektoren sind linear unabhängig.

Wir können uns das auch in einer kleinen Grafik ansehen. Die beiden dort dargestellten Vektoren sind linear abhängig, denn es gilt: $-3 \cdot \vec{w} = \vec{v}$.

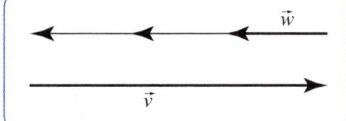

Man kann an dieser Grafik aber noch mehr sehen: Zwei linear abhängige Vektoren sind nämlich parallel. Man nennt parallel verlaufende Vektoren auch kollineare Vektoren, und somit gilt:

> Zwei Vektoren sind genau dann linear abhängig, wenn sie kollinear sind.

Nun können natürlich nicht nur zwei Vektoren linear abhängig sein, sondern beliebig viele. Dann gilt:

> Die n Vektoren $\vec{v_1}, \vec{v_2}, \vec{v_3}, \ldots, \vec{v_n}$ nennt man dann linear abhängig, wenn man mindestens einen von ihnen als Linearkombination der anderen darstellen kann.

Bei diesem Satz ist es wichtig, genau auf den Wortlaut zu achten. Hier ist nämlich die Rede von „mindestens einem" Vektor, der sich als Linearkombination darstellen lässt. Bisweilen kommt es hier nämlich zu Verwirrungen, wenn man den Satz nicht genau liest. Es müssen sich – um das noch einmal ganz klar und deutlich auszudrücken – nicht alle Vektoren der Menge als Linearkombination der anderen Vektoren darstellen lassen.

Man kann den Satz nun auch noch anders formulieren, dann klingt er für manchen noch ein wenig plausibler:

> Eine Menge von Vektoren heißt genau dann linear abhängig, wenn man mit ihnen eine nichttriviale Nullsumme erzeugen kann. Ansonsten sind diese Vektoren linear unabhängig.

Jede Obermenge einer linear abhängigen Menge von Vektoren ist auch wieder linear abhängig. Das können wir direkt aus der Aussage schließen, dass sich mindestens ein Vektor als Linearkombination der anderen Vektoren darstellen lassen muss. Wenn wir eine linear abhängige Menge von Vektoren haben, wissen wir, dass sich mindestens ein Vektor auf oben genannte Weise darstellen lässt. Dieser Vektor ist natürlich auch

Element der entsprechenden Obermenge (s. a. Definition der Obermenge im Kapitel über die Mengenlehre) und somit erfüllt auch die Obermenge das Kriterium, dass sich mindestens ein Vektor als Linearkombination darstellen lassen muss.

Komplanare Vektoren

In der Grafik sehen Sie einen Würfel mit seinen sechs Seitenflächen. Nun spricht nichts dagegen, jede dieser Seitenflächen als eine Ebene aufzufassen. Außerdem finden Sie hier noch drei Vektoren $\vec{a}$, $\vec{b}$, $\vec{c}$. Diese drei Vektoren liegen ganz offensichtlich auf einer Ebene.

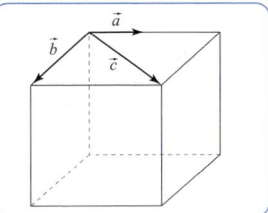

Vektoren, die auf derselben Ebene liegen, nennt man auch komplanar.

Außerdem sind die drei Vektoren linear abhängig, denn man kann die Summe $2 \cdot \vec{a} + \vec{b} - \vec{c} = \vec{0}$ bilden. Zur besseren Anschaulichkeit haben wir auch das in einer Grafik dargestellt.

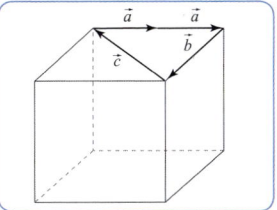

Das Skalarprodukt

Wie man einen Vektor mit einem Skalar (also einer reellen Zahl) multipliziert und welche Folgen das für den Vektor hat, haben wir bereits an früherer Stelle in diesem Kapitel kennengelernt. Nun wollen wir uns mit der Multiplikation zweier Vektoren beschäftigen. „Na, wozu braucht man denn das schon wieder", klingt es uns da aus den Reihen der Leserinnen und Leser entgegen.

Vieles an der linearen Algebra – das geben wir gerne zu – sind Grundlagen, die nicht immer mit konkreten Anwendungen verknüpft sind, aber das Skalarprodukt gehört nicht dazu. Um den Sinn dieser speziellen Multiplikation zu erkunden, begeben wir uns einmal mehr in die Welt der Physik. Wir sehen uns einmal einen armen Bergwerksarbeiter an, der die schwere Lore mit dem gerade gewonnenen Erz an die Erdoberfläche befördern muss. Er legt sich mächtig ins Zeug und beugt sich beim Schieben weit nach vorne, wie man auf dem Bild schön

sehen kann. Aber warum macht er das eigentlich? Schließlich kann man, wenn man stolpert, so böse auf die Nase fallen (immerhin ist es im Bergwerk dunkel und man kann Hindernisse auf dem Fußboden nicht so leicht sehen). Wäre es da nicht besser, so aufrecht wie möglich zu gehen, um das Unfallrisiko zu vermindern?

Warum der aufrechte Gang in diesem Fall ein völlig nutzloses Unterfangen darstellt, können wir erkunden, wenn wir uns einmal ansehen, welche Kräfte hier wirken. Die Kraft, die unser Bergwerksarbeiter aufbringt, ist natürlich in eine bestimmte Richtung gerichtet, nämlich entlang

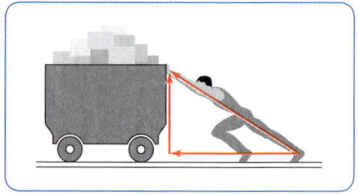

seiner Körperachse. Diese Kraft kann man wieder sehr schön in zwei Komponenten zerlegen, wie auch die nächste Grafik zeigt.

Wirksam für die Fortbewegung ist hier die in „Fahrtrichtung" wirkende Komponente. Je mehr sich der Arbeiter nach vorne beugt, desto größer wird diese Komponente und desto effektiver kann er seine Kraft einsetzen.

Wenn wir nun ermitteln wollen, wie groß die Komponente ist, die parallel zum Weg liegt (wir nennen sie der Einfachheit halber x), müssen wir die Kraft F, die der Arbeiter insgesamt aufwendet, berücksichtigen. Da wir es hier mit einem

In aufrechter Stellung kann man nur wenig Kraft übertragen.

Erst mit dem Vorbeugen kommt Bewegung in die Sache.

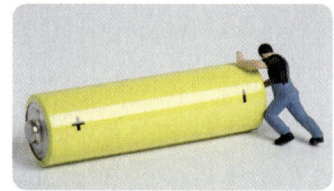

rechtwinkligen Dreieck (Sie sehen, diese speziellen Dreiecke verfolgen uns durch die gesamte Mathematik) zu tun haben, können wir folgende Beziehung formulieren: $|x| = F \cdot \cos \alpha$. Dabei ist α der Winkel zwischen den beiden Vektoren.

Wollen wir nun noch die Arbeit W berechnen, die der Arbeiter zu erledigen hat, kommt auch noch der Weg s ins Spiel. Wir erhalten dann:
$W = s \cdot F \cdot \cos \alpha$.

Hier ist neben der Berechnung der Arbeit noch etwas anderes Wundersames geschehen. Wir haben zwei Vektoren miteinander multipliziert und als Ergebnis einen Skalar erhalten. Dieses Ergebnis nennt man Skalarprodukt der beiden Vektoren.

> Das Skalarprodukt der beiden Vektoren $\vec{v}$ und $\vec{w}$ ist eine eindeutig bestimmte reelle Zahl.
> Sie wird mit der Formel $\vec{v} \cdot \vec{w} = |\vec{v}| \cdot |\vec{w}| \cdot \cos \alpha$ berechnet.

Aus dieser Formel ergibt sich direkt, dass das Skalarprodukt zweier Vektoren, die senkrecht aufeinander stehen, 0 ist. Das ist einfach einsehbar, denn es gilt $\cos 90° = 0$.

Nun kann man Vektoren natürlich auch in Koordinatendarstellung aufschreiben. Dann sieht das Skalarprodukt (für zwei dreidimensionale Vektoren) so aus:

$$\begin{pmatrix} a_x \\ a_y \\ a_z \end{pmatrix} \cdot \begin{pmatrix} b_x \\ b_y \\ b_z \end{pmatrix} = a_x b_x + a_y b_y + a_z b_z$$

Für das Skalarprodukt gelten das Kommutativgesetz und das Distributivgesetz bezüglich der Vektoraddition:

$$\vec{a} \cdot \vec{b} = \vec{b} \cdot \vec{a}$$
$$\vec{a} \cdot (\vec{b} + \vec{c}) = \vec{a} \cdot \vec{b} + \vec{a} \cdot \vec{c}$$

Der Vektorraum

Mittlerweile haben wir die Vektoren bereits recht gut als gerichtete Pfeile mit einer bestimmten Länge kennengelernt. Nun müssen wir uns ein Stück weit von dieser Vorstellung entfernen, denn ein Vektor im mathematischen Sinne muss nicht unbedingt das von uns bislang so bezeichnete Pfeilchen sein.

„Vektor" ist nämlich eigentlich ein Oberbegriff für verschiedene Arten von Vektoren, von denen der gerichtete Vektor, wie wir ihn bisher kennengelernt haben, nur eine Art ist. Auch Matrizen (die Sie später noch kennenlernen werden), Drehungen oder etwa die Lösungen einer Gleichung können Vektoren sein.

Das klingt jetzt auf den ersten Blick sicherlich ein wenig (vielleicht sogar ziemlich) verwirrend. Sehen wir uns aber nun einmal einen konkreten Vektorraum an, dann lässt sich leichter erkennen, dass die „neuen" Vektoren gar nicht so weit von den bisher bekannten Exemplaren entfernt sind. Der Vektorraum, den wir uns nun ansehen und anhand dessen wir auch den Begriff „Vektorraum" erklären wollen, ist der sogenannte R^3.

Tasten wir uns nun einmal ganz langsam an den R^3 heran. Der R^3 ist der Raum aller reellen 3-Tupel, d. h., alle Elemente des R^3 können in der Form (x_1, x_2, x_3) aufgeschrieben werden. Bei dieser Darstellung handelt es sich um einen Zeilenvektor (weil die drei Werte in einer Zeile stehen). Um das genau zu kennzeichnen, verwendet man ein kleines t und schreibt korrekterweise: $(x_1, x_2, x_3)^t$. Dieses Element ist ein Vektor. Sie können ihn auch in der bekannteren Schreibweise als Spaltenvektor $\begin{pmatrix} x_1 \\ x_2 \\ x_3 \end{pmatrix}$ aufschreiben (dann passt er nur nicht mehr so schön in die Zeile, wie Sie hier sehr gut sehen können).

Nun wissen wir also, aus welchen Elementen der R^3 besteht, doch noch können wir nicht sicher sein, dass es sich bei ihm auch um einen Vektorraum handelt. Damit aus einer „gewöhnlichen" Menge ein Vektorraum wird, müssen weitere Voraussetzungen erfüllt sein:

Innerhalb der Menge müssen nämlich auch die Addition von Vektoren und ihre Multiplikation mit einem Skalar möglich sein. Diese beiden „Aktivitäten" nennt der Mathematiker Verknüpfungen. Sie müssen aber noch einige Anforderungen erfüllen, um aus der Menge endgültig einen Vektorraum machen zu können.

Die Addition

Kümmern wir uns zunächst einmal um die Addition. Für diese Verknüpfung gelten in einem Vektorraum eine ganze Menge (nämlich genau gesagt fünf) grundlegende Eigenschaften, von denen Sie einige bereits kennen.

Abgeschlossenheit

Beginnen wollen wir mit einer Eigenschaft, die wir bislang noch nicht angesprochen hatten, wenn es um die Addition von Vektoren ging: die Abgeschlossenheit der Verknüpfung. Damit ist ganz einfach gemeint, dass das Ergebnis der Addition zweier Vektoren aus R^3 auch wieder in diesem Raum liegt.

Das ist nicht selbstverständlich, wie ein kleines Beispiel zeigt.

Wir nehmen uns einmal folgende Menge vor und wollen prüfen, ob sie bezüglich der Addition abgeschlossen ist.

$$A = \left\{ \begin{pmatrix} 1 \\ 2 \\ 3 \end{pmatrix}; \begin{pmatrix} 4 \\ 5 \\ 6 \end{pmatrix}; \begin{pmatrix} 7 \\ 8 \\ 9 \end{pmatrix} \right\}$$

Abgeschlossenheit bedeutet, dass das Ergebnis der Addition auch wieder ein Element der Menge sein muss. Addieren wir nun einmal die beiden ersten Elemente von A:

$$\begin{pmatrix} 1 \\ 2 \\ 3 \end{pmatrix} + \begin{pmatrix} 4 \\ 5 \\ 6 \end{pmatrix} = \begin{pmatrix} 5 \\ 7 \\ 9 \end{pmatrix}$$

Das Ergebnis ist – wie sich ohne Mühe feststellen lässt, kein Element von A. Somit haben wir also gezeigt, dass A bezüglich der Addition nicht abgeschlossen ist. Von einem Vektorraum können wir hier also schon einmal nicht sprechen.

Die Eigenschaft der Abgeschlossenheit lässt sich mathematisch korrekt so ausdrücken:

$$\vec{v} + \vec{w} \in V, \forall\, \vec{v}, \vec{w} \in V$$

Hierbei ist V die Menge aller Vektoren. Außerdem taucht in dieser Formel ein absonderliches Zeichen auf, nämlich das auf den Kopf gestellte A, $\forall$. Es bedeutet „für alle". Wir werden im Folgenden dieses Zeichen verwenden.

Kommutativgesetz

Das Kommutativgesetz ist Ihnen bereits bekannt. Daher wollen wir es an dieser Stelle nur noch einmal kurz in Erinnerung bringen:

$$\vec{v} + \vec{w} = \vec{w} + \vec{v}, \forall\, \vec{v}, \vec{w} \in V$$

Auch hier zeigt ein kleines Beispiel die Korrektheit des Gesagten:

$$\begin{pmatrix} 1 \\ 2 \\ 3 \end{pmatrix} + \begin{pmatrix} 4 \\ 5 \\ 6 \end{pmatrix} = \begin{pmatrix} 5 \\ 7 \\ 9 \end{pmatrix} = \begin{pmatrix} 4 \\ 5 \\ 6 \end{pmatrix} + \begin{pmatrix} 1 \\ 2 \\ 3 \end{pmatrix}$$

Assoziativgesetz

Auch mit dem Assoziativgesetz durften Sie bereits Freundschaft schließen. Daher folgt an dieser Stelle ebenfalls die „nackte" Formel zur Erinnerung:

$$(\vec{v} + \vec{w}) + \vec{x} = \vec{v} + (\vec{w} + \vec{x}), \forall\, \vec{v}, \vec{w}, \vec{x} \in V$$

Anhand eines Beispiels können Sie sehen, dass auch dieses Gesetz Gültigkeit besitzt:

$$\left(\begin{pmatrix} 1 \\ 2 \\ 3 \end{pmatrix} + \begin{pmatrix} 4 \\ 5 \\ 6 \end{pmatrix} \right) + \begin{pmatrix} 7 \\ 8 \\ 9 \end{pmatrix} = \begin{pmatrix} 5 \\ 7 \\ 9 \end{pmatrix} + \begin{pmatrix} 7 \\ 8 \\ 9 \end{pmatrix} = \begin{pmatrix} 12 \\ 15 \\ 18 \end{pmatrix}$$

$$\begin{pmatrix} 1 \\ 2 \\ 3 \end{pmatrix} + \left(\begin{pmatrix} 4 \\ 5 \\ 6 \end{pmatrix} + \begin{pmatrix} 7 \\ 8 \\ 9 \end{pmatrix} \right) = \begin{pmatrix} 1 \\ 2 \\ 3 \end{pmatrix} + \begin{pmatrix} 11 \\ 13 \\ 15 \end{pmatrix} = \begin{pmatrix} 12 \\ 15 \\ 18 \end{pmatrix}$$

Neutrales Element

Es gibt bezüglich der Addition ein neutrales Element. Die Anforderungen, die ein solches Element zu erfüllen hat, sind denkbar einfach. Addiert man das neutrale Element zu einem Vektor, verändert sich der Vektor nicht. Das neutrale Element ist in diesem Fall der Nullvektor. Es gilt also:

$$\vec{v} + \vec{0} = \vec{v}, \forall \, \vec{v} \in V$$

Der Nullvektor besitzt im dreidimensionalen Raum die Koordinaten $\begin{pmatrix} 0 \\ 0 \\ 0 \end{pmatrix}$. Hier ist natürlich sofort und ohne weiteres Beispiel ersichtlich, dass er die Anforderungen an ein neutrales Element erfüllt.

Inverses Element

Vier Eigenschaften sind nun genannt und erklärt, es fehlt also noch eine, um die erste Etappe auf dem Weg zum Vektorraum absolviert zu haben. Mit dem inversen Element verhält es sich bezüglich der Addition folgendermaßen: Addiert man einen Vektor mit dem inversen Element, erhält man das neutrale Element, den Nullvektor. Es gibt also nicht ein einziges inverses Element, sondern jedes Element der Menge verfügt über ein höchstpersönliches eigenes inverses Element. Für unsere Menge V der Vektoren stellt der jeweilige Gegenvektor das inverse Element dar.

$$\vec{v} + (-\vec{v}) = (-\vec{v}) + \vec{v} = \vec{0}$$

Kommutative Gruppe

Würden wir nun an dieser Stelle innehalten und hätten wir nur die Menge $\mathbb{R}^3$ und die Addition als Verknüpfung, die unsere fünf Bedingungen erfüllt, handelte es sich um eine sogenannte kommutative Gruppe. Eine solche Gruppe wird auch häufig nach dem norwegischen Mathematiker Niels Henrik Abel (1802–29) als Abel'sche Gruppe bezeichnet.

Niels Henrik Abel

Die Multiplikation mit einem Skalar

Nun wollen wir uns daran begeben, aus der Abel'schen Gruppe $(\mathbb{R}^3,+)$ einen Vektorraum zu machen. Dazu müssen wir ihr eine weitere Verknüpfung, die Multiplikation mit einem Skalar, hinzufügen. Auch hier funktioniert aber ein einfaches Hinzufügen nach Art eines Kochrezepts (und jetzt fügen Sie noch eine Multiplikation hinzu und schon ist die Mahlzeit fertig) nicht. Die Verknüpfung muss ein paar Bedingungen erfüllen, sonst wird es nichts mit dem angestrebten Vektorraum.

Schauen wir uns zunächst noch einmal kurz an, wie die Multiplikation eines Skalars α und eines Vektors $\vec{x}$ überhaupt definiert ist. Dazu schreiben wir die Vektoren in Spaltenschreibweise und erhalten:

$$\alpha \cdot \begin{pmatrix} x_1 \\ x_2 \\ x_3 \end{pmatrix} = \begin{pmatrix} \alpha \cdot x_1 \\ \alpha \cdot x_2 \\ \alpha \cdot x_3 \end{pmatrix}$$

Abgeschlossenheit
Auch für diese spezielle Multiplikation ist die Abgeschlossenheit gefordert. Es muss also gelten:

$$\alpha \cdot \vec{v} \in V, \forall \vec{v} \in V \wedge \alpha \in \mathbb{R}$$

Neutrales Element
Ebenso lässt sich bezüglich der Multiplikation eines Vektors mit einem Skalar ein neutrales Element finden:

$$1 \cdot \vec{v} = \vec{v}, \forall \vec{v} \in V$$

Ein Beispiel dürfte an dieser Stelle nicht nötig sein, da sich in diesem Fall die 1 als neutrales Element auch einem ungeübten Mathematiker problemlos allein erschließt.

Assoziativgesetz

Bezüglich der Multiplikation gilt ebenfalls ein Assoziativgesetz, das Sie bereits früher kennengelernt haben. Es lautet:

$$\alpha \cdot (\beta \cdot \vec{v}) = (\alpha \cdot \beta) \cdot \vec{v}, \text{ für } \alpha, \beta \in \mathbb{R} \in \text{ und } \vec{v} \in V$$

Auch hier wieder – wie es schon zur lieben Gewohnheit geworden ist – ein kleines Beispiel zur Erhellung der Tatsachen.

$$2 \cdot \left(3 \cdot \begin{pmatrix} 4 \\ 5 \\ 6 \end{pmatrix} \right) = 2 \cdot \begin{pmatrix} 12 \\ 15 \\ 18 \end{pmatrix} = \begin{pmatrix} 24 \\ 30 \\ 36 \end{pmatrix}$$

$$(2 \cdot 3) \cdot \begin{pmatrix} 4 \\ 5 \\ 6 \end{pmatrix} = 6 \cdot \begin{pmatrix} 4 \\ 5 \\ 6 \end{pmatrix} = \begin{pmatrix} 24 \\ 30 \\ 36 \end{pmatrix}$$

Distributivgesetze

Distributivgesetze sind ähnlich wie Kommutativgesetze und Assoziativgesetze keine Bücher mit sieben Siegeln mehr für Sie. Bei der Multiplikation von Vektoren mit Skalaren kommen zwei Gesetze dieser Art infrage.

$$1. (\alpha + \beta) \cdot \vec{v} = \alpha \cdot \vec{v} + \beta \cdot \vec{v}$$
$$2. \alpha \cdot (\vec{v} + \vec{w}) = \alpha \cdot \vec{v} + \alpha \cdot \vec{w}$$

Hier wollen wir wieder anhand von kurzen Beispielen nachprüfen, ob diese Aussagen auch im praktischen Gebrauch bestehen können.

Sehen wir uns zunächst das erste Distributivgesetz an.

$$(2 + 3) \cdot \begin{pmatrix} 2 \\ 3 \\ 4 \end{pmatrix} = 5 \cdot \begin{pmatrix} 2 \\ 3 \\ 4 \end{pmatrix} = \begin{pmatrix} 10 \\ 15 \\ 20 \end{pmatrix}$$

$$2 \cdot \begin{pmatrix} 2 \\ 3 \\ 4 \end{pmatrix} + 3 \cdot \begin{pmatrix} 2 \\ 3 \\ 4 \end{pmatrix} = \begin{pmatrix} 4 \\ 6 \\ 8 \end{pmatrix} + \begin{pmatrix} 6 \\ 9 \\ 12 \end{pmatrix} = \begin{pmatrix} 10 \\ 15 \\ 20 \end{pmatrix}$$

Angesichts dieses Ergebnisses kann man nicht meckern, da wollen wir unverzüglich zum zweiten Distributivgesetz übergehen.

$$2 \cdot \left(\begin{pmatrix} 2 \\ 3 \\ 4 \end{pmatrix} + \begin{pmatrix} 5 \\ 6 \\ 7 \end{pmatrix} \right) = 2 \cdot \begin{pmatrix} 7 \\ 9 \\ 11 \end{pmatrix} = \begin{pmatrix} 14 \\ 18 \\ 22 \end{pmatrix}$$

$$2 \cdot \begin{pmatrix} 2 \\ 3 \\ 4 \end{pmatrix} + 2 \cdot \begin{pmatrix} 5 \\ 6 \\ 7 \end{pmatrix} = \begin{pmatrix} 4 \\ 6 \\ 8 \end{pmatrix} + \begin{pmatrix} 10 \\ 12 \\ 14 \end{pmatrix} = \begin{pmatrix} 14 \\ 18 \\ 22 \end{pmatrix}$$

Auch hier lassen sich keine Einwände gegen das Ergebnis erheben. Beide Distributivgesetze funktionieren offenbar prächtig.

Wer sich die bisherigen Seiten zu den Vektorräumen aufmerksam durchgelesen hat, wird bemerken, dass wir wieder einmal kurz vor der Entdeckung einer Abel'schen Gruppe stehen. Eine Eigenschaft müsste noch erfüllt sein, dann wäre auch die Multiplikation eines Skalars mit einem Vektor ein solches Konstrukt: die Existenz eines inversen Elements. Je mehr Sie über dieses Element nachdenken, desto klarer dürfte Ihnen werden, warum wir gerade den Konjunktiv gewählt haben, denn ein inverses Element lässt sich für diese Verknüpfung nicht finden.

Ein Vektorraum ist also eine Menge von Vektoren, die bezüglich der Addition eine Abel'sche Gruppe bildet und bezüglich der Multiplikation mit einem Skalar die eben genannten Eigenschaften aufweist.

An dieser Stelle können wir noch einmal kurz auf die Vektoren zu sprechen kommen. Eingangs hatten wir ja bereits festgestellt, dass es deutlich mehr und andere Vektoren gibt als die gerichteten Pfeile, die wir in den vorherigen Kapiteln ausführlich betrachtet haben. Wir können nun sagen, dass alle Elemente einer Menge, die die Kriterien eines Vektorraums erfüllen, Vektoren sind.

Das ist zugegebenermaßen nicht immer leicht einzusehen, daher wollen wir nun anhand eines kleinen Beispiels einen Vektor vorstellen, den wir noch vor Kurzem nie und nimmer für einen Vektor gehalten hätten.

Nehmen wir an, Sie besitzen ein kleines Elektro-Fachgeschäft. Sie führen natürlich genau Buch über Ihre Lagerbestände. Diese Buchführung sieht so aus, dass Sie zunächst die Waren aufführen und daneben die Warenbestände, die Sie jeden Tag im Lager haben. Diese Buchführung könnte dann so aussehen:

$$
\begin{pmatrix}
\text{Fernseher} \\
\text{DVD-Player} \\
\text{Videorekorder} \\
\text{Lautsprechersysteme} \\
\text{Verstärker} \\
\text{CD-Player} \\
\text{Plattenspieler} \\
\text{SAT-Anlagen}
\end{pmatrix}
\begin{pmatrix}
75 \\ 110 \\ 25 \\ 33 \\ 58 \\ 41 \\ 62 \\ 21
\end{pmatrix}
\begin{pmatrix}
70 \\ 108 \\ 22 \\ 30 \\ 57 \\ 41 \\ 61 \\ 19
\end{pmatrix}
\begin{pmatrix}
66 \\ 105 \\ 20 \\ 28 \\ 55 \\ 39 \\ 55 \\ 15
\end{pmatrix}
$$

Die einzelnen 8-Tupel, die Sie hier so schön übersichtlich aufgeführt finden, sehen nicht nur Vektoren ähnlich, sie sind auch Vektoren. Jedes dieser Tupel genügt nämlich den Vektorraumkriterien. So können Sie beispielsweise durch die Subtraktion zweier aufeinanderfolgender Vektoren den Verkauf an einem bestimmten Tag ermitteln.

Auch die weiteren Bedingungen werden, wie Sie leicht nachprüfen können, erfüllt.

Lineare Abbildungen

Im letzten Kapitel haben Sie Vektorräume und ihre Eigenschaften kennengelernt. Aber so ein Vektorraum allein macht den Mathematiker noch nicht glücklich. Er verfügt noch nicht einmal über einen gewissen ästhetischen Wert. Um Vektorräume wirklich interessant zu machen, kommen die sogenannten linearen Abbildungen zwischen den Vektorräumen ins Spiel.

In diesem Kapitel wollen wir uns zunächst vorsichtig an den Begriff der Abbildung herantasten und dann klären, welche Eigenschaften eine Abbildung aufweisen muss, um den Titel „lineare Abbildung" tragen zu dürfen.

Abbildungen in der Geometrie

Im Kapitel über die Geometrie haben wir bereits einige Abbildungen wie Spiegelungen, Drehungen, Verschiebungen oder Streckungen kennengelernt. Dort hatten wir uns aber darauf beschränkt, uns anzusehen, wie derartige Abbildungen konstruiert werden können. Nun werden wir zunächst einmal einen Schritt weitergehen, indem wir für einzelne Abbildungen Abbildungsgleichungen suchen, die die jeweiligen Abbildungen genau beschreiben und so berechenbar machen.

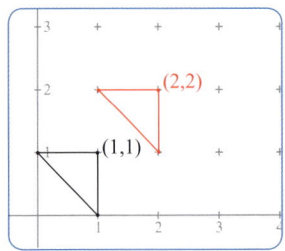

Das Grundprinzip der ganzen Angelegenheit wollen wir Ihnen nun an einem einfachen Beispiel, nämlich der Verschiebung eines Dreiecks, vor Augen führen. Wie Sie der Grafik entnehmen können, befinden sich unser Dreieck und sein verschobenes Pendant (in der Grafik mit roter Farbe dargestellt) in einem Koordinatensystem. Das hat seinen guten Grund, denn nur so ist es möglich, die Lage des verschobenen Dreiecks mithilfe der Abbildungsgleichungen zu bestimmen.

Sehen wir uns nun einmal die drei Eckpunkte des ursprünglichen Dreiecks und diejenigen des verschobenen Dreiecks ein wenig näher an. Dabei interessieren uns natürlich vorwiegend deren Koordinaten. Freundlicherweise haben wir von zwei Punkten die Koordinaten bereits in die Grafik eingetragen. Im ursprünglichen Dreieck hat der Punkt am rechten Winkel die Koordinaten (1;1). Die Koordinaten desselben Punktes im verschobenen Dreieck lauten (2;2). Sieht man sich nur diese beiden Punkte an, könnte man vermuten, dass es in der Gleichung auf eine Verdoppelung der Werte hinausläuft.

Sehen wir uns aber den Punkt mit den Koordinaten (0;1) an und registrieren seine Verschiebung auf die Koordinaten (1;2), zeigt sich schnell, dass die Verdoppelung ein

Holzweg war. Vielmehr dürfte uns eine Addition mit 1 zum Ziel führen. Nehmen wir nun, um Klarheit zu erhalten, auch noch den dritten Punkt hinzu (da ein Dreieck, wie Sie bereits wissen, durch seine drei Eckpunkte eindeutig beschrieben wird, reicht es aus, nur diese drei Punkte zu berechnen). Der dritte Punkt hat die Koordinaten (1;0). Er wird an die Stelle mit den Koordinaten (2;1) verschoben. Auch hier funktioniert unsere Rechenvorschrift, die eine Addition mit 1 vorsieht.

Wir können die Abbildungsgleichungen für diese einfache Abbildung also folgendermaßen formulieren:

$$\begin{cases} x' = x + 1 \\ y' = y + 1 \end{cases}$$

Dabei stellen x' und y' die Koordinaten der verschobenen Punkte dar. Sie werden auch häufig als Bildpunkte bezeichnet. In einem solchen Fall tragen x und y dann die Bezeichnung Urbildkoordinaten.

Dass Abbildungsgleichungen nicht immer ganz so einfach aussehen wie in unserem ersten Beispiel, wollen wir Ihnen nun zeigen. Die Abbildung, mit der wir uns jetzt beschäftigen möchten, ist eine Drehung. Gedreht werden soll wiederum ein kleines rechtwinkliges Dreieck, und zwar um einen Winkel von 230 Grad um den Ursprung des Koordinatensystems (um die Drehung besser zu veranschaulichen, haben wir den „Weg", den die einzelnen Punkte während der Drehung genommen haben, mit gestrichelten Linien eingezeichnet). Wie diese Drehung genau aussieht, können Sie der Grafik entnehmen. Das gedrehte Dreieck ist wiederum in roter Farbe eingezeichnet.

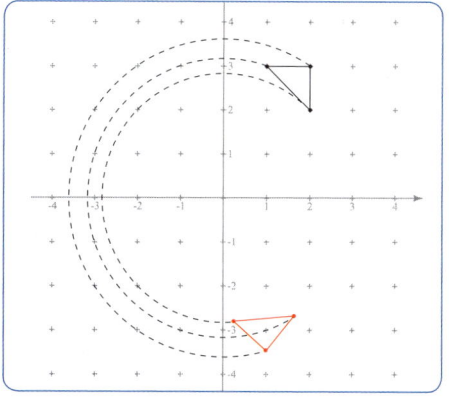

Drehung um 230° um den Ursprung

Die Abbildungsgleichungen lauten in diesem Fall:

$$\begin{cases} x' = \cos(\alpha) \cdot x - \sin(\alpha) \cdot y \\ y' = \sin(\alpha) \cdot x + \cos(\alpha) \cdot y \end{cases}$$

Sie sehen, Gleichungen dieser Art können nahezu beliebig kompliziert werden. In diesem Beispiel wollen wir uns die Herleitung sparen, denn in der mathematischen Praxis sind zumeist die Abbildungsgleichungen gegeben und die Aufgabe des Mathematikers besteht darin, die zugehörige Abbildung zu erklären.

Der König auf der Spielkarte ist gedreht.

Grundsätzliches zu Abbildungen

Nachdem wir uns nun zwei konkrete Abbildungen angesehen haben, wollen wir – wie es in der Mathematik und auch in diesem Buch häufig getan wird – ein wenig grundsätzlicher werden und uns ein paar allgemeine Gedanken über Abbildungen machen.

Sehen wir uns hierzu zunächst einmal die Definition des Begriffs Abbildung an:

> Eine Abbildung f von einer Menge A in einer Menge B ist eine Vorschrift, die jedem $a \in A$ eindeutig ein bestimmtes $b = f(a) \in B$ zuordnet.

Zweifelsohne wird es nun nötig sein, diese Definition ein wenig auseinanderzunehmen, um sie schließlich ganz verstehen zu können. Fangen wir also an:

Zunächst einmal haben wir es bei Abbildungen also mit zwei Mengen zu tun, deren Elemente in irgendeiner Weise miteinander verknüpft sind. Wie diese Verknüpfung aussieht, wird letztlich durch die Abbildung bestimmt. Sie ist also so etwas wie eine Verknüpfungsvorschrift. Wie das Ganze bildlich dargestellt aussehen kann, zeigt Ihnen die nebenstehende Grafik.

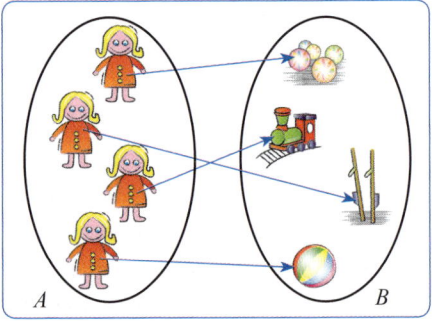

Bleiben wir noch kurz bei den Verknüpfungsvorschriften. Eine solche Vorschrift könnte zum Beispiel lauten: B ist Teiler von A. Dann könnte ein Element in Menge

B beispielsweise die 2 sein, sein Bild in Menge A wäre dann die 4. Aber auch $x' = \cos(\alpha) \cdot x - \sin(\alpha) \cdot y$ stellt nichts weiter als eine Verknüpfungsvorschrift dar – auch wenn sie deutlich komplizierter ausfällt als in unserem ersten Beispiel.

Die Elemente aus der Menge B werden dabei als Bilder der Elemente aus Menge A bezeichnet. Diese wiederum heißen Urbilder der Elemente aus Menge B.

Schreibweisen

Im Zusammenhang mit Abbildungen gibt es ein paar Schreibweisen, die Sie sich merken sollten.

> Man schreibt für eine Abbildung f von einer Menge A in eine Menge B auch kurz $f : A \rightarrow B$. Für die Zuordnung der einzelnen Elemente der beiden Mengen verwendet man die Schreibweise $a \rightarrow b = f(a)$.

Verschiedene Abbildungen

Wenn Sie sich mit Abbildungen beschäftigen, werden Sie früher oder später unweigerlich über die Begriffe injektiv, surjektiv und bijektiv stolpern. Was sich dahinter verbirgt, wollen wir Ihnen abschließend noch kurz erläutern.

> Eine Abbildung $f : A \rightarrow B$ zwischen zwei Mengen A und B heißt injektiv, wenn gilt: $f(a) \neq f(a'), \ \forall \, a, a' \in A$ mit $a \neq a'$

Mit anderen Worten: Bei einer injektiven Abbildung hat kein Element aus B mehr als ein Urbild. Das bedeutet aber nicht, dass jedes Element aus B unbedingt ein Urbild haben muss. Wichtig ist lediglich, dass bei jedem Element aus B höchstens ein Pfeil ankommen darf.

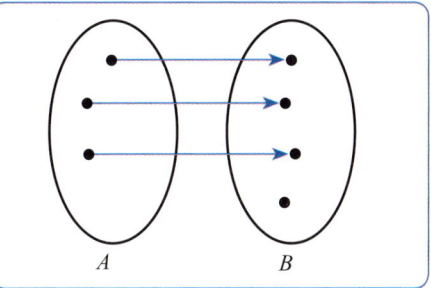

Eine Abbildung $f : A \to B$ zwischen zwei Mengen A und B heißt surjektiv, wenn gilt:

Für jedes $b \in B$ gibt es mindestens ein $a \in A$ mit $f(a) = b$.

Auch hier kann ein bisschen Prosa nicht schaden. Eine Abbildung ist also dann surjektiv, wenn bei jedem Element aus B mindestens ein Pfeil ankommt. Es darf also nicht, wie in unserer Grafik zur Erklärung der injektiven Abbildung, ein Element aus B einsam und allein in der Menge vor sich hin dümpeln, ohne eine Verbindung zur Menge A vorweisen zu können.

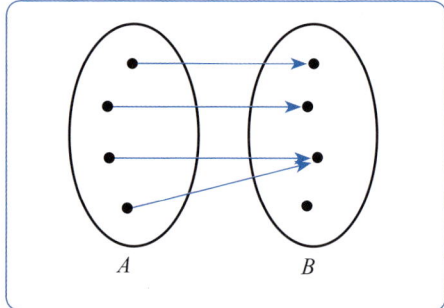

Eine Abbildung $f : A \to B$ zwischen zwei Mengen A und B heißt bijektiv, wenn sie sowohl injektiv als auch surjektiv ist.

Übersetzt in die Alltagssprache bedeutet das: Bei einer bijektiven Abbildung ist jedem Element aus A genau ein Element aus B zugeordnet und umgekehrt. Dabei darf in keiner der beiden Mengen ein Element übrig bleiben.

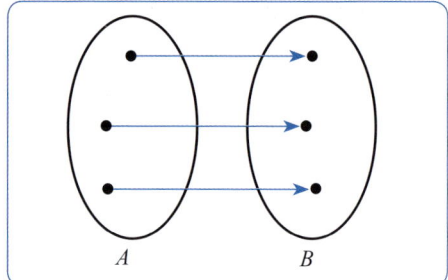

Lineare Abbildungen

Nun können Sie sich bereits ein recht gutes Bild davon machen, was sich der Mathematiker unter einer Abbildung vorstellt, und welche verschiedenen Arten von Abbildungen es gibt. Wieder einmal ist aber die Zeit gekommen, um einen weiteren Schritt nach vorne zu unternehmen. Das heißt in diesem Fall, dass wir Ihnen jetzt die linearen Abbildungen vorstellen möchten.

Bei den Abbildungen, die wir bisher behandelt haben, spielten stets die beiden Mengen A und B eine Rolle. An die Stelle dieser „normalen" Mengen treten bei den linearen Abbildungen nun Vektorräume. Entsprechend bildet die Abbildung $f: V \to W$ zwei Vektoren aufeinander ab. Damit haben wir eine wichtige Grundlage für lineare Abbildungen geschaffen. Nun wollen wir uns einmal die genaue Definition dieser speziellen Abbildungen anschauen.

> V und W seien Vektorräume und $f: V \to W$ eine Abbildung. Dann heißt f lineare Abbildung, wenn sie die folgenden Bedingungen erfüllt:
> 1) $f(v_1 + v_2) = f(v_1) + f(v_2)$, $\forall\, v_1, v_2 \in V$
> Man nennt diese Eigenschaft auch Additivität der Abbildung.
> 2) $s \cdot f(v) = f(s \cdot v)$, $\forall\, s \in \mathsf{R}, v \in V$
> Diese Eigenschaft wird auch mit dem Begriff Homogenität bezeichnet.

Für lineare Abbildungen ist noch ein anderer Name gebräuchlich. In der Mathematik werden sie auch als Homomorphismen bezeichnet. Es kann durchaus von Vorteil sein, sich diesen Ausdruck zu merken, wie Sie gleich sehen werden. Wenn Sie nämlich nun die Menge aller linearen Abbildungen von Vektorraum V nach Vektorraum W bilden, so gibt es dafür eine besondere Abkürzung. Man schreibt dann $Hom(V,W)$.

Wir haben im letzten Kapitel verschiedene Abbildungen voneinander unterschieden. Auch bezüglich der linearen Abbildungen trifft der Mathematiker einige Unterscheidungen, die wir Ihnen nun kurz nennen wollen:

> 1) Eine injektive Abbildung f aus $Hom(V,W)$ nennt man Monomorphismus.
> 2) Eine surjektive Abbildung f aus $Hom(V,W)$ nennt man Epimorphismus.
> 3) Eine bijektive Abbildung f aus $Hom(V,W)$ nennt man Isomorphismus.

Bis hierhin unterscheiden sich die linearen Abbildungen nicht besonders von den Abbildungen, die Sie im vorigen Kapitel kennengelernt haben.

Doch nun kommen noch zwei weitere Fälle hinzu, die es so nur bei den linearen Abbildungen gibt:

> 4) Wenn eine Abbildung ein Element aus dem Vektorraum V wiederum auf ein anderes Element aus dem Vektorraum V abbildet, also f aus $Hom(V,V)$ ist, bezeichnet man diese als Endomorphismus. Man schreibt dann auch $End(V)$.
>
> 5) Eine Abbildung f aus $End(V)$ nennt man Automorphismus, vorausgesetzt f ist bijektiv. Die Menge aller Automorphismen aus $End(V)$ bezeichnet man mit $Aut(V)$.

Was sind eigentlich Vektorgrafiken?

Wenn Sie sich auch nur ein wenig mit Computergrafik beschäftigt haben, werden Sie sicherlich schon über die Begriffe Pixelgrafik und Vektorgrafik gestolpert sein.

Wenden wir uns zunächst kurz der Pixelgrafik zu (weil sie so schön einfach zu erklären ist). Dabei handelt es sich um Grafiken, die aus einzelnen Bildpunkten, den sogenannten Pixeln, zusammengesetzt sind. Um ein solches Bild zu speichern, müssen also die Informationen eines jeden Pixels (seine Lage und sein Farbwert) gespeichert werden. Deshalb kann so eine Datei bisweilen ziemlich groß werden.

Bei Vektorgrafiken verhält es sich ganz anders. Hier liegen die Informationen über das Aussehen der Grafik in Form von mathematischen Beschreibungen der Positionen, Entfernungen, Richtungen und Krümmungen vor. Ein Kreis wird dann beispielsweise über die Position seines Mittelpunkts und seinen Radius definiert. Darüber hinaus enthalten die Grafiken noch Informationen über Farben, Füllungen und Füllmuster bestimmter Formen. Auf diese Weise werden zur exakten Beschreibung einer Grafik also deutlich weniger Informationen benötigt, die Dateigröße wird beim Speichern geringer. Ein weiterer Vorteil dieses Verfahrens liegt darin, dass sich Vektorgrafiken beliebig vergrößern lassen, ohne dabei qualitative Einbußen verzeichnen zu müssen. Allerdings sind der Technologie auch Grenzen gesetzt: Fotos lassen sich so nicht beschreiben.

Vektorgrafiken lassen sich nach Belieben vergrößern, ohne an Qualität einzubüßen.

Matrizen

In diesem Kapitel soll es nun um ganz besondere Zahlentabellen gehen, die sogenannten Matrizen. Sie werden sehen, dass man sich an diese speziellen Tabellen zwar erst einmal gewöhnen muss, aber dann aus ihnen durchaus einen großen Nutzen ziehen kann. Mit ihrer Hilfe lassen sich nämlich Gleichungssysteme mit mehreren Unbekannten vergleichsweise einfach und elegant lösen.

Aber bevor wir uns unsere erste Matrix einmal ganz genau anschauen, wollen wir uns eine ganz besondere Abbildung zu Gemüte führen. Diese Abbildung ist folgendermaßen definiert:

$f: \mathsf{R}^3 \to \mathsf{R}^3, x \to f(x)$ mit $f(1,0,0) = (1,0,0), f(0,1,0) = (2,1,0), f(0,0,1) = (0,2,1)$

Diese Abbildung weist also drei Basisvektoren des R^3 jeweils ein Bild zu. Damit ist die Abbildung eindeutig definiert. Für einen beliebigen Vektor (x_1, x_2, x_3) gilt dann:

$$f\begin{pmatrix} x_1 \\ x_2 \\ x_3 \end{pmatrix} = x_1 \cdot f\begin{pmatrix} 1 \\ 0 \\ 0 \end{pmatrix} + x_2 \cdot f\begin{pmatrix} 0 \\ 1 \\ 0 \end{pmatrix} + x_3 \cdot f\begin{pmatrix} 0 \\ 0 \\ 1 \end{pmatrix}$$

$$= x_1 \cdot \begin{pmatrix} 1 \\ 0 \\ 0 \end{pmatrix} + x_2 \cdot \begin{pmatrix} 2 \\ 1 \\ 0 \end{pmatrix} + x_3 \cdot \begin{pmatrix} 0 \\ 2 \\ 1 \end{pmatrix}$$

$$= \begin{pmatrix} x_1 + 2 \cdot x_2 \\ x_2 + 2 \cdot x_3 \\ x_3 \end{pmatrix}$$

Warum machen wir uns aber nun diese Mühe? Ganz einfach, man kann diese Abbildung nämlich auch sehr schön als Matrix darstellen. Wir wollen diese Matrix mit dem Buchstaben A bezeichnen. Unsere Multiplikation mit dem Vektor (x_1, x_2, x_3) sieht dann so aus:

$$\begin{pmatrix} 1 & 2 & 0 \\ 0 & 1 & 2 \\ 0 & 0 & 1 \end{pmatrix} \cdot \begin{pmatrix} x_1 \\ x_2 \\ x_3 \end{pmatrix}$$

Man kann hier schon erahnen, dass Matrizen durchaus zur Übersichtlichkeit und Vereinfachung komplizierterer Ausdrücke beitragen können. Dieses konkrete Beispiel möchten wir an dieser Stelle allerdings verlassen und uns zunächst einigen allgemeinen Betrachtungen über Matrizen zuwenden.

Grundlegendes zu Matrizen

Wie so oft in der Mathematik, steht auch hier am Anfang zunächst einmal eine Definition. Sehen wir uns also an, was der Mathematiker unter einer Matrix versteht:

> Bei einer Matrix handelt es sich um ein rechteckiges Zahlenschema. Sie setzt sich aus waagerecht verlaufenden Zeilen und senkrecht verlaufenden Spalten zusammen.

Die Matrix besteht aus reellen Zahlen, die man Elemente der Matrix nennt. Sie wird in runde Klammern geschrieben und mit einem Großbuchstaben bezeichnet. Die Elemente einer Matrix kennzeichnet man mit kleinen Buchstaben, deren Indizes anzeigen, in welcher Zeile und welcher Spalte der Matrix sich das jeweilige Element befindet. Haben wir also beispielsweise eine Matrix A vorliegen, so werden ihre Elemente mit a_{11}, a_{12}, a_{21}, $a_{22} \ldots$ benannt.

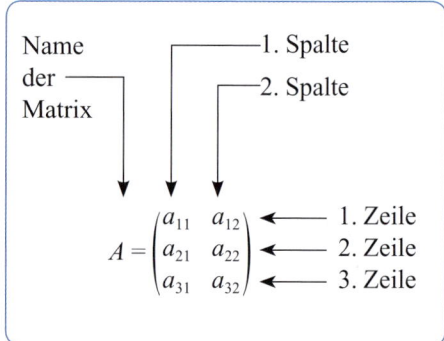

Um eine Matrix zu beschreiben, gibt es auch noch kürzere Schreibweisen. So gibt der Ausdruck $A = (a_{ik})$ mit $1 < i < 3$ und $1 < k < 2$ kurz und bündig über die Gestalt der Matrix aus unserem Beispiel Auskunft. Aber es geht sogar noch kürzer. Man kann auch $A = (a_{ik})_{(3,2)}$ schreiben.

> Allgemein lässt sich also jede Matrix mit m Zeilen und n Spalten nach dem folgenden Muster beschreiben: $A = (a_{ik})_{(m,n)}$.

Die Anzahl der Zeilen und Spalten einer Matrix bestimmt auch ihren Typ. So nennt man eine Matrix mit m Zeilen und n Spalten eine Matrix vom Typ (m,n). Die Matrix in unserem oben genannten Beispiel ist also vom Typ $(3,2)$.

Man bezeichnet die Zeilen einer Matrix auch als Zeilenvektoren und analog dazu dann natürlich die Spalten als Spaltenvektoren. In unserem Beispiel haben wir es also mit drei Zeilenvektoren und zwei Spaltenvektoren zu tun.

Die Zeilenvektoren sind:

1. Zeilenvektor: (a_{11}, a_{12})
2. Zeilenvektor: (a_{21}, a_{22})
3. Zeilenvektor: (a_{31}, a_{32})

Die Spaltenvektoren sind:

1. Spaltenvektor: (a_{11}, a_{21}, a_{31})
2. Spaltenvektor: (a_{12}, a_{22}, a_{32})

Besondere Matrizen

Sie wissen nun bereits recht gut, wie eine Matrix aussieht, welche Elemente sie hat und wie sie bezeichnet wird. Nun wollen wir uns um einige ganz spezielle Matrizen, die jeweils eigene Namen tragen, kümmern.

Eine Matrix, die nur aus einer einzigen Zeile besteht, also die Form $A = (a_{11}, a_{12}, a_{13}, a_{14}, \ldots)$ hat, nennt man – wer hätte das gedacht – Zeilenmatrix.

Nun ist es natürlich sicherlich nicht besonders schwer, sich vorzustellen, welche Gestalt eine sogenannte Spaltenmatrix haben mag. Richtig, dabei handelt es sich um eine Matrix, die aus nur einer einzigen Spalte besteht. Sie hat dann die Form

$$B = \begin{pmatrix} b_{11} \\ b_{21} \\ b_{31} \\ \cdots \end{pmatrix}$$

Weiter geht es mit noch einer besonderen Form der Matrix, die man Nullmatrix nennt. Auch hier benötigt man kein tief greifendes mathematisches Verständnis, um eine Ahnung davon zu erhalten, wie eine solche Matrix beschaffen sein könnte. Eine Nullmatrix ist eine Matrix, die ausschließlich aus Nullen besteht. Unsere Grafik zeigt beispielsweise eine Nullmatrix vom Typ (3,4).

$$\begin{pmatrix} 0 & 0 & 0 & 0 \\ 0 & 0 & 0 & 0 \\ 0 & 0 & 0 & 0 \end{pmatrix}$$

Als nächste spezielle Form der Matrix wollen wir Ihnen die quadratische Matrix vorstellen. Auch hier lässt der Name wenig Spielraum für Phantasie. Eine quadratische Matrix ist natürlich eine Matrix mit der gleichen Anzahl an Zeilen und Spalten. Man sagt in diesem

Hauptdiagonale   Nebendiagonale

$$A = \begin{pmatrix} a_{11} & a_{12} & a_{13} \\ a_{21} & a_{22} & a_{23} \\ a_{31} & a_{32} & a_{33} \end{pmatrix}$$

Fall auch, die Matrix ist vom Typ (m,m). Damit ist dieses Thema aber noch nicht ganz abgehandelt. Eine quadratische Matrix verfügt nämlich über zwei wichtige Diagonalen: die Hauptdiagonale und die Nebendiagonale. Wie Sie der Grafik entnehmen können, beginnt die Hauptdiagonale oben links und endet unten rechts in der Matrix, die Nebendiagonale verläuft von oben rechts nach unten links. Die beiden Diagonalen sollten Sie auf jeden Fall im Kopf behalten, wir werden später noch häufiger mit ihnen zu tun haben.

Von den quadratischen Matrizen gibt es eine ganze Reihe von Spezialfällen, die wir Ihnen nun kurz vorstellen wollen.

Einen Spezialfall der quadratischen Matrix stellt die Diagonalmatrix dar. Bei ihr sind alle Elemente, die nicht auf der Hauptdiagonalen liegen, null, wie die Grafik sehr schön zeigt. Nun könnte man sich ja vorstellen, dass alle Elemente auf der Hauptdiagonalen gleich eins sind. Das

$$A = \begin{pmatrix} a_{11} & 0 & 0 \\ 0 & a_{22} & 0 \\ 0 & 0 & a_{33} \end{pmatrix}$$

haben vor uns auch schon andere Mathematiker getan und für eine solche Matrix sogar einen eigenen Namen gefunden: Einheitsmatrix.

Mit quadratischen Matrizen lässt sich aber noch viel mehr anstellen. Nun wollen wir uns um zwei weitere Sonderfälle kümmern, die obere und die untere Dreiecksmatrix.

Bei der oberen Dreiecksmatrix sind alle Elemente unterhalb der Hauptdiagonale null. Wir haben es also sozusagen mit einer in zwei Dreiecke geteilten Matrix zu tun.

$$A = \begin{pmatrix} a_{11} & a_{12} & a_{13} \\ 0 & a_{22} & a_{23} \\ 0 & 0 & a_{33} \end{pmatrix}$$

Bei der unteren Dreiecksmatrix haben wir es, auch das ist nun nicht mehr schwer zu erraten, mit genau umgekehrten Verhältnissen zu tun. Hier sind dann alle Elemente oberhalb der Hauptdiagonalen null.

$$A = \begin{pmatrix} a_{11} & 0 & 0 \\ a_{21} & a_{22} & 0 \\ a_{31} & a_{32} & a_{33} \end{pmatrix}$$

Als Nächstes sollen Sie die symmetrischen Matrizen kennenlernen. Darunter versteht man Matrizen, bei denen alle Elemente spiegelbildlich zur Hauptdiagonalen angeordnet sind.

Man kann diesen Sachverhalt auch als Formel ausdrücken.

$a_{ik} = a_{ki}$

Um diese spezielle Form der Matrix ein wenig verständlicher zu machen, wollen wir Ihnen nun ein kleines konkretes Zahlenbeispiel zeigen.

$$\begin{pmatrix} 15 & 23 & 12 \\ 23 & 11 & 14 \\ 12 & 14 & 17 \end{pmatrix}$$

Verändern wir nun die Matrix ein wenig:

$$\begin{pmatrix} 0 & 23 & 12 \\ -23 & 0 & 14 \\ -12 & -14 & 0 \end{pmatrix}$$

Was ist geschehen? Wir haben die Elemente auf der Hauptdiagonalen gleich null gesetzt. Die Elemente, die an der Hauptdiagonalen gespiegelt werden, sind nun nur noch vom Betrag her gleich, weisen aber unterschiedliche Vorzeichen auf. Auch für Matrizen dieser Art gibt es einen besonderen Namen. Sie werden schiefsymmetrisch genannt. Auch ihre Form lässt sich in einer einfachen Formel zusammenfassen:

$a_{ik} = -a_{ki}$

Gleiche und transponierte Matrizen

Nun kennen Sie fast alle Grundlagen und wir können bald zum Rechnen mit Matrizen übergehen. Vorher wollen wir aber noch zwei Punkte ansprechen. Wann sind zwei Matrizen gleich und was versteht man unter einer transponierten Matrix?

Die erste Frage lässt sich wiederum sehr einfach beantworten. Zwei Bedingungen müssen gegeben sein, damit zwei Matrizen gleich sind:

> Zwei Matrizen sind gleich, wenn
> 1) die beiden Matrizen vom gleichen Typ sind und
> 2) die beiden Matrizen in jedem Element übereinstimmen.
> Es gilt dann also $a_{ik} = b_{ik}$.

Etwas mehr Aufmerksamkeit erfordert das Transponieren in einer Matrix. Was versteht man darunter?

> Wenn man die Zeilen und Spalten einer Matrix A vertauscht, heißt die neu entstandene Matrix „Transponierte der Matrix A". Man schreibt hierfür auch kurz A^T.

Auch hier ist ein Beispiel zur Erklärung sicherlich hilfreich. Nehmen wir die folgende Matrix vom Typ (3,2):

$$A = \begin{pmatrix} 7 & 4 \\ 1 & 9 \\ 3 & 0 \end{pmatrix}$$

Nun vertauschen wir die Zeilen und Spalten und erhalten eine Matrix A^T vom Typ (2,3):

$$A^T = \begin{pmatrix} 7 & 1 & 3 \\ 4 & 9 & 0 \end{pmatrix}$$

Zu den transponierten Matrizen lassen sich auf dieser Grundlage nun drei allgemeine Aussagen treffen:

> 1) Ist eine Matrix A vom Typ (m,n), so ist die transponierte Matrix A^T vom Typ (n,m).
> 2) Die Elemente einer Matrix A und der transponierten Matrix A^T stehen im folgenden Verhältnis zueinander: $a_{ik} = a_{ki}^T$
> 3) Transponiert man eine Matrix A zweimal, erhält man wieder die ursprüngliche Matrix. Es gilt also: $(A^T)^T = A$

Rechnen mit Matrizen

Matrizen stellen nicht nur eine recht übersichtliche Form zur Darstellung von Abbildungen dar, man kann mit ihnen noch wesentlich mehr anfangen. Beispielsweise ist es möglich, diverse Rechenoperationen mit Matrizen auszuführen. Wie das funktioniert, wollen wir Ihnen nun zeigen.

Addition von Matrizen

Die Addition zweier Matrizen ist im Grunde genommen eine recht einfache Operation. Um sie durchführen zu können, muss jedoch eine Voraussetzung unbedingt erfüllt sein: Die beiden Matrizen, die Sie addieren möchten, müssen vom gleichen Typ sein.

> Bei der Addition zweier Matrizen werden die Elemente mit den jeweils gleichen Indizes addiert.

Sieht man sich diese Definition an, wird auch klar, warum die beiden Matrizen vom gleichen Typ sein müssen. Man kann schließlich nur dann alle Elemente in die Addition einbeziehen, wenn die Matrizen die gleiche Anzahl an Zeilen und Spalten aufweisen. Es wäre hier nicht zulässig, die fehlenden Elemente in einer kleineren Matrix einfach mit Nullen aufzufüllen.

Allgemein dargestellt sieht die Addition zweier Matrizen also so aus:

$$\begin{pmatrix} a_{11} & a_{12} \\ a_{21} & a_{22} \\ a_{31} & a_{32} \end{pmatrix} + \begin{pmatrix} b_{11} & b_{12} \\ b_{21} & b_{22} \\ b_{31} & b_{32} \end{pmatrix} = \begin{pmatrix} a_{11}+b_{11} & a_{12}+b_{12} \\ a_{21}+b_{21} & a_{22}+b_{22} \\ a_{31}+b_{31} & a_{32}+b_{32} \end{pmatrix}$$

Allgemeine Darstellung der Matrizenaddition

Damit Sie sich diese Operation noch ein wenig besser vorstellen können, wollen wir Ihnen nun noch ein konkretes Beispiel vorführen.

$$\begin{pmatrix} 1 & 2 \\ 3 & 4 \\ 5 & 6 \end{pmatrix} + \begin{pmatrix} 7 & 8 \\ 9 & 8 \\ 7 & 6 \end{pmatrix} = \begin{pmatrix} 1+7 & 2+8 \\ 3+9 & 4+8 \\ 5+7 & 6+6 \end{pmatrix} = \begin{pmatrix} 8 & 10 \\ 12 & 12 \\ 12 & 12 \end{pmatrix}$$

Die Gesetzmäßigkeiten, die Sie schon bei anderen Additionen kennengelernt haben, gelten auch in diesem Fall.

> Kommutativgesetz: $A + B = B + A$
> Assoziativgesetz: $A + (B + C) = (A + B) + C$

Subtraktion von Matrizen

Wenn Sie die Addition von Matrizen verstanden haben, werden Sie mit ihrer Subtraktion keine Probleme haben, denn die Vorgehensweise ist dabei analog. Auch die Grundvoraussetzung unterscheidet sich nicht, beide Matrizen müssen auch hier vom gleichen Typ sein.

> Bei der Subtraktion zweier Matrizen werden die Elemente mit den jeweils gleichen Indizes subtrahiert.

Auch hier wollen wir Ihnen zunächst die allgemeine Darstellung dieser Operation zeigen.

$$\begin{pmatrix} a_{11} & a_{12} \\ a_{21} & a_{22} \\ a_{31} & a_{32} \end{pmatrix} - \begin{pmatrix} b_{11} & b_{12} \\ b_{21} & b_{22} \\ b_{31} & b_{32} \end{pmatrix} = \begin{pmatrix} a_{11} - b_{11} & a_{12} - b_{12} \\ a_{21} - b_{21} & a_{22} - b_{22} \\ a_{31} - b_{31} & a_{32} - b_{32} \end{pmatrix}$$

Allgemeine Darstellung der Matrizensubtraktion

Und nun folgt wieder ein kurzes praktisches Beispiel, um Ihnen die Subtraktion zweier Matrizen noch einmal ganz deutlich zu machen.

$$\begin{pmatrix} 9 & 8 \\ 8 & 7 \\ 7 & 6 \end{pmatrix} - \begin{pmatrix} 5 & 4 \\ 4 & 3 \\ 3 & 2 \end{pmatrix} = \begin{pmatrix} 9-5 & 8-4 \\ 8-4 & 7-3 \\ 7-3 & 6-2 \end{pmatrix} = \begin{pmatrix} 4 & 4 \\ 4 & 4 \\ 4 & 4 \end{pmatrix}$$

Irgendwelche Gesetzmäßigkeiten, wie beispielsweise das Kommutativgesetz oder Assoziativgesetz, gelten für die Subtraktion von Matrizen nicht.

Multiplikation einer Matrix mit einem Skalar

Die Elemente einer Matrix sind, wie Sie ja wissen, reelle Zahlen. Da wundert es also nicht, dass man Matrizen auch mit einer reellen Zahl, einem Skalar also, multiplizieren kann. Da Sie die Regeln für die Addition und Subtraktion zweier Matrizen bereits kennen, wird es Ihnen nicht schwerfallen, die Regeln für die Multiplikation einer Matrix mit einem Skalar zu verstehen.

> Bei der Multiplikation einer Matrix mit einem Skalar α wird jedes einzelne Element der Matrix mit dem Skalar α multipliziert.

Wirklich überrascht dürften Sie von dieser Definition bestimmt nicht sein. Wir werden jetzt auch diese Rechenvorschriften einmal in allgemeiner Form darstellen.

$$\alpha \cdot \begin{pmatrix} a_{11} & a_{12} \\ a_{21} & a_{22} \\ a_{31} & a_{32} \end{pmatrix} = \begin{pmatrix} \alpha a_{11} & \alpha a_{12} \\ \alpha a_{21} & \alpha a_{22} \\ \alpha a_{31} & \alpha a_{32} \end{pmatrix}$$

Allgemeine Darstellung der Multiplikation einer Matrix mit einem Skalar

Das folgende Beispiel zeigt, wie diese Rechenoperation in der Praxis aussieht.

$$9 \cdot \begin{pmatrix} 8 & 7 \\ 6 & 5 \\ 4 & 3 \end{pmatrix} = \begin{pmatrix} 9 \cdot 8 & 9 \cdot 7 \\ 9 \cdot 6 & 9 \cdot 5 \\ 9 \cdot 4 & 9 \cdot 3 \end{pmatrix} = \begin{pmatrix} 72 & 63 \\ 54 & 45 \\ 36 & 27 \end{pmatrix}$$

Wenn Sie sich das Beispiel bzw. die allgemeine Darstellung der Multiplikation einmal von rechts nach links anschauen, erkennen Sie, dass Sie einen Faktor α, der in allen Elementen der Matrix enthalten ist (in unserem Beispiel also die 9), vor die Matrix ziehen dürfen.

Im Zusammenhang mit der Matrix-Skalar-Multiplikation gelten wiederum einige Rechengesetze, die wir Ihnen nun kurz vorstellen möchten:

> Assoziativgesetz:
> $$\alpha_1 \cdot (\alpha_2 \cdot A) = (\alpha_1 \cdot \alpha_2) \cdot A$$
> Distributivgesetze:
> $$(\alpha_1 + \alpha_2) \cdot A = \alpha_1 \cdot A + \alpha_2 \cdot A$$
> $$\alpha_1 \cdot (A + B) = \alpha_1 \cdot A + \alpha_2 \cdot B$$

Multiplikation zweier Matrizen

Bislang stellte uns das Rechnen mit Matrizen vor keine überragenden Probleme, jetzt allerdings geht es ein wenig mehr ans Eingemachte. Zunächst einmal wollen wir Ihnen die Definition liefern, die die Regeln für die Multiplikation zweier Matrizen festschreibt. Auf den ersten Blick wird Sie diese Definition vielleicht nicht unbedingt fröhlich stimmen, aber keine Angst, wir sorgen schnell dafür, dass Ihre gute Laune zurückkehrt.

> Die Multiplikation einer Matrix A (a_{ik}) mit einer Matrix B (b_{ik}) hat als Ergebnis eine weitere Matrix, die wir mit dem Buchstaben C (c_{ik}) bezeichnen wollen. Dabei werden die Elemente (c_{ik}) dieser Ergebnismatrix folgendermaßen gebildet:
> Das Element (c_{ik}) ist das Skalarprodukt des i-ten Zeilenvektors der Matrix A mit dem k-ten Spaltenvektor der Matrix B.

Sehen wir uns das zunächst einmal wieder, wie bereits gewohnt, in der allgemeinen Darstellung an.

Setzen wir also den ersten Teil der Definition in eine allgemeine Formel um. Wir erhalten:

$$\begin{pmatrix} a_{11} & a_{12} \\ a_{21} & a_{22} \\ a_{31} & a_{32} \end{pmatrix} \cdot \begin{pmatrix} b_{11} & b_{12} \\ b_{21} & b_{22} \end{pmatrix} = \begin{pmatrix} c_{11} & c_{12} \\ c_{21} & c_{22} \\ c_{31} & c_{32} \end{pmatrix}$$

Sie werden vielleicht ein wenig erstaunt feststellen, dass die Matrix C auch vom Typ (3,2) ist. Warum dies so ist, werden Sie verstehen, wenn wir uns noch ein wenig näher mit der Multiplikation und hier insbesondere mit dem Ermitteln der Elemente von C beschäftigt haben. Und genau das wollen wir nun tun.

Sehen wir uns zunächst einmal an, wie das Element c_{11} berechnet wird. Laut Definition handelt es sich dabei ja um das Skalarprodukt aus dem 1. Zeilenvektor der Matrix A und dem 1. Spaltenvektor der Matrix B, also:

$c_{11} = (a_{11}, a_{12}) \cdot (b_{11}, b_{21}) = a_{11}b_{11} + a_{12}b_{21}$

Auf dieselbe Weise können Sie nun die restlichen Elemente berechnen. Als Ergebnis erhalten Sie dann:

$$\begin{pmatrix} a_{11} & a_{12} \\ a_{21} & a_{22} \\ a_{31} & a_{32} \end{pmatrix} \cdot \begin{pmatrix} b_{11} & b_{12} \\ b_{21} & b_{22} \end{pmatrix} = \begin{pmatrix} a_{11}b_{11} + a_{12}b_{21} & a_{11}b_{12} + a_{12}b_{22} \\ a_{21}b_{11} + a_{22}b_{21} & a_{21}b_{12} + a_{22}b_{22} \\ a_{31}b_{11} + a_{32}b_{21} & a_{31}b_{12} + a_{32}b_{22} \end{pmatrix}$$

Weil wir, um die Elemente der Matrix C zu berechnen, die Zeilenvektoren der Matrix A und die Spaltenvektoren der Matrix B benötigen, muss die Matrix C ebenso viele Zeilen wie Matrix A und ebenso viele Spalten wie die Matrix B enthalten. Man drückt diesen Sachverhalt auch so aus:

> Ist die Matrix A vom Typ (m, n) und die Matrix B vom Typ (n, r), so ist die Matrix C vom Typ (m, r).

Damit Sie zwei Matrizen überhaupt miteinander multiplizieren können, muss eine wichtige Voraussetzung erfüllt sein.

> Das Matrizenprodukt $A \cdot B$ ist nur definiert, wenn die Spaltenzahl der Matrix A mit der Zeilenzahl der Matrix B übereinstimmt.

Warum das so sein muss, lässt sich leicht an einem kleinen Beispiel erklären. Stellen wir uns nur einmal kurz vor, die folgende Multiplikation wäre möglich (ist sie aber wohlgemerkt nicht!):

$$\begin{pmatrix} a_{11} & a_{12} \\ a_{21} & a_{22} \\ a_{31} & a_{32} \end{pmatrix} \cdot \begin{pmatrix} b_{11} & b_{12} \\ b_{21} & b_{22} \\ b_{31} & b_{32} \end{pmatrix} = \begin{pmatrix} c_{11} & c_{12} \\ c_{21} & c_{22} \\ c_{31} & c_{32} \end{pmatrix}$$

Auch hier wollen wir wieder das Element c_{11} berechnen. Dazu müssen wir laut Definition das Skalarprodukt des 1. Zeilenvektors von Matrix A mit dem ersten Spaltenvektor von Matrix B bilden. Wir erhalten dann:

$(a_{11}, a_{12}) \cdot (b_{11}, b_{21}, b_{31})$

Das Skalarprodukt ist nämlich – wir erinnern uns kurz – nur zwischen Vektoren definiert, die gleich viele Komponenten haben.

Rechnen wir einmal ein kleines Beispiel:

$$\begin{pmatrix} 1 & 2 \\ 3 & 4 \end{pmatrix} \cdot \begin{pmatrix} 5 & 6 \\ 7 & 8 \end{pmatrix} = \begin{pmatrix} 1\cdot 5+2\cdot 7 & 1\cdot 6+2\cdot 8 \\ 3\cdot 5+4\cdot 7 & 3\cdot 6+4\cdot 8 \end{pmatrix} = \begin{pmatrix} 19 & 22 \\ 43 & 50 \end{pmatrix}$$

Sie sehen schon an diesem wirklich nicht schweren Beispiel, dass die eigentliche Berechnung kein Problem darstellt. Ganz anders sieht es allerdings damit aus, den Überblick zu bewahren und sich nicht in den Zeilen und Spalten zu irren. Bei zwei Matrizen vom Typ (2,2), wie wir sie in diesem Beispiel gewählt haben, geht das noch recht gut. Wenn Sie es indes mit größeren Matrizen zu tun haben, kann es schon einmal zu unschönen Schwierigkeiten kommen. Um das zu vermeiden, wollen wir Ihnen nun noch einen kleinen Kniff verraten.

Nehmen wir noch einmal die beiden Matrizen aus unserer anfänglichen Multiplikation.

$$\begin{pmatrix} a_{11} & a_{12} \\ a_{21} & a_{22} \\ a_{31} & a_{32} \end{pmatrix} \cdot \begin{pmatrix} b_{11} & b_{12} \\ b_{21} & b_{22} \end{pmatrix} = \begin{pmatrix} c_{11} & c_{12} \\ c_{21} & c_{22} \\ c_{31} & c_{32} \end{pmatrix}$$

Schreiben wir die ganze Angelegenheit einmal ein wenig anders auf, und zwar Matrix A links und Matrix B oberhalb von Matrix C. Sie erhalten dann das folgende Bild:

Will man nun ein Element berechnen, so stehen die Vektoren, die man dazu braucht, links bzw. oberhalb des gesuchten Elements. Es fällt also wesentlich leichter, jeweils den Überblick zu bewahren.

Auch für die Multiplikation zweier Matrizen gelten wieder einige Gesetzmäßigkeiten:

Assoziativgesetz:	$(A \cdot B) \cdot C = A \cdot (B \cdot C)$
Distributivgesetze:	$A \cdot (B + C) = A \cdot B + A \cdot C$
	$(A + B) \cdot C = A \cdot C + B \cdot C$

Das Kommutativgesetz gilt nicht!

Die Wurzeln der Matrizen

3 Garben guter Ernte, 2 Garben mittlerer und 1 Garbe schlechter Ernte geben 39 dou Korn; entsprechend ergeben 2 Garben guter, 3 Garben mittlerer und 1 Garbe schlechter 34 dou. Schließlich ergeben 1 Garbe guter, 2 Garben mittlerer und 3 Garben schlechter 26 dou.

Diese Angaben, anhand derer man errechnen soll, wie viel dou Korn jede Sorte von Garben erbringt, finden sich in einem gut 2000 Jahre alten Mathematikbuch aus China mit dem Titel „Chiu Chang Suan Shu – Mathematik in neun Büchern". Die mitgelieferte Lösung basiert auf der folgenden Zahlentabelle (die Sie von oben nach unten und rechts nach links lesen sollten):

1	2	3
2	3	2
3	1	1
26	34	39

Ähnelt diese Darstellung nicht bereits sehr unseren Matrizen? Mitgeliefert wurde übrigens noch eine Regel, durch die die Tabelle in eine untere Dreiecksmatrix umgewandelt werden konnte. Erreichen konnten die Chinesen dieses Ziel durch die Multiplikation von Spalten und die Subtraktion einzelner Spalten voneinander.

Diese Rechenweise ähnelt doch sehr dem Gauß-Algorithmus. Die Wurzeln der Matrizen liegen also in China.

Determinanten

Wenn man sich verschiedene Mathematikbücher ansieht (und es gibt Leute, denen macht so etwas sogar Spaß), fällt einem beim Thema Determinanten auf, dass diese sich beliebig kompliziert einführen lassen. Tatsächlich wählen viele Autoren hier offenbar besonders gerne einen komplizierten Einstieg. Wir wollen es, getreu unserem Motto „Mathematik für jedermann", an dieser Stelle jedoch so einfach wie möglich halten.

> Die Determinante gibt es nur im Zusammenhang mit quadratischen Matrizen. Dabei stellt sie eine Zahl dar, die sich nach einem genau festgelegten Schema aus der Matrix ermitteln lässt. Dieses genau festgelegte Schema, das wir gleich kennenlernen werden, nennt man auch die Determinantenfunktion.

Determinanten berechnen

Wir wollen uns nun langsam daran machen, die Determinantenfunktion kennenzulernen.

2-reihige Determinanten

Da es sich dabei wiederum um eine nicht ganz unkomplizierte Angelegenheit handelt, werden wir mit dem einfachsten Fall, nämlich der Determinante einer 2x2 Matrix, beginnen. Eine solche Matrix A hat ganz allgemein die folgende Form:

$$A = \begin{pmatrix} a_{11} & a_{12} \\ a_{21} & a_{22} \end{pmatrix}$$

> Die Determinante dieser Matrix (man schreibt sie häufig als det(A)) berechnet sich dann aus:
> $$\det(A) = a_{11}a_{22} - a_{12}a_{21}$$

Man kann hier auch eine andere Schreibweise verwenden und anstelle von det(A) die Matrix zwischen gerade Striche setzen.

$$\det(A) = \begin{vmatrix} a_{11} & a_{12} \\ a_{21} & a_{22} \end{vmatrix}$$

Nehmen wir nun zum Beispiel einmal diese Matrix:

$$A = \begin{pmatrix} 7 & 5 \\ 4 & 8 \end{pmatrix}$$

Ihre Determinante lautet also:

$\det(A) = 7 \cdot 8 - 5 \cdot 4 = 56 - 20 = 36$

3-reihige Determinanten

Der eine oder andere wird nun vielleicht ein wenig erstaunt die Augenbrauen hoch-ziehen, schließlich hatten wir doch eine nicht ganz unkomplizierte Rechnerei ange-kündigt, doch bislang ist weit und breit noch nichts davon zu sehen. Wir wollen Sie aber nicht enttäuschen und gehen daher zu einer etwas größeren Matrix über. Sie hat die Gestalt:

$$A = \begin{pmatrix} a_{11} & a_{12} & a_{13} \\ a_{21} & a_{22} & a_{23} \\ a_{31} & a_{32} & a_{33} \end{pmatrix}$$

Vielleicht mag Ihr erster Gedanke nach aufmerksamem Studium der Formel für eine 2-reihige Matrix sein, man müsse einfach die Elemente beider Diagonalen multipli-zieren und die Ergebnisse voneinander subtrahieren. Damit befinden Sie sich zwar auf der richtigen Spur, aber ganz so einfach geht es doch nicht. Wir werden Ihnen nun Wege vorstellen, wie Sie die Determinanten einer solchen Matrix berechnen können: die Regel von Sarrus und die Entwicklungsformel von Laplace.

Die Regel von Sarrus

Bevor wir uns hier ins Vergnügen stürzen, sei zu Beginn noch bemerkt, dass es sich hierbei nicht um eine Definition handelt, sondern lediglich um eine Regel, die den Umgang mit Determinanten erleichtern kann.

Um eine Determinante nach der Regel von Sarrus zu berechnen, müssen wir sie zunächst in einer erweiterten Form aufschreiben, d. h. wir schreiben die beiden ersten Spalten der Determinante A noch einmal neben diese, wie Sie der Grafik entnehmen können.

$$\left. \begin{matrix} a_{11} & a_{12} & a_{13} \\ a_{21} & a_{22} & a_{23} \\ a_{31} & a_{32} & a_{33} \end{matrix} \right| \begin{matrix} a_{11} & a_{12} \\ a_{21} & a_{22} \\ a_{31} & a_{32} \end{matrix}$$

Nun kommen doch wieder Diagonalen ins Spiel. Allerdings werden wir es mit weitaus mehr als nur zwei Diagonalen zu tun haben. Insgesamt müssen wir uns nämlich drei sogenannte Hauptdiagonalen und drei Nebendiagonalen vornehmen. Die einzelnen Elemente auf diesen Diagonalen werden dann miteinander multipliziert.

Zunächst zu den Hauptdiagonalen. Sie verlaufen, wie wir's schon von den Matrizen her kennen, von links oben nach rechts unten. Auf der folgenden Grafik können Sie die drei Hauptdiagonalen und auch die zugehörigen Multiplikationen ablesen.

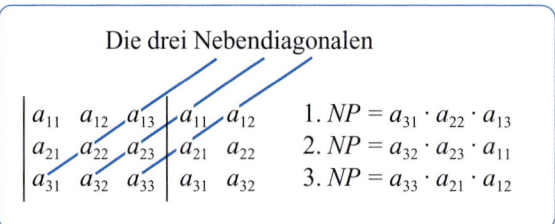

Die Lage der drei Hauptdiagonalen samt dem Hauptdiagonalenprodukt

Wenden wir uns nun den Nebendiagonalen zu. Sie führen genau in die entgegengesetzte Richtung.

Die drei Nebendiagonalen

$$
\begin{vmatrix} a_{11} & a_{12} & a_{13} \\ a_{21} & a_{22} & a_{23} \\ a_{31} & a_{32} & a_{33} \end{vmatrix}
\begin{matrix} a_{11} & a_{12} \\ a_{21} & a_{22} \\ a_{31} & a_{32} \end{matrix}
\qquad
\begin{aligned}
1.\ NP &= a_{31} \cdot a_{22} \cdot a_{13} \\
2.\ NP &= a_{32} \cdot a_{23} \cdot a_{11} \\
3.\ NP &= a_{33} \cdot a_{21} \cdot a_{12}
\end{aligned}
$$

Die Lage der drei Nebendiagonalen samt dem Nebendiagonalenprodukt

Um nun Determinanten auszurechnen, müssen Sie die drei Produkte der Hauptdiagonalen addieren und von ihnen die drei Produkte der Nebendiagonalen subtrahieren. Sie erhalten also:

$$\det(A) = a_{11}a_{22}a_{33} + a_{12}a_{23}a_{31} + a_{13}a_{21}a_{32} - a_{31}a_{22}a_{13} - a_{32}a_{23}a_{11} - a_{33}a_{21}a_{12}$$

Auch dazu wollen wir uns nun einmal ein Beispiel ansehen. Es gilt, die folgende Determinante zu berechnen:

$$\det(A) = \begin{vmatrix} 1 & 2 & 3 \\ 4 & 5 & 6 \\ 7 & 8 & 1 \end{vmatrix}$$

Zunächst schreiben wir also die beiden ersten Spalten rechts neben die Determinante:

$$\begin{vmatrix} 1 & 2 & 3 \\ 4 & 5 & 6 \\ 7 & 8 & 1 \end{vmatrix} \begin{matrix} 1 & 2 \\ 4 & 5 \\ 7 & 8 \end{matrix}$$

Nun gilt es wieder, die drei Hauptdiagonalen zu bilden und ihre Elemente miteinander zu multiplizieren:

1. $HP = 1 \cdot 5 \cdot 1 = 5$
2. $HP = 2 \cdot 6 \cdot 7 = 84$
3. $HP = 3 \cdot 4 \cdot 8 = 96$

Wie Sie sehen, haben wir uns an dieser Stelle bereits erlaubt, das Ergebnis der Multiplikation aufzuschreiben, um uns nachher die Berechnung der terminalen Inhalte ein wenig übersichtlicher zu gestalten. Kommen wir nun aber zu den Nebendiagonalen:

1. $NP = 7 \cdot 5 \cdot 3 = 105$
2. $NP = 8 \cdot 6 \cdot 1 = 48$
3. $NP = 1 \cdot 4 \cdot 2 = 8$

Die Determinante lässt sich nun folgendermaßen berechnen:
$\det(A) = 5 + 84 + 96 - 105 - 48 - 8 = 24$
Der Wert dieser Determinante ist also 24.

Die Entwicklungsformel von Laplace

Während die Regel von Sarrus so etwas wie eine grafische Lösungshilfe zur Berechnung von Determinanten darstellt, nähert sich die Entwicklungsformel von Laplace dem Problem auf mathematischem Weg.

Hier soll die Lösungsformel zur Berechnung der Determinanten den Ausgangspunkt bilden, also:

$$\det(A) = a_{11}a_{22}a_{33} + a_{12}a_{23}a_{31} + a_{13}a_{21}a_{32} - a_{31}a_{22}a_{13} - a_{32}a_{23}a_{11} - a_{33}a_{21}a_{12}$$

Klammern wir hier einmal die Elemente a_{11}, a_{12} und a_{13} aus, erhalten wir diesen Term:

$$\det(A) = a_{11}(a_{22}a_{33} - a_{32}a_{23}) - a_{12}(a_{21}a_{33} - a_{31}a_{23}) + a_{13}(a_{21}a_{32} - a_{31}a_{22})$$

Auf den ersten Blick scheint sich durch diese Umformung noch keine wesentliche Erleichterung ergeben zu haben. Aber auch nur auf den ersten Blick! Nehmen wir uns doch einmal die Terme in den Klammern genauer vor – und führen wir uns dabei vor Augen, wie eine 3x3-Determinante aussieht:

$$\det(A) = \begin{vmatrix} a_{11} & a_{12} & a_{13} \\ a_{21} & a_{22} & a_{23} \\ a_{31} & a_{32} & a_{33} \end{vmatrix}$$

Bei den Ausdrücken in Klammern scheint es sich also jeweils um 2x2-Determinanten zu handeln. Da sie aus den Elementen von $\det(A)$ bestehen, nennt man sie auch Unterdeterminanten der Determinanten A.

Die Formel lässt sich also auch so schreiben:

$$\det(A) = a_{11}\begin{vmatrix} a_{22} & a_{23} \\ a_{32} & a_{33} \end{vmatrix} - a_{12}\begin{vmatrix} a_{21} & a_{23} \\ a_{31} & a_{33} \end{vmatrix} + a_{13}\begin{vmatrix} a_{21} & a_{22} \\ a_{31} & a_{32} \end{vmatrix}$$

Dieses Verfahren trägt auch einen Namen: Es nennt sich „Entwicklung nach der ersten Zeile". Man könnte eine solche Entwicklung nach jeder beliebigen Zeile oder Spalte vornehmen, doch erscheint es nach der ersten Zeile – zumindest in diesem Fall – am übersichtlichsten.

Wieso das Verfahren seinen Namen trägt, ist unmittelbar einsichtig, sind doch die Elemente aus der ersten Zeile der Determinanten jeweils vor die Unterdeterminanten gezogen worden. Wie nun die Unterdeterminanten gebildet werden, lässt sich sehr schön grafisch darstellen.

Nehmen wir noch einmal unsere Determinante:

$$\det(A) = \begin{vmatrix} a_{11} & a_{12} & a_{13} \\ a_{21} & a_{22} & a_{23} \\ a_{31} & a_{32} & a_{33} \end{vmatrix}$$

Da wir eine Entwicklung nach der ersten Zeile vornehmen, streichen wir einfach die erste Zeile durch. Nun können wir die Spalte, in der das jeweilige Element steht, das wir vor die Unterdeterminanten ziehen, ebenfalls streichen. Was übrig bleibt, ist die jeweilige Unterdeterminante.

Für das Element a_{11} sieht das Ganze so aus:

$$\begin{vmatrix} a_{11} & a_{12} & a_{13} \\ a_{21} & a_{22} & a_{23} \\ a_{31} & a_{32} & a_{33} \end{vmatrix}$$

Entsprechendes gilt für das Element a_{12}:

$$\begin{vmatrix} a_{11} & a_{12} & a_{13} \\ a_{21} & a_{22} & a_{23} \\ a_{31} & a_{32} & a_{33} \end{vmatrix}$$

Bei Element a_{13} erhalten Sie schließlich das folgende Bild:

$$\begin{vmatrix} a_{11} & a_{12} & a_{13} \\ a_{21} & a_{22} & a_{23} \\ a_{31} & a_{32} & a_{33} \end{vmatrix}$$

Die nicht gestrichenen Elemente bilden, wie Sie nun recht schön sehen können, die Unterdeterminanten.

Bei der Addition der Unterdeterminanten müssen Sie auf jeden Fall das Vorzeichen beachten. Dieses Vorzeichen lässt sich nach einer einfachen Formel berechnen. Wir wollen den Vorzeichenfaktor mit V_{ik} bezeichnen. Dieser Faktor berechnet sich folgendermaßen:

$$V_{ik} = (-1)^{i+k}$$

Auch diese Formel mag etwas an sich haben, das sich Ihnen vielleicht auf den ersten Blick noch nicht ganz erschließt. Das wird sich aber schlagartig ändern, wenn wir ein ganz kurzes Beispiel nehmen. Wir schauen uns noch einmal die Unterdeterminante an, die durch das Streichen der ersten Zeile und der zweiten Spalte gebildet wird:

$$\begin{vmatrix} a_{11} & a_{12} & a_{13} \\ a_{21} & a_{22} & a_{23} \\ a_{31} & a_{32} & a_{33} \end{vmatrix}$$

In diesem Fall ist also $i = 1$ und $k = 2$. Setzen wir diese beiden Werte in unsere Formel ein, erhalten wir:

$V_{12} = (-1)^{1+2} = (-1)^3 = -1$

Das Vorzeichen ist also negativ. Ein Blick auf die Formel mit den Unterdeterminanten zeigt uns, dass dies auch genau so zu sein hat.

Sind die erste Zeile und die erste Spalte gestrichen, erhalten wir:

$V_{11} = (-1)^{1+1} = (-1)^2 = 1$

Das Vorzeichen ist hier also positiv.

Auch wenn die erste Zeile und die dritte Spalte gestrichen sind, ist das Vorzeichen positiv, wie eine schnelle Rechnung zeigt:

$V_{13} = (-1)^{1+3} = (-1)^4 = 1$

Die Verteilung der Vorzeichen lässt sich sehr einfach merken. Sie geht nach folgendem Schema vonstatten (hier haben wir es für eine 3x3-Determinante aufgeschrieben, Sie können das Schema aber beliebig erweitern).

$$\begin{vmatrix} + & - & + \\ - & + & - \\ + & - & + \end{vmatrix}$$

Mithilfe der Entwicklungsformel kann man nun theoretisch jede beliebige Determinante berechnen. Man muss das Verfahren nur mutig genug anwenden.

Wollen Sie beispielsweise eine 8-reihige Determinante berechnen, können Sie zunächst die Entwicklungsformel anwenden und erhalten eine Formel, die 7-reihige Determinanten enthält. Hier lässt sich wiederum auf jede der 7-reihigen Determinanten die Entwicklungsformel anwenden. Dieses Verfahren lässt sich so lange fortsetzen, bis alle vorkommenden Determinanten einreihig sind.

Von Hand ausgeführt wird natürlich die Berechnung einer großen Determinante auf diesem Weg äußerst beschwerlich. Das Verfahren eignet sich aber hervorragend, um auf seiner Basis ein Computerprogramm zu entwickeln, das diese Aufgabe übernimmt. In einem Flussdiagramm, wie Informatiker sie gerne verwenden, lässt sich der Sachverhalt so darstellen:

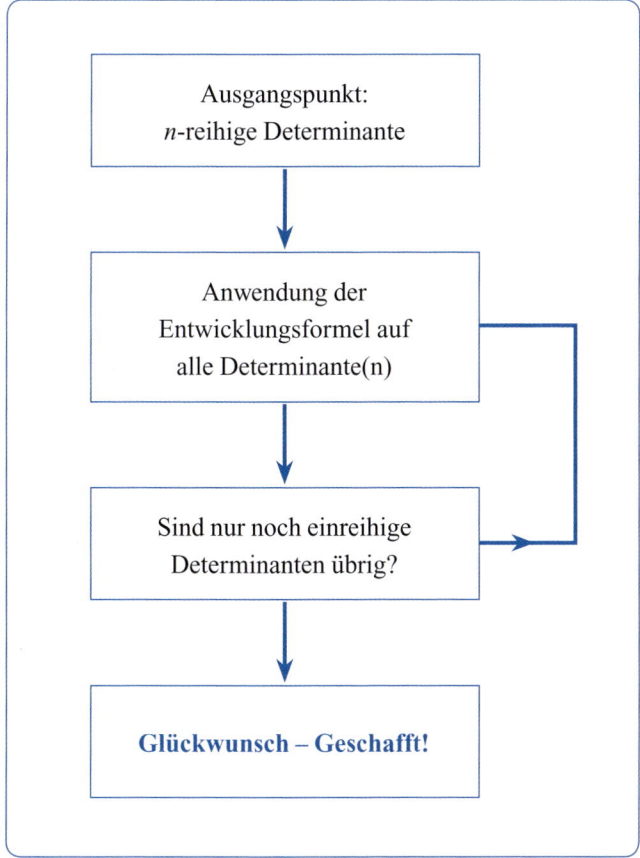

Flussdiagramm: Verfahren zur Berechnung einer n-reihigen Determinante

Eigenschaften von Determinanten

Determinanten weisen einige interessante Eigenschaften auf, die den späteren Umgang mit ihnen bisweilen deutlich erleichtern können.

> $\det(A) = 0$
>
> Wenn die Determinante einer Matrix A gleich null ist, so bedeutet das, dass die Zeilen und die Spalten von A linear abhängig sind.

Hierzu ein kleines Beispiel:

$$\det\begin{pmatrix} 1 & 0 & 1 \\ 1 & 2 & 3 \\ 0 & 2 & 2 \end{pmatrix} = 4 + 0 + 2 - 0 - 6 - 0 = 0$$

Nehmen wir uns nun die Zeilenvektoren einmal vor:
$(1,0,1) - (1,2,3) + (0,2,2) = (0,0,0)$

Die Zeilen sind also linear abhängig.

Nun zu den Spaltenvektoren. Auch hier lässt sich eine Verknüpfung finden, die den Nullvektor zum Ergebnis hat:

$$\begin{pmatrix} 1 \\ 1 \\ 0 \end{pmatrix} + \begin{pmatrix} 0 \\ 2 \\ 2 \end{pmatrix} - \begin{pmatrix} 1 \\ 3 \\ 2 \end{pmatrix} = \begin{pmatrix} 0 \\ 0 \\ 0 \end{pmatrix}$$

Auch die Spalten sind also offenbar linear abhängig.

Man kann noch weitere Bedingungen formulieren, unter denen eine Determinante den Wert null annimmt.

> 1) Zwei Zeilen oder Spalten stimmen überein.
> 2) Zwei Zeilen oder Spalten sind zueinander proportional.
> 3) Alle Elemente einer Zeile oder Spalte sind null.

Wir zeigen Ihnen nun noch für jede dieser drei Bedingungen ein kurzes Beispiel. Mithilfe der nun bereits bekannten Formeln können Sie die Determinante ausrechnen und so feststellen, dass die Determinante wirklich null ist (wir sparen uns diese Berechnungen an dieser Stelle jedoch, weil wir Ihnen den Spaß am Üben nicht verderben wollen).

Beispiel zu Bedingung 1:

$$\begin{vmatrix} 2 & 1 & 1 \\ 5 & 3 & 3 \\ 4 & 9 & 9 \end{vmatrix}$$

Hier sind die zweite und die dritte Spalte gleich, die Determinante ist null.

Beispiel zu Bedingung 2:

$$\begin{vmatrix} 4 & 1 & 2 \\ 8 & 3 & 6 \\ 2 & 6 & 12 \end{vmatrix}$$

Wieder sind es die zweite und die dritte Spalte, in denen wir die Bedingung versteckt haben. Sie sind zueinander proportional.
Wenn Sie die Elemente der zweiten Zeile verdoppeln, erhalten Sie die Elemente der dritten Zeile.

Beispiel zu Bedingung 3:

$$\begin{vmatrix} 0 & 0 & 0 \\ 3 & 5 & 3 \\ 6 & 2 & 9 \end{vmatrix}$$

Hier sind alle Elemente der ersten Zeile (wir können ja schließlich nicht immer nur die Spalten verantwortlich machen) gleich null. Dieser Fall ist am einfachsten einsichtig, weil hier in jeder Multiplikation der Haupt- und Nebendiagonalen eine Null auftaucht, das Ergebnis jeder Multiplikation also null ist.

Die Frage, ob eine Determinante gleich null ist, wird im Zusammenhang mit der Lösung von linearen Gleichungssystemen noch bedeutsam. Mehr dazu erfahren Sie im weiteren Verlauf dieses Kapitels. Dort erfahren Sie dann auch, was ein lineares Gleichungssystem überhaupt mit einer Determinante zu tun hat.

Weitere Eigenschaften

Determinanten weisen noch eine Reihe weiterer Eigenschaften auf, die wir Ihnen weder vorenthalten dürfen noch vorenthalten wollen.

Man kann sich nun ja einmal vorstellen, mit einer Determinante so allerlei Schabernack zu treiben (schließlich können sich diese armen Geschöpfe nicht wehren).

Was würde beispielsweise passieren, wenn man bei einer Determinante die Zeilen und Spalten vertauschte? Gar nichts würde geschehen, der Wert bliebe gleich.

> Wenn bei einer Determinante die Zeilen und Spalten vertauscht werden, bleibt ihr Wert gleich.
> $\det(A) = \det(A^T)$

Dieser Vorgang wird zuweilen auch als „Stürzen einer Determinante" bezeichnet.

Nehmen wir nun einmal an, wir würden nur zwei Zeilen oder zwei Spalten miteinander vertauschen. Was passiert dann wohl?

> Vertauscht man zwei Zeilen oder zwei Spalten einer Determinante, so ändert sich ihr Vorzeichen.

Treiben wir unseren Schabernack noch ein wenig weiter: Wir nehmen uns jetzt eine beliebige Zeile oder Spalte der Determinante und bilden komponentenweise ihr Vielfaches. Das Ergebnis addieren wir nun zu einer anderen Zeile oder Spalte hinzu. Wenn wir nun den Wert der Determinante berechnen, werden Sie sich wundern: Es ändert sich nämlich gar nichts.

> Der Wert einer Determinante ändert sich nicht, wenn man zu einer Zeile oder Spalte ein beliebiges Vielfaches einer anderen Zeile oder Spalte komponentenweise addiert.

Lassen Sie uns noch ein Beispiel bringen (den Wert der Determinanten müssen Sie aber wiederum allein ausrechnen):

Gegeben sei folgende Determinante:

$$\begin{vmatrix} 3 & 6 & 1 \\ 5 & 2 & 8 \\ 4 & 3 & 2 \end{vmatrix}$$

Wir nehmen nun die dritte Zeile und verdoppeln sie:
8   6   4

Diese Zeile addieren wir nun zur zweiten Zeile und erhalten als Ergebnis die folgende Determinante:

$$\begin{vmatrix} 3 & 6 & 2 \\ 13 & 8 & 12 \\ 4 & 3 & 2 \end{vmatrix}$$

So unterschiedlich die beiden 3-reihigen Determinanten auch erscheinen mögen, ihr Wert ist gleich.

Nun können wir noch eine Eigenschaft benennen, die an einige der Rechenregeln erinnert, die wir schon häufiger genannt haben. Ausgangspunkt dieser Regel ist die Multiplikation zweier Matrizen A und B. Berechnet man nämlich die Determinante einer solchen Multiplikation, dann gilt:

$$\det(A \cdot B) = \det(A) \cdot \det(B)$$

Multiplikation einer Determinante mit einem Skalar

Da sich Vektoren und Matrizen mit einem Skalar multiplizieren lassen, liegt es eigentlich nahe, anzunehmen, dass dies auch bei Determinanten funktioniert. Und richtig, so ist es auch. Allerdings ist hier ein wenig Vorsicht geboten, denn diese Operation verläuft ein wenig anders als gedacht (aber die Abweichungen sind minimal, also brechen Sie noch nicht in Panik aus).

> Eine Determinante wird mit einem reellen Skalar α multipliziert, indem man die Elemente einer beliebigen Zeile oder Spalte mit α multipliziert.

Auch hierzu ein kleines Beispiel. Wir werden hier willkürlich die zweite Spalte der Determinante für die Multiplikation auswählen:

$$4 \cdot \begin{vmatrix} 3 & 5 & 8 \\ 6 & 9 & 2 \\ 6 & 1 & 2 \end{vmatrix} = \begin{vmatrix} 3 & 4 \cdot 5 & 8 \\ 6 & 4 \cdot 9 & 2 \\ 6 & 4 \cdot 1 & 2 \end{vmatrix} = \begin{vmatrix} 3 & 20 & 8 \\ 6 & 36 & 2 \\ 6 & 4 & 2 \end{vmatrix}$$

Natürlich ist hier auch der umgekehrte Weg möglich.

> Aus einer beliebigen Zeile oder Spalte kann ein gemeinsamer Faktor vor die Determinante gezogen werden.

Auch hier wollen wir uns ein kleines Beispiel ansehen. Den Elementen der ersten Zeile sollte hier Ihre besondere Aufmerksamkeit gelten. Sie sind jeweils Vielfache von 6. Daher können wir diesen Faktor vor die Determinante ziehen:

$$\begin{vmatrix} 12 & 54 & 36 \\ 44 & 23 & 76 \\ 11 & 67 & 43 \end{vmatrix} = 6 \cdot \begin{vmatrix} 2 & 9 & 6 \\ 44 & 23 & 76 \\ 11 & 67 & 43 \end{vmatrix}$$

Matrizen, Determinanten und lineare Gleichungssysteme

Bislang haben Sie Matrizen und Determinanten eher von ihrer theoretischen Seite kennengelernt. Auch wenn diese rein theoretische Herangehensweise an die Mathematik sicherlich ihren ganz eigenen Reiz hat (wer hätte je etwas anderes behauptet?), wollen wir uns in diesem Buch immer wieder um einen praktischen Bezug kümmern. Einen solchen möchten wir Ihnen nun liefern: Matrizen und Determinanten lassen sich nämlich prima nutzen, um lineare Gleichungssysteme zu lösen.

Vom Gleichungssystem zur Matrix

Um einem linearen Gleichungssystem mithilfe von Matrizen und Determinanten zu Leibe rücken zu können, müssen Sie solche überhaupt erst einmal „herstellen". Wie kann man aus einem Gleichungssystem also eine Matrix fabrizieren?

Sehen wir uns einfach zunächst einmal eine Gleichung mit drei Unbekannten in ihrer allgemeinen Form an (wir werden bei unseren Beispielen auf den kommenden Seiten jeweils Gleichungen mit höchstens drei Unbekannten verwenden, weil man mit ihrer Hilfe die Prinzipien sehr gut erklären kann, ohne dabei unnötige Verwirrung zu stiften – schließlich geht es uns in diesem Buch nicht darum, Mathematik als besonders kompliziert, sondern als interessant und durchaus beherrschbar darzustellen).

$$ax + by + cz = d$$

Sicherlich werden Sie sich daran erinnern, dass wir in diesem Fall drei Gleichungen benötigen, um ein schönes lineares Gleichungssystem zu erhalten. Wir benötigen also ein mathematisches Gebilde in dieser Form:

$$ax + by + cz = d$$
$$ex + fy + gz = h$$
$$ix + ky + lz = m$$

Schreiben wir die ganze Angelegenheit nun einmal ein wenig anders auf:

$$\begin{pmatrix} a & b & c \\ e & f & g \\ i & k & l \end{pmatrix} \cdot \begin{pmatrix} x \\ y \\ z \end{pmatrix} = \begin{pmatrix} d \\ h \\ m \end{pmatrix}$$

Sie sehen: Bei dieser Schreibweise haben wir es mit einer waschechten Matrix zu tun.

Gleichungssysteme wie dieses schreibt man zumeist noch ein wenig anders auf, nämlich in der sogenannten erweiterten Matrix. Sie wird mit einem Querstrich über ihrer Bezeichnung gekennzeichnet. Die erweiterte Matrix zur Matrix A wird also mit $\overline{A}$ benannt. Die erweiterte Matrix in unserem Beispiel sieht nun so aus:

$$\left(\begin{array}{ccc|c} a & b & c & d \\ e & f & g & h \\ i & k & l & m \end{array} \right)$$

Wir wollen Ihnen an dieser Stelle natürlich auch ein konkretes Beispiel geben. Wie immer eignet sich so etwas prima, um das eben Gesagte noch einmal ganz klar und deutlich zu machen. Nehmen wir uns also das folgende Gleichungssystem vor:

$3x + 6y - 2z = -4$

$3x + 2y + z = 0$

$\frac{3}{2}x + 5y - 5z = -9$

Die erweiterte Matrix für dieses Gleichungssystem sieht so aus:

$$\begin{pmatrix} 3 & 6 & -2 & -4 \\ 3 & 2 & 1 & 0 \\ \frac{3}{2} & 5 & -5 & -9 \end{pmatrix}$$

Was Sie nun weiter mit dieser wundervollen Matrix anstellen können und wie sie Ihnen dabei hilft, das Gleichungssystem zu lösen, zeigen wir Ihnen gleich. Zunächst wollen wir aber kurz einen Blick auf die Rolle der Determinanten werfen.

Die Rolle der Determinanten

Wenn Sie sich an dieser Stelle noch einmal an unser Kapitel über Algebra, und dort besonders an die Seiten erinnern, die sich mit linearen Gleichungen und Gleichungs-systemen beschäftigen, werden Sie sich sicherlich erinnern, dass lineare Gleichungs-systeme nicht unbedingt immer lösbar sind. Da ist es natürlich ärgerlich, wenn man anfängt, an einem solchen System herumzuknobeln, nur um später zu merken, dass die liebe Mühe vergeblich war, weil das System gar nicht lösbar ist.

Schauen wir uns also die Determinante unseres Gleichungssystems aus dem Beispiel an:

$$A = \begin{pmatrix} 3 & 6 & -2 \\ 3 & 2 & 1 \\ \frac{3}{2} & 5 & -5 \end{pmatrix}$$

Nun wollen wir den Wert dieser Determinante berechnen:

$$\det(A) = 3 \cdot 2 \cdot (-5) + 6 \cdot 1 \cdot \frac{3}{2} + (-2) \cdot 3 \cdot 5 - \frac{3}{2} \cdot 2 \cdot (-2) - 5 \cdot 1 \cdot 3 - (-5) \cdot 3 \cdot 6 = 30$$

Die Determinante ist also ungleich 0, das Gleichungssystem somit lösbar. Wie das genau vonstatten geht, erfahren Sie nun.

Ein Gleichungssystem mithilfe der erweiterten Matrix lösen

Der ganze Trick bei der Lösung dieses Problems besteht darin, der Matrix mittels einiger Umformungen eine obere Dreiecksgestalt zu geben, ihr also ein Aussehen zu verleihen, wie wir es Ihnen hier noch einmal zeigen:

$$\begin{pmatrix} a_{11} & a_{12} & a_{13} \\ 0 & a_{22} & a_{23} \\ 0 & 0 & a_{33} \end{pmatrix}$$

Um das zu erreichen, sind einige Manipulationen an der Matrix gestattet:

1) Multiplikation einer Zeile der Matrix mit einer Zahl ungleich 0.
2) Division einer Zeile der Matrix durch eine Zahl ungleich 0.
3) Addition einer Zeile der Matrix zu einer anderen Zeile.
4) Vertauschen von zwei Spalten der Matrix (bei diesem Schritt müssen Sie aber auch die zugehörigen Variablen vertauschen).

Das Verfahren, das Sie nun kennenlernen werden, geht übrigens auf den deutschen Mathematiker Carl Friedrich Gauß zurück.

Eine obere Dreiecksmatrix entsteht

Nehmen wir uns nun unsere Beispielmatrix vor und bringen wir diese in die gewünschte obere Dreiecksform:

$$\left(\begin{array}{ccc|c} 3 & 6 & -2 & -4 \\ 3 & 2 & 1 & 0 \\ \dfrac{3}{2} & 5 & -5 & -9 \end{array} \right)$$

Die erste 0 können wir erreichen, indem wir die erste Zeile der Matrix von der zweiten Zeile subtrahieren:

$$\left(\begin{array}{ccc|c} 3 & 6 & -2 & -4 \\ 0 & -4 & 3 & 4 \\ \dfrac{3}{2} & 5 & -5 & -9 \end{array} \right)$$

Nun bilden wir die Hälfte der ersten Zeile und subtrahieren das Ergebnis von Zeile drei. Zunächst nehmen wir die erste Operation in einer Nebenrechnung vor. Wir erhalten also als „halbe" erste Zeile:

$$\left(\frac{3}{2} \quad 3 \quad -1 \mid -2 \right)$$

Nun nehmen wir die Subtraktion von der dritten Zeile vor und erhalten als Ergebnis die folgende Matrix:

$$\left(\begin{array}{ccc|c} 3 & 6 & -2 & -4 \\ 0 & -4 & 3 & 4 \\ 0 & 2 & -4 & -7 \end{array} \right)$$

Dies war also die zweite 0, eine benötigen wir noch, um die Dreiecksform herzustellen. Um die 2 in der dritten Zeile in eine 0 zu verwandeln, können wir zunächst die dritte Zeile mit 2 multiplizieren und dann die zweite Zeile dazuaddieren. Machen wir zunächst den ersten Schritt und multiplizieren Zeile drei mit 2:

$$\left(\begin{array}{ccc|c} 3 & 6 & -2 & -4 \\ 0 & -4 & 3 & 4 \\ 0 & 4 & -8 & -14 \end{array} \right)$$

Nun noch die schon angesprochene Addition:

$$\left(\begin{array}{ccc|c} 3 & 6 & -2 & -4 \\ 0 & -4 & 3 & 4 \\ 0 & 0 & -5 & -10 \end{array} \right)$$

Schön, hier steht nun ganz eindeutig eine obere Dreiecksmatrix, aber was fangen wir damit nun an? An die Wand hängen und bewundern? Vielleicht unseren Freunden vorführen? Letzteres sollten Sie nur dann machen, wenn Ihre Freunde einen gewissen Sinn für mathematische Ästhetik besitzen. Wir haben aber einen ganz anderen Vorschlag. Wandeln Sie diese Matrix doch wieder in ein Gleichungssystem um. Dann können Sie durch Rückwärtseinsetzen das komplette System ganz einfach lösen:

$$3x + 6y - 2z = -4$$
$$-4y + 3z = 4$$
$$-5z = -10$$

Nun geht es Schlag auf Schlag und ohne Probleme der Lösung entgegen:

$z = 2$

$-4y + 6 = 4 \Rightarrow y = \dfrac{1}{2}$

$3x + 3 - 4 = -4 \Rightarrow x = -1$

Die Lösungsmenge für dieses Gleichungssystem lautet also:

$$\mathsf{L} = \left\{ \left(-1, \dfrac{1}{2}, 2 \right) \right\}$$

Auf diese Weise können Sie mit jedem beliebigen Gleichungssystem fertig werden. Mit ein wenig Routine sehen Sie auch nach einiger Zeit recht schnell, welche Operationen Sie auf Ihrem Weg zur Dreiecksmatrix wirklich voranbringen, und dann wird die Lösung von linearen Gleichungssystemen wirklich ein Kinderspiel für Sie.

Gesundes Essen

Stellen Sie sich einmal vor, Sie seien Küchenchef in einer Kantine und müssten aus drei Grundnahrungsmitteln (die wir hier einmal mit A, B und C benennen, damit Sie nicht in Versuchung geraten, das Gericht nachzukochen) eine nahrhafte Mahlzeit bereiten. Die Vorgabe Ihres sehr auf die Gesundheit seiner Mitarbeiter bedachten Chefs lautet, dass jede Portion der aus den drei Nahrungsmitteln zusammengestellten Mahlzeit 110 Gramm Eiweiß, 130 Gramm Kohlenhydrate und 60 Gramm Fett enthalten soll. Die entsprechenden Werte für jedes einzelne Nahrungsmittel können Sie der folgenden Tabelle entnehmen.

	A	B	C
Eiweiß	30 %	50 %	20 %
Kohlenhydrate	30 %	30 %	70 %
Fett	40 %	20 %	10 %

Aus dieser Aufgabenstellung können Sie nun dieses Gleichungssystem entwickeln (wie das genau geht, haben wir Ihnen schon im Kapitel über lineare Gleichungen erklärt):

$0{,}3A + 0{,}5B + 0{,}2C = 110$

$0{,}3A + 0{,}3B + 0{,}7C = 130$

$0{,}4A + 0{,}2B + 0{,}2C = 60$

Wir erhalten also die folgende erweiterte Matrix:

$$
\begin{pmatrix}
0{,}3 & 0{,}5 & 0{,}2 & 110 \\
0{,}3 & 0{,}3 & 0{,}7 & 130 \\
0{,}4 & 0{,}2 & 0{,}1 & 60
\end{pmatrix}
$$

Wir multiplizieren nun zunächst einmal jede Zeile mit 10. Das ist nicht unbedingt nötig, erleichtert die weitere Rechnung aber sehr:

$$
\begin{pmatrix}
3 & 5 & 2 & 1100 \\
3 & 3 & 7 & 1300 \\
4 & 2 & 1 & 600
\end{pmatrix}
$$

Nun können wir uns wieder daran machen, die Matrix entsprechend unseren Bedürfnissen umzuformen. Zunächst einmal subtrahieren wir die erste von der zweiten Zeile:

$$
\begin{pmatrix}
3 & 5 & 2 & 1100 \\
0 & -2 & 5 & 200 \\
4 & 2 & 1 & 600
\end{pmatrix}
$$

Im nächsten Schritt multiplizieren wir die erste Zeile mit 4 und die dritte Zeile mit 3:

$$
\begin{pmatrix}
12 & 20 & 8 & 4400 \\
0 & -2 & 5 & 200 \\
12 & 6 & 3 & 1800
\end{pmatrix}
$$

Nun ist der Grund für die beiden Multiplikationen unmittelbar ersichtlich. Subtrahieren wir nämlich Zeile eins von Zeile drei, erhalten wir die nächste 0.

$$
\begin{pmatrix}
12 & 20 & 8 & 4400 \\
0 & -2 & 5 & 200 \\
0 & -14 & -5 & -2600
\end{pmatrix}
$$

Jetzt nehmen wir uns die zweite Zeile vor und multiplizieren sie mit 7. Das Ergebnis halten wir in einer Nebenrechnung fest. Es lautet:

$$
\begin{pmatrix} 0 & -14 & 35 & 1400 \end{pmatrix}
$$

Diese Zeile subtrahieren wir nun von der dritten Zeile und schon steht eine wundervolle Dreiecksmatrix auf unserem Papier:

$$\begin{pmatrix} 12 & 20 & 8 & \bigm| & 4400 \\ 0 & -2 & 5 & \bigm| & 200 \\ 0 & 0 & -40 & \bigm| & -4000 \end{pmatrix}$$

Das Gleichungssystem ist fast gelöst, wir müssen nur noch die Rückeinsetzung vornehmen:

$$-40C = -4000 \Rightarrow C = 100$$
$$-2B + 500 = 200 \Rightarrow B = 150$$
$$12A + 3000 + 800 = 4400 \Rightarrow A = 50$$

Und damit haben wir auch die Lösungsmenge dieses Gleichungssystems:
$$L = \{(50,150,100)\}$$

Wenn eine Portion also 50 Gramm von Lebensmittel A enthält, 150 Gramm von Lebensmittel B und 100 Gramm von Lebensmittel C, haben Sie Ihren Chef zufriedengestellt.

Gauß oder nicht Gauß, das ist hier die Frage

Wenn Ihnen jemand die Frage stellen würde „Wer erfand das Gauß'sche Eliminationsverfahren?", könnte es sein, dass Sie bloß ein müdes Lächeln hervorbrächten und den Fragenden ob seiner vermeintlich trivialen Frage keines weiteren Blickes würdigten. Der könnte dann allerdings seinerseits unter Umständen ein wissendes Grinsen auf sein Gesicht zaubern und Sie in der Ecke stehen lassen. Denn – jetzt ahnen Sie es bereits – es war gar nicht Carl Friedrich Gauß, der das nach ihm benannte Verfahren entwickelt hat.

Ein ähnliches Verfahren praktizierten die Chinesen bereits vor gut 2000 Jahren. Aber auch in Europa hatte man schon früher begonnen, mit Matrizen zu jonglieren. Beispielsweise löste der französische Mönch J. Buteo schon Mitte des 16. Jahrunderts Gleichungen nach diesem Verfahren und dokumentierte das in seinem Buch

„Logistica". Und auch anderen Mathematikern, so darf man annehmen, war das Verfahren nicht unbekannt.

Warum aber trägt es nun den Namen Carl Friedrich Gauß'? Ganz ohne Grund wird einem Gelehrten eine solche Ehre nicht zuteil und im Internet kann Gauß das Verfahren nicht abgeschrieben haben. Die Ehre gebührt dem deutschen Mathematiker, weil er sich in umfangreichen Arbeiten ausführlich mit dieser Methode beschäftigt hat. Dabei ging es ihm insbesondere um die Verwendung der oberen bzw. unteren Dreiecksmatrix.

Gauß' besonderer Verdienst liegt darin, dass er die nach ihm benannte Methode konsequent anwendete, obwohl zu seiner Zeit das Determinantenverfahren eindeutig populärer war. Er trug somit also ganz entscheidend zum „Durchbruch" des Eliminationsverfahrens bei. Insofern trägt die Methode also doch zu Recht seinen Namen.

Lösung linearer Gleichungen mithilfe von Determinanten

Neben dem eben geschilderten Verfahren zur Lösung eines linearen Gleichungssystems mithilfe von Matrizen können Sie auch Determinanten einsetzen, um diese Aufgabe zu bewältigen. Das Verfahren, das wir Ihnen nun kurz vorstellen wollen, ist jedoch sehr aufwendig und eignet sich daher nur bedingt zur praktischen Anwendung. Es geht auf den Schweizer Mathematiker Gabriel Cramer (1704–52) zurück und wird ihm zur Ehre die „Cramer'sche Regel" genannt.

Gabriel Cramer

Voraussetzung für die Anwendung der Cramer'schen Regel ist ein Gleichungssystem mit ebenso vielen Gleichungen wie Unbekannten. Bei zwei Unbekannten braucht man also zwei Gleichungen, bei fünf Unbekannten sind es fünf Gleichungen und bei i ($i \in \mathbb{N}$) Unbekannten natürlich auch i Gleichungen. Die Unbekannten wollen wir in diesem Fall mit $x_1, x_2, x_3, \ldots, x_i$ bezeichnen. Gabriel Cramer hat nun herausgefunden, dass man x_i nach der folgenden Formel berechnen kann:

$$x_i = \frac{\det(A_i)}{\det(A)}$$

Dabei versteht man unter A eine Matrix, wie wir sie schon mehrfach aus Gleichungssystemen erstellt haben. Was ist aber nun A_i?

Um die Matrix A_i zu bilden, ersetzt man die i-te Spalte der Matrix A einfach durch die rechte Seite des Gleichungssystems.

Dazu ein kleines Beispiel. Wir gehen einmal von folgendem einfachen Gleichungssystem aus:

$$x_1 + 2x_2 = 3$$
$$4x_1 + 5x_2 = 6$$

Die Matrix A ist schnell gebildet:

$$\begin{pmatrix} 1 & 2 \\ 4 & 5 \end{pmatrix}$$

Wollen wir nun x_1 berechnen, müssen wir die erste Spalte der Matrix durch die beiden Zahlen auf der rechten Seite des Gleichungssystems ersetzen. Wir erhalten als A_1 folglich:

$$\begin{pmatrix} 3 & 2 \\ 6 & 5 \end{pmatrix}$$

Mithilfe der Cramer'schen Regel können wir nun auch x_1 berechnen:

$$x_1 = \frac{\begin{vmatrix} 3 & 2 \\ 6 & 5 \end{vmatrix}}{\begin{vmatrix} 1 & 2 \\ 4 & 5 \end{vmatrix}} = \frac{3}{-3} = -1$$

Auf dieselbe Weise lässt sich nun auch x_2 ermitteln. Hier muss natürlich dann die zweite Spalte der Matrix ersetzt werden:

$$x_2 = \frac{\begin{vmatrix} 1 & 3 \\ 4 & 6 \end{vmatrix}}{\begin{vmatrix} 1 & 2 \\ 4 & 5 \end{vmatrix}} = \frac{-6}{-3} = 2$$

Und schon können wir die Lösungsmenge dieses Gleichungssystems mit $L = \{(-1,2)\}$ angeben.

Bei einem so simplen Gleichungssystem ist die Berechnung nach Cramer einfach und schnell. Aber immerhin sind auch hier bereits drei Determinanten zu berechnen.

Wir können dieses Ergebnis auch verallgemeinern und sagen, dass man $n + 1$ Determinanten berechnen muss, um ein Gleichungssystem mit n Unbekannten zu lösen. Dass die Lösung selbst einer dreireihigen Determinante bereits einigen Aufwand bedeutet, haben Sie vor nicht allzu langer Zeit am eigenen Leibe erfahren müssen. Geht es um ein Gleichungssystem mit drei Unbekannten, sind also bereits vier derartige Determinanten auszurechnen. Schon hier muss man sich ernsthaft fragen, ob der Aufwand nicht zu groß wird und eine andere Lösungsstrategie schneller zum Ziel führt. Bekommt man es dann vielleicht mit noch mehr Unbekannten zu tun, kann Herr Cramer gegen Herrn Gauß und sein Verfahren (das Sie ja eben kennengelernt haben) nur noch wenig ausrichten.

Carl Friedrich Gauß

Carl Friedrich Gauß (1777–1855) hatte nicht nur in der Mathematik seine Finger im Spiel, er war an den Naturwissenschaften insgesamt sehr interessiert. Aber im mathematischen Bereich gelangte er zum größten Ruhm. Das führte sogar so weit, dass er in einigen Quellen als „Fürst der Mathematik" bezeichnet wird.

Geboren wurde er am 30. April 1777 als Sohn nicht sonderlich wohlhabender Eltern. Sein Vater übte verschiedene Berufe aus, u. a. war er als Schatzmeister einer kleinen Versicherungsgesellschaft tätig. Gerüchte wollen wissen, dass Carl Friedrich bereits als Dreijähriger Fehler in den Abrechnungen seines Vaters fand. Gauß selber sagte von sich, er habe das Rechnen noch vor dem Sprechen gelernt.

Geburtshaus von Gauß

Im Gegensatz dazu ist eine andere Anekdote nahezu gesichert. Sie wird häufig erzählt und auch wir wollen sie Ihnen natürlich nicht vorenthalten. Im Alter von neun Jahren besuchte Gauß die Volksschule. Um ein wenig Ruhe von den lärmenden Schülern zu haben, stellte sein Lehrer der Klasse die Aufgabe, die Zahlen von 0 bis 100 zu addieren. Gauß präsentierte bereits nach wenigen Minuten das Ergebnis. Er hatte einfach 50 Paare gebildet, deren Summe jeweils 101 ergab ($1 + 100$, $2 + 99$, $3 + 98$, ... $50 + 51$). Die hieraus entstandene Formel $1 + 2 + 3 + \ldots + n = \frac{n}{2} \cdot (n + 1)$ (siehe auch das Kapitel über Analysis) bezeichnet man bisweilen auch als „den kleinen Gauß".

Auf diese Weise wurde sein Lehrer aber nachhaltig auf den kleinen Mathematiker aufmerksam und er sorgte dafür, dass Gauß mit der „wirklichen" Mathematik in Berührung kam. Auch dem Herzog von Braunschweig kam etwas über das Mathegenie zu Ohren und er nahm sich des zu diesem Zeitpunkt schon jungen Mannes an.

So nahm Carl Friedrichs Werdegang seinen Lauf. Er fand durch seine erstaunlichen Leistungen immer neue Förderer und er konnte sein naturwissenschaftliches Wissen vervollständigen.

Zahlreiche Entdeckungen und Gesetzmäßigkeiten in der modernen Mathematik gehen auf Gauß zurück. Er machte sich grundlegende Gedanken über Primzahlen, entwickelte die Methode der kleinen Quadrate, die in der Wahrscheinlichkeitsrechnung eine Rolle spielt, entwickelte die Gauß'sche Glockenkurve (die auch unter dem Namen Gauß'sche Normalverteilung bekannt ist) und mutmaßte schon recht früh, dass es neben der euklidischen Geometrie auch noch eine andere, nicht-euklidische Variante geben müsse – um nur einige wenige seiner „Errungenschaften" aufzuzählen.

Zweifelsohne ist Carl Friedrich Gauß so etwas wie der Superstar der neuzeitlichen Mathematik.

IV. Stochastik

Einige Grundbegriffe der Wahrscheinlichkeitsrechnung

Bislang haben Sie die Mathematik als exakte (für den Geschmack einiger von Ihnen vielleicht sogar fast zu exakte) Wissenschaft kennengelernt. Einer der zentralen Begriffe in der Wahrscheinlichkeitsrechnung ist nun der Zufall. Wie kann das zusammenpassen? Diese Frage wollen wir in diesem Kapitel beantworten – und Sie werden staunen, wie exakt es beim Zufall bisweilen zugehen kann. Bevor wir uns aber kopfüber mitten in die Welt des Zufalls stürzen, wollen wir ein paar Grundlagen und grundlegende Begriffe (um die kommen Sie auch bei diesem Thema nicht herum) einführen.

Das Zufallsexperiment

Den Dreh- und Angelpunkt in der Wahrscheinlichkeitsrechnung stellen die sogenannten Zufallsexperimente dar. Das Würfeln mit einem Würfel, der Wurf einer Münze oder auch die Ziehung der Lottozahlen sind jeweils solche Zufallsexperimente. So unterschiedlich diese Ereignisse auch sind, sie haben eine wichtige Gemeinsamkeit: Man kann das Ergebnis des Experiments

nicht vorhersagen (denn sonst wären wir alle schließlich Lottomillionäre). Es gibt noch zwei weitere Punkte, die erfüllt sein müssen, um aus einem beliebigen Event ein Zufallsexperiment zu machen. Diese beiden (und den einen, den Sie bereits kennen) können Sie der folgenden Definition entnehmen:

Ein Zufallsexperiment liegt vor, wenn
1. das Experiment beliebig oft unter den gleichen Bedingungen durchführbar ist,
2. die möglichen Ergebnisse des Experiments angegeben werden können,
3. es nicht voraussagbar ist, welches der möglichen Ergebnisse eintritt.

Sehen wir uns kurz die Ziehung der Lottozahlen an und prüfen nach, ob es sich dabei wirklich um ein Zufallsexperiment entsprechend unserer Definition handelt.

Werfen wir dazu zunächst einen Blick auf die Bedingungen, unter denen die Ziehung stattfindet. Als zentrales Element haben wir da das Ziehungsgerät (von dessen ordnungsgemäßem Zustand sich der Aufsichtsbeamte vor der Ziehung überzeugt hat). Dieses Gerät macht jahraus, jahrein jeden Samstagabend den gleichen Job. Der Ziehungsvorgang läuft also immer exakt gleich ab und könnte zu jeder Zeit durchgeführt werden. Da Außentemperatur, Luftdruck etc. hier keine Rolle spielen, kann man also sagen, dass sich das Experiment beliebig oft unter gleichen Bedingungen wiederholen lässt.

Mit einem glücklichen Händchen lässt sich beim Lottospielen ein ordentlicher Gewinn machen.

Als Ausgang des Experiments erhält der Zuschauer die Lottozahlen. Davon gibt es wahrlich eine nahezu unüberschaubare Menge (die genaue Anzahl interessiert in diesem Zusammenhang nicht, auf sie kommen wir später noch einmal zurück), aber rein theoretisch könnte man alle möglichen Ausgänge auch angeben.

Dass es nicht vorhersagbar ist, welcher dieser vielen möglichen Ausgänge eintritt, hatten wir bereits weiter oben beschrieben. Daher sind alle drei Bedingungen offensichtlich erfüllt und die Ziehung der Lottozahlen stellt folglich ein Zufallsexperiment, wie es die Wahrscheinlichkeitsrechnung gerne sieht, dar.

Elementarereignis und Ergebnisraum

Nachdem Sie nun wissen, was der Mathematiker unter einem Zufallsexperiment versteht, kommen jetzt zwei weitere wichtige Begriffe ins Spiel: das Elementarereignis und der Ergebnisraum.

> Als Elementarereignis bezeichnet man das Ergebnis bei einer einmaligen Ausführung eines Zufallsexperiments.

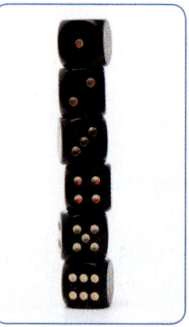

Beim normalen sechsseitigen Würfel gibt es sechs verschiedene Elementarereignisse: 1, 2, 3, 4, 5 und 6. Ein Elementarereignis muss aber nicht so beschaffen sein. Bei der Ziehung der Lottozahlen umfasst das Elementarereignis beispielsweise alle gezogenen Zahlen.

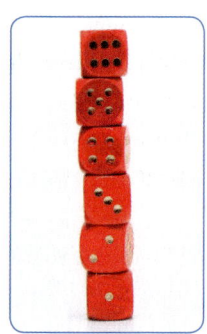

Die sechs Elementarereignisse eines Würfels

> Nehmen wir alle Elementarereignisse und fassen sie in einer Menge zusammen, erhalten wir eine Menge mit dem Namen Ergebnisraum. Diese Menge wird mit einem besonderen Buchstaben, dem Ω, gekennzeichnet.

Ein paar Beispiele zeigen, was unter Ω zu verstehen ist:

Die Elementarereignisse beim Würfeln hatten wir ja bereits aufgezählt. Daraus folgt für den Ergebnisraum:
$\Omega_{Würfel} = \{1, 2, 3, 4, 5, 6\}$

Bei mehreren Würfeln ist die Wahrscheinlichkeit, mit wenigstens einem der Würfel ein bestimmtes Elementarereignis zu würfeln, natürlich entsprechend größer.

Beim Münzwurf gibt es die beiden Elementarereignisse „Kopf" und „Zahl", der Ergebnisraum sieht also so aus:

$$\Omega_{M\ddot{u}nze} = \{Kopf, Zahl\}$$

Wissenswertes über Ereignisse

Nachdem Sie nun einiges über das Elementarereignis erfahren haben, wollen wir einen weiteren wichtigen Begriff aus der Wahrscheinlichkeitsrechnung ins Spiel bringen: das Ereignis. Und hier ist jetzt auch Aufmerksamkeit geboten, denn die beiden so ähnlichen Begriffe Elementarereignis und Ereignis hängen zwar miteinander zusammen, sind aber auf keinen Fall synonym zu verwenden. Hier kommt es, wenn man nicht gut aufpasst, oft zu Verwirrungen.

Ereignisse werden mit Großbuchstaben bezeichnet.

> Eine beliebige Teilmenge des Ergebnisraums bezeichnet man als Ereignis A.

Um die Definition des Ereignisses ein wenig klarer zu machen und auch die Abgrenzung zum Elementarereignis ein wenig deutlicher herauszuarbeiten, wollen wir nun ein paar Beispiele für Ereignisse nennen.

Sie haben eben bereits erfahren, dass es für den Wurf mit einem sechsseitigen Würfel sechs verschiedene Elementarereignisse (nämlich 1, 2, 3, 4, 5, und 6) gibt. Nun gibt es eine ganze Reihe denkbarer Ereignisse. So stellt „die gewürfelte Augenzahl ist gerade" ein mögliches Ereignis dar. Das Ereignis ist also – in Zahlen ausgedrückt – $\{2, 4, 6\}$. Wenn Sie also eine dieser drei Zahlen würfeln, ist das Ereignis eingetreten. Der eben genannten Definition genügt dieses Ereignis auch, denn zweifelsohne ist $\{2, 4, 6\}$ eine Teilmenge des Ereignisraums $\{1, 2, 3, 4, 5, 6\}$.

Sie können sich auch eine Urne vorstellen – mit Urnen werden Sie es im Laufe dieses Kapitels übrigens immer wieder zu tun bekommen. Stellen Sie sich darunter aber besser ein Gefäß vor, aus dem Sie bestimmte Dinge ohne hinzusehen ziehen können, und nicht ein solches, in das Sie die Asche kürzlich Verblichener einfüllen. In unserer Urne befinden sich nun gelbe und orange Kugeln.

 Die Elementarereignisse sind das Ziehen einer gelben Kugel bzw. das Ziehen einer orangen Kugel. Der Ergebnisraum sieht also so aus: {*orange, gelb*}. Ein mögliches Ereignis ist nun das Ziehen einer orangen Kugel. Ein anderes Ereignis könnte „Zuerst eine gelbe und dann eine orange Kugel ziehen" heißen.

Bevor wir gleich darangehen, mit Ereignissen ein wenig zu rechnen, wollen wir noch zwei ganz besondere Ereignisse einführen: das sichere und das unmögliche Ereignis.

> Als sicheres Ereignis bezeichnet man ein Ereignis, das immer eintritt. Entsprechend heißt ein Ereignis, das nie eintreten kann, unmögliches Ereignis.

Anders ausgedrückt entspricht das sichere Ereignis dem Ergebnisraum Ω. Um bei unserem Würfelbeispiel zu bleiben, hieße das sichere Ereignis „Die Augenzahl beträgt 1, 2, 3, 4, 5 oder 6". Das unmögliche Ereignis entspricht der leeren Menge { }. Als Beispiel kann hier das Ereignis „Die Augenzahl beträgt eine 7" herhalten. (Es versteht sich natürlich von selbst, dass hier mit nur einem Würfel gewürfelt wird.)
Die Menge aller möglichen Ereignisse bezeichnet man übrigens auch als Ereignisraum.

Rechnen mit Ereignissen

Vielleicht gehören auch Sie zu den Menschen, die immer mit dem Schlimmsten rechnen, also immer damit rechnen, dass bestimmte Ereignisse (nämlich in aller Regel negative) auch eintreten werden. Um diese Form des Mit-Ereignissen-Rechnens soll es hier aber nicht gehen. Wir wollen auch im Zusammenhang mit Ereignissen „echte" Mathematik betreiben.

Mathematische Verknüpfungen von Ereignissen kommen dann zum Einsatz, wenn sich ein Zufallsexperiment aus mehreren Elementen zusammensetzt. Sie werden feststellen, dass das Rechnen mit Ereignissen eng mit der Mengenlehre verknüpft ist.

Bei den folgenden Betrachtungen gehen wir der Einfachheit halber von zwei Ereignissen A und B aus. Sie können das Gesagte aber problemlos auf weitere Ereignisse ausweiten.

A oder B

Sehen wir uns zunächst einmal die Menge der Elementarereignisse an, die mindestens zu einem der beiden Ereignisse A oder B gehören. Wir haben es hier dann mit der Vereinigungsmenge von A und B zu tun und können auch schreiben:

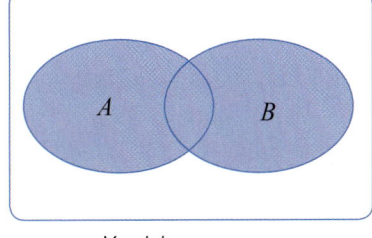

Vereinigungsmenge

$$A + B = A \cup B$$

Das Ereignis $A \cup B$ ist also ein Ereignis, das eintritt, wenn A oder B eintritt (oder wenn beide zugleich eintreten).

A und B

Die Menge der Ereignisse, die sowohl zu A als auch zu B gehören, ist natürlich die Schnittmenge der beiden.

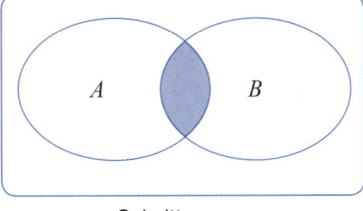

Schnittmenge

$$A \cdot B = A \cap B$$

Das Ereignis $A \cap B$ ist folglich ein Ereignis, das eintritt, wenn A und B gleichzeitig eintreten.

Wenn die Schnittmenge zwischen zwei Ereignissen A und B leer ist, nennt man diese beiden Ereignisse unvereinbar.

Differenz aus *A* und *B*

Die Differenzmenge von A und B enthält alle Ereignisse von A, die aber nicht zu B gehören. In der Mengenlehre ist diese Menge auch unter dem Begriff Restmenge bekannt.

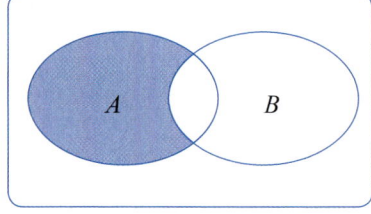

Restmenge

$$A - B = A \setminus B$$

Das Ereignis $A \setminus B$ tritt also dann ein, wenn A eintritt, B aber nicht.

Das Komplementärereignis

Ein Ereignis, das aus allen Elementen des Ergebnisraums Ω besteht, die nicht zu A gehören, nennt man Komplementärereignis zu A. Man schreibt $\overline{A}$.

$$\overline{A} = \Omega - A$$

$\overline{A}$ ist also das Ereignis, das eintritt, wenn A gerade nicht eintritt.

Einige Beispiele

An dieser Stelle wollen wir wieder einige Beispiele einfügen, die Ihnen das eben Gesagte noch einmal vor Augen führen. Zunächst einmal haben wir in der folgenden Tabelle sechs unterschiedliche Ereignisse zusammengestellt, die sich alle auf das Würfeln mit einem sechsseitigen Würfel beziehen (Sie sehen wieder: Mathematiker lieben Würfelspiele).

Merkmal	Ereignis
Augenzahl ist 6	$A_1 = \{6\}$
Augenzahl ist ungleich 3	$A_2 = \{1, 2, 4, 5, 6\}$
Augenzahl liegt zwischen 4 und 6	$A_3 = \{5\}$
Augenzahl ist eine Primzahl	$A_4 = \{2, 3, 5\}$
Augenzahl ist 7	$A_5 = \{\ \}$
Augenzahl ist ungerade	$A_6 = \{1, 3, 5\}$

In der nun folgenden Tabelle finden Sie einige der oben genannten Ereignisse miteinander verknüpft vor:

Merkmal	Ereignis
Augenzahl ist 6 oder eine Primzahl	$A_1 + A_4 = \{2, 3, 5, 6\}$
Augenzahl ist ungerade und ungleich 3	$A_6 \cdot A_2 = \{1, 5\}$
Augenzahl ist gerade	$\overline{A_6} = \Omega - A_6 = \{2, 4, 6\}$
Augenzahl ist eine Primzahl und ungleich 5	$A_4 - A_3 = A_4 \cdot \overline{A_3} = \{2, 3\}$

Bei diesen Beispielen wäre es natürlich auch noch recht leicht gewesen, sich die Ergebnisse einfach so vorzustellen. Wenn die ganze Angelegenheit aber etwas komplizierter wird, ist man bisweilen froh, diese mathematischen Operationen durchführen zu können.

A zieht B nach sich

Ereignisse können auch in anderen Beziehungen zueinander stehen, als in denen, die wir gerade behandelt haben. Solchen Beziehungen wollen wir uns nun kurz widmen.

Stellen Sie sich an dieser Stelle einmal ein Fußballspiel vor. Ihr Lieblingsverein spielt und es fällt ein Tor (natürlich für „Ihre Jungs"). Das wollen wir als Ereignis A betrachten. Nun schleichen sichtlich geknickte Gegner zum Mittelpunkt und führen den Anstoß aus. Dies sei unser Ereignis B. Das hätten sie natürlich nicht getan, wenn der Schuss „Ihres" Teams an die Latte anstatt ins Tor gegangen wäre. Hier ist es also so, dass der Schuss ins Tor den Wiederanstoß nach sich zieht. Oder aber: Ereignis A zieht Ereignis B nach sich. Diesen Sachverhalt kann man auch so schreiben:

Volltreffer!

> $A \Rightarrow B$, sprich: A zieht B nach sich.

Bisweilen schreibt man hier auch $A \subset B$. Man kann in einem solchen Fall auch sagen: Wenn A eingetreten ist, ist auch B eingetreten.

Absolute und relative Häufigkeit

Bislang haben wir uns also mehr oder weniger erfolgreich (aber eigentlich doch eher mehr erfolgreich) im Ereignisraum eines Zufallsexperiments herumgetrieben. Diese Tätigkeit hat ohne Zweifel ihren Reiz, aber auf Dauer möchte man in der Wahrscheinlichkeitsrechnung noch andere Dinge herausfinden, z. B., mit welcher Wahrscheinlichkeit ein bestimmtes Ereignis eintritt.

Bevor wir dazu kommen, wollen wir noch kurz zwei weitere Begriffe einführen, die absolute und die relative Häufigkeit.

Um diese Begriffe zu erklären, wenden wir uns wieder dem Würfelspiel zu. Stellen Sie sich also vor, Sie sind stolzer Besitzer eines sechsseitigen Würfels und würfeln munter vor sich hin. Weil Sie ja Mathematiker sind, protokollieren Sie die Würfelergebnisse. Besonders spannend finden Sie die Frage, wie häufig die 3 gewürfelt wird. Die Zahl, die Sie nach einer bestimmten Anzahl an Würfen auf dem Protkollbogen hinter der 3 stehen haben, bezeichnet die absolute Häufigkeit des Ereignisses „Augenzahl beträgt 3".

> Die absolute Häufigkeit des Ereignisses A schreibt man als $H(A)$.

Nun gibt es aber ein Problem mit dieser absoluten Häufigkeit. Sie können Ihr Ergebnis nämlich nur sehr schlecht mit den Ergebnissen anderer Mathematiker, denen auch ein Würfel gehört, vergleichen. Das geht nur, wenn Sie alle exakt gleich viele Würfe machen, und dazu bedarf es einer genauen Absprache. Schöner wäre es also, eine Häufigkeit zu haben, die einen Wert unabhängig von der Anzahl der Würfe liefert. Und eine solche Häufigkeit gibt es auch, nämlich die relative Häufigkeit. Sie zu ermitteln, ist ganz einfach. Teilen Sie einfach die absolute Häufigkeit durch die Anzahl der Versuche.

> Die relative Häufigkeit eines Ereignisses A schreibt man als $h(A)$.
> Dabei gilt $h(A) = \dfrac{H(A)}{n}$, wobei n die Anzahl der Versuche ist.

Wahrscheinlichkeiten

Jetzt, da wir die nötigen Grundlagen geklärt haben, können wir uns zu einem der großen Zentren der Stochastik vorwagen, dem Begriff der Wahrscheinlichkeit. Wenn wir umgangssprachlich von einem wahrscheinlich eintreffenden Ereignis sprechen, wollen wir damit ausdrücken, dass das Ereignis eher stattfinden als ausfallen wird. Wirklich genau ist diese Begrifflichkeit also nicht. In der Mathematik sieht das aber – wie so oft – ganz anders aus.

Im letzten Kapitel haben Sie die relative und die absolute Häufigkeit eines Ereignisses kennen- – und hoffentlich auch schätzen – gelernt. Wir wollen nun an diese Begriffe einmal anknüpfen. Wir hatten – zur Erinnerung – die relative Häufigkeit $h(A)$ eines Ereignisses A so definiert:

$h(A) = \dfrac{H(A)}{n}$, wobei $H(A)$ die absolute Häufigkeit des Ereignisses und n die Anzahl der Versuche ist.

Die Ergebnisse werden natürlich immer besser, je häufiger Sie den Versuch wiederholen. Vor allem werden Sie feststellen, dass der Wert, den Sie für die relative Häufigkeit errechnen können, bei sehr vielen Versuchen langsam aber sicher konstant wird, sich also nicht mehr nennenswert verändert. Der Wert, dem die relative Häufigkeit zustrebt, wird als statistische Wahrscheinlichkeit bezeichnet.

Die Wahrscheinlichkeit des Ereignisses A schreibt man kurz $P(A)$. Das P hat man übrigens in Anlehnung an das englische „probability" gewählt, das übersetzt „Wahrscheinlichkeit" heißt.

Laplace-Experimente

Eine besonders schöne Art von Zufallsexperimenten hat ihren Namen nach dem französischen Mathematiker und Astronomen Pierre Simon Laplace (1749–1827) erhalten.

Pierre Simon Laplace beschäftigte sich mit Wahrscheinlichkeitstheorie und Differenzialrechnung.

> Ein Zufallsexperiment nennt man Laplace-Experiment, wenn es nur endlich viele Elementarereignisse gibt und diese jeweils dieselbe Wahrscheinlichkeit haben.

Auch wenn es selten vorkommt, eine Münze kann auf dem Rand stehen bleiben.

Um nicht immer an erster Stelle das Würfelspiel zu bemühen, wollen wir in diesem Fall einmal eine Münze werfen. Zwei mögliche Elementarereignisse können wir hier unterscheiden: Die Münze bleibt mit dem Wappen oben oder mit der Zahl oben liegen (die Möglichkeit, dass sie auf dem Rand stehen bleiben könnte, vernachlässigen wir hier einmal). Die Anzahl der Elementarereignisse ist also offenbar endlich. Außerdem ist bei einer handelsüblichen und nicht manipulierten Münze die Wahrscheinlichkeit, dass eines der beiden Ereignisse eintritt, gleich groß. Der Münzwurf stellt folglich ein Laplace-Experiment dar.

Nun gehen wir einen kleinen Schritt weiter und rechnen aus, wie hoch die Wahrscheinlichkeit denn tatsächlich ist. Eines der beiden Elementarereignisse tritt immer ein. Also ist die Wahrscheinlichkeit, dass es eintritt $\frac{1}{2}$.

An dieser Stelle werden wir nun wieder den Würfel zurate ziehen (das machen wir übrigens nicht, weil uns nichts Besseres einfällt, sondern weil der Würfel ein ganz hervorragendes Beispiel darstellt, das jedem von Ihnen geläufig ist und daher keiner weiteren umständlichen Erklärungen bedarf), denn die Münze hält einfach zu wenige Elementarereignisse für unsere nächste Betrachtung bereit. Beim Würfel gibt es sechs Elementarereignisse. Die Wahrscheinlichkeit, dass eines von ihnen eintritt, beträgt also $\frac{1}{6}$.

So weit, so gut! Wie sieht es aber mit der Wahrscheinlichkeit aus, dass Sie eine gerade Zahl würfeln? Drei von den sechs Elementarereignissen sind gerade Zahlen. Die Wahrscheinlichkeit beträgt nun also $\frac{3}{6} = \frac{1}{2}$.

Etwas allgemeiner ausgedrückt können Sie die Wahrscheinlichkeit $P(A)$ eines Ereignisses A in einem Laplace-Experiment so berechnen:

$$P(A) = \frac{\text{Anzahl der für } A \text{ günstigen Fälle}}{\text{Anzahl der möglichen Fälle}}$$

Unter „für A günstigen Fälle" versteht man die Fälle, in denen das Ereignis A eintritt (im Würfelbeispiel von eben also die 3).

Laplace oder nicht Laplace?

Schauen wir uns nun noch ein paar weitere Zufallsexperimente an und treffen wir eine Entscheidung darüber, in welchem Fall es sich um ein Laplace-Experiment handelt und wann nicht.

Auch das Würfeln mit einem sechsseitigen Würfel genügt auf jeden Fall den Anforderungen, die Herr Laplace an seine Experimente gestellt hat. Es gibt nur endlich viele Elementarereignisse (nämlich sechs) und bei einem sorgsam gefertigten Exemplar ist die Wahrscheinlichkeit, dass es eintritt, für jedes dieser sechs Ereignisse gleich groß.

Auch das Ziehen der Lottozahlen fällt unter diese Kategorie. Hier gibt es knapp 14 Millionen Zahlenkombinationen (genau sind es 13.983.816), die einem Sechser im Lotto entsprechen. Die Zahl ist also schon reichlich groß, aber keineswegs unendlich. Die erste Bedingung für ein Laplace-Experiment ist also erfüllt. Die Wahrscheinlichkeit, dass eine dieser Kombinationen gezogen wird, ist genauso groß wie die Wahrscheinlichkeit, dass eine andere den Geldsegen bringt. Somit können wir auch ein Häkchen hinter der zweiten Bedingung machen. Ein ansehnlicher Bestandteil der Bevölkerung nimmt also jeden Mittwoch und Samstag an einem Laplace-Experiment teil.

Schauen wir uns nun ein etwas anders geartetes Szenario an. Auch hier wird Ihnen eine alte Bekannte begegnen, nämlich die bei den Mathematikern so beliebte Urne. In dem Fall, den wir nun betrachten möchten, soll sie mit 10 roten Kugeln, 15 blauen Kugeln und 5 grünen Kugeln gefüllt sein. Wichtig ist zudem, dass die Kugeln mit der gleichen Farbe nicht voneinander unterschieden werden können. Bei diesem Versuchsaufbau können wir nicht von einem Laplace-Experiment ausgehen. Die Wahrscheinlichkeit, eine rote, blaue oder grüne Kugel zu ziehen, ist nicht gleich groß. Um das festzustellen, müssen wir keine komplizierten Berechnungen anstellen.

Jetzt ist es aber an der Zeit, Ihnen einmal mehr einen kleinen, aber feinen mathematischen Trick vorzuführen. Wir stellen uns nämlich jetzt dasselbe Urnenszenario wie im vorangehenden Abschnitt vor. Diesmal nehmen wir am Versuchsaufbau aber eine winzig kleine Änderungen vor: Wir versehen alle Kugeln fortlaufend mit einer Nummer. Durch diese kleine Änderung werden plötzlich alle Kugeln voneinander unterscheidbar. Nun können wir auch ausrechnen, mit welcher Wahrscheinlichkeit eine Kugel von bestimmter Farbe gezogen wird.

Insgesamt haben wir es mit 30 Kugeln zu tun, die Zahl der möglichen Fälle ist also 30. Hier kommen nun die einzelnen Wahrscheinlichkeiten:

$$P(rot) = \frac{10}{30} = \frac{1}{3}$$

$$P(blau) = \frac{15}{30} = \frac{1}{2}$$

$$P(grün) = \frac{5}{30} = \frac{1}{6}$$

Das hätte nicht funktioniert, wenn wir vorher unseren kleinen Trick nicht angewendet hätten. Das Beste an diesem Trick ist überhaupt, dass Sie die Kugeln nicht in der Realität durchnummerieren müssen. Es reicht aus, wenn Sie das in Ihrem Kopf erledigen. Nachdem die Wahrscheinlichkeiten für die Kugeln der verschiedenen Farben berechnet sind, können Sie die virtuellen Zahlen auf den einzelnen Kugeln getrost vergessen. Wir haben erreicht, was wir erreichen mussten, und können nun die Wahrscheinlichkeiten aller möglichen Zufallsexperimente im Zusammenhang mit unserem Experiment berechnen (wie das geht, erfahren Sie später noch).

Diesen kleinen Trick, der vielleicht wie eine etwas überkandidelte Spielerei anmuten mag, sollten Sie sich auf jeden Fall gut merken. Um genauer zu sein, merken Sie sich das Prinzip, das dahintersteckt:

> Versuchen Sie, wenn Sie vor der Aufgabe stehen, Wahrscheinlichkeiten zu berechnen, das vorliegende Experiment immer auf ein Laplace-Experiment zurückzuführen.

Wahrscheinlichkeit nach Kolmogorow

Der russische Mathematiker Andrei Nikolajewitsch Kolmogorow (1903–87) hat sich in seiner Arbeit immer wieder mit der Wahrscheinlichkeitsrechnung beschäftigt. Eine seiner bedeutendsten wissenschaftlichen Leistungen besteht darin, die Wahrscheinlichkeitsrechnung auf einige wichtige, unumstößliche Grundsätze zurückzuführen. Diese Grundsätze werden Axiome genannt (solche Axiome werden in einigen Quellen auch augenzwinkernd als

Andrei Kolmogorow

„Vereinbarungen, nicht immer weiter ‚warum ist das so?‘ zu fragen" beschrieben).

Drei wichtige Axiome beschreiben die Wahrscheinlichkeit nach Kolmogorow:

> 1) Für jedes Ereignis A gilt: $0 \leq P(A) \leq 1$.
> 2) Das sichere Ereignis hat die Wahrscheinlichkeit 1; $P(\Omega) = 1$.
> 3) Sind zwei Ereignisse A und B elementfremd (ist also ihre Schnittmenge leer), so ist die Wahrscheinlichkeit für ihre Vereinigungsmenge gleich der Summe der Einzelwahrscheinlichkeiten; $P(A \cup B) = P(A) + P(B)$.

Die beiden ersten Axiome dürften ohne große Schwierigkeiten klar sein, aber wie sieht es mit der Nummer 3 aus? Hier bringt ein kleines Beispiel Licht ins Dunkel und zeigt, dass eigentlich auch dieser Satz recht trivial (wieder einmal dieses wundervolle Wort!) ist.

Wir nehmen wieder einmal den Würfel zur Hand und definieren zwei Ereignisse A und B.

Ereignis A: Augenzahl ist gerade

Ereignis B: Augenzahl ist 1 oder 3

Es bedarf hier keiner langen Grübeleien, um sich darüber klar zu werden, dass diese beiden Ereignisse elementfremd sind (oder disjunkt, wie man in diesem Zusammenhang auch sagt).

Die Wahrscheinlichkeit, dass Sie eine gerade Augenzahl würfeln, ist $\frac{1}{2}$, die Wahrscheinlichkeit, dass die Augenzahl 1 oder 3 ist, liegt bei $\frac{1}{3}$. Die Wahrscheinlichkeit, dass eines dieser beiden Ereignisse eintritt, liegt laut Kolmogorow bei $\frac{1}{2} + \frac{1}{3} = \frac{5}{6}$. Dass diese Rechnung stimmt, lässt sich ganz einfach nachvollziehen. Die Würfe, die Ereignis A erfüllen, sind $\{2, 4, 6\}$, Ereignis B wird von $\{1, 3\}$ erfüllt. Die Vereinigungsmenge dieser beiden Mengen ist $\{1, 2, 3, 4, 6\}$, enthält also 5 von 6 möglichen Ereignissen.

Diese sogenannte Additionsregel lässt sich übrigens auch auf mehrere Ereignisse A_1, A_2, A_3, ..., A_n ausdehnen. Die Voraussetzung ist hier, dass diese Ereignisse paarweise disjunkt sind. Das bedeutet, dass jeweils zwei beliebige dieser Ereignisse eine leere Schnittstelle besitzen. In diesem Fall gilt dann:

$$P(A_1 \cup A_2 \cup A_3 \cup ... \cup A_n) = P(A_1) + P(A_2) + P(A_3) + ... + P(A_n)$$

Aus den drei Axiomen von Kolmogorow lassen sich unmittelbar noch einige weitere Folgerungen formulieren:

4) Die jeweilige Wahrscheinlichkeit von Ereignis und Gegenereignis ergibt addiert 1; $P(A) + P(\overline{A}) = 1$.

5) Die Wahrscheinlichkeit des unmöglichen Ereignisses ist gleich 0; $P(\{\ \}) = 0$.

Bleiben wir noch kurz bei dem Begriff Gegenereignis aus Ziffer 4. Was genau soll man sich darunter vorstellen? Wahrscheinlich ist die Idee, die Sie jetzt alle irgendwo in Ihren

Köpfen wälzen, richtig. Man könnte das Gegenereignis von Ereignis A umgangssprachlich mit „Ereignis A tritt nicht ein" beschreiben.

Betrachten wir als Beispiel noch einmal kurz eine Urne. Diesmal soll sie mit roten und schwarzen Kugeln gefüllt sein. Als Ereignis A definieren wir: Es wird eine rote Kugel gezogen. Demnach können wir als Gegenereignis $\overline{A}$ benennen: Es wird keine rote Kugel gezogen.

Dieser Sachverhalt ist also wirklich denkbar einfach – und das nicht nur in unserem simplen Beispiel.

Zwei weitere wichtige Sätze dürfen an dieser Stelle nicht fehlen. Diese Sätze werden Sie bei der „alltäglichen" Rechnerei mit Wahrscheinlichkeiten immer wieder verwenden, deshalb merken Sie sich diese am besten gut:

> Wenn Sie zwei Ereignisse A und B mit „oder" verknüpfen, können Sie die Wahrscheinlichkeit nach folgender Formel berechnen:
> $$P(A \cup B) = P(A) + P(B) - P(A \cap B)$$
> Sind die beiden Ereignisse mit „und" verknüpft, hilft Ihnen diese Formel weiter:
> $$P(A \cap B) = P(A) + P(B) - P(A \cup B)$$

Mehrstufige Zufallsexperimente

Mit der Additionsregel deutete sich schon an, dass ein Zufallsexperiment nicht unbedingt immer nur aus einem einzigen Ereignis bestehen muss, es kann auch zu einer Verknüpfung von mehreren Ereignissen kommen. Wenn Sie es mit einer Verknüpfung mehrerer Ereignisse zu tun haben, spricht man auch von mehrstufigen Zufallsexperimenten.

Bei mehrstufigen Zufallsexperimenten ist es nicht immer ganz einfach, den Überblick zu bewahren. Hier kann es dann mitunter sinnvoll sein, sich den Ablauf des Experiments in grafischer Form vor Augen zu führen. Sogenannte Baumdiagramme erledigen in diesem Zusammenhang einen hervorragenden Job. Wie man ein solches Baumdiagramm anlegt und – vor allem – wie man dann mit ihm arbeitet, wollen wir Ihnen anhand eines Beispiels zeigen.

Losglück und Nieten – Baumdiagramme

Dazu begeben wir uns zusammen auf den Rummelplatz. Da Ihnen vom Achterbahnfahren immer schlecht wird und Ihnen die anderen Karussells zu teuer sind, wollen Sie mal wieder intensiv Ihr Glück bei den Losbuden probieren. Sie wollen es zunächst einmal ruhig angehen lassen und gucken sich drei Losbuden aus. Die Erste hat eine Gewinnwahrscheinlichkeit von 0,3, die Zweite von 0,4 und die Dritte von 0,45. Sie ziehen bei jeder Losbude genau ein Los. Mit welcher Wahrscheinlichkeit verlieren Sie dabei einmal?

An dieser Kirmeslosbude locken die verschiedensten Gewinne.

Der Zufall schlägt hier gleich in mehreren, nämlich in drei Stufen (eine an jeder Losbude), zu. Wie das genau aussieht, lässt sich prima mit einem Baumdiagramm zeigen:

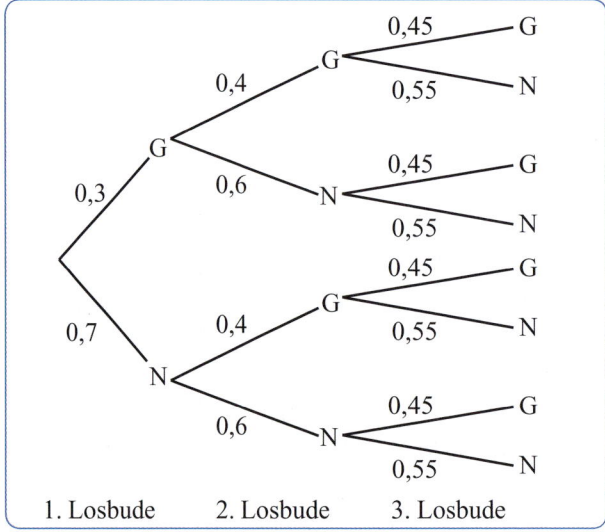

Baumdiagramm für 3 Losbuden. N=Niete, G=Gewinn

Nun können Sie sehen, dass Sie recht bequem den einzelnen Zweigen des Baumes folgen können und so alle möglichen Kombinationen auch erreichen. Nehmen wir einmal an, Sie ziehen an der ersten Losbude eine Niete und an der zweiten und dritten Bude jeweils einen Gewinn. Der Pfad, der dabei zustande kommt, ist in der nächsten Grafik mit roter Farbe markiert.

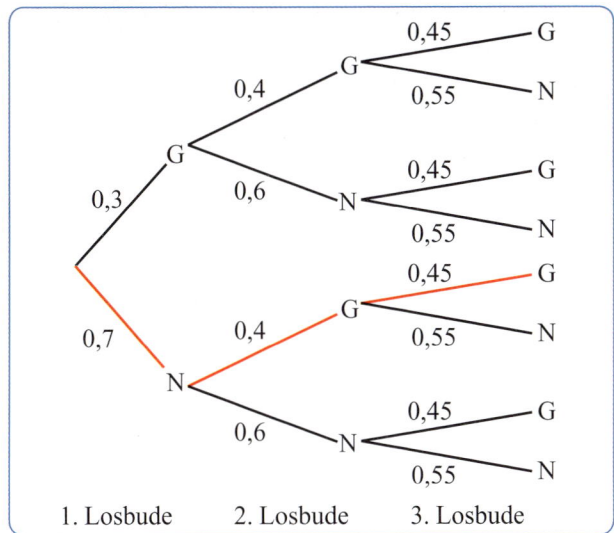

Pfad für die drei Elementarereignisse Niete – Gewinn – Gewinn

Wie berechnen wir nun aber die Wahrscheinlichkeit, dass genau dieses von uns markierte Ergebnis auch eintritt?

Hier kommen zwei spezielle Rechenregeln, die auch Pfadregeln genannt werden, ins Spiel. Bevor wir sie nennen, wollen wir noch kurz einen Begriff klären. Der Pfad, den wir hier markiert haben, also Niete an der ersten Losbude, Gewinn an der zweiten Losbude und Gewinn an der dritten Losbude (oder auch

Gewinn oder Niete?

kurz NGG), bezeichnet man auch als Ausfall (weil das Experiment in dieser Ausprägung genauso ausgefallen ist). Doch nun zu den Pfadregeln.

> 1) Wenn Sie die Wahrscheinlichkeit eines Ausfalls bei einem mehrstufigen Zufallsexperiment suchen, müssen Sie die Teilwahrscheinlichkeiten längs des entsprechenden Weges im Baumdiagramm multiplizieren. Diese Regel wird auch Produktregel genannt.
>
> 2) Wenn Sie die Wahrscheinlichkeit eines Ereignisses suchen, das sich aus mehreren Ausfällen zusammensetzt, müssen Sie die Summe der Wahrscheinlichkeiten der einzelnen Ausfälle berechnen. Diese Regel wird auch Summenregel genannt.

Um das Ganze jetzt noch ein wenig zu veranschaulichen, wollen wir zunächst die einzelnen Ausfälle in unserem Beispiel berechnen. Dabei arbeiten wir uns langsam von oben nach unten vor:

$P(GGG) = 0,3 \cdot 0,4 \cdot 0,45 = 0,054$
$P(GGN) = 0,3 \cdot 0,4 \cdot 0,55 = 0,066$
$P(GNG) = 0,3 \cdot 0,6 \cdot 0,45 = 0,081$
$P(GNN) = 0,3 \cdot 0,6 \cdot 0,55 = 0,099$
$P(NGG) = 0,7 \cdot 0,4 \cdot 0,45 = 0,126$
$P(NGN) = 0,7 \cdot 0,4 \cdot 0,55 = 0,154$
$P(NNG) = 0,7 \cdot 0,6 \cdot 0,45 = 0,189$
$P(NNN) = 0,7 \cdot 0,6 \cdot 0,55 = 0,231$

Langsam, aber sicher kommen wir unserem Ergebnis immer näher. Uns interessieren ja laut Fragestellung die Ausfälle, die genau eine Niete beinhalten. Das sind in unserem Fall $P(GGN)$, $P(GNG)$ und $P(NGG)$. Die anderen Fälle müssen wir zur Lösung unserer Aufgabe gar nicht betrachten, wir haben sie aber – quasi zur Übung – in die obige Auflistung mit aufgenommen.

Leider nur Nieten.

Doch lassen Sie uns nun endlich den letzten Schritt machen. Wir haben die Wahrscheinlichkeiten der für uns interessanten Ausfälle ermittelt und müssen nun noch die Wahrscheinlichkeit des Ereignisses aus der Fragestellung berechnen. Hier kommt nun die Summenregel zum Tragen. Sie erhalten also:

$$P(\text{nur eine Niete}) = P(GGN) + P(GNG) + P(NGG) = 0,066 + 0,081 + 0,126 = 0,273$$

Ebenso gut könnten wir nun noch fragen, mit welcher Wahrscheinlichkeit Sie mindestens einmal gewinnen. Hier gibt es nur einen einzigen Ausfall, den wir nicht berücksichtigen müssen, nämlich $P(NNN)$, weil hier nur Nieten vorkommen. Wir können uns nun die Rechnung schön einfach machen und schreiben:

$$P(\text{mindestens einmal gewinnen}) = 1 - P(NNN) = 1 - 0,231 = 0,769$$

Bedingte Wahrscheinlichkeiten

Bevor wir uns nun ein wenig ausführlicher mit den sogenannten bedingten Wahrscheinlichkeiten auseinandersetzen, wollen wir noch einige wenige Bemerkungen zu einigen der Wahrscheinlichkeiten, wie wir sie bislang kennengelernt haben, fallen lassen.

Stochastische Unabhängigkeit

Wenn Sie beispielsweise einen Würfel werfen, können Sie das so oft machen, wie Sie möchten, das Ergebnis des jeweils nächsten Wurfs ist vollkommen unabhängig von den Würfen vorher. Solche Ereignisse werden in der Mathematik auch als stochastisch unabhängig bezeichnet.

Die Wahrscheinlichkeit, im ersten Wurf zum Beispiel eine ungerade Zahl zu werfen, beträgt – das haben wir bereits weiter oben ausgerechnet – $\frac{1}{2}$. Die Wahrscheinlichkeit, in einem zweiten Wurf eine 4 zu würfeln, beträgt $\frac{1}{6}$, auch das ist Ihnen nicht neu. Wenn wir jetzt ausrechnen möchten, wie groß die Wahrscheinlichkeit ist, im ersten Wurf eine ungerade Zahl und im zweiten Wurf eine 4 zu würfeln, müssen wir das Produkt beider Wahrscheinlichkeiten bemühen und erhalten:

$$P = \frac{1}{2} \cdot \frac{1}{6} = \frac{1}{12}$$

Dieses Beispiel können wir nun verallgemeinern und kommen so zu einer mathematischen Beschreibung stochastisch unabhängiger Ereignisse.

> Zwei Ereignisse A und B werden stochastisch unabhängig genannt, wenn gilt:
> $P(A \cap B) = P(A) \cdot P(B)$

... unter der Bedingung von ...

Um eine bedingte Wahrscheinlichkeit erreichen zu können, werden mindestens zwei Ereignisse benötigt. Eine bedingte Wahrscheinlichkeit tritt nämlich dann auf, wenn ein bestimmtes Ereignis unter der Voraussetzung stattfindet, dass vorher ein anderes Ereignis eingetreten ist.

Ein ganz einfaches Beispiel dafür ist eine Urne, in der rote und schwarze Kugeln liegen. Wenn Sie nun nacheinander aus dieser Urne Kugeln ziehen, ohne die gezogenen Kugeln wieder zurückzulegen, so hat ein vorhergehendes Ereignis natürlich auf die Wahrscheinlichkeit des nachfolgenden Ereignisses einen ganz klaren Einfluss. Mit anderen Worten: Wenn Sie eine rote Kugel ziehen und diese dann nicht wieder zurück in die Urne legen, ist im nächsten Zug die Wahrscheinlichkeit, wieder eine rote Kugel zu ziehen, geringer.

> Die bedingte Wahrscheinlichkeit von B unter der Bedingung von A schreibt man $P(B|A)$.

Lästige Spam-Mails

Das mag nun alles auf den ersten Blick ein wenig kompliziert klingen – und ganz so trivial ist das Problem der bedingten Wahrscheinlichkeiten auch tatsächlich nicht –, aber wir werden versuchen, mit einem weiteren Beispiel, das aus dem prallen Leben gegriffen ist, etwas mehr Licht ins Dunkel zu bringen.

Laut einer Umfrage nutzen mehr als 80 Prozent der Deutschen E-Mails als Mittel zur Kommunikation. Das wundert wenig, denn die E-Mail stellt ein schnelles und bequemes Kommunikationsmittel dar. Allerdings hat auch sie ungewollte Nebenwirkungen, nämlich unverlangte Werbemails, kurz Spam genannt. Zu den Spitzenreitern bei diesen unerwünschten Nachrichten zählt die Werbung für „Viagra". Nehmen wir einmal folgendes Szenario an:

85 Prozent der E-Mails, die sie bekommen, sind Spam.
In 45 Prozent der Spam-Mails und in 2 Prozent der „guten" Mails kommt das Wort „Viagra" vor.

Die Frage, die wir stellen wollen, lautet:
Wie groß ist die Wahrscheinlichkeit, dass eine Mail, von der Sie wissen, dass sie das Wort „Viagra" enthält, Spam ist?

Formulieren wir hier zunächst einmal die beiden Ereignisse, die wir benötigen:
Ereignis A: Die E-Mail enthält das Wort „Viagra".
Ereignis B: Die E-Mail ist Spam.

Wir können nun schon einige Wahrscheinlichkeiten bestimmen:
– Wahrscheinlichkeit einer Spam-Mail (Ereignis B): 0,85
– Wahrscheinlichkeit einer guten Mail: 0,15
– Wahrscheinlichkeit einer Spam-Mail mit Viagra: $0,85 \cdot 0,45 = 0,3825$
– Wahrscheinlichkeit einer guten Mail mit Viagra: $0,15 \cdot 0,02 = 0,003$
– Wahrscheinlichkeit einer Mail mit Viagra (Ereignis A): $0,3825 + 0,003 = 0,3855$

Nun sind wir also schon einmal ein gutes Stück weitergekommen und haben einige wichtige Wahrscheinlichkeiten ausgerechnet. Damit sind wir natürlich auch der Antwort auf unsere ursprüngliche Frage näher, allerdings haben wir sie gegenwärtig noch nicht gefunden. Um das zu bewerkstelligen, ist es an dieser Stelle nötig, die entsprechende Formel einzuführen:

Die Wahrscheinlichkeit eines Ereignisses B unter der Bedingung A errechnet sich folgendermaßen:
$$P(B|A) = \frac{P(A \cap B)}{P(A)}$$

Die Wahrscheinlichkeit des Ereignisses A kennen wir bereits, sie liegt bei 0,3855. Nun müssen wir noch die Wahrscheinlichkeit bestimmen, dass Ereignis A und B eintreten. Wir suchen also nach der Wahrscheinlichkeit einer Spam-Mail, die den Begriff „Viagra" enthält. Auch diese Wahrscheinlichkeit haben wir bereits errechnet. Sie liegt bei 0,3825. Nun ist die Berechnung der bedingten Wahrscheinlichkeit nicht mehr schwer.

$$P(B|A) = \frac{0,3825}{0,3855} \approx 0,992$$

Das bedeutet nun, dass mit einer Wahrscheinlichkeit von 99,2 Prozent eine Mail, die das Wort „Viagra" enthält, eine Spam-Mail ist.

Lose ziehen

Um die ganze Angelegenheit noch ein wenig klarer zu machen, wollen wir an dieser Stelle noch ein weiteres Beispiel einfügen. Diesmal geht es um eine Lostrommel, in der sich 100 Lose befinden, darunter 40 rote und 60 blaue. Von den 40 roten Losen beinhalten 10 einen Gewinn, von den blauen sind 30 Lose Gewinnlose. Wir gehen nun von der Voraussetzung aus, dass Sie ein rotes Los gezogen haben, und möchten die Wahrscheinlichkeit berechnen, unter der es sich um einen Gewinn handelt. Mit anderen Worten: Wir fragen nach der Wahrscheinlichkeit des Ereignisses „Gewinn" unter der Bedingung „rot".

Unser Ereignis A ist also: Ein rotes Los wurde gezogen. Diese Wahrscheinlichkeit beträgt 0,4.
Das Ereignis B lautet schlicht und ergreifend: Ein Gewinn wurde gezogen.
Die Schnittmenge der beiden Ereignisse können wir umgangssprachlich so formulieren: Ein rotes Los, das gleichzeitig ein Gewinn ist, wurde gezogen. Freundlicherweise gibt uns die Aufgabenstellung bereits Aufschluss darüber, dass die Wahrscheinlichkeit hier bei 0,1 liegt.

Insgesamt können wir also die bedingte Wahrscheinlichkeit auf diese Weise berechnen:

$$P(B|A) = \frac{0,1}{0,4} = 0,25$$

Wenn Sie also ein rotes Los gezogen haben, beträgt die Wahrscheinlichkeit, dass es sich dabei um einen Gewinn handelt, folglich 25 Prozent.

Der Satz von Bayes

Mit der Behandlung des Satzes von Bayes, der auf den
englischen Mathematiker Thomas Bayes (1702–61)
zurückgeht, wird die Wahrscheinlichkeitsrechnung um
ein gutes Stück komplizierter. Tatsächlich empfehlen
sogar einige Einführungen in das Thema, den Satz gar
nicht erst zu behandeln, um Verwirrungen vorzubeugen.
Wir denken aber, dass wir Ihnen diesen Satz durchaus
zumuten können.

Thomas Bayes

Bisher haben Sie ja die Wahrscheinlichkeitsrechnung in folgendem Zusammenhang
kennengelernt: Wir haben uns bestimmte Zufallsexperimente ausgedacht oder angesehen und die Wahrscheinlichkeit ihres Ausgangs berechnet. In der Praxis sieht es
allerdings oft ganz anders aus. Dort ist dann nämlich ein Zufallsereignis aufgetreten
(das kann z. B. ein bestimmter Messwert sein) und man möchte nun gerne seine Ursache kennen. Insbesondere dann, wenn mehrere Ursachen infrage kommen, kann es
durchaus interessant sein, zu erfahren, welche Ursache mit welcher Wahrscheinlichkeit wirklich zu dem gemessenen Ergebnis geführt hat. Letztendlich läuft das Ganze
also darauf hinaus, eine bestimmte Wahrscheinlichkeit mit vertauschten Argumenten
zu berechnen.

Genau das macht der Satz von Bayes:

$$P(A|B) = \frac{P(A) \cdot P(B|A)}{P(B)}$$

Um mithilfe dieses Satzes eine solche Wahrscheinlichkeit mit vertauschten
Argumenten berechnen zu können, muss er allerdings erst ein wenig umgeformt
werden:

$$P(A|B) = \frac{P(A) \cdot P(B|A)}{P(A) \cdot P(B|A) + P(\overline{A}) \cdot P(B|\overline{A})}$$

Nachweis einer Krankheit

Das – und hiermit meinen wir vor allem die Formel – ist zunächst einmal starker Tobak, zugegeben. Aber auch hier kann ein kleines Beispiel helfen, der ganzen Angelegenheit ihren Schrecken zu nehmen.

Nehmen wir einmal an, 1 Prozent der Bevölkerung leidet an einer besonderen Krankheit, ohne es zu wissen. Nun wurde ein Test entwickelt, um diese Krankheit nachzuweisen. Dieser Test arbeitet recht gut, aber nicht mit 100-prozentiger Sicherheit. Bei vorhandener Krankheit zeigt der Test dies mit einer Wahrscheinlichkeit von 0,99 an. Ist die Krankheit nicht vorhanden, zeigt der Test dies mit einer Wahrscheinlichkeit von 0,90 an.

Für den behandelnden Arzt ist es natürlich wichtig, zu erfahren, mit welcher Wahrscheinlichkeit eine positiv getestete Person wirklich krank ist.

Hier definieren wir zunächst einmal wieder zwei Ereignisse:
Ereignis A: Die Person ist krank.
Ereignis B: Der Test liefert ein positives Ergebnis.

Nun können wir uns in einem weiteren Schritt einen Überblick über die bekannten Wahrscheinlichkeiten verschaffen. Dieser Schritt trägt ganz wesentlich dazu bei, eine größere Übersichtlichkeit in die Aufgabenstellung zu bringen. Sie sollten ihn also auf jeden Fall zu Papier bringen und nicht nur schnell im Kopf überschlagen:

$P(A) = 0,01$
$P(B|A) = 0,99$
$P(\bar{B}|\bar{A}) = 0,90$
$P(B|\bar{A}) = 0,10$

Berechnen möchten wir nun gerne $P(A|B)$. Wenn Sie sich noch einmal den Satz von Bayes ansehen, werden Sie erfreut feststellen, dass wir alle nötigen Wahrscheinlichkeiten bereits bestimmt haben und nun mit der Berechnung loslegen können:

$$P(A|B) = \frac{P(A) \cdot P(B|A)}{P(A) \cdot P(B|A) + P(\overline{A}) \cdot P(B|\overline{A})} = \frac{0{,}01 \cdot 0{,}99}{0{,}01 \cdot 0{,}99 + 0{,}99 \cdot 0{,}10} \approx 0{,}91$$

Das Ergebnis ist erstaunlich, zeigt es doch an, dass die Wahrscheinlichkeit für eine wirkliche Erkrankung bei einem positiven Testausgang nur bei 0,091 liegt. Der Test gibt hier also keine Sicherheit.

Defekte Werkstücke

Um diesen wirklich etwas komplizierten Sachverhalt noch ein wenig zu üben, wollen wir Ihnen hier ein weiteres Beispiel präsentieren.

Diesmal befinden Sie sich in der Maschinenhalle einer Fabrik. Dort gibt es zwei Maschinen, die wir *M1* und *M2* nennen wollen. Beide Maschinen produzieren Golfbälle. *M1*
kann 5000 Bälle pro Tag produzieren, *M2* kommt auf eine Rate von 4000 Bällen. Natürlich genügt nicht jeder produzierte Ball den hohen Qualitätsanforderungen. *M1* hat einen Ausschuss von 5 Prozent, bei *M2* sind es 3 Prozent. Ein Kontrolleur entnimmt der Produktion zufällig einen Golfball und erwischt ein Stück Ausschussware. Mit welcher Wahrscheinlichkeit stammt der unbrauchbare Ball von der Maschine *M1*?

Sie gehen wieder nach dem bekannten Schema vor und formulieren zunächst einige Ereignisse:
Ereignis *A*: Der ausgewählte Ball ist Ausschuss.
Ereignis *Ā*: Der ausgewählte Ball ist in Ordnung.
Ereignis *B*: Der ausgewählte Ball stammt von Maschine *M1*.
Ereignis *B̄*: Der ausgewählte Ball stammt von Maschine *M2*.

Wir können der Aufgabenstellung auch bereits wieder einige Wahrscheinlichkeiten entnehmen:
$$P(B) = \frac{5}{9}$$

$$P(\overline{B}) = \frac{4}{9}$$

$P(A|B) = 0{,}05$

$P(A|\overline{B}) = 0{,}03$

Diesmal suchen wir nach $P(B|A)$ und erhalten folgende Formel:

$$P(B|A) = \frac{P(B) \cdot P(A|B)}{P(B) \cdot P(A|B) + P(\overline{B}) \cdot P(A|\overline{B})} = \frac{\frac{5}{9} \cdot 0{,}05}{\frac{5}{9} \cdot 0{,}05 + \frac{4}{9} \cdot 0{,}03} \approx 0{,}68$$

Der unbrauchbare Ball stammt also mit einer Wahrscheinlichkeit von 68 Prozent von der Maschine *M1*.

Anwendungsmöglichkeiten in der Praxis

An dieser Stelle möchten wir Ihnen noch ein paar Anwendungsgebiete des Satzes von Bayes vorstellen, ohne hierbei konkrete Beispiele durchzurechnen. Unser Hintergedanke dabei ist, Ihnen vor Augen zu führen, wie zentral dieser Satz für die Wahrscheinlichkeitsrechnung ist und dass er nicht selten Anwendung in der Praxis findet.

Das vorhergehende medizinische Beispiel war zwar von uns konstruiert, allerdings gibt es Fragestellungen dieser Art auch in der Praxis. Und diese Fragestellungen werden genauso behandelt, wie wir das eben getan haben. Auch in der Informatik spielt der Satz mitunter eine Rolle. Dort sind es vor allem die Bayes'schen Filter, mit denen viele von Ihnen schon Bekanntschaft geschlossen haben dürften, ohne sich dessen wirklich bewusst zu sein. Sie finden nämlich Verwendung, um von bestimmten charakteristischen Wörtern (von Viagra war in diesem Kapitel ja auch schon die Rede) auf die Eigenschaft „Bei dieser E-Mail handelt es sich um Spam" zu schließen.

Auch die künstliche Intelligenz bedient sich des Satzes von Bayes. Es geht dann besonders um das Problem, dort Schlussfolgerungen zu ziehen, wo die Ausgangswerte nur dürftig und unsicher sind. In Qualitätsmanagements schließlich geht es darum, zu beurteilen, wie aussagekräftig bestimmte Testreihen sind. Auch hier kann Mr. Bayes mit seiner mathematischen Arbeit eine große Hilfe sein.

Dies ist nur ein kleiner Ausschnitt der praktischen Anwendungsmöglichkeiten eines komplizierten mathematischen Satzes. Sie merken aber, welch große Relevanz er hat.

Bernoulli-Experimente

Wenn wir bis zu diesem Punkt hier vorgedrungen sind, ist die Wahrscheinlichkeitsrechnung in einigen Fällen ganz schön kompliziert geworden. Das gilt natürlich ganz besonders dann, wenn Zufallsexperimente viele verschiedene Ergebnisse haben können (überlegen Sie sich für einen solchen Fall einmal, wie kompliziert ein Baumdiagramm dann aussehen müsste). Doch nun kommt die gute Nachricht: Häufig muss es gar nicht so kompliziert sein. Man kann viele Experimente nämlich so gestalten, dass sie am Ende nur noch zwei mögliche Ergebnisse haben: Treffer (T) und Niete (N).

Das klassische Beispiel für solche Experimente ist natürlich der Münzwurf, der nur zwei mögliche Ausgänge kennt (noch immer gehen wir davon aus, dass eine Münze nicht freiwillig auf dem Rand stehen bleibt). Aber auch das Würfeln lässt sich bisweilen auf zwei Ergebnisse reduzieren. „Gerade Zahl" oder „ungerade Zahl" ist ein Beispiel dafür, aber auch „Augenzahl gleich 6" oder „Augenzahl ungleich 6".

> Man nennt ein Zufallsexperiment mit genau zwei Ausgängen auch Bernoulli-Experiment.

Die Ergebnismenge Ω hat in diesem Fall die Gestalt $\{0,1\}$. Auf Grundlage dieser Menge lässt sich das sogenannte Wahrscheinlichkeitsmaß definieren. Es sieht so aus:

> $P(\{1\}) = p$ wird dabei die Trefferwahrscheinlichkeit genannt und
> $P(\{0\}) = 1 - p = q$ die Nietenwahrscheinlichkeit.

Was genau in Ihrem Experiment ein Treffer oder eine Niete ist, müssen Sie natürlich vorher festlegen.

Bernoulli-Kette

Nun kann man sich natürlich auch vorstellen, dass ein und dasselbe Bernoulli-Experiment mehrere Male hintereinander ausgeführt wird. In einem solchen Fall spricht man dann nicht mehr von einem Bernoulli-Experiment, sondern von einer Bernoulli-Kette. Dabei ist es übrigens vollkommen unerheblich, ob die Experimente wirklich zeitlich nacheinander durchgeführt werden. Sie können beispielsweise auch das Herausgreifen von acht Produkten aus einer Produktserie zur Qualitätskontrolle als Bernoulli-Kette auffassen, obwohl diese acht Produkte gleichzeitig aus der Produktion gezogen werden. Wichtig ist hierbei nur, dass die einzelnen Experimente als unabhängig voneinander betrachtet werden können. Die Wahrscheinlichkeit, einen Treffer bzw. eine Niete zu landen, muss für jedes gezogene Produkt gleich groß sein.

Wir wollen nun die Wahrscheinlichkeit für eine solche Bernoulli-Kette berechnen. Dazu gibt es eine schöne Formel.

Gegeben ist ein Bernoulli-Experiment mit der Trefferwahrscheinlichkeit p und der Nietenwahrscheinlichkeit q. Führen Sie dieses Experiment nun n-mal durch, berechnet sich die Wahrscheinlichkeit für k Erfolge so:

$$P(k;p;n) = \binom{n}{k} p^k q^{n-k}$$

Hier noch einmal zur Erinnerung die Definition des Ausdrucks $\binom{n}{k}$, sprich „n über k“:

$$\binom{n}{k} = \frac{n!}{k! \cdot (n-k)!}$$

Verkehrskontrolle

Stellen Sie sich einmal vor, dass sich Schätzungen zufolge 70 Prozent aller Verkehrsteilnehmer an Geschwindigkeitsbegrenzungen halten. Nun baut die Polizei eine Verkehrskontrolle auf. Wie groß ist die Wahrscheinlichkeit, dass sich 15 der ersten 20 gemessenen Fahrer wirklich an die Geschwindigkeitsbegrenzung halten?

Stellen wir wieder einmal zusammen, welche Angaben wir bereits haben:

Die Anzahl der Versuche (also n) ist 20.

Die Anzahl der Erfolge k, soll 15 betragen.

Als Treffer definieren wir den Fahrer, der sich an die Geschwindigkeitsbegrenzung hält. Da das 70 Prozent aller Fahrer sind, ist $p = 0,7$.

Sie sehen, alle Variablen, die in unserer Formel vorkommen, haben wir bereits. Wir erhalten also:

$$P(15;0;7;20) = \binom{20}{15} \cdot 0,7^{15} \cdot 0,3^5 \approx 0,18$$

Die Wahrscheinlichkeit, dass sich 15 der ersten 20 kontrollierten Verkehrsteilnehmer wirklich an die Geschwindigkeitsbegrenzung halten, beträgt folglich 18 Prozent.

Würfeln mit 12 Würfeln

Als weiteres Beispiel, um die Berechnung einer Bernoulli-Kette zu veranschaulichen, wird in der Mathematik häufig der Wurf mit 12 Würfeln herangezogen. Welche

tief greifende Bedeutung hier gerade die Zahl 12 für die Mathematiker hat, ist uns bislang verborgen geblieben. Tatsache ist jedenfalls, dass bei dieser Aufgabe unverhältnismäßig häufig 12 Würfel auftauchen. Da wollen wir natürlich nicht unangenehm auffallen und gehen von dem gleichen Szenario aus.

Stellen Sie sich also vor, Sie würfeln mit 12 Würfeln. Hier haben wir übrigens wieder das gleiche Problem wie mit der Qualitätskontrolle. Es ist vollkommen unerheblich, ob Sie mit einem Würfel zwölfmal würfeln (also eine waschechte Bernoulli-Kette fabrizieren) oder ob Sie 12 gleiche Würfel haben und diese mit einem Wurf werfen. Was uns hier nun interessiert, ist die Wahrscheinlichkeit, dass Sie dabei zwei Sechsen erzielen.

Sie haben es hier also mit 12 Versuchen zu tun.

Zweimal soll dabei eine 6 herauskommen, die Anzahl der Erfolge ist also 2.

Bleibt noch die Trefferwahrscheinlichkeit zu bestimmen. Das haben wir in diesem Kapitel schon häufig getan und wissen nun, dass die Wahrscheinlichkeit, eine 6 zu würfeln bei $\frac{1}{6}$ liegt.

Wieder einmal haben wir alle unsere Werte beisammen und können sie in die bekannte Formel einsetzen. Für die Wahrscheinlichkeit ergibt sich also:

$$P(2;\tfrac{1}{6};12) = \binom{12}{2} \cdot \left(\tfrac{1}{6}\right)^2 \cdot \left(\tfrac{5}{6}\right)^{10} \approx 0{,}296$$

Die Wahrscheinlichkeit, mit 12 Würfen eines normalen Würfels zweimal eine 6 zu erzielen, beträgt also ca. 29,6 Prozent.

Das Gesetz der großen Zahlen

Das sogenannte Gesetz der großen Zahlen ist ein Zusammenhang, der auch vom Schweizer Mathematiker Jakob Bernoulli (1655–1705) entdeckt wurde. Wenn wir uns jetzt kurz damit beschäftigen, soll das vor allem helfen, einem häufig gemachten Irrtum vorzubeugen.

Jakob Bernoulli

Wie oft hört man beispielsweise im Zusammenhang mit der Ziehung der Lottozahlen folgende Argumentation: „Ich habe nun die Ziehung der Lottozahlen bereits seit ein paar Jahren verfolgt und statistisch sorgfältig ausgewertet. Dabei ist mir aufgefallen, dass die Zahl 13 deutlich weniger häufig gezogen wurde als die anderen Zahlen. Nach dem Gesetz der großen Zahlen bedeutet dies, dass demnächst häufig die 13 gezogen werden wird. Daher kann ich nur empfehlen, die 13 zu tippen.“

Auf den ersten Blick mag diese Argumentation einleuchtend, ja sogar bestechend klingen. Leider hält sie einer näheren Betrachtung nicht stand. Die Ziehungswahrscheinlichkeit für Lottokugeln bleibt immer gleich, völlig unabhängig davon, welche

Zahlen in der vorhergehenden Woche oder in den vorhergehenden Monaten gezogen worden sind.

Was besagt dann aber das Gesetz der großen Zahlen?

Das Gesetz der großen Zahlen besagt, dass sich die relative Häufigkeit eines Zufallsergebnisses immer weiter an die theoretische Wahrscheinlichkeit für dieses Ergebnis annähert, je häufiger das Zufallsexperiment durchgeführt wird.

Nehmen wir uns zum Beispiel noch einmal den Münzwurf vor. Wirft man eine Münze sehr oft hintereinander, sollten die Ereignisse „Kopf" und „Zahl" ungefähr gleich häufig vorkommen. Das heißt aber nicht, dass es bei 100 oder vielleicht 1000 Versuchen schon zu einem solchen „Gleichstand" kommen muss. Es kann zwischendurch durchaus zu Phasen kommen, in denen eines der beiden möglichen Ereignisse ungewöhnlich häufig vorkommt. Das heißt dann aber nicht, dass es für das jeweils andere Ereignis auch derartige Phasen geben muss. Das Gesetz der großen Zahlen sagt lediglich, dass sich die beiden Ergebnisse „auf lange Sicht" einander angleichen werden.

Im Zusammenhang mit dem Versicherungswesen erlangt das Gesetz der großen Zahlen einige Wichtigkeit. Einige Versicherungsunternehmen bezeichnen in ihrer Eigenwerbung dieses Gesetz sogar als das „Grundgesetz" der Versicherungsbranche. Gemeint ist Folgendes:

Für Versicherungen ist es wichtig, theoretische Aussagen über den künftigen Schadensverlauf treffen zu können. Je größer eine Statistik über Personen, Güter und Sachwerte ist, desto besser lassen sich derartige Aussagen treffen und desto eher kann man dabei den Faktor Zufall ausschließen. Das Gesetz der großen  Zahlen sagt nichts darüber aus, wer von einem Schaden getroffen wird, wohl aber, wie viele der in der Risikogemeinschaft Zusammengeschlossenen von einem bestimmten Unglücksfall ereilt werden.

Kombinatorik

Nachdem wir uns nun eine ganze Weile mit Wahrscheinlichkeiten beschäftigt haben, möchten wir dieses Thema ein wenig in den Hintergrund treten lassen und damit beginnen, ein weiteres Feld der Stochastik zu beackern: die Kombinatorik.

Will man den Forschungsgegenstand der Kombinatorik beschreiben, ist dies am einfachsten anhand von zwei Fragen zu bewerkstelligen:
1) Wie viele Möglichkeiten gibt es, eine bestimmte Anzahl von Objekten in verschiedener Reihenfolge anzuordnen?
2) Wie viele Möglichkeiten gibt es, eine bestimmte Anzahl von Objekten aus einer Menge von Objekten auszuwählen?

Ein wenig allgemeiner ausgedrückt, geht es in der Kombinatorik um die Frage, wie viele verschiedene Anordnungen von Elementen einer Menge es gibt. Die Kombinatorik gibt dabei Auskunft über die mögliche Zusammenstellung und Anordnung von endlich vielen Elementen einer Menge. Dabei gilt es – wir greifen nun ein ganz klein wenig vor – ein paar Differenzierungen vorzunehmen.

So ist es beispielsweise von Bedeutung, ob bei der Zusammenstellung einer Menge die Anordnung der einzelnen Elemente eine Rolle spielen soll oder nicht. Nehmen wir als Beispiel eine Menge, die aus den Elementen a, b und c besteht. Je nach Aufgabenstellung kann es nun bedeutsam sein, ob die Menge so $\{a, b, c\}$ oder so $\{a, c, b\}$ aussieht.

Darüber hinaus muss man auch der Frage Beachtung schenken, ob bei der Zusammenstellung einer Menge Wiederholungen erlaubt sein dürfen oder nicht. Dürfen also ein oder mehrere Elemente in der Menge mehrfach vorkommen?

Drei Arten von Zusammenstellungen

Man unterscheidet in der Kombinatorik im Wesentlichen drei verschiedene Arten, Elemente in Mengen anzuordnen. Man sagt dazu auch Mengenzusammenstellungen. Wir werden Ihnen hier nur kurz diese drei Arten vorstellen, um Ihnen einen Überblick über das Fachgebiet zu geben, und im weiteren Verlauf des Kapitels dann ausführlich auf die verschiedenen Zusammenstellungen eingehen.

1) Bei den *Permutationen* handelt es sich um Zusammenstellungen, die alle gegebenen Elemente einer Menge enthalten.

2) *Kombinationen* sind Zusammenstellungen von k Elementen aus einer Menge, die n Elemente enthält, ohne deren Anordnung zu berücksichtigen.

3) Unter *Variationen* versteht man schließlich die Zusammenstellung von k Elementen aus einer Menge, die n Elemente enthält, unter Berücksichtigung ihrer Anordnung.

Doch nun genug der Vorrede, stürzen wir uns ins Vergnügen.

Permutationen

In der einführenden Definition haben Sie schon gelernt, dass es sich bei Permutationen um die Zusammenstellung aller gegebenen Elemente einer Menge handelt. Nun wollen wir diesen Satz ein wenig mit Leben füllen.

Permutationen ohne Wiederholung

Zunächst wollen wir uns der einfachsten Variante der Permutationen, nämlich den Permutationen ohne Wiederholung, widmen.

Vor dem Fahrkartenschalter

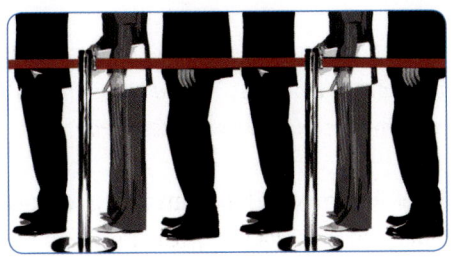

Sehen wir uns zunächst einmal ein ganz einfaches Beispiel an: Zwei Personen stehen an einem Fahrkartenschalter in einer Schlange (ok, dieses Beispiel mag vielleicht ein wenig weltfremd klingen, da die Schlangen an Fahrkartenschaltern natürlich nie so kurz sind, aber wenn es sein muss, untertreiben Mathematiker schamlos). Die Frage ist nun, wie viele Möglichkeiten es gibt, die beiden Personen in der Schlange anzuordnen. Die Antwort auf diese Frage ist so trivial, dass man sich kaum traut, sie auszusprechen. Es gibt natürlich nur zwei Möglichkeiten. Entweder Person

A steht an erster Stelle und Person *B* an zweiter Stelle, oder die ganze Geschichte ist genau andersherum angeordnet. Diese beiden Möglichkeiten, *AB* und *BA*, sind bereits eine erste einfache Permutation.

Auch wenn sich nun noch eine weitere Person in die Schlange stellt und Sie ermitteln möchten, wie viele Möglichkeiten es gibt, diese drei Personen anzuordnen, dürfte diese Aufgabe nur die wenigsten von Ihnen vor wirkliche Schwierigkeiten stellen. Sie haben genau sechs Möglichkeiten, nämlich:
ABC, ACB, BAC, BCA, CAB und *CBA*.

Das 100-Meter-Finale

Soweit ist die Sache auch ganz einfach und benötigt eigentlich keine eigene Wissenschaft. Aber nun wollen wir zu einem Beispiel kommen, das durch reines „Abzählen" nicht mehr so ohne Weiteres in den Griff zu bekommen ist.

Stellen Sie sich einmal vor, das 100-Meter-Finale bei den Leichtathletik-Weltmeisterschaften steht an. Gehen wir einmal weiterhin davon aus, dass sich keiner der Starter mit unerlaubten Chemikalien zu Höchstleistungen bringt und dass die 8 am Start befindlichen Läufer alle gleich stark sind. Mit anderen Worten: Der Ausgang des Rennens ist vollkommen offen. Es interessiert uns nun, wie viele verschiedene Möglichkeiten es gibt, wenn diese 8 Läufer nacheinander ins Ziel kommen.

Fangen wir einmal von vorne an. Jeder der 8 Läufer hat theoretisch die Chance, als Erster ins Ziel zu kommen. Gehen wir jetzt davon aus, dass der Sieger feststeht. Dann haben nur noch 7 Läufer die Möglichkeit, den zweiten Platz zu belegen. Ist diese Entscheidung auch gefallen, müssen sich 6 Läufer um den dritten Platz streiten. So geht es nun weiter, bis nur noch ein Läufer für den letzten Platz übrig bleibt. Insgesamt gibt es also $8 \cdot 7 \cdot 6 \cdot 5 \cdot 4 \cdot 3 \cdot 2 \cdot 1 = 40320$ unterschiedliche Zieleinläufe – hätten Sie gedacht, dass die Zahl so hoch ist?

Aus diesem Beispiel können wir nun eine schöne allgemeine Regel zur Berechnung von Permutationen ohne Wiederholungen ableiten:

> Eine Menge mit n verschiedenen Elementen besitzt genau
> $P_n = 1 \cdot 2 \cdot 3 \cdot \ldots \cdot n = n!$
> verschiedene Permutationen ohne Wiederholungen.

Familien im Kino

An dieser Stelle wollen wir noch einmal ein kleines Beispiel bringen, um Ihnen den Begriff der Permutation ohne Wiederholung noch ein wenig geläufiger zu machen.

Stellen Sie sich vor, es steht ein netter Kinobesuch an. Mit von der Partie sind 4 Frauen, 3 Männer und 5 Kinder. Sie alle wollen im Kino in einer Reihe so Platz nehmen, dass die Frauen, die Männer und die Kinder jeweils in einer Gruppe nebeneinandersitzen. Die Frage ist nun, wie viele verschiedene Möglichkeiten der Anordnung es gibt.

Sehen wir uns zunächst einmal die drei Gruppen getrennt an. Frauen haben 4! Möglichkeiten, sich nebeneinander anzuordnen. Bei den Männern sind es 3! Möglichkeiten und bei den Kindern 5!. Nun müssen wir noch berücksichtigen, dass es 3! Möglichkeiten gibt, die jeweiligen Gruppen nebeneinander anzuordnen (also die Frage beantworten, welche Gruppe rechts, links und in der Mitte platziert wird). Insgesamt erhalten wird dann $4! \cdot 3! \cdot 5! \cdot 3! = 103.680$ Möglichkeiten. Die Kinogänger sollten also tunlichst nicht probieren, in allen Permutationen einmal Probe zu sitzen, wenn sie den Frieden im Kino nicht ernsthaft gefährden wollen.

Permutationen mit Wiederholungen

Wir wollen jetzt die Ausgangslage ein wenig komplizierter gestalten. War bisher eine wesentliche Voraussetzung, dass jedes Element in der Menge nur einmal vorkommt, wollen wir diese Voraussetzung ändern. Ab sofort dürfen beliebige Elemente in der

Menge beliebig oft vorkommen. Das hat natürlich Auswirkungen auf die Anzahl der Permutationen.

Warum das so ist, können Sie sich schön vor Augen führen, wenn Sie an eine Menge verschiedenfarbiger Kugeln denken. In einem ersten Schritt sehen wir uns eine Menge aus 3 Kugeln an, die alle unterschiedliche Farben, nämlich weiß (*w*), schwarz (*s*) und rot (*r*), haben. Die 6 möglichen Permutationen sind hier:

wsr, wrs, swr, srw, rsw, rws

Ersetzen wir nur die weiße Kugel durch eine weitere rote erhalten wir:

rsr, rrs, srr, srr, rsr, rrs

Sie sehen, dass es nur noch drei unterscheidbare Permutationen gibt, nämlich *rss, rrs* und *srr*. Die Anzahl der Permutationen verändert sich also, wenn Elemente in der Menge mehrfach vorkommen dürfen.

Rechnerisch haben wir es hier mit $\frac{3!}{2!} = 3$ Permutationen zu tun. Auch aus diesem Beispiel wollen wir eine allgemeine Gesetzmäßigkeit ableiten:

> Sind unter den *n* Elementen einer Menge *k* Elemente identisch, können Sie die Anzahl der möglichen Permutationen mit nachfolgender Formel berechnen:
>
> $$P_n^k = \frac{n!}{k!}$$

Jetzt kann natürlich auch der Fall auftreten, dass nicht nur ein Element in der Menge mehrfach vorkommt, sondern mehrere Elemente. Auch hierzu gibt es eine Formel, die sich direkt aus der oben genannten ableitet.

> Sind unter den *n* Elementen einer Menge mehrere Gruppen mit jeweils iden-tischen Elementen vorhanden, lässt sich die Anzahl der möglichen Permutationen so berechnen:
>
> $$P_n^{k_1, k_2, \dots, k_n} = \frac{n!}{k_1! \, k_2! \, \dots \, k_n!}$$

Permutationen beim Skatspiel

Ein Beispiel aus zahlreichen heimischen Wohnzimmern und unzähligen gemütlichen Runden in Gaststätten und Wirtshäusern soll Ihnen den Umgang mit dieser Art von Permutationen ein wenig erleichtern.

Für alle diejenigen, die das Skatspiel nicht kennen, wollen wir hier die für unser Beispiel wichtigen Regeln (es geht nur ums Kartenverteilen) erläutern. Ein Skatspiel enthält 32 Karten. Jeder der drei Spieler erhält 10 Karten, die beiden verbliebenen kommen verdeckt auf den Tisch und bilden den sogenannten Stock oder Skat. Wir möchten jetzt wissen, wie viele verschiedene Möglichkeiten es gibt, die Skatkarten zu verteilen.

Zunächst einmal besteht kein Zweifel, dass wir es hier mit Permutationen zu tun haben. Man könnte auf den ersten Blick also davon ausgehen, dass es 32! verschiedene Möglichkeiten gibt, die Skatkarten zu verteilen. Das ist aber nicht ganz so, wie folgende Überlegungen zeigen.

Jeder Spieler bekommt zwar sehr unterschiedliche Karten, aber rein kombinatorisch betrachtet, hat man es nicht mit unterschiedlichen Elementen zu tun. Denn wie die Karten eines einzelnen Spielers angeordnet sind, mag zwar einiges über seine Routine aussagen, ist für unsere Berechnung aber vollkommen unerheblich. Das Gleiche gilt natürlich für den Stock. Anhand seiner lässt sich das eben Gesagte noch besser veranschaulichen. Nehmen wir an, es liegen der Kreuzkönig und der Herzbube im Stock. Für das Spiel, das sich nun entspinnen wird, ist es vollkommen gleichgültig, ob der König oder der Bube oben liegt, in welcher Reihenfolge ein Spieler diese beiden Karten also aufnimmt. Das bedeutet wiederum für unsere Rechnung, dass wir die ursprünglichen 32! Permutationen um 10!, 10!, 10! und 2! Permutationen reduzieren müssen. Das machen wir natürlich mithilfe der oben beschriebenen Formel. Es ergibt sich dann:

$$P_{32}^{10;10;10;2} = \frac{32!}{10!\ 10!\ 10!\ 2!} = 2,7533 \cdot 10^{15}$$

Es gibt tatsächlich mehr als 2,75 Billiarden Möglichkeiten, Skatkarten zu verteilen. Man kann also davon ausgehen, dass sich eine bereits ausgeteilte Verteilung nie wieder wiederholen wird.

Kombinationen

Als Grundlage für die Kombinationen nehmen wir wiederum eine Menge mit n Elementen an. Nun wollen wir aus dieser Menge eine gewisse Anzahl von Elementen (nennen wir sie k) herausnehmen. Was wir dann erhalten, ist natürlich eine Teilmenge mit k Elementen. Die Frage ist nun, wie viele verschiedene Möglichkeiten es gibt, diese Teilmenge mit Elementen zu bestücken. Diese unterschiedlichen Möglichkeiten werden dann Kombinationen genannt.

Kombinationen ohne Wiederholungen

Ein kleines Beispiel macht deutlich, worum es sich bei den Kombinationen handelt. Gegeben sei eine Menge von 5 Kindern (der Einfachheit halber wollen wir diese Kinder mit Buchstaben von A bis E benennen). Wir fragen uns, wie viele Möglichkeiten es gibt, aus dieser Menge 2 Kinder auszuwählen. Im Folgenden stellen wir die ausgewählten Kinder ein wenig von der Gruppe abgesetzt dar. Diese Möglichkeiten gibt es:

AB CDE; *AC BDE*; *AD BCE*; *AE BCD*; *BC ADE*;
BD ACE; *BE ACD*; *CD ABE*; *CE ABD*; *DE ABC*

Sie sehen, es gibt hier genau 10 Möglichkeiten. Eine Kombination, wie wir sie in diesem Beispiel aufgelistet haben, wird in der Mathematik als Kombination von 5 Elementen zur 2-ten Klasse bezeichnet.

Allgemein schreibt man eine Kombination von n Elementen zur k-ten Klasse so: K_n^k. Zur Berechnung, wie viele Kombinationen es gibt, steht folgende Formel zur Verfügung:

$$K_n^k = \frac{n!}{k! \cdot (n-k)!}$$

Zwei Dinge fallen Ihnen im Zusammenhang mit dieser Formel vielleicht auf:

1) Die Formel ist identisch mit der zur Berechnung von Permutationen mit Wiederholungen, denn es gilt auch: $P_n^{k;n-k} = \dfrac{n!}{k! \cdot (n-k)!}$

2) Im Kapitel über Algebra haben Sie den Binomialkoeffizienten $\binom{n}{k}$ kennengelernt.

   Auch er wird mit dieser Formel berechnet.

Ob die Formel überhaupt stimmt, wollen wir kurz anhand unseres einführenden Beispiels mit den Kindern nachprüfen.

$$K_5^2 = \frac{5!}{2! \cdot 3!} = \frac{120}{12} = 10$$

Wenn Sie unsere Ergebnisse, die wir per Hand erzielt haben, nun nachzählen, werden
Sie feststellen, dass es genau 10 sind. Die Formel scheint also tatsächlich zu stimmen
(natürlich stellt eine einmalige Probe keinen Beweis dar, das ist klar).

Das Lottoproblem

In diesem Kapitel haben wir die Ziehung der
Lottozahlen bereits mehrfach angesprochen.
Nun wollen wir diesem Spiel einmal ausführlich
zu Leibe rücken und uns zunächst überlegen,
wie viele Möglichkeiten es gibt, einen Schein
auszufüllen. Jede Möglichkeit, die sechs Kreuze
zu machen, stellt dabei eine Kombination dar.
Wir haben es folglich mit einer Menge von 49
Elementen zu tun, aus denen wir Teilmengen zu
je 6 Elementen bilden möchten. Das lässt sich
mit unserer Formel nun einfach berechnen:

$$K_6^{49} = \binom{49}{6} = \frac{49!}{6! \cdot 13!} = 13.983.816$$

Sie haben diese Zahl sicherlich schon häufiger gelesen oder gehört, aber wahrscheinlich
bisher nur selten selbst berechnet.

Von diesen fast 14 Millionen Kombinationen entfällt nur eine Einzige auf 6 Richtige. Sehen wir uns nun einmal an, wie viele Kombinationen es für die anderen Gewinnmöglichkeiten beim Zahlenlotto gibt.

Als nächsten Gewinn wollen wir uns „5 Richtige mit Zusatzzahl" ansehen. Die Zusatzzahl wird ja bekanntlich zusätzlich zu den 6 Gewinnzahlen gezogen. Für sie gibt es also $\binom{1}{1} = 1$ Möglichkeit. Folglich erhält man für „5 Richtige mit Zusatzzahl" genau $\binom{6}{5} =$ 6 mögliche Kombinationen.

Die Überlegungen für die nächste Gewinnklasse, „5 Richtige ohne Zusatzzahl" sind ein wenig komplizierter. Zunächst müssen fünf Gewinnzahlen gezogen werden, daran hat sich nichts geändert. Aus der verbleibenden Menge von $49 - 6 - 1 = 42$ Zahlen (die Zusatzzahl darf es in diesem Fall ja per Definition nicht sein) rekrutiert sich die sechste Zahl. Es gibt also insgesamt

$$\binom{6}{5} = \binom{42}{1} = 6 \cdot 42 = 252 \text{ Kombinationen.}$$

Analog können wir nun die Anzahl der Kombinationen für 4 Richtige berechnen. Macht man hier keinen Unterschied zwischen mit und ohne Zusatzzahl, dann müssen die fünfte und sechste Zahl aus einer Menge von $49 - 6 = 43$ Elementen gezogen werden:

$$\binom{6}{4} = \binom{43}{2} = 13.545$$

Auf die gleiche Weise lässt sich nun auch die Anzahl der Kombinationen für 3 Richtige berechnen. Hier erhalten wir immerhin bereits 246.820 Gewinne.

Sieht man sich diese Zahlen an, könnte man im ersten Moment glauben, dass Lottospielen lohne sich doch, schließlich gibt es pro Ziehung 260.624 Gewinne. Wenn wir nun allerdings noch einmal kurz auf die Wahrscheinlichkeiten zurückkommen und die Gewinnwahrscheinlichkeit $P(LG)$ berechnen, folgt die Ernüchterung auf dem Fuß:

$$P(LG) = \frac{260.624}{13.983.816} \approx 0{,}019$$

Die Gewinnwahrscheinlichkeit beträgt also nur knapp 1,9 %.

Kombinationen mit Wiederholungen

Jetzt ist natürlich auch im Fall der Kombinationen denkbar, dass Wiederholungen möglich sind. Wie kann das sein? Hier wollen wir direkt ein kleines Beispiel einbringen, das diesen Sachverhalt sehr schön erhellt.

Spielzeugautos zum Geburtstag

Stellen wir uns vor, ein kleiner Junge darf sich als Geburtstagsgeschenk von seinen Großeltern aus einer Menge von 9 verschiedenen Modellen von Spielzeugautos 4 Autos aussuchen (Glauben Sie bloß nicht, die Großeltern seien besonders knauserig und man könne einem Kind doch nicht ein so kleines Geburtstagsgeschenk machen, es handelt sich hierbei nämlich um ganz besonders schöne Autos, die auch heutzutage noch jedes Kind unbedingt haben möchte). Nun ist es dem Kind freigestellt, sich 2 oder mehr Autos vom selben Typ auszusuchen.

Überlegen wir zunächst einmal, wie viele Autos maximal vorhanden sein müssen, um die Wünsche des Jungen zu erfüllen. Sucht er sich 4 verschiedene Autos aus, so reichen natürlich 9 Angebote. Möchte er aber 2 gleiche und 2 verschiedene Autos haben, so braucht man natürlich die 9 Muster und zusätzlich 1 Duplikat. Möchte er 3 gleiche Autos, benötigt man zusätzlich 2 Modelle, und bei 4 gleichen Autos sind es dann 3 Duplikate des ausgewählten Typs. Damit braucht man insgesamt also maximal 9 + 3 = 12, aus denen sich das Geburtstagskind seine Geschenke aussuchen kann.

Die Berechnung, wie viele Kombinationen es nun gibt, erfolgt wieder analog zu den Kombinationen ohne Wiederholung. In unserem Beispiel lautet die Formel also:

$$\bar{K}_{12}^{4} = \binom{12}{4} = 495$$

Der Querstrich über dem K zeigt hier an, dass es sich um Kombinationen mit Wiederholungen handelt.

Aus diesem Beispiel können wir nun die allgemeine Formel zur Berechnung von Kombinationen mit Wiederholungen destillieren:

$$\overline{K}_n^k = K_{n+k-1}^k = \binom{n+k-1}{k} = \frac{(n+k-1)!}{k! \cdot (n-1)!}$$

Variationen

Gerade haben Sie die Kombinationen im stochastischen Sinne kennengelernt, nun wollen wir von diesen ausgehend noch einen weiteren Schritt machen. Die Frage, die uns nämlich in diesem Kapitel beschäftigen soll, ist, wie es mit einer Kombination aussieht, in der zusätzlich zu den eben erwähnten Faktoren auch die Reihenfolge der ausgewählten Elemente von Bedeutung ist.

Variationen ohne Wiederholungen

Auf den ersten Blick und ohne viel nachzudenken könnte man auf die Idee kommen, dass eine solche Voraussetzung eine größere Einschränkung bei der Zahl der Möglichkeiten darstellt. Dass das genaue Gegenteil der Fall ist, wollen wir Ihnen anhand eines kurzen Beispiels vor Augen führen.

Grundlage dieses Beispiel soll die Menge $M = \{1, 2, 3, 4, 5, 6, 7, 8, 9\}$ sein. Wir wollen aus dieser Menge dreistellige Zahlen bilden. Dabei darf jede Zahl höchstens einmal auftreten. Bei den Kombinationen, die wir eben behandelt haben, spielt die Reihenfolge der Elemente in den Teilmengen keine Rolle, es ist also völlig unerheblich, ob wir es mit der Teilmenge $\{521\}$ oder $\{125\}$ zu tun haben. Ohne Rücksicht auf die Reihenfolge zu nehmen, werden diese beiden Teilmengen als gleich aufgefasst, da sie die gleichen Elemente enthalten. Bei den Variationen kommt es indes sehr wohl auf die Reihenfolge der Elemente an. $\{521\}$ und $\{125\}$ sind in diesem Fall zwei verschiedene mögliche Kombinationen. Sie sehen, es gibt deutlich mehr Möglichkeiten, wenn die Reihenfolge berücksichtigt werden muss.

Bleiben wir noch ein wenig bei unserem Beispiel und fragen uns, wie viele Elemente eigentlich hinzukommen, wenn wir die Reihenfolge berücksichtigen. Aus den drei Ziffern 5, 2 und 1 lassen sich – das kennen Sie noch aus dem Kapitel über Permutationen – 3! = 6 verschiedene Permutationen bilden.

Schauen wir uns nun kurz an, wie viele Kombinationen von 9 Elementen zur 3. Klasse ohne Wiederholung möglich sind:

$$K_9^3 = \binom{9}{3} = 84$$

Lassen wir nun auch Wiederholungen zu, müssen wir dieses Ergebnis noch mit 3! = 6 multiplizieren. Wir erhalten also 504 Möglichkeiten – ein durchaus signifikanter Unterschied.

Allgemein lässt sich nun also sagen, dass sich die Möglichkeiten bei Variationen gegenüber Kombinationen zur k-ten Klasse um den Faktor $k!$ vervielfachen. In eine handliche Formel gegossen bedeutet das für Variationen ohne Wiederholung:

$$V_n^k = K_n^k \cdot k! = \frac{n!}{(n-k)!} = n \cdot (n-1) \cdot (n-2) \cdot \ldots \cdot (n-k+1)$$

Variationen mit Wiederholung

Bleiben wir noch kurz bei der eben erarbeiteten Formel. Aus ihr lässt sich schlussfolgern, dass für die Bildung der ersten Stelle der Variationen genau n Elemente zur Verfügung stehen. Für die zweite Stelle gibt es dann nur noch eines von $(n-1)$ Elementen. Dies kann man nun fortsetzen, bis man bei der k-ten Stelle angelangt ist und hierfür noch $(n-k+1)$ Elemente zur Verfügung hat.

Wenn wir nun aber Wiederholungen zulassen, sieht die Angelegenheit ganz anders aus. Dann nämlich hat man für jede der k Stellen natürlich auch n Elemente zur Verfügung. Daraus folgt dann:

Die Anzahl der Variationen von n Elementen zur k-ten Klasse beträgt unter Zulassung von Wiederholungen:

$$\bar{V}_n^k = n^k$$

Statistik

Manchmal bedarf es nur eines einzigen kleinen Stichwortes, um eine Reaktion hervorzurufen, die nahezu immer gleich ausfällt. Bringen Sie beispielsweise in gemütlicher Runde einmal das Gespräch auf das Thema Statistik. Es wird garantiert nicht allzu viel Zeit vergehen, bis irgendjemand den Standardsatz von sich gibt: „Traue keiner Statistik, die du nicht selbst gefälscht hast!" Der Statistiker an und für sich mag über diesen Scherz gar nicht lachen, schließlich bekommt er ihn täglich mehrfach zu hören. Daher wollen wir hier nicht auch scherzen, sondern uns einmal ansehen, mit welchen Dingen sich die Statistiker den lieben langen Tag beschäftigen.

Das Wesen der Statistik wird in dem folgenden Gedicht von Professor P. H. List sehr schön offenbar:

Ein Mensch, der von Statistik hört,
denkt dabei nur an Mittelwert.
Er glaubt nicht dran und ist dagegen,
ein Beispiel soll es gleich belegen:

Ein Jäger auf der Entenjagd
hat seinen ersten Schuss gewagt.
Der Schuss, zu hastig aus dem Rohr,
lag eine gute Handbreit vor.

Der zweite Schuss mit lautem Krach
lag eine gute Handbreit nach.
Der Jäger spricht ganz unbeschwert
voll Glauben an den Mittelwert:
Statistisch ist die Ente tot.

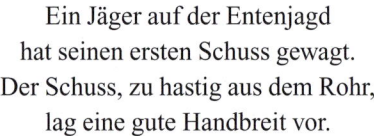

Doch wär' er klug und nähme Schrot
– dies sei gesagt, ihn zu bekehren –
er würde seine Chancen mehren:
Der Schuss geht ab, die Ente stürzt,
weil Streuung ihr das Leben kürzt.

Grundlegende Begriffe der Statistik

In diesem Abschnitt möchten wir ein paar grundlegende Begriffe der Statistik erläutern, die im weiteren Verlauf des Kapitels immer wieder vorkommen werden.

Grundgesamtheit und Stichprobe

Im Rahmen der beschreibenden Statistik (und um diese soll es im Folgenden hauptsächlich gehen) geht es in aller Kürze ausgedrückt darum, numerische Ergebnisse einer statistischen Untersuchung zu sammeln und so aufzubereiten, dass sie mit anderen Ergebnissen zum gleichen Thema verglichen werden können.

Um überhaupt statistische Untersuchungen anstellen zu können, müssen Sie natürlich zunächst einmal die entsprechenden Daten erheben. Das kann in Form einer telefonischen Befragung geschehen, mithilfe von Fragebögen, Messungen oder mit anderen Methoden, die uns in diesem Zusammenhang aber nicht weiter interessieren sollen. Dabei ist es zunächst nötig, die Menge der Individuen, auf die sich die statistische Erhebung erstrecken soll, zu bestimmen. Dabei muss es sich nicht zwangsläufig um Menschen handeln.

> Alle Individuen, die für eine bestimmte statistische Erhebung überhaupt infrage kommen, nennt man die Grundgesamtheit.

Wenn es beispielsweise darum gehen soll, welche Sportschuhe Profifußballer bevorzugen, ist es natürlich nicht sinnvoll, Leichtathleten, Basketballer oder Kunstturnerinnen mit entsprechenden Fragen zu belästigen. Die Grundgesamtheit wird hier also von allen professionell spielenden Fußballern gebildet.

Welchen Schuh würde ein Profi wohl bevorzugen: Diesen ...   *... oder diesen?*

Häufig ist es aber so, dass aus Kosten- und Zeitgründen nicht die komplette Grundgesamtheit in einer statistischen Untersuchung berücksichtigt werden kann. Dann wird man für die Untersuchung eine repräsentative Stichprobe aus der Grundgesamtheit auswählen.

> Eine Stichprobe ist eine Teilmenge der Grundgesamtheit.

Bei der Auswahl der Stichprobe sollte man darauf achten, dass sie zufällig und zugleich repräsentativ ist. Das klingt hier in der Theorie zunächst einmal einleuchtend (ist es ja auch), in der Umsetzung kann das den Statistiker bisweilen vor größere Probleme stellen. Auch merkt man bei genauerem Hinsehen häufig, dass die Stichproben bei einigen Umfragen nur wenig repräsentativ ausgewählt wurden. So etwas stellt dann natürlich das Ergebnis der ganzen Untersuchung infrage.

In unserem Beispiel könnte man eine Stichprobe ungefähr so aufbauen: Um nicht jeden Profifußballer hierzulande befragen zu müssen (immerhin gibt es 56 Profiklubs), könnte eine Stichprobe für eine Untersuchung, wie wir sie eben im Beispiel angedeutet haben, zwei Spieler pro Verein umfassen. Dabei sollte man durchaus berücksichtigen, auf welcher Position (Abwehr, Angriff oder Mittelfeld) die Spieler spielen, denn vielleicht gibt es bei den Schuhen Unterschiede und man kann mit den Produkten eines Herstellers besser verteidigen und mit den Produkten des anderen Herstellers besser Tore schießen.

Merkmale und Merkmalsausprägungen

Gehen wir nun davon aus, dass eine schöne Stichprobe gefunden ist, und machen wir uns daran, unsere Untersuchung zu planen. Sie werden sich zunächst darüber Gedanken machen müssen, was Sie genau erfragen wollen.

> Die „Inhalte", denen bei einer Untersuchung Ihr Interesse gilt, nennt man in der Statistik Merkmale.

An dieser Stelle werden wir nun unserer geliebten Fußballmannschaft den Rücken kehren und uns einigen anderen Beispielen zuwenden.

In vielen Fragebögen, die Sie selbst bestimmt schon ausfüllen mussten, wird beispielsweise nach Ihrem Geschlecht gefragt. Ein Merkmal, das bei statistischen Untersuchungen von Interesse sein kann, ist also das Geschlecht. Eine statistische Untersuchung, deren Ergebnisse immer wieder im Fernsehen und in der Tagespresse eine Rolle spielen, ist das sogenannte Politbarometer. Hier werden bei repräsentativ ausgewählten Personen Meinungen zu aktuellen politischen Fragestellungen ermittelt. Eine der immer wieder auftauchenden Fragen ist die sogenannte Sonntagsfrage. Hier geht es darum, Auskunft darüber zu geben, welcher Partei Sie Ihre Stimme geben würden, wenn am kommenden Sonntag Bundestagswahl wäre. Das Merkmal, das in diesem Fall abgefragt wird, könnte man beispielsweise „Parteipräferenz" nennen.

Alle vier Jahre wird die Sonntagsfrage tatsächlich beantwortet.

Oder nehmen wir einmal an, Sie würden von einem Meinungsforschungsinstitut zu Ihren Grundsätzen der Körperhygiene befragt. Ein Merkmal eines solchen Fragebogens wäre dann z. B. „Häufigkeit des Duschens".

Sie haben nun eine Vorstellung davon, was der Statistiker unter Merkmal versteht. Wenn Sie sich unsere Beispiele noch einmal genau ansehen, wird es Ihnen sicherlich auch leichtfallen, den Schritt hin zu den Merkmalsausprägungen zu machen. Kommen wir noch einmal auf das Merkmal „Geschlecht" zurück: Dieses Merkmal besitzt zwei Ausprägungen, nämlich „männlich" und „weiblich".

Man nennt den „Wert", den ein Merkmal in einer statistischen Untersuchung annehmen kann, auch die Merkmalsausprägung.

In einigen Lehr- und Übungsbüchern ist anstelle von Merkmalsausprägungen häufig auch von Merkmalswerten die Rede. Diese beiden Begriffe können synonym verwendet werden.

Gehen wir noch einmal kurz unser obiges Beispiel durch und schauen uns an, welche Ausprägungen die dort genannten Merkmale wohl annehmen können.

Bei der Sonntagsfrage stellen die Namen der einzelnen Parteien die Merkmalsausprägungen dar. CDU, SPD, FDP, Die Grünen und noch einige weitere Ausprägungen kann das Merkmal „Parteipräferenz" hier also annehmen.

Bei unserer letzten hypothetischen Untersuchung wurde nach der Häufigkeit Ihres Besuchs unter der Dusche gefragt. Hier stellen ganz normale natürliche Zahlen die Merkmalsausprägungen dar.

Charakterisierung von Merkmalen

Wie Sie an den wenigen Beispielen, die wir eben behandelt haben, bereits erkennen können, können Merkmale ganz unterschiedliche Ausprägungen annehmen. Bisweilen handelt es sich um einfache Zahlen, aber es kann sich auch um Eigenschaften oder Zustände handeln, die mit Worten beschrieben werden. Dies ist im Übrigen auch der Grund, warum Statistiker von Datenmaterial und nicht von Zahlenmaterial sprechen, wenn sie ihre Untersuchung beschreiben.

Es nutzt aber wenig, einfach so die verschiedenen Merkmalsausprägungen nebeneinander stehen zu haben und sie nicht klassifizieren zu können. Eine solche Klassifizierung von Merkmalen nach ihren Ausprägungen ist allein deshalb wichtig, um klären zu können, welche Merkmale seriöserweise eigentlich miteinander vergleichbar sind. Wir wollen Ihnen hier die gängigen Klassifizierungen für Merkmale vorstellen.

Qualitative und quantitative Merkmale

Zunächst einmal kann man Merkmale ganz grob in qualitative und quantitative Exemplare einteilen. Dabei lässt sich der Unterschied dieser beiden Klassen so beschreiben:

> Die Ausprägungen quantitativer Merkmale unterscheiden sich durch ihre Größe, die Ausprägungen qualitativer Merkmale durch ihre Art.

Gewicht, Alter und Größe von Personen sind also ebenso quantitative Merkmale wie Außentemperatur, Lebensdauer von Maschinen oder die Größe von Viehherden. Geschlecht, Beruf, Staatsangehörigkeit und Haarfarbe zählen zu den qualitativen Merkmalen. Auch Schulnoten oder Güteklassen sind qualitative Merkmale; sie können bisweilen jedoch auch quantitativ aufgefasst werden.

Merkmalsskalen

Wenn wir nun die Ausprägung eines bestimmten Merkmals messen oder erfragen wollen, benötigen wir dafür eine Skala, die alle möglichen Ausprägungen des Merkmals beinhaltet. Das können Sie sich ruhig ungefähr so wie die Skala auf Messgeräten, die Sie vielleicht aus dem Alltag kennen (z. B. Küchen-waage und Messbecher), vorstellen. Allerdings sind die erfragten Merkmale einer statistischen Untersuchung häufig wesentlich komplexer als die in der heimischen Küche, daher werden drei grundsätzlich unterschiedliche Skalen voneinander abgegrenzt. Der Statistiker spricht hier auch von Skalen mit unterschiedlichem Niveau.

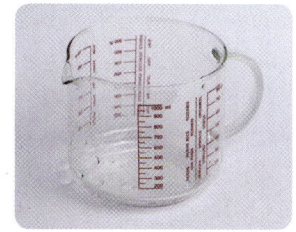

> Die Skala mit dem niedrigsten Niveau ist hierbei die sogenannte Nominalskala. Werte einer Nominalskala unterliegen keinerlei Rangfolge und sind untereinander auch nicht vergleichbar.

Man könnte auch sagen, die Merkmale dieser Skala sind lediglich Namen.

Die Ausbildung von Merkmalen, wie beispielsweise Beruf, Nationalität oder Farbe, können nur auf einer Nominalskala gemessen werden. Es lässt sich nicht objektiv sagen, ob Automechaniker oder Anstreicher der bessere Beruf ist. Ebenso wenig gibt es auch nur irgendeinen Anhaltspunkt dafür, dass „gelb" besser sei als „blau".

Merkmale, deren Ausprägungen nur der Nominalskala genügen, nennt man auch nominale Merkmale.

> Werte, die sich auf der Ordinalskala befinden, lassen sich in ihrer Intensität unterscheiden und folglich auch nach der Stärke ihrer Intensität ordnen. Es lässt sich also eine bestimmte Rangfolge unter Ausprägungen ordinaler Merkmale herstellen. Allerdings ist es nicht möglich, die Abstände zwischen den verschiedenen Ausprägungen zu interpretieren.

Mit anderen Worten: Die Merkmale dieser Skala lassen sich ordnen.

Diese Definition lässt sich besonders gut anhand von Schulnoten, die folglich ordinale Merkmale sind, veranschaulichen. Von „sehr gut" über „befriedigend" bis hin zu „ungenügend": Da lässt sich – das weiß jeder von Ihnen aus teilweise leidvoller

Erfahrung – selbstverständlich eine Rangfolge herstellen. Hier in Deutschland werden die Noten auch von 1 bis 6 durchnummeriert. Dennoch kann man den Abstand zwischen zwei Noten, etwa zwischen einer 3 und einer 1, nicht interpretieren. Eine Aussage wie $3 - 1 = 2$ kann man nicht so einfach treffen. Denn 1 und 3 sind vollkommen willkürlich gewählte Werte. Man könnte auch „sehr gut" mit einer 10 assoziieren und „befriedigend" mit der 6.

Dann ergäbe sich folgende Aussage: $10 - 6 = 4$. Sie sehen also, der Abstand zwischen zwei gleichen Noten wäre dann ein vollkommen anderer. Daher also die Aussage, dass die Abstände zwischen den verschiedenen Ausprägungen nicht interpretierbar sind.

Auch Ausprägungen wie „gut", „mittel" und „schlecht" gehören in diese Kategorie. Bei ihnen lässt sich ebenfalls leicht eine Rangfolge erstellen, ihre Abstände sind aber nicht ermittelbar.

Zwei Skalen haben Sie nun kennengelernt, jetzt gelangen wir zur letzten Skala, die das höchste Niveau aufweist.

> Metrische Skalen sind dadurch gekennzeichnet, dass ihre Werte nicht nur einer Reihenfolge unterliegen, auch die Abstände zwischen den Werten sind hier interpretierbar.

Die Merkmale auf metrischen Skalen lassen sich, um es ein wenig anders zu formulieren, nicht nur ordnen, man kann mit ihnen auch rechnen.

Stromstärken, Größen und Gewichte sind Beispiele für metrische Merkmale. Es lässt sich nicht nur sagen das 10 Kilogramm mehr sind als 7 Kilogramm, wir können auch den Abstand zwischen den beiden Gewichten, nämlich 3 Kilogramm, ganz exakt angeben. Ähnlich verhält es sich mit Größen. 110 Zentimeter ist nicht nur größer als 70 Zentimeter, sondern

genau 40 Zentimeter größer. Auch hier ist der Abstand zwischen den beiden Welten also exakt interpretierbar.

Stetige und diskrete Merkmale

Zwei weitere Unterscheidungen zwischen verschiedenen Merkmalen wollen wir an dieser Stelle noch treffen. Merkmale lassen sich nämlich auch noch in stetige und diskrete Vertreter einteilen.

> Ein diskretes Merkmal kann nur endlich viele oder abzählbar unendlich viele Ausprägungen annehmen.

Beschäftigen wir uns an dieser Stelle ganz kurz mit dem Begriff „abzählbar unendlich". Denn in der Mathematik ist unendlich nicht unbedingt immer gleich unendlich. Man unterscheidet zwischen abzählbar unendlich und überabzählbar unendlich. Die Menge der natürlichen Zahlen ist beispielsweise eine abzählbar unendliche Menge, weil jede

Zahl genau einen Vorgänger und einen Nachfolger hat. Man kann die Elemente dieser Menge also abzählen.

Ein einfaches Beispiel für diskrete Merkmale ist das Geschlecht einer Person. Hier gibt es nur zwei Ausprägungen, ihre Menge ist also sicherlich abzählbar. Auch das Merkmal „Anzahl der Zuschauer in einem Fußballstadion" zählt zu den diskreten Merkmalen, da auch hier die Ausprägungen offensichtlich abzählbar sind (auch wenn das deutlich mehr Mühe bereiten würde).

> Ein Merkmal wird als stetig bezeichnet, wenn es als Ausprägung jeden beliebigen Wert in einem bestimmten Bereich annehmen kann.

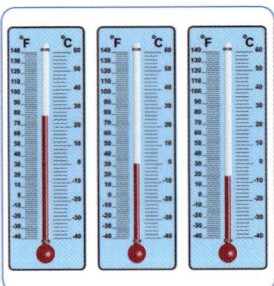 Das Merkmal „Temperatur" ist zum Beispiel ein stetiges Merkmal, denn es kann in einem bestimmten Bereich jeden beliebigen Wert annehmen. Auch das Merkmal „Zeit" zählt zu den stetigen Merkmalen.

Einige verschiedene Arten von Statistik

Die Statistik ist eine recht komplexe Wissenschaft. Da wundert es Sie sicherlich nicht zu hören, dass es nicht eine einzige Statistik gibt, sondern dass diese Wissenschaft durchaus in unterschiedlichen Ausprägungen vorliegt. Wir wollen hier die Unterscheidung in deskriptive und induktive Statistik treffen (in anderen Büchern können wir durchaus noch weitere Unterscheidungen oder auch andere Begriffe finden).

Deskriptive Statistik

Die deskriptive oder – um es auf gut Deutsch auszudrücken – beschreibende Statistik ist das Gebiet, das uns im Rahmen dieses Buches in erster Linie interessiert. Gerne

wird dieses Gebiet auch als empirische Statistik bezeichnet (von empirischen Untersuchungen werden Sie sicherlich schon gehört haben).

> Die deskriptive Statistik beschäftigt sich in erster Linie mit der Zusammenfassung,
> Ordnung und Darstellung von Daten.

Sie ist für den Menschen deshalb so wertvoll, weil unser Verstand große Mengen von Daten nur dann verarbeiten kann, wenn diese geordnet, gruppiert und in
entsprechender Form weiterverarbeitet worden sind. Dann befähigt uns diese
Art der Statistik, das Allgemeine und Typische an den uns vorliegenden Daten zu
erkennen.

Einige typische Aussagen, die Ihnen auch im normalen Leben begegnen können, für
die deskriptive Statistik sind beispielsweise:

Bei 100 Würfen mit einem Würfel erschien 14-mal die 1, 17-mal
die 2, 17-mal die 3, 18-mal die 4, 19-mal die 5, und 15-mal die 6.
Eine weitere Interpretation dieser Würfe werden Sie im Rahmen
der deskriptiven Statistik nicht finden.

Die durchschnittliche Note in der Mathematik-Arbeit der Klasse
7c ist 2,7. Auch hier beschreibt die Aussage den Ausfall der
Mathematik-Arbeit, beschäftigt sich aber nicht mit der Interpretation des Ergebnisses.

Von 1000 Tennisbällen, die eine Maschine
zwischen 12:00 Uhr und 13:00 Uhr herstellte,
waren 17 Bälle defekt. Auch hier liefert die
deskriptive Statistik uns wieder nur knallharte
Fakten. Rückschlüsse auf die Funktionsfähig-
keit der Maschine oder gar die Notwendigkeit,
eine neue Maschine anzuschaffen, sind nicht
Sache der deskriptiven Statistik.

Induktive Statistik

Anstatt von induktiver Statistik ist in vielen Büchern auch von operativer, fließender, folgender oder analytischer Statistik die Rede.

> Das Hauptanliegen der induktiven Statistik besteht darin, eine Hilfestellung beim Fällen von Entscheidungen zur Verfügung zu stellen.

Wir kennen dieses Problem alle: Jede Entscheidung, die wir treffen müssen, ist mit dem Risiko belastet, möglicherweise falsch zu sein. Das ist nicht immer tragisch, aber manchmal möchte man es natürlich schon vermeiden, falsche Entscheidungen zu treffen. Die induktive Statistik gibt uns nun Kriterien an die Hand, die es uns gestatten, die Größe des Risikos einzuschätzen und unsere Entscheidung davon abhängig zu machen. Nehmen wir die induktive Statistik zu Hilfe, müssen wir uns also nicht ausschließlich auf unser Bauchgefühl verlassen. Obwohl unser Bauchgefühl uns gelegentlich natürlich wichtige Hinweise liefern kann.

Beispiele für Fragestellungen der induktiven Statistik sind diese:

Wird das Betragen der Schüler einer Klasse anders beurteilt als das Betragen der anderen Klassen der Schule?

Bei 100 Würfen mit einem Würfel trat die 1 nur 17-mal auf, die 5 hingegen 24-mal. Kann man aus diesem Ergebnis schließen, dass der Würfel nicht korrekt ist?

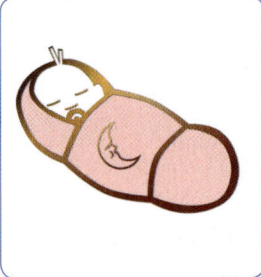 In einem bestimmten Beobachtungszeitraum wurden deutlich mehr Mädchen als Jungen geboren. Ist diese Tatsache auf Zufall zurückzuführen, oder muss man besondere Gründe dafür annehmen?

Deskriptive Statistik

In diesem Kapitel wollen wir uns ein wenig ausführlicher mit der deskriptiven Statistik auseinandersetzen. Welche Werkzeuge und Berechnungsmöglichkeiten bietet sie uns, um Daten in eine Form zu bringen, die sie für uns übersichtlich interpretierbar macht? Dies ist die Frage, die uns dabei in erster Linie beschäftigen soll.

Statistische Kennwerte

Wie wir bereits weiter oben bemerkt hatten, besteht ein großes Anliegen der Statistik darin, sich einen Überblick über große Datenmengen zu verschaffen und sich sozusagen zum „Herrn der Daten" zu erheben. Darüber hinaus – auch das war bereits angemerkt – geht es in den Statistiken darum, die gewonnenen Daten so übersichtlich wie möglich darzustellen.

Dabei spielt auch das Bemühen, Zahlenwerte zu finden, die alle Daten angemessen repräsentieren, eine wichtige Rolle. Besäße man solche Zahlen oder Kennwerte, wäre man nämlich in der Lage, auf die Darstellung der großen Datenmengen, die der Statistik zugrunde liegen, zu verzichten.

Wir hätten uns natürlich nicht die Mühe gemacht, uns Eigenschaften von bestimmten Kenndaten auszudenken, wenn es diese nicht wirklich gäbe. Und tatsächlich verfügt die Statistik über wichtige Kennwerte (oder auch Kennziffern, Statistiken oder Indizes genannt, hier variieren in den verschiedenen Übungs- und Lehrbüchern die Bezeichnungen). Sie lassen sich in zwei große Gruppen gliedern: Mittelwerte und Streuungswerte. Diese beiden Gruppen wollen wir uns ein wenig genauer anschauen.

Mittelwerte

Mittelwerte stellen wohl die bekanntesten statistischen Kennwerte dar. In der einen oder anderen Weise stolpern wir ständig über sie. Denken Sie beispielsweise einmal an Ihre Schulzeit zurück. Dort interessierte Sie sicherlich neben der Note Ihrer eigenen Klassenarbeit und den Ergebnissen Ihrer besten Freunde (oder vielleicht allenfalls noch den Ergebnissen Ihrer größten Feinde) vor allem die Durchschnittsnote in der Klasse.

Dieser Durchschnittswert ist so etwas wie der „klassische" Mittelwert schlechthin. Dabei handelt es sich hier nur um einen von mehreren verschiedenen bekannten Mittelwerten, die wir Ihnen nun alle vorstellen möchten.

Das arithmetische Mittel

Der Mittelwert, der im Zusammenhang mit den Schulnoten aus dem einführenden Beispiel zum Einsatz kommt, wird das arithmetische Mittel genannt. Diesen Wert zu ermitteln, ist recht einfach.

Das arithmetische Mittel von Messwerten ist deren Summe, geteilt durch ihre Anzahl.
Der Mittelwert wird mit $\bar{x}$ (sprich: „x quer") bezeichnet.

Was wir hier nun so schön in Prosa ausgedrückt haben, lässt sich natürlich auch mathematisch korrekt in eine Formel gießen:

Seien $x_1, x_2, x_3, \ldots, x_n$ n Messwerte. Daraus berechnet man das arithmetische Mittel $\bar{x}$ so:

$$\bar{x} = \frac{x_1 + x_2 + x_3 + \ldots + x_n}{n} = \frac{1}{n} \sum_{i=1}^{n} x_i$$

Jetzt kann es natürlich auch passieren, dass einige Messwerte mehrfach vorkommen. Stellen wir uns also vor, dass $f_1, f_2, f_3, \ldots, f_n$ die Häufigkeit der Messwerte $x_1, x_2, x_3, \ldots, x_n$ sind. Dann ergibt sich für das arithmetische Mittel:

$$\bar{x} = \frac{f_1 x_1 + f_2 x_2 + f_3 x_3 + \ldots + f_n x_n}{\sum_{i=1}^{n} f_i} = \frac{\sum_{i=1}^{n} f_i x_i}{\sum_{i=1}^{n} f_i}$$

Kleiner Exkurs: Das Summenzeichen

Vielleicht sollten wir an dieser Stelle ein paar Worte zum äußersten rechten Teil der Gleichungen verlieren. Dort taucht ein Symbol auf, das Sie vielleicht noch nicht unbedingt kennen. Es handelt sich um den griechischen Großbuchstaben Σ (sprich: „Sigma" – das griechische „S"). Dieses Sigma wird auch Summenzeichen genannt. Es bedeutet, dass die Terme, die hinter dem Zeichen stehen, addiert werden. Der Ausdruck unter dem Sigma sagt Ihnen, an welchem Punkt der Addition begonnen wird, der Ausdruck über dem Sigma bezeichnet das Ende der Addition.

In unserem Fall steht unter dem Summenzeichen $i = 1$. Das bedeutet also, dass der erste Summand in der ersten Formel x_1 heißt. Der Wert oberhalb des griechischen Buchstabens ist n, unser letzter Summand heißt somit x_n. Wenn wir also dieses Summenzeichen ausführlich aufschreiben, erhalten wir:

$$x_1 + x_2 + x_3 + \ldots + x_n$$

Multiplizieren wir noch den ganzen Ausdruck mit $\frac{1}{n}$, erhalten wir unsere Formel.

Dieses Summenzeichen wird Ihnen in der Mathematik – und das nicht nur in der Statistik, sondern etwa auch in der Analysis – noch häufiger begegnen. Man braucht ein wenig Zeit, um sich an diese Kurzschreibweise zu gewöhnen, doch dann lernt man das Sigma schnell schätzen und möchte es nicht mehr missen. Sie werden sich wundern, auch Ihnen wird es nach einer Weile so gehen, auch wenn Sie sich das überhaupt nicht vorstellen können und das eben Gesagte lediglich für pädagogisches Geschwätz halten.

Damit wollen wir unseren kleinen Exkurs bereits wieder beenden und zu unseren Mittelwerten zurückkehren.

Pro und contra arithmetisches Mittel

Es besteht sicherlich kein Zweifel daran, dass das arithmetische Mittel eine feine Sache ist. Besonders, wenn man sich vor Augen führt, wie einfach es zu berechnen ist, möchte man gar nichts mehr mit anderen Mittelwerten zu tun haben. Aber ganz so einfach ist die Sache doch nicht. Sehen wir uns einmal ein konkretes Beispiel an.

Stellen wir uns einen Mathematik-Grundkurs an einem beliebigen Gymnasium hierzulande vor. 20 Schüler und Schülerinnen bemühen sich nach Kräften, das zu lernen, was wir Ihnen in diesem Buch vermitteln möchten. Natürlich gehört es in der Schule dazu, das vermittelte Wissen in Klassenarbeiten abzufragen. Eine dieser Arbeiten widmet sich dem Thema Statistik. Folgende Notenverteilung ergibt sich dabei:

Note	1	2	3	4	5	6
Häufigkeit	–	5	7	3	5	–

Das arithmetische Mittel lässt sich nun nach unserer zweiten Formel, die auch die Häufigkeit bestimmter Messwerte berücksichtigt, einfach berechnen.

$$\overline{x} = \frac{5 \cdot 2 + 7 \cdot 3 + 3 \cdot 4 + 5 \cdot 5}{20} = \frac{68}{20} = 3,4$$

Nehmen wir jetzt einmal an, dass zwei Schüler, die eigentlich eine 3 geschrieben hätten, während der Arbeit beim Mogeln erwischt worden sind. Je nachdem, wie streng der Mathematiklehrer einen solchen Verstoß ahndet, kann dies schon einmal dazu führen, dass die Klassenarbeit mit einer 6 bewertet wird. In unserem Beispiel gehen wir davon aus, dass die Klasse es mit einem besonders strengen Mathematiklehrer zu tun hat.

Wir erhalten dann also folgende Notenverteilung:

Note	1	2	3	4	5	6
Häufigkeit	–	5	5	3	5	2

Das arithmetische Mittel lässt sich wiederum einfach mit der bekannten Formel berechnen:

$$\overline{x} = \frac{5 \cdot 2 + 5 \cdot 3 + 3 \cdot 4 + 5 \cdot 5 + 2 \cdot 6}{20} = \frac{74}{20} = 3,7$$

Wie Sie sehen, reicht diese vergleichsweise geringe Änderung in der Notenverteilung aus, um den Durchschnitt um 0,3 Punkte zu verändern.

An diesem kleinen und noch recht harmlosen Beispiel deutet sich eine entscheidende Schwäche des arithmetischen Mittels an. Dieser Wert erweist sich nämlich im Einzelnen recht empfindlich gegenüber extremen Ausprägungen. Das könnte gegebenenfalls sogar so weit führen, dass wenige Personen, die in einer Umfrage extreme Antworten geben (aus welchen Gründen auch immer), dafür sorgen, dass das arithmetische Mittel einen Wert liefert, der den anderen Antworten ganz und gar nicht gerecht wird und so das Ergebnis der Umfrage verfälschen könnte.

Man wird also für Fälle, in denen extreme Antworten nicht auszuschließen sind, andere Methoden finden müssen, um einen Mittelwert zu bestimmen.

Im Zusammenhang mit dem arithmetischen Mittel gibt es noch einen Satz, der später, wenn es um die Bestimmung von Streuungswerten geht, noch von Bedeutung sein wird:

> Die Summe der Abweichungen aller Messwerte von ihrem arithmetischen Mittel ist null.

Das können Sie, wenn Sie mögen, schnell anhand eines Beispiels nachprüfen.

Der Median

Ein weiterer Mittelwert, den die Statistik uns zur Verfügung stellt, ist der sogenannte Median.

> Der Median stellt die Mitte der Messwerte dar, die sich dort finden lässt, wo exakt 50 Prozent der befragten Personen einen geringeren Messwert aufweisen und exakt 50 Prozent einen höheren Messwert.

Praktisch können Sie sich die ganze Sache ungefähr so vorstellen: Zunächst sortieren Sie Ihre Daten, sodass Sie eine geordnete Liste erhalten. Danach müssen Sie zwischen zwei Möglichkeiten unterscheiden, nämlich einer geraden Anzahl und einer ungeraden Anzahl von Messwerten. Für den Median *Me* ergibt sich dann:

$$
Me = \begin{cases} x_{\frac{n+1}{2}}, & \text{für ungerade } x \\[2ex] \frac{1}{2}\left(x_{\frac{n}{2}} + x_{\frac{n}{2}+1}\right), & \text{für gerade } x \end{cases}
$$

Hier haben wir es wieder einmal mit einer Formel zu tun, die furchtbar kompliziert aussieht, aber ihren Schrecken schnell verliert, wenn man sich einmal ein kleines Beispiel vor Augen führt.

Stellen Sie sich einfach vor, Sie hätten in einer Untersuchung die folgenden 11 Messwerte erhalten:

1, 2, 2, 3, 4, 5, 6, 7, 8, 8, 9

Wir haben es hier mit einer ungeraden Anzahl von Messwerten zu tun, die erste Formel muss also angewendet werden. Da $n = 11$ ist, erhalten wir:

$$
Me = x_{\frac{11+1}{2}} = x_6
$$

Der sechste Wert unserer geordneten Reihe stellt also den Median dar. Wenn Sie sich diesen Sachverhalt noch einmal vor Augen führen wollen, hilft Ihnen diese Darstellung vielleicht weiter:

1, 2, 2, 3, 4, **5**, 6, 7, 8, 8, 9

Erweitern wir diese Messreihe um einen weiteren Wert, um auf eine gerade Anzahl von Messwerten zu kommen:

1, 2, 2, 3, 4, 5, 6, 7, 8, 8, 9, 10

Für den Median ergibt sich dann laut zweiter Formel:

$$
Me = \frac{1}{2}\left(x_{\frac{12}{2}} + x_{\frac{12}{2}+1}\right) = \frac{1}{2}(x_6 + x_7)
$$

Der Median liegt also exakt zwischen dem sechsten und siebten Messwert in der Liste. Per Definition nehmen wir hier zur Berechnung das arithmetische Mittel, wir erhalten also die 6,5.

1, 2, 2, 3, 4, 5, 6, 7, 8, 8, 9

Eine lästige Angelegenheit: die Steuererklärung …

Nun können Sie sich natürlich auch eine Untersuchung vorstellen, die sehr viele Messwerte liefert. Dann kann es natürlich sinnvoll sein, diese Messwerte in bestimmten Gruppen zusammenzufassen. Nehmen wir als Beispiel die Frage nach dem monatlichen Einkommen. Hier wird man sinnvollerweise nicht jede einzelne Antwort aufführen, sondern die Einkommen gruppieren, um dann sagen können, wie viele Befragte zu welcher Einkommensgruppe zählen. In der folgenden Tabelle sehen Sie ein Beispiel für diese Form der Darstellung (wie Sie es alle sicherlich schon häufig gesehen haben):

Klasse	Einkommensbereich	Anzahl
1	0 – 1000	150
2	1000 – 2000	400
3	2000 – 3000	250

… manchmal lohnt sich die Mühe jedoch und man bekommt ein hübsches Sümmchen zurück.

Auch hier kann es natürlich interessant sein, einen Mittelwert zu bestimmen. Dies ist ein nicht ganz unkomplizierter Vorgang, den wir Ihnen anhand dieses Beispiels nun einmal vorstellen möchten.

Zunächst einmal gilt es zu bestimmen, in welcher der drei Klassen sich der Mittelwert befinden wird. Dazu ermitteln wir ganz einfach den Wert $\frac{n}{2}$, wobei n die Anzahl der Messwerte ist.

Das geht in unserem Fall (und auch in allen anderen Fällen, die Sie sich denken können) recht einfach:

$$\frac{n}{2} = \frac{150 + 400 + 250}{2} = 400$$

Der 400. Wert der geordneten Liste befindet sich auf jeden Fall in der zweiten Gruppe. Unsere weiteren Berechnungen werden sich also auf diese Gruppe konzentrieren. An dieser Stelle müssen wir zunächst einmal die Formel zur Berechnung des Medians für unseren Fall vorstellen. Sie lautet:

$$Me = u_m + \frac{\frac{n}{2} - \sum_{k=1}^{m-1} n_k}{n_m} \cdot (o_m - u_m)$$

Jetzt heißt es durchatmen und Ruhe bewahren. Ganz so schlimm, wie diese Formel aussieht, ist sie nämlich gar nicht (wie das meistens in der Mathematik der Fall ist). Sehen wir uns zunächst einmal an, was mit den einzelnen Variablen gemeint ist, dann wird die Sache schon viel klarer:

m: Nummer der Gruppe, die wir eben ermittelt haben (in unserem Fall also 2)
u_m: Unterer Wert in der Gruppe (hier 1000 €)
o_m: Oberer Wert in der Gruppe (hier 2000 €)
n_k: Anzahl der Messwerte in der k-ten Gruppe
n_m: Anzahl der Messwerte in der m-ten Gruppe (hier also in der 2. Gruppe)

Nun können wir bereits die Werte einsetzen und erhalten dieses:

$$Me = 1000\ € + \frac{400 - 150}{400} \cdot (2000\ € - 1000\ €) = 1625\ €$$

Wie groß der Vorteil sein kann, dem Median den Vorzug gegenüber dem arithmetischen Mittel zu geben, soll ein abschließendes, ganz kurzes Beispiel zeigen.

Wieder wollen wir uns um monatliche Einkommen kümmern. Der Einfachheit halber wurden diesmal aber nur zehn Personen befragt. Neun der Befragten verfügten über ein Einkommen von 1000 €, ein Befragter verzeichnete Einnahmen in der Höhe von einer

Million Euro. Das arithmetische Mittel liegt hier bei 100.900 €. Der Median liefert indes einen Wert von 1000 €.

Der Modalwert

Nach den etwas komplizierteren Ausführungen zum Median haben Sie eine kurze Verschnaufpause verdient. Diese Verschnaufpause verschafft Ihnen der sogenannte Modalwert, der in einigen Büchern auch kurz Modus genannt wird. Der Modalwert bezeichnet nämlich einfach die Merkmalsausprägung, die am häufigsten vorkommt – und das war's auch schon. Mehr gibt es über diesen Punkt nicht zu sagen.

Das geometrische Mittel

Mit den bislang vorgestellten Mittelwerten kommen Sie (leider) nicht immer aus. Es gibt immer noch Fälle, in denen diese falsche oder unsinnige Werte produzieren. Sehen wir uns hier einmal zur Einführung ein kleines Beispiel an:

Stellen Sie sich vor, Sie hätten für 1000 € eine Aktie erworben. Die Geschäfte gehen gut und nach einem Jahr ist die Aktie bereits 1200 € wert (eine Steigerung um 20 Prozent). Nach einem weiteren Jahr des Aufschwungs steht die Aktie bei 1500 € (eine Steigerung um 25 Prozent). Dann bricht der Kurs ein und das Wertpapier erreicht im folgenden Jahr nur noch einen Wert von 1000 € (ein Einbruch von 33 Prozent).

Wenn Sie nun den arithmetischen Durchschnittsgewinn $\bar{x}$ berechnen, erhalten Sie Erstaunliches:

$$\bar{x} = \frac{1}{3}(20\% + 25\% - 33{,}3\%) = 3{,}74\%$$

Nach den Berechnungen haben Sie also einen Gewinn von 3,74 Prozent gemacht, obwohl Ihre Aktie am Ende genauso viel wert ist, wie am Kaufdatum. Das kann es also nicht ganz sein.

An dieser Stelle kommt ein weiterer Mittelwert ins Spiel, der seine Stärken insbesondere dann entfaltet, wenn es um Wachstumsprozesse geht. Dieser Mittelwert nennt sich geometrisches Mittel M_g. Er ist folgendermaßen definiert:

$$M_g = \sqrt[n]{x_1 \cdot x_2 \cdot x_3 \cdot \ldots \cdot x_n}$$

Setzen wir in diese Formel nun die Wachstumsfaktoren aus unserem Beispiel ein, erhalten wir folgende Rechnung:

$$M_g = \sqrt[3]{1,2 \cdot 1,25 \cdot 0,667} = 1$$

Dieser Wert stimmt ganz offensichtlich, da Ihre Aktie ja nach drei Jahren wieder den Ausgangswert erreicht hatte.

Das harmonische Mittel

Auch die Relevanz des harmonischen Mittels möchten wir Ihnen mit einem kurzen, aber eindrucksvollen Beispiel erläutern.

Nehmen wir an, Sie fahren mit einem Zug eine 200 Kilometer lange Strecke in einer Zeit von 1 Stunde. Sie sind also mit einer Geschwindigkeit von 200 Kilometern in der Stunde unterwegs. Die Rückfahrt können Sie wegen Baustellen jedoch nur mit einer Geschwindigkeit von 100 Kilometern in der Stunde in Angriff nehmen. Sie benötigen für diese Strecke also 2 Stunden.

Berechnen wir das arithmetische Mittel der Geschwindigkeiten, erhalten wir einen Wert von 150 Kilometern in der Stunde. Dieses Ergebnis ist natürlich Unfug, denn wenn wir die insgesamt 3 Stunden Fahrtzeit berücksichtigen, kämen wir so auf eine Gesamtstrecke von 450 Kilometern, obwohl die Strecke tatsächlich nur 400 Kilometer beträgt.

Um hier zu vernünftigen Ergebnissen zu kommen, benötigen Sie das harmonische Mittel M_h. Sie können diesen besonderen Mittelwert mit der folgenden Formel berechnen:

$$M_h = \cfrac{1}{\cfrac{\frac{1}{x_1} + \frac{1}{x_2} + \frac{1}{x_3} + \dots + \frac{1}{x_n}}{n}} = \cfrac{n}{\sum\limits_{i=1}^{n} \frac{1}{x_i}}$$

Für unser Beispiel heißt das dann also:

$$M_h = \cfrac{2}{\cfrac{1}{200} + \cfrac{1}{100}} = \cfrac{2}{\cfrac{3}{200}} = \cfrac{400}{3} = 133{,}33$$

Dass diese Durchschnittsgeschwindigkeit korrekt ist, können Sie leicht mit der entsprechenden Gegenprobe herausfinden.

Das harmonische Mittel wird ganz besonders in Fällen angewendet, wenn aus verschiedenen Geschwindigkeiten für bestimmte Teilstrecken eine mittlere Geschwindigkeit berechnet werden soll, oder wenn es darum geht, aus verschiedenen Dichten von Gasen, Flüssigkeiten, Teilchen etc. eine mittlere Dichte zu ermitteln.

Allgemein ausgedrückt benötigt man das harmonische Mittel dann, wenn die Beobachtungen das, was Sie eigentlich mit dem arithmetischen Mittel ausdrücken wollen, gerade im umgekehrten Verhältnis angeben.

Streuungswerte

Neben den Mittelwerten ist eine weitere Gruppe von Kennwerten zur Interpretation von statistischen Erhebungen wichtig, die Streuungswerte. Sie geben an, ob die beobachteten Werte relativ nahe am berechneten Mittelwert liegen oder weit streuen. Die Kenntnis der Streuungswerte ist sehr wichtig, da die Verteilung von Messwerten bei gleichem Mittelwert, aber unterschiedlicher Streuung deutlich voneinander abweichen kann.

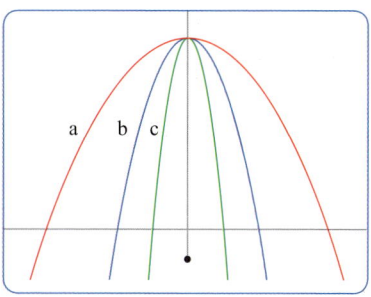

Sie sehen an der Grafik, dass die Daten der Verteilung *a* wesentlich mehr streuen als die der Verteilungen *b* oder *c*.

Um es noch ein wenig konkreter zu machen, folgen hier noch zwei kurze Beispiele, die Ihnen zeigen, dass ein Mittelwert alleine oft wenig aussagt und man Werte für die Streuung häufig dringend benötigt.

Wenn in einer bestimmten Region das Kilogramm Rindfleisch 15 € kostet, lässt sich daraus noch nicht der Schluss ziehen, dass der Preis zwischen 14 € und 16 € liegen muss. Er kann sich genauso gut zwischen 10 € und 20 € bewegen.

Auch die Aussage, nach der sich das durchschnittliche Einkommen eines Arbeiters in der Metall verarbeitenden Industrie auf 1798 € beläuft, besagt noch nicht, was ein einzelner Mitarbeiter wirklich verdient, da noch keine Aussage über die Streuung der einzelnen Werte vorliegt.

Wie Sie sehen, beschreibt der Mittelwert allein eine statistische Erhebung nur äußerst unzureichend. Daher werden wir uns jetzt den Streuungswerten zuwenden. Auch hier gibt es wiederum mehrere Varianten, die wir Ihnen vorstellen möchten.

Die Spannweite

Den einfachsten Streuungswert stellt die sogenannte Spannweite R dar. Sie wird durch die Differenz des maximalen und des minimalen Messwertes bestimmt. Es gilt also:

$$R = x_{\max} - x_{\min}$$

Den Bereich, der zwischen dem maximalen und dem minimalen Messwert liegt, der also durch die Spannweite aufgespannt wird, nennt man auch Streubereich der Untersuchung.

Die Berechnung der Spannweite fällt natürlich nicht schwer, allerdings hat dieser Kennwert einen entscheidenden Nachteil. Im ungünstigsten Fall spannt sich die Erhebung zwischen zwei extremen Werten auf, die jeweils nur ein einziges Mal genannt werden. Insofern ist die Spannweite nur recht selten ein wirklich aussagefähiger Wert.

Der Quartilsabstand

Wer nicht Gefahr laufen möchte, die Aussagefähigkeit seiner Berechnungen durch extreme Werte zu gefährden, kann anstelle der Spannweite den sogenannten Quartilsabstand berechnen.

Sehen wir uns hier zunächst einmal an, was der Statistiker unter dem Begriff Quartil versteht. Das erste Quartil ist der Punkt auf der Messskala, unterhalb dessen 25 Prozent der Messwerte liegen, das zweite Quartil entspricht dem Median (unterhalb dieses Punktes liegen 50 Prozent der Messwerte) und das dritte Quartil ist entsprechend der Punkt, unterhalb dessen 75 Prozent der Messwerte liegen.

Als Quartilsabstand q definiert man nun die Differenz zwischen dem dritten und dem zweiten Quartil, es gilt also:

$$q = x_{0,75} - x_{0,25}$$

Somit grenzt der Quartilsabstand den Bereich ein, in dem die mittleren 50 Prozent der Messwerte liegen.

Auf Beispiele für die genaue Berechnung des ersten und dritten Quartils wollen wir an dieser Stelle verzichten, da diese prinzipiell genauso funktioniert wie die Berechnung des Medians.

Die mittlere Abweichung

Eine Schwäche der eben beschriebenen weiten Streuungswerte ist die mangelnde Berücksichtigung der Messwerte. Auch beim Quartilsabstand werden ja nur wenige Werte berücksichtigt. Die jetzt folgenden Möglichkeiten berücksichtigen hingegen den Abstand der einzelnen Messwerte zum Mittelwert.

Ein solcher Abstand ist für extreme Messwerte natürlich recht groß. Je näher die Messwerte sich unter dem Mittelwert gruppieren, desto geringer werden die zugehörigen Beträge. Da liegt es nahe, die Summe dieser Abweichungen vom Mittelwert als Streuung malzunehmen. Wie wir aber bereits erfahren haben, als es um das arithmetische

Mittel ging, ist die Summe der Abweichung aller Messwerte von ihrem arithmetischen Mittel stets gleich null. Also müssen wir den einen oder anderen Trick anwenden, um dennoch zu einem guten Ergebnis zu kommen.

Hier gibt es zwei Möglichkeiten. Zunächst einmal können wir die absoluten Beträge der Abweichungen betrachten. Diesen Weg schlägt man ein, wenn man die mittlere Abweichung berechnen möchte.

> Die mittlere Abweichung a ist das arithmetische Mittel aus den absoluten Beträgen der Abweichungen aller Messwerte einer Verteilung von ihrem arithmetischen Mittelwert.

Diese Definition lässt sich natürlich auch wieder in eine handliche Formel fassen:

$$a = \frac{1}{n} \cdot \sum_{i=1}^{n} \left| x_i - \overline{x} \right|$$

Natürlich kommen auch hier Messwerte häufiger vor, dann gilt analog zum arithmetischen Mittel Folgendes:

$$a = \frac{1}{n} \cdot \sum_{i=1}^{n} f_i \cdot \left| x_i - \overline{x} \right|$$

Dabei ist n die Anzahl der Messungen und k die Anzahl der Messwerte.

Kommen wir an dieser Stelle noch einmal auf die Ergebnisse unserer Mathematik-Klausur zurück. Hier noch einmal kurz die tabellarische Darstellung:

Note	1	2	3	4	5	6
Häufigkeit	–	5	7	3	5	–

Als Mittelwert hatten wir die 3,4 errechnet. Nun wollen wir die mittlere Abweichung von diesem Wert bestimmen. Es gilt:

$$a = \frac{1}{20} \cdot ((5 \cdot 1,4) + (7 \cdot 0,4) + (3 \cdot 0,6) + (5 \cdot 1,6)) = 0,98$$

Die mittlere Abweichung aller Noten von der Durchschnittsnote beträgt also 0,98.

Varianz, empirische Varianz und Standardabweichung

Während bei der mittleren Abweichung die vielen negativen Summen durch die Bildung des Betrages vermieden werden konnten, bedient sich die Statistik bei der Varianz eines anderen Kniffs. Hier wird nämlich die Abweichung eines Messwerts vom Mittelwert quadriert. Auf diese Weise verschwinden natürlich negative Vorzeichen.

Als $V(X)$ einer Zufallsgröße X bezeichnet man die zu erwartende mittlere quadratische Abweichung vom Erwartungswert $E(X)$ der Zufallsgröße X.

$$V(X) = \sum_{i=1}^{n} (x_i - E(X))^2 \cdot P(X = x_i)$$

Die Quadratwurzel aus der Varianz heißt Standardabweichung.

$$\sigma = \sqrt{V(X)}$$

Ist X eine diskrete Zufallsvariable, die die Werte x_1, x_2, ... mit den jeweiligen Wahrscheinlichkeiten p_1, p_2, ... annimmt, errechnet sich der Erwartungswert $E(X)$ zu:

$$E(X) = \sum_{i=1}^{n} x_i p_i$$

Ist n bei einer Stichprobe sehr groß, so sind der Erwartungswert und der arithmetische Mittelwert praktisch gleich.

Beispiel: Bei einem Laplacewürfel errechnet sich der Erwartungswert der Augenzahl zu 3,5.

Betrachtet man eine Stichprobe, so bestimmt man eine sogenannte empirische Varianz.

> Die empirische Varianz s^2 ist die Summe der Abweichungsquadrate aller Messwerte einer Verteilung von ihrem arithmetischen Mittel multipliziert mit ihren relativen Häufigkeiten. Dieser Wert wird durch die um 1 verminderte Anzahl der Messungen dividiert.

Auch hier wollen wir uns nach der Prosa-Version noch die komprimierte Fassung als Formel anschauen:

$$s^2 = \sum_{i=1}^{n} (x_i - \bar{x})^2 \, h_i \ mit \ h_i = \frac{f_i}{n}$$

Ein Schätzwert für die Varianz einer Zufallsvariablen aus Beobachtungswerten, die einer Stichprobe der Grundgesamtheit entstammen, lässt sich folgendermaßen berechnen:

$$s^2 = \frac{1}{n-1} \cdot \sum_{i=1}^{k} (x_i - \bar{x})^2$$

Wie schon bei der mittleren Abweichung betrachten wir auch den Fall, bei dem einige Messwerte häufiger vorkommen. Die Formel für die empirische Varianz verändert sich dann, wie gehabt, lediglich um den vorangestellten Faktor f_i.
Wir erhalten also:

$$s^2 = \frac{1}{n-1} \cdot \sum_{i=1}^{k} f_i \, (x_i - \bar{x})^2$$

Eng verwandt mit der Varianz ist die Standardabweichung. Daher liefern wir Ihnen an dieser Stelle bereits die Definition, bevor wir uns einem entsprechenden Beispiel zuwenden wollen.

> Die Standardabweichung ist die Quadratwurzel aus der Varianz. Dies gilt für beide Typen der Varianz. Als Symbol wird ein σ oder ein s verwendet.

Damit wir einen kleinen Überblick darüber gewinnen, wie sich die einzelnen Streuungswerte voneinander unterscheiden, wollen wir auch hier wieder das Beispiel unserer Klassenarbeit heranziehen. Zur Erinnerung und um Ihnen das lästige Blättern zu ersparen, folgt hier noch einmal die Notenverteilung:

Note	1	2	3	4	5	6
Häufigkeit	–	5	7	3	5	–

Auch an dieser Stelle müssen wir „einfach" die Werte wieder in die Formel einsetzen. Wir erhalten dann:

$$s^2 = \frac{1}{19}\,(5 \cdot (-1{,}4)^2 + 7 \cdot (-0{,}4)^2 + 3 \cdot 0{,}6^2 + 5 \cdot 1{,}62^2) = 1{,}31$$

Die empirische Varianz beträgt in unserem Beispiel also 1,31. Von hier aus zur Standardabweichung zu gelangen, ist natürlich nicht mehr schwer. Wir müssen lediglich die Wurzel aus der Varianz ziehen:

$$s = \sqrt{1{,}31} = 1{,}14$$

Somit liegen uns also alle wichtigen Werte vor.

Im Verlauf dieses Kapitels haben wir gezeigt, dass Varianz und Standardabweichung gegenüber der mittleren Abweichung einige große Vorteile haben. So werden sie von zufälligen extremen Werten der Stichprobe kaum beeinflusst und hängen von allen Messwerten der Verteilung ab. Außerdem stellen Varianz und Standardabweichung einer Stichprobe zuverlässige Schätzwerte für die Streuung in der Grundgesamtheit dar. Das haben viele Proben gezeigt. Daher verwendet man mittlerweile nur noch recht selten die mittlere Abweichung und bevorzugt häufig Standardabweichung oder Varianz.

Da wundert es nicht, dass auf Grundlage der eben genannten Formel für die Berechnung dieser Streuungswerte noch zahlreiche weitere Formeln entwickelt worden sind. Je nach Bedingungen sind dabei verschiedene Formeln besonders zweckmäßig. Einige der wichtigsten Formeln wollen wir Ihnen abschließend noch kurz nennen, verzichten jedoch auf die Berechnung konkreter Beispiele, da dies prinzipiell genauso funktioniert, wie in diesem Kapitel anhand anderer Formeln schon häufig durchexerziert. Da wir uns bereits gegen Ende dieses Buches befinden, und Sie nun schon Experte sind, trauen wir Ihnen durchaus zu, die folgenden Formeln selbstständig anzuwenden.

Wenn die Stichprobe klein und das arithmetische Mittel berechnet ist, können Sie die empirische Varianz nach der bekannten Formel bestimmen:

$$s^2 = \frac{1}{n-1} \cdot \sum_{i=1}^{k} f_i (x_i - \overline{x})^2$$

Bei der folgenden Formel können Sie sich die Mühe ersparen, die einzelnen Abweichungen $x_i - \overline{x}$ zu berechnen. Das arithmetische Mittel $\overline{x}$ muss hier jedoch auch bekannt sein.

$$s^2 = \frac{1}{(n-1)} \cdot \left(\sum_{i=1}^{k} f_i x_i^2 - n\overline{x}^2 \right)$$

Die folgende Formel hat schließlich den Vorteil, dass Sie mit ihr die empirische Varianz bestimmen können, ohne vorher das arithmetische Mittel berechnet zu haben. Sie sieht auf den ersten Blick ein wenig chaotisch aus, besitzt aber – wenn man sich erst einmal an sie gewöhnt hat – ihren ganz besonderen Reiz. Insbesondere für die Berechnung der empirischen Varianz mithilfe von Computern eignet sich die Formel gut.

$$s^2 = \frac{1}{n(n-1)} \cdot \left(n \cdot \sum_{i=1}^{k} f_i x_i^2 - \left(\sum_{i=1}^{k} f_i x_i \right)^2 \right)$$

Regression und Korrelation

Bisher haben wir uns nur Datenmengen angesehen, die sich aufgrund von Beobachtungen, Messungen oder statistischen Umfragen als Merkmalsausprägung eines einzigen Merkmals ergaben. Derartige Verteilungen werden in der Statistik auch monovariable Verteilungen genannt. Nun wollen wir uns den sogenannten bivariablen Verteilungen zuwenden. Die Merkmale, die ihren Häufigkeitsverteilungen zugrunde liegen, bestehen jeweils aus Paaren von Beobachtungen am gleichen Element einer Stichprobe. Was zunächst noch ein wenig schwammig klingen mag, wird anhand einiger Beispiele sofort deutlich:

Eine bivariable Erhebung müssen alle Kinder über sich ergehen lassen. In regelmäßigen Abständen werden ihre Körpergröße und ihr Körpergewicht gemessen und für gewöhnlich in einem Untersu-

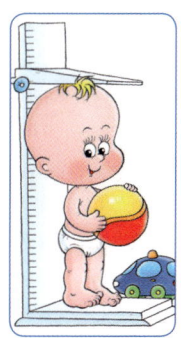

chungsheft in ein Diagramm eingetragen. Hier kann man dann ablesen, ob die Kinder für ihre Körpergröße zu schwer, zu leicht oder normalgewichtig sind. In diesem Beispiel lässt sich sicherlich ein Zusammenhang zwischen den beiden erhobenen Variablen herstellen.

Auch in unserem zweiten Beispiel lässt sich ein solcher Zusammenhang erkennen. Hier beschreibe die erste Variable die Zufriedenheit eines Arbeitnehmers in seinem Unternehmen. Die zweite Variable messe seinen Erfolg.

Es lassen sich aber auch Variablen messen, die nur scheinbar zusammenhängen. Ein Beispiel hierfür könnte so aussehen: Die erste Variable sei die Anzahl der Geburten in einer gewissen Region und als zweite Variable dient die Anzahl der Störche in der gleichen Region. Es könnte sich nun ergeben, dass nicht nur die Anzahl der Geburten abnimmt, sondern sich im gleichen

Zeitraum auch die Anzahl der Störche verringert. Dennoch wird niemand ernsthaft einen Zusammenhang zwischen den beiden Variablen „Geburtenrate" und „Storchenpopulation" herstellen wollen.

Zusammenhang zwischen zwei Variablen

Sie haben also bereits an den kleinen Einführungsbeispielen gesehen, dass häufig zwischen mehreren erhobenen Variablen Zusammenhänge bestehen. Aufgabe der Statistik ist es nun, solche Zusammenhänge aufzudecken (oder, im umgekehrten Fall, festzustellen, dass es gar keine Zusammenhänge gibt) und herauszufinden, wie stark diese Zusammenhänge sind.

Grundsätzlich kann man davon ausgehen, dass drei verschiedene Arten von Zusammenhängen zwischen den beiden Variablen bestehen können.

Übereinstimmung

Hohen Grundwerten der einen Variablen entsprechen auch hohe Werte der anderen. Entsprechend gehen niedrige Werte der einen Variablen mit niedrigen Werten der anderen Variablen einher. In einem solchen Falle spricht man von einer positiven Korrelation zwischen den beiden Variablen.

Gegensatz

Hohe Werte der einen Variablen entsprechen hier niedrigen Werten der anderen Variablen. Auch umgekehrt gilt, dass niedrige Werte der ersten Variablen mit hohen Werten der zweiten Variablen einhergehen. Auch bei einem solchen Befund lässt sich natürlich eine klare Aussage über einen Zusammenhang zwischen den beiden Variablen treffen. In diesem Fall spricht man von einer negativen Korrelation zwischen den beiden Variablen.

Unabhängigkeit

Sind die Werte der einen Variablen nur manchmal mit höheren, oft jedoch mit mittleren oder niedrigeren Werten der anderen Variablen gepaart oder umgekehrt, kann man davon ausgehen, dass kein statistischer Zusammenhang zwischen den beiden Variablen besteht. Sie sind dann statistisch voneinander unabhängig und korrelieren nicht.

Wir wollen uns mit zwei Kennwerten, die im Zusammenhang mit bivariablen Verteilungen äußerst wichtig sind, ein wenig näher beschäftigen: der Regression und der Korrelation.

Die Regression

Sehen wir uns zunächst einmal die Definition des Begriffs an:

> Die Regression schätzt den Wert einer Zufallsvariablen aufgrund der Kenntnis des Werts einer anderen Variablen desselben Elements.

In der englischsprachigen Literatur wird die Regression unter dem Begriff *prediction* (= Vorhersage) geführt. Dieser Begriff trifft den Kern der Sache eigentlich ein wenig besser. Sehen wir uns zur Illustration noch einmal kurz das erste Beispiel an, in dem es um den Zusammenhang von Körpergröße und Körpergewicht bei kleinen Kindern ging. Mithilfe der Regression können Sie die Körpergröße eines Kindes abschätzen, dessen Gewicht bekannt ist.

Wie das funktionieren kann und was Sie sich genau unter Regression (Sie sehen, wir bleiben beim deutschen, etwas unscharfen Begriff) vorstellen können, wollen wir uns einmal grafisch anschauen.

Dabei überlegen wir uns zunächst einmal, wie man eine Variablenverteilung am besten grafisch darstellen kann. Das zweidimensionale Koordinatensystem mit seinen beiden Achsen scheint dafür das ideale Medium zu sein. Von jeder Untersuchungseinheit werden schließlich zwei Werte, die wir für gewöhnlich auch mit x und y bezeichnen, erhoben. Diese lassen sich natürlich prima als Wertepaare (x, y) in einem Koordinatensystem aufzeichnen. Das so entstehende Diagramm wird zumeist als Streuungsdiagramm bezeichnet (auch die Bezeichnungen Punktdiagramm oder Korrelationsdiagramm sind hier durchaus gebräuchlich).

Sehen wir uns ein paar dieser Streuungsdiagramme näher an. Hier werden Sie sehen, dass die Begriffe der Korrelation und der Regression eng zusammenhängen. In den

Diagrammen können Sie nämlich recht schön sehen, welche Form von Zusammenhang zwischen den erhobenen Variablen besteht.

Die erste Grafik, die Sie sehen, zeigt eine extrem positive Korrelation. Die eingetragenen Messwerte befinden sich auf einer exakten Geraden.

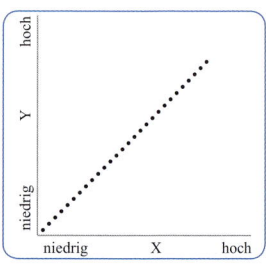

Extrem positive Korrelation

In der nächsten Grafik sehen Sie, dass die Messergebnisse um die Gerade herum schon ein wenig zu streuen beginnen. Dennoch kann man hier von einer stark positiven Korrelation sprechen.

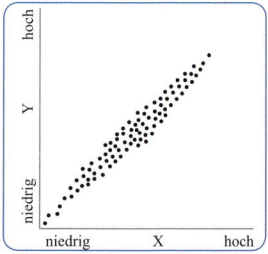

Stark positive Korrelation

Nun sehen Sie ein Diagramm, bei dem die positive Korrelation nur noch schwach ausgeprägt ist. Die einzelnen Messergebnisse streuen sehr stark.

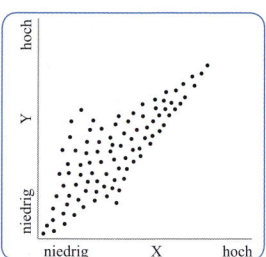

Schwach positive Korrelation

Bei dieser Grafik ist keinerlei Ordnung mehr festzustellen. Die Korrelation befindet sich nahe null.

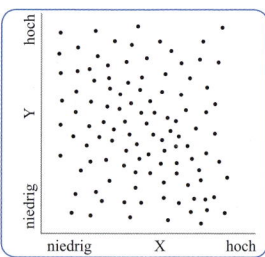

Korrelation nahe null

Eine negative Korrelation, die Sie auf dieser Grafik sehen, offenbart eine andere Anordnung der Messpunkte.

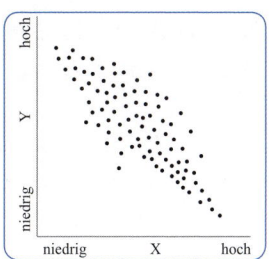

Negative Korrelation

Unsere letzte Grafik zeigt nun ein durchaus hübsches Muster von Punkten. Wenn sich ein solches oder ähnliches Muster ergibt, spricht man von einer nicht linearen Korrelation.

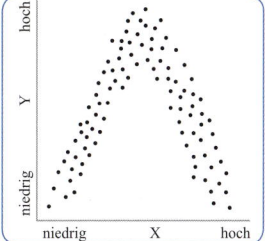

Nicht lineare Korrelation

Was haben nun diese Streuungsdiagramme mit der Regression zu tun? Dazu werfen Sie doch bitte noch einmal einen Blick auf die Diagramme, die stärkere oder extreme Korrelationen widerspiegeln. Bei der extrem positiven Korrelation haben wir bereits festgestellt, dass alle Messpunkte auf einer Geraden liegen. Sehen Sie sich nun einmal die stark positive Korrelation an: Sie werden feststellen, dass die Punkte noch immer in einem recht eng umgrenzten Gebiet um diese Gerade herum positioniert sind.

Jetzt könnte man sich natürlich vorstellen, eine Gerade zu konstruieren, die den Punkteschwarm am besten repräsentiert. Das soll bedeuten, dass wir eine Gerade suchen müssen, in deren Nachbarschaft die meisten Messpunkte zu finden sind. Wenn wir eine solche Gerade gefunden haben, können wir mithilfe der Geradengleichung genau die Berechnungen anstellen, die die Regression uns ermöglichen soll: Wir können dann nämlich anhand einer bekannten Variablen den möglichen Wert einer zweiten Variablen ausrechnen. Diese Gerade, von der nun die ganze Zeit schon die Rede ist, nennt sich Regressionsgerade und sie kann in der Tat berechnet werden.

Auch für die Regressionsgerade gilt unsere altbekannte allgemeine Geradengleichung:

$$y = ax + b$$

In unserem Fall müssen wir x und y aus vielen unterschiedlichen Messpunkten bestimmen. Wir nehmen daher hier die jeweiligen Mittelwerte $\bar{x}$ und $\bar{y}$. Formen wir nun die Gleichung nach b um, erhalten wir:

$$b = \bar{y} - a\bar{x}$$

Nun gilt es „nur" noch, die Steigung a zu bestimmen, und schon haben wir eine schöne Geradengleichung fabriziert. Die Formel, nach der Sie a bestimmen können, lautet:

$$a = \frac{\sum_i (x_i - \bar{x})(y_i - \bar{y})}{\sum_i (x_i - \bar{x})^2}$$

Bevor Sie nun vor der Formel erschrecken, wollen wir ein kleines Beispiel rechnen. Der folgenden Tabelle können Sie Gewicht und Körpergröße von 15 Versuchspersonen entnehmen.

Nr	x = Gewicht (kg)	y = Körpergröße (cm)
1	65	164
2	54	157
3	50	156
4	61	163
5	64	168
6	78	172
7	58	161
8	50	157
9	71	182
10	63	167
11	65	169
12	72	173
13	60	159
14	60	154
15	71	167

Wir wollen nun alle benötigten Größen Schritt für Schritt errechnen. Zunächst beschäftigen wir uns mit den Mittelwerten:

$$\bar{x} = \frac{\sum x_i}{n} = \frac{942}{15} = 62{,}8$$

$$\bar{y} = \frac{\sum y_i}{n} = \frac{2469}{15} = 164{,}6$$

Die weiteren Werte fassen wir wieder in einer Tabelle zusammen. So können Sie es auch machen, wenn Sie selber einmal derartige Berechnungen durchführen wollen. Das Verfahren ist schön übersichtlich und hilft Ihnen, Fehler zu vermeiden.

Nr	$(x_i - \bar{x})$	$(y_i - \bar{y})$	$(x_i - \bar{x}) \cdot (y_i - \bar{y})$	$(x_i - \bar{x})^2$
1	2,2	–0,4	–0,88	4,84
2	–8,8	–7,4	65,12	77,44
3	–12,8	–6,4	81,92	163,84
4	–1,8	–1,4	2,52	3,24
5	1,2	3,6	4,33	1,44
6	15,2	7,6	115,52	231,04
7	–4,8	–3,4	16,32	23,04
8	–12,8	–7,4	94,72	163,84
9	8,2	17,6	144,32	67,24
10	0,2	2,6	0,52	0,04
11	2,2	4,6	10,12	4,84
12	9,2	8,6	79,12	84,64
13	–2,8	–5,4	15,12	7,84
14	–2,8	–10,4	29,12	7,84
15	8,2	2,6	21,32	67,24
Summe	–	–	**679,21**	**908,4**

Nun sind alle Werte bekannt und wir können die Steigung der Regressionsgeraden berechnen:

$$a = \frac{\sum\limits_{i} (x_i - \bar{x})(y_i - \bar{y})}{\sum\limits_{i} (x_i - \bar{x})^2} = \frac{679{,}21}{908{,}4} = 0{,}75$$

Als nächsten Schritt berechnen wir b:

$b = \bar{y} - a\bar{x} = 164{,}6 - 0{,}75 \cdot 62{,}8 = 117{,}5$

Die Geradengleichung unserer Regressionsgeraden lautet also:

$y = 0{,}75x + 117{,}5$

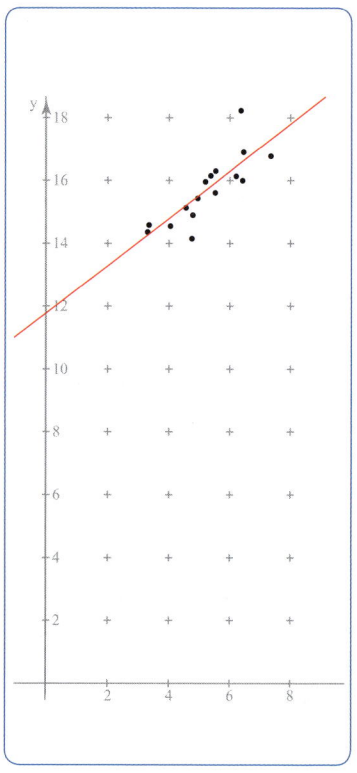

So können wir beispielsweise die passende Größe
eines Menschen mit einem Körpergewicht von
77 Kilogramm berechnen. Das stellen wir an,
indem wir die Werte nun einfach in die Geradengleichung einsetzen:

$y = 0{,}75 \cdot 77 + 115{,}5 = 173{,}25$

Die Körpergröße einer 77 Kilogramm schweren
Versuchsperson können wir dann mittels Regression mit 173,25 Zentimetern benennen.

Wir haben Ihnen die gemessenen Daten und
unsere ausgerechnete Regressionsgerade einmal
in einer Grafik dargestellt. Beachten Sie dabei
bitte, dass wir die Werte für Gewicht und Körpergröße durch 10 dividiert haben, damit man sie gut
im Koordinatensystem lokalisieren kann.

Der Korrelationskoeffizient

Sie haben ja eben bereits mitbekommen, dass die Regressionsgerade so etwas wie die
bestmögliche Annäherung an alle Messpunkte darstellt. Sie geht also im Allgemeinen
nicht durch alle Punkte des Datenmaterials. Nun ist es, wie Sie sich vorstellen können,
theoretisch möglich, von jeder beliebigen Ansammlung von Messdaten eine Regressionsgerade zu berechnen. Die Mathematik fragt zunächst nicht danach, ob das überhaupt
sinnvoll ist. Daher ist es wünschenswert zu erfahren, wie „gut" die Regressionsgerade
überhaupt die gemessenen Daten repräsentiert, wie stark die Punkte um die Gerade

herum also streuen. Auch einen solchen Wert gibt es, man nennt ihn den Korrelations-koeffizienten.

> Der empirische Korrelationskoeffizient r ist eine Maßzahl für die gegenseitige lineare Abhängigkeit zweier gemessener Merkmale. Er wird folgendermaßen berechnet:
>
> $$r = \frac{\sum\limits_i (x_i - \bar{x})(y_i - \bar{y})}{\sqrt{\sum\limits_i (x_i - \bar{x})^2 \cdot \sum\limits_i (y_i - \bar{y})^2}}$$

An dieser Stelle wollen wir noch einmal auf unser Beispiel von eben zurückkommen und den Korrelationskoeffizienten berechnen. Hierzu müssen wir unserer Tabelle noch eine weitere Spalte hinzufügen, nämlich $(y_i - \bar{y})^2$.

Nr	$(x_i - \bar{x})$	$(y_i - \bar{y})$	$(x_i - \bar{x}) \cdot (y_i - \bar{y})$	$(x_i - \bar{x})^2$	$(y_i - \bar{y})^2$
1	2,2	–0,4	–0,88	4,84	0,16
2	–8,8	–7,4	65,12	77,44	54,76
3	–12,8	–6,4	81,92	163,84	40,96
4	–1,8	–1,4	2,52	3,24	1,96
5	1,2	3,6	4,33	1,44	12,96
6	15,2	7,6	115,52	231,04	57,76
7	–4,8	–3,4	16,32	23,04	11,56
8	–12,8	–7,4	94,72	163,84	54,76
9	8,2	17,6	144,32	67,24	309,76
10	0,2	2,6	0,52	0,04	6,76
11	2,2	4,6	10,12	4,84	21,16
12	9,2	8,6	79,12	84,64	73,96
13	–2,8	–5,4	15,12	7,84	29,16
14	–2,8	–10,4	29,12	7,84	108,16
15	8,2	2,6	21,32	67,24	6,76
Summe	–	–	**679,21**	**908,4**	**790,6**

Setzen wir diese Werte wieder in die Formel ein, ergibt sich folgendes Bild:

$$r = \frac{\sum_i (x_i - \overline{x})(y_i - \overline{y})}{\sqrt{\sum_i (x_i - \overline{x})^2 \cdot \sum_i (y_i - \overline{y})^2}} = \frac{679{,}21}{\sqrt{908{,}4 \cdot 790{,}6}} = \frac{679{,}21}{847{,}46} = 0{,}80$$

Der Korrelationskoeffizient beträgt in unserem Fall also 0,8. Was hat dies genau zu bedeuten? Was will uns diese Zahl sagen?

> Der Korrelationskoeffizient r ist immer eine Zahl, die sich zwischen –1 und 1 bewegt. Es gilt also:
> $-1 < r < 1$

Je näher r nun also am Wert 1 oder –1 liegt, desto weniger streuen die Punkte der Datenerhebung um die ermittelte Regressionsgerade, desto besser repräsentiert die Gerade also die Messwerte. Ein Korrelationskoeffizient von 0,8, wie wir ihn in unserem Beispiel ermittelt haben, gilt als durchaus guter Wert. Wir haben also allen Grund, stolz auf unsere Erhebung zu sein.

Wenn die Datenmenge sehr groß ist oder das Diagramm deutlich macht, dass zwar eine Korrelation vorliegt aber die Ausgleichsfunktion nicht linear ist, dann werden heute Computerprogramme eingesetzt. Diesen Programmen müssen die Daten und der vermutete Funktionstyp mitgeteilt werden. Dann ermitteln sie selbstständig die Funktionsparameter nach der Methode der kleinsten Quadrate.

Mithilfe des Korrelationskoeffizienten lassen sich viele interessante Fragen des Alltags berechnen, z. B., ob Studenten zufriedener mit einer Vorlesung sind, wenn der Dozent oder die Dozentin besonders verständlich erklärt oder ob z. B. der Ausbildungsgrad eines Arbeitslosen Einfluss darauf hat, wie lange er arbeitslos ist.
Sie sehen, der Korrelationskoeffizient ist äußerst vielseitig anwendbar.

V. Analysis

Ein weiteres zentrales Gebiet der Mathematik stellt die Analysis dar. Sie bietet uns Lösungen für Probleme aus den Bereichen Technik und Naturwissenschaft an. Im Zentrum dieses Gebiets stehen Folgen und Reihen und deren Eigenschaften sowie eine ausführliche Beschäftigung mit Funktionen, die in der Berechnung von Integralen besteht, mit deren Hilfe man Flächen unter Funktionsgraphen berechnen kann. Dies sind auch die Gebiete, die wir in diesem letzten Kapitel – mehr oder weniger ausführlich – behandeln möchten. Hier wird es teilweise recht anspruchsvoll, aber immer sehr spannend zugehen. Insofern gilt also auch für dieses Buch die alte Lebensweisheit: „It's the last, but not the least".

Folgen

Folgen sind Ihnen sicherlich schon häufig begegnet (und wir meinen damit nun nicht solche Folgen, wie sie in Drohungen, wie „das wird noch Folgen haben", auftauchen; auch die einzelnen Folgen von Daily Soaps sollen Sie nur am Rande interessieren), ohne dass Sie sich dessen wirklich bewusst geworden sind. Folgen sind nämlich beispielsweise die Grundlage für sehr beliebte Aufgaben in Rätselheften oder auf den Rätselseiten von Zeitschriften.

Derartige Aufgaben haben dann alle ungefähr diese Form: Welche Zahl folgt als Nächstes?
2, 4, 6, 8,   oder
10, 15, 20, 25,

Dies sind natürlich zwei eher triviale Aufgaben, die sich auch ohne großes mathematisches Verständnis lösen lassen. Dennoch helfen Sie uns weiter, uns ein wenig an den Begriff der mathematischen Folge heranzutasten.

In einer ersten, mathematisch noch nicht vollkommen exakten Definition können wir schreiben:

> Bei einer Folge handelt es sich um eine Auflistung von Zahlenwerten, wobei die Reihenfolge dieser Zahlen nach bestimmten mathematischen Gesetzen vorbestimmt und eine Vertauschung der einzelnen Zahlenwerte nicht zulässig ist.

Bevor wir diese Definition nun noch ein wenig verfeinern, wollen wir anhand von zwei Beispielen aufzeigen, wozu mathematische Folgen in der Praxis unter anderem verwendet werden können und dass sie keinesfalls immer so trivial wie unsere beiden einführenden Exemplare sein müssen.

Baggersee mit Algenplage

Das folgende Beispiel kann man fast als einen Klassiker der mathematischen Literatur zum Thema Folgen bezeichnen. Mit immer wieder veränderten Zahlenwerten und ein wenig anders formuliert, werden Sie es in den meisten Mathematikbüchern finden. Da darf es hier natürlich auch nicht fehlen.

Stellen Sie sich also einmal einen Baggersee mit einer Größe von 1000 Quadratmetern vor. Dieser See wird weiter ausgebaggert und wächst dadurch jede Woche um 400 Quadratmeter. Aber nicht nur der See breitet sich aus, sondern auch Algen, die in seinem Wasser offenbar besonders gut gedeihen. Zu Beginn der Bauarbeiten bedecken

diese Algen allerdings nur einen Quadratmeter der Wasserfläche. Schnell zeigt sich jedoch, dass sich die mit Algen bedeckte Fläche jede Woche verdreifacht. Wie lange wird es dauern, bis der ganze See von den Wasserpflanzen überwuchert wird?

Wir werden in diesem Beispiel noch gar nicht mit großen Formeln um uns werfen, sondern zur Lösung eine kleine Tabelle anlegen:

Woche	0	1	2	3	4	5	6	7	8
Wasser-fläche	1000	1400	1800	2200	2600	3000	3400	3800	4200
Algen-fläche	1	3	9	27	81	243	729	2187	6561

Bei der Lösung dieser Aufgabe haben wir gleich zwei Folgen gebildet. Die erste Folge beschreibt den Zuwachs der Wasserfläche. Hier ist, beginnend bei 1000, jede folgende Zahl um genau 400 größer als die vorausgehende. Die zweite Zahlenfolge befasst sich mit der Fläche, die aktuell mit Algen bewachsen ist. In diesem Fall ist jede Zahl das Dreifache der vorausgehenden.

Grüne Wildnis: ein völlig überwucherter See

Wir können an der Tabelle ablesen, dass nach gut sieben Wochen der komplette See mit Algen bewachsen sein wird.

Algen verbreiten sich schnell.

Medikamentenspiegel im Körper

Im folgenden Beispiel wollen wir uns weniger mit Ausprobieren (denn im Grunde genommen stellt ja der Weg, den wir eben gegangen sind, so etwas wie Ausprobieren dar) als mit der mathematischen Lösung eines Problems beschäftigen. Gleichzeitig bekommen Sie hier einen Eindruck davon, wie sich Zahlenfolgen mathematisch beschreiben lassen können.

Ausgangspunkt ist ein Problem aus der Medizin, wie es auch im Alltag durchaus vorkommen kann. Dazu nehmen wir an, dass Sie ein Medikament einnehmen müssen, das innerhalb von vier Stunden um jeweils 25 Prozent von Ihrem Körper abgebaut und aus-

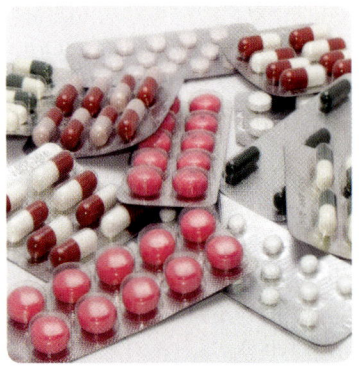

geschieden wird. Die wirksame Anfangsdosis des Medikaments beträgt 100 Milligramm und wird alle vier Stunden erneut gegeben. Sie möchten nun wissen, wie sich im Laufe der Zeit der Medikamentenspiegel in Ihrem Körper entwickelt.

Zunächst geben wir den Kindern einen Namen, mit anderen Worten: Wir überlegen uns, wie wir welche Variablen benennen wollen, um den Überblick möglichst gut wahren zu können.

Die wirksame Anfangsdosis wollen wir d_0 nennen. Hier gilt, das wissen wir aus der Definition bereits, $d_0 = 100$.

Die nach n Perioden im Körper befindliche Menge des Medikaments wollen wir mit d_n bezeichnen.

Die Anfangsdosis des Medikaments kennen wir, wie gesagt. Sehen wir uns nun an, wie es nach vier Stunden, also nach der Einnahme der zweiten Dosis, aussieht. Diesen Zeitpunkt wollen wir mit d_1 bezeichnen. Wir wissen, dass 25 Prozent der Anfangsdosis abgebaut sind und nun weitere 100 Milligramm des Medikaments dem Körper zugeführt werden. Es gilt also offensichtlich:

$$d_1 = \frac{3}{4} d_0 + 100$$

Nun begeben wir uns weitere vier Stunden auf der Zeitachse nach vorn. Es wird also Zeit, eine erneute Dosis des Medikaments zu sich zu nehmen. 25 Prozent der Dosis d_1 wurden mittlerweile wieder vom Körper abgebaut und ausgeschieden. Für d_2 gilt folglich:

$$d_2 = \frac{3}{4} d_1 + 100$$

Wenn Sie sich diese beiden Formeln ansehen, merken Sie natürlich sofort, dass sie sich extrem ähnlich sind. Daher können wir bereits an dieser Stelle den finalen Schritt wagen und eine allgemeine Rechenvorschrift formulieren, die beschreibt, nach welchen Regeln das jeweils nächste Element der Folge berechnet werden muss.

$$d_{n+1} = \frac{3}{4} d_n + 100$$

Sehen Sie sich nun diese allgemeine Rechenvorschrift näher an, dann kommen Sie nicht umhin, Parallelen zu einem anderen Thema, das wir im Rahmen der Algebra ausführlich behandelt haben, zu ziehen: zu den Funktionen. Das wundert auch nicht, denn es gilt:

> Folgen sind Funktionen mit dem Definitionsbereich **N**. Sie werden zumeist mit a_n bezeichnet.

Die Folgen aus unserem Baggersee-Beispiel schreibt man demnach also so:
$$a_n = 1000 + n \cdot 400$$
$$b_n = 3^n$$

Wollen wir die Formel aus unserem Medizinbeispiel in diese Form bringen, ist dies auch nicht schwer. Sie erhalten dann:

$$d_n = \frac{3}{4} d_{n-1} + 100$$

Darüber hinaus gibt es noch einige weitere Folgen, die Sie sicherlich kennen:

$$n_n = n.$$
Hierbei handelt es sich um die Folge der Hausnummern. Denn es gilt:
$$n_1 = 1, n_2 = 2, n_3 = 3, \ldots$$

$q_n = n^2$.

Dies ist natürlich die Folge der Quadratzahlen.

$q_1 = 1, q_2 = 4, q_3 = 9, \ldots$

$k_n = \dfrac{1}{n}$.

Diese Folge besteht aus den Kehrwerten der natürlichen Zahlen.

$k_1 = 1, k_2 = \dfrac{1}{2}, k_3 = \dfrac{1}{3}, \ldots$

Darstellung von Folgen

Wie Sie sicherlich bemerkt haben, haben wir auf den letzten Seiten mehrere verschiedene Formen verwendet, um Folgen darzustellen. Genau gesagt unterscheidet man im Wesentlichen drei Arten, Folgen darzustellen. Wann Sie welche Art anwenden, hängt in erster Linie von den jeweiligen Folgen ab.

Zuerst ist da natürlich die Aufzählung so vieler Glieder der Folge zu nennen, bis jedem klar geworden ist, wie die Folgeglieder aussehen werden. Bei einfachen Folgen wie 1, 2, 3, 4, ... oder 2, 4, 6, 8, ... stellt dies niemanden vor größere Probleme. Bei komplizierten Folgen geraten Sie aber schnell an die Grenzen dieser Methode.

Die zweite Möglichkeit ist, die Folge über ihre Funktionsgleichung zu definieren. Das haben wir gerade in unserem Beispiel wie $k_n = \dfrac{1}{n}$ schon ausführlich getan.

Schließlich können Sie Folgen noch rekursiv definieren. Auch das haben wir bereits praktiziert, nämlich bei unserem medizinischen Beispiel. Rekursiv bedeutet hier, dass Sie zunächst einige Anfangswerte definieren (im Beispiel waren das d_0 und d_1). Der entscheidende Schritt besteht dann darin, die sogenannte Rekursionsformel zu finden. Sie hat im Beispiel immer die Form $d_{n+1} = \dfrac{3}{4} d_n + 100$, d. h., Sie geben an, wie das $n + 1$te Glied der Formel auf Grundlage von n bekannten Gliedern gebildet werden muss.

Die Fibonacci-Folge

Um die rekursive Definition von Folgen noch ein wenig zu üben, möchten wir an dieser Stelle ein weiteres Beispiel einflechten, das Ihnen – ganz nebenbei – auch noch die Berechnung einer sehr berühmten Zahlenfolge vorstellt, die Sie bereits im Algebra-Kapitel auf Seite 90 kennengelernt haben: die Fibonacci-Folge.

Noch einmal kurz zur Erinnerung: Leonardo da Pisa, genannt Fibonacci, kam durch seine Kaninchenzucht auf die berühmte Zahlenfolge – sagt das Gerücht. Er hat die Population nämlich in regelmäßigen Abständen gezählt, um herauszufinden, in welchem Maße sie wächst. Dabei machte er folgende Entdeckung: Bei jeder neuen Zählung waren es so viele Tiere wie bei der letzten und vorletzten Zählung zusammen.

Gegen die zahlreiche Vermehrung dieser niedlichen Vierbeiner hätte wohl niemand etwas einzuwenden.

Versuchen wir nun einmal, eine Rekursionsformel daraus zu entwickeln. Der Anfang ist recht einfach (und der Rest wird auch nicht viel schwerer).

Zu Beginn ist die Population gleich null, es gilt also:
$k_0 = 0$

Außerdem legen wir fest, dass am ersten Zähltag ein Kaninchen vorhanden ist:
$k_1 = 1$

Nun sind auch Mathematiker zumeist biologisch bewandert genug, um zu wissen, dass ein Kaninchen allein keinen Nachwuchs bekommen kann; der lieben Folge wegen lassen wir diese Kleinigkeit aber hier außer Acht. Der Zeitpunkt für die nächste Zählung ist gekommen und wir schauen uns an, was Signore Fibonacci herausgefunden hat. Bei jeder neuen Zählung waren es so viele Tiere wie bei der letzten und vorletzten Zählung zusammen. Es gilt also:

$$k_2 = k_1 + k_0 = 1 + 0 = 1$$

Wir lassen einen weiteren Zyklus verstreichen und bilden k_3 nach der gleichen Gesetzmäßigkeit:

$$k_3 = k_2 + k_1 = 1 + 1 = 2$$

Einen Zyklus werden wir uns noch gönnen, bevor wir zum Rekursionsschritt kommen:

$$k_4 = k_3 + k_2 = 2 + 1 = 3$$

Jetzt kommt langsam Schwung in die Sache und wir sehen, wie die Rekursionsformel aufgebaut sein muss, nämlich so:

$$k_{n+1} = k_n + k_{n-1}$$

Wirklich erstaunt dürften Sie über dieses Ergebnis wohl nicht sein.
Die Zahlen, die diese Formel liefert, werden Fibonacci-Zahlen genannt:
1, 1, 2, 3, 5, 8, 13, 21, 34, 55, …

Einige besondere Folgen

Auch im Bereich der Zahlenfolgen unterscheidet der Mathematiker einige ganz besondere Exemplare, die wir Ihnen jetzt vorstellen werden. Die beiden ersten Folgen dienen dabei sozusagen dem Aufwärmen, die beiden folgenden Varianten sollten dann aber Ihre volle Aufmerksamkeit bekommen.

Die reelle Folge
Zunächst einmal soll es um den Begriff der reellen Folge gehen. Dies ist keine besonders komplizierte Sache, daher werden wir Ihnen nun schnell die Definition vorsetzen:

> Eine Folge a_n heißt dann reelle Folge, wenn die einzelnen Folgenglieder auch reell sind.

Die alternierende Folge

Von reellen Folgen wollen wir nun ganz schnell den Schritt zu alternierenden Folgen machen. Auch wenn wir Sie nicht überrumpeln wollen, folgt hier ebenfalls ohne Vorrede sofort die Definition:

> Eine Folge a_n heißt alternierende Folge, wenn jedes Folgenglied ein anderes Vorzeichen hat als das vorherige Folgenglied.

Hier ist vielleicht zur Veranschaulichung ein ganz kurzes und einfaches Beispiel angebracht. Die Folge $a_n = (-1)^n$ ist eine typische alternierende Folge. Die einzelnen Folgenglieder lauten: $-1, 1, -1, 1, \ldots$

Die arithmetische Folge

Um die nächste Art von Folge vorzustellen, wollen wir noch einmal auf eines unserer Anfangsbeispiele, nämlich das mit dem Baggersee, zurückkommen. Sehen wir uns hier die Folge genauer an, die den Zuwachs der Fläche des Sees beschreibt. Sie lautet, wie wir bereits früher festgestellt haben:

$$a_n = 1000 + n \cdot 400$$

Das Besondere an dieser Folge ist nun, dass jeweils die Differenz zweier aufeinanderfolgender Glieder konstant ist. Wie groß diese Differenz ist, lässt sich einfach berechnen:

$$a_n - a_{n-1} = 1000 + 400\,n - (1000 + 400\,(n-1)) = 400$$

Die Richtigkeit dieser Rechnung können Sie sehr schnell anhand der im Beispiel erstellten Tabelle nachprüfen.

Wenn nun aber die Differenz zweier aufeinanderfolgender Glieder einer Folge konstant ist, dann stellt a_n nichts anderes dar als das arithmetische Mittel seines Vorgängers und Nachfolgers. Daher werden Folgen dieser Art auch arithmetische Folgen genannt.

> Eine Folge a_n heißt arithmetische Folge, wenn die Differenz d zweier aufeinander-
> folgender Glieder stets konstant ist.
>
> $$a_{n+1} - a_n = d$$

Außerdem gilt:

> Bei einer arithmetischen Folge stellt das mittlere von drei aufeinanderfolgenden
> Gliedern das arithmetische Mittel der beiden äußeren Glieder dar:
>
> $$a_n = \frac{a_{n-1} + a_{n+1}}{2}$$

Aus diesen Überlegungen können wir nun recht leicht herleiten, mit welcher Formel
sich ein beliebiges Glied (also das n-te Glied) der Folge berechnen lässt. Aber wir
machen kleine Schritte und sehen uns zunächst an, wie sich das zweite Glied berechnet:

$$a_2 = a_1 + d$$

Dies gilt, da ja der Abstand zwischen den beiden Folgengliedern genau d beträgt. Folglich ergibt sich für die weiteren Glieder:

$$a_3 = a_2 + d = a_1 + 2d$$
$$a_4 = a_3 + d = a_1 + 3d$$
$$\ldots$$
$$\ldots$$
$$a_n = a_{n-1} + d = a_1 + (n-1) \cdot d$$

Und schon haben wir die Formel zur Berechnung des n-ten Gliedes einer arithmetischen
Folge gefunden:

> $$a_n = a_{n-1} + d = a_1 + (n-1) \cdot d$$

Die geometrische Folge

Kommen wir nun zu unserer letzten ganz besonderen Folge: die geometrische Folge.

Auch bei geometrischen Folgen besitzen die einzelnen Folgenglieder ein genau definiertes Verhältnis zueinander.

> Eine Folge a_n heißt geometrische Folge, wenn der Quotient q von zwei aufeinanderfolgenden Gliedern stets konstant ist.
>
> $$\frac{a_{n+1}}{a_n} = q$$

Bei der arithmetischen Folge hatten wir festgestellt, dass das mittlere von drei aufeinanderfolgenden Gliedern das arithmetische Mittel der beiden äußeren Glieder darstellte. Nun kennen wir aus der Statistik nicht nur das arithmetische Mittel, sondern auch das geometrische Mittel. Und richtig, es gilt:

> Bei einer geometrischen Folge stellt das mittlere von drei aufeinanderfolgenden Gliedern das geometrische Mittel der beiden äußeren Glieder dar.
>
> $$a_n = \sqrt{a_{n-1} \cdot a_{n+1}}$$

Auch für die geometrische Folge möchten wir nun herleiten, wie sich das n-te Glied berechnen lässt. Gehen wir hier ebenfalls Schritt für Schritt vor und beginnen mit a_2. Hier folgt direkt aus der Definition:

$a_2 = a_1 \cdot q$

Für die weiteren Glieder ergibt sich daraus:

$a_3 = a_2 \cdot q = a_1 \cdot q^2$

$a_4 = a_3 \cdot q = a_1 \cdot q^3$

…

…

$a_n = a_{n-1} \cdot q = a_1 \cdot q^{n-1}$

Die Formel zur Berechnung des n-ten Gliedes einer geometrischen Folge lautet also:

$$a_n = a_{n-1} \cdot q = a_1 \cdot q^{n-1}$$

Abschließend möchten wir in einer kleinen Grafik noch einmal die wichtigsten Unterschiede zwischen arithmetischen und geometrischen Folgen aufzeigen (dann dürften auch die letzten kleinen Unsicherheiten diesbezüglich beseitigt sein).

arithmetische Folge: $\longrightarrow$ $\quad a_1 \quad \overset{+d}{\quad} \quad a_2 \quad \overset{+d}{\quad} \quad a_3 \quad \overset{+d}{\quad} \quad a_4 \quad \overset{+d}{\quad} \quad a_5 \quad \overset{+d}{\quad} \quad \ldots$

geometrische Folge: $\longrightarrow$ $\quad a_1 \quad \underset{\cdot q}{\quad} \quad a_2 \quad \underset{\cdot q}{\quad} \quad a_3 \quad \underset{\cdot q}{\quad} \quad a_4 \quad \underset{\cdot q}{\quad} \quad a_5 \quad \underset{\cdot q}{\quad} \quad \ldots$

Grenzwerte von Folgen

Wir haben auf den vergangenen Seiten bereits mit einigen Folgen zu tun gehabt, die in ihrem Verlauf einem bestimmten Zahlenwert entgegenstreben, diesen jedoch nie erreichen. Nehmen Sie hier z. B. die Folge

$$a_n = \frac{1}{n}$$

und setzen immer größere n ein. Dann erhalten wir Folgenglieder, die sich immer mehr der Null annähern, sie aber nie erreichen. Sie können n noch so groß wählen, $\frac{1}{n}$ wird immer ein winziges bisschen größer als null bleiben. In diesem Fall spricht man davon, dass null Grenzwert der Folge a_n ist.

Natürlich gibt es hier auch eine mathematische Definition. Um sie verstehen zu können, möchten wir an dieser Stelle kurz einen Begriff einführen, nämlich den der ε-Umgebung (sprich: Epsilon-Umgebung). Eine solche Umgebung ist keine Zauberei, sondern beschreibt lediglich ein beliebig kleines Intervall. Wenn Sie diese Erklärung im Hinterkopf behalten, dürfte die folgende Definition für Sie kein Problem darstellen:

> Die Zahl g heißt Grenzwert der Folge a_n, wenn in jeder ε-Umgebung
> $U_\varepsilon = [g - \varepsilon; g + \varepsilon]$ fast alle Glieder der Folge liegen.

Wenn der Mathematiker in diesem Zusammenhang von „fast allen Gliedern der Folge" spricht, dann meint er alle Glieder bis auf endlich viele.

> Eine Folge, die einem Grenzwert entgegenstrebt, nennt man konvergent. Man spricht in diesem Fall auch davon, dass die Folge a_n gegen g konvergiert.

Ein Namensvetter unseres Grenzwerts; auch die römischen Grenzwälle wurden mit dem Begriff Limes bezeichnet.

Natürlich gibt es für diesen Sachverhalt in der Mathematik auch eine ganz besondere Schreibweise, denn man will natürlich auch hier lange Prosatexte vermeiden. Das heißt also:

> $\lim\limits_{n \to \infty} a_n = g$,
> lim ist hier die Abkürzung für „Limes" = Grenze.

Nullfolgen und konstante Folgen

Im einführenden Beispiel hatten wir bereits die Folge $a_n = \dfrac{1}{n}$ betrachtet und festgestellt, dass sie gegen null konvergiert.

> Eine Folge, die gegen null konvergiert, nennt man auch Nullfolge.

> Wenn die Glieder einer Folge alle miteinander übereinstimmen, also $a_{n+1} = a_n$ gilt, spricht man von einer konstanten Folge. Auch solche Formen besitzen einen Grenzwert, nämlich a.

Dass wir diese beiden speziellen Folgen hier so hervorheben, hat einen besonderen Grund. Man kann sie nämlich wunderbar verwenden, um den Grenzwert von Folgen, die auf den ersten Blick furchtbar kompliziert scheinen, auf recht einfache Weise zu errechnen. Bevor wir Ihnen das aber an einem Beispiel erläutern, das Ihnen zunächst die Haare zu Berge stehen lassen wird, müssen wir uns noch um ein paar Rechenregeln kümmern, die im Zusammenhang mit den Grenzwerten von Bedeutung sind.

Rechnen mit Grenzwerten

Die nun folgenden Rechengesetze werden Sie in dieser oder ähnlicher Form schon an einigen Stellen in diesem Buch genossen haben, sodass wir hier auf lange Erklärungen ruhig verzichten können – zumal die einzelnen Gesetze wirklich keine große intellektuelle Herausforderung darstellen. (In allen diesen Regeln wird vorausgesetzt, dass die einzelnen Folgen konvergieren.)

$$\lim_{n \to \infty} (a_n + b_n) = \lim_{n \to \infty} a_n + \lim_{n \to \infty} b_n = a + b$$

$$\lim_{n \to \infty} (a_n - b_n) = \lim_{n \to \infty} a_n - \lim_{n \to \infty} b_n = a - b$$

$$\lim_{n \to \infty} (a_n \cdot b_n) = \lim_{n \to \infty} a_n \cdot \lim_{n \to \infty} b_n = a \cdot b$$

$$\lim_{n \to \infty} \frac{a_n}{b_n} = \frac{\lim\limits_{n \to \infty} a_n}{\lim\limits_{n \to \infty} b_n} = \frac{a}{b}, \text{falls gilt } b \neq 0$$

$$\lim_{n \to \infty} (c \cdot a_n) = c \cdot \lim_{n \to \infty} a_n = c \cdot a$$

Nun haben wir das Rüstzeug beisammen, um einer richtig fiesen (bzw. fies ausse-
henden) Folge zu Leibe rücken zu können. Wir wollen nun also folgenden Grenzwert
berechnen:

$$\lim_{n \to \infty} \frac{5n^5 + 4n^2 - 2n}{7n^3 - 8n + 3}$$

Das sieht auf den ersten Blick gar nicht schön aus und so mancher möchte hier –
darauf nehmen wir jede Wette an – am liebsten das Handtuch werfen. Aufgaben dieses
Typs bearbeitet man aber immer auf die gleiche Weise. Man kürzt sie nämlich durch
die höchste Potenz des Nenners und dann sieht die Welt gleich viel rosiger aus. Wir
erhalten:

$$\lim_{n \to \infty} \frac{5 + \dfrac{4}{n} - \dfrac{2}{n^2}}{7 - \dfrac{8}{n^2} + \dfrac{3}{n^3}}$$

Wer nun noch resigniert die Schultern zuckt und sich fragt, was damit denn gewonnen sei, sollte nicht verzagen und sich noch einmal die Rechengesetze ansehen. Denn
wir können jetzt sehr schön einzelne Grenzwerte bilden und diese wunderbar ausrechnen.

$$\lim_{n \to \infty} \frac{5 + \dfrac{4}{n} - \dfrac{2}{n^2}}{7 - \dfrac{8}{n^2} + \dfrac{3}{n^3}} = \frac{\lim\limits_{n \to \infty} 5 + \lim\limits_{n \to \infty} \dfrac{4}{n} - \lim\limits_{n \to \infty} \dfrac{2}{n^2}}{\lim\limits_{n \to \infty} 7 - \lim\limits_{n \to \infty} \dfrac{8}{n^2} + \lim\limits_{n \to \infty} \dfrac{3}{n^3}}$$

Wir wissen, dass die Folgen $\dfrac{4}{n}, \dfrac{2}{n^2}, \dfrac{8}{n^2}$ und $\dfrac{3}{n^3}$ Nullfolgen sind. Außerdem kennen wir die
Grenzwerte der beiden konstanten Folgen. Also erhalten wir letztlich:

$$\lim_{n \to \infty} \frac{5 + \dfrac{4}{n} - \dfrac{2}{n^2}}{7 - \dfrac{8}{n^2} + \dfrac{3}{n^3}} = \frac{\lim\limits_{n \to \infty} 5 + \lim\limits_{n \to \infty} \dfrac{4}{n} - \lim\limits_{n \to \infty} \dfrac{2}{n^2}}{\lim\limits_{n \to \infty} 7 - \lim\limits_{n \to \infty} \dfrac{8}{n^2} + \lim\limits_{n \to \infty} \dfrac{3}{n^3}} = \frac{5 + 0 - 0}{7 - 0 + 0} = \frac{5}{7}$$

Und schon haben wir das Folgenmonster besiegt und können uns selber auf die Schulter
klopfen.

Noch einmal: Medizinspiegel im Körper

Erinnern Sie sich doch noch einmal an unser Beispiel mit der regelmäßigen Medikamentengabe alle
vier Stunden. Hier bekam ein Patient (in diesem Fall
waren Sie das) alle vier Stunden 100 Milligramm
eines Medikaments verabreicht. Zu diesem Zeitpunkt
waren 25 Prozent des Medikaments im Körper wieder
abgebaut. Sie erinnern sich? Wir hatten die Rekursionsformel für die Folge bestimmt. Nun könnte es ja aus
medizinischer Sicht durchaus interessant sein, zu
erfahren, ob sich der Medikamentenspiegel auf Dauer
bei einem bestimmten Wert einpendeln kann. Mit anderen Worten: Wird die Folge gegen einen bestimmten
Wert konvergieren?

Mit der Rekursionsformel kommen wir hier nicht so richtig weiter, daher benötigen wir
die Funktionsgleichung. Diese lässt sich auch aus den vorhandenen Angaben erstellen,
den Prozess wollen wir uns an dieser Stelle jedoch sparen, da es uns hier ja eher um den
Grenzwert geht. Die Formel lautet also:

$$d_n = r^n\, d_0 + c\, \frac{1 - r^n}{1 - r}$$

Dabei ist r der Rest des verbliebenen Medikaments, also $\frac{3}{4}$ und c die Dosis, die verabreicht wird, also 100 Milligramm.

Da $r < 1$ ist, wird r^n für wachsende n beliebig klein und kann vernachlässigt
werden – was unsere Formel entscheidend vereinfacht.

$$\lim_{n \to \infty} r^n\, d_0 + c\, \frac{1 - r^n}{1 - r} = \frac{c}{1 - r}$$

Und siehe da, die Rechnung wird nun trivial:

$$\frac{100}{1 - 0{,}75} = 400$$

Der Grenzwert der Folge ist also 400. Hätten Sie gedacht, dass sich der Medikamen-tenspiegel auf einen solch niedrigen Level einpendeln würde?

Spezielle Grenzwerte

Einige spezielle Grenzwerte haben wir bereits kennengelernt, nämlich die von der Nullfolge und deren konstanten Folgen. Ein paar weitere möchten wir Ihnen nun auf-listen:

$$\lim_{n \to \infty} \sqrt[n]{n} = 1$$

$$\lim_{n \to \infty} \left(1 + \frac{z}{n}\right)^n = e^z$$

$$\lim_{n \to \infty} n \left(a^{\frac{1}{n}} - 1\right)^n = \ln a$$

Neben den Grenzwerten, die Sie bereits kennengelernt haben (und das sind mittler-weile ja schon einige), gibt es auch noch die sogenannten uneigentlichen Grenz-werte.

Wenn gilt: $\lim_{n \to \infty} a_n = \infty$ oder $\lim_{n \to \infty} a_n = -\infty$, dann werden ∞ und $-\infty$ uneigentliche Grenzwerte der Folge a_n genannt.

Weitere Eigenschaften von Folgen

Nun wollen wir Ihnen noch einige weitere Eigenschaften von Folgen kurz vor-stellen.

Divergente Folgen

Wir haben uns nun ja eine ganze Zeit mit konvergierenden Folgen, also mit solchen Folgen, die einen Grenzwert besitzen, beschäftigt. Sicherlich erinnern Sie sich aber auch noch an Folgen, die diese Eigenschaft nicht besitzen. Nehmen wir beispielsweise die Folge $a_n = 2n$. Hier können Sie noch so lange rechnen, Sie werden keinen Wert feststellen, gegen den sie konvergiert.

> Eine Folge, die nicht konvergiert, wird divergent genannt.

Monotone Folgen

Wenn der Mathematiker davon spricht, dass eine Folge monoton ist, meint er damit selbstverständlich nicht, dass die Abfolge der einzelnen Folgenglieder ganz besonders langweilig anzusehen sei und Berechnungen überhaupt keinen Spaß machten.

Streng mathematisch gesehen unterscheidet man zwischen zwei verschiedenen Formen der Monotonie.

> Eine Folge heißt monoton steigend, wenn gilt: $a_{n+1} \geq a_n$.
> Sie wird streng monoton steigend genannt, wenn gilt: $a_{n+1} > a_n$.

Auch der umgekehrte Fall ist natürlich denkbar:

> Eine Folge heißt monoton fallend, wenn gilt: $a_{n+1} \leq a_n$.
> Sie wird streng monoton fallend genannt, wenn gilt: $a_{n+1} < a_n$.

Beschränkte Folgen

Auch diese Überschrift lädt natürlich förmlich zu einem Kalauer ein. Der wäre aber so billig, dass wir an dieser Stelle noch nicht einmal daran denken wollen und einfach so mit der trockenen Mathematik fortfahren.

Als Ausgangspunkt unserer jetzigen Überlegungen nehmen wir die Folge $a_n = (-1)^n$, also das klassische Beispiel für die alternierende Folge. So fällt es bestimmt nicht schwer, z. B. um die 1 eine beliebig kleine ε-Umgebung herzustellen. Dennoch handelt es sich bei der 1 keinesfalls um den Grenzwert der Folge. Denn es befinden sich zwar unendlich viele Glieder der Folge innerhalb unserer ε-Umgebung, dummerweise finden sich aber auch unendlich viele Folgenglieder außerhalb davon. Was Sie aber auf jeden Fall sagen können, ist, dass die Folge beschränkt ist, da die Folgenglieder nicht größer werden als 1 und nicht kleiner als –1.

> Eine Folge wird beschränkt genannt, wenn sie eine obere und eine untere Schranke hat. Hat sie nur eine obere oder eine untere Schranke, so nennt man sie nach oben bzw. nach unten beschränkt.

Die obere Schranke einer Folge bezeichnet man meistens mit dem Buchstaben M, die untere Schranke entsprechend mit m.

Häufig ist es übrigens nicht unbedingt nötig, die beste Schranke für eine Folge zu finden, es reicht oft aus, überhaupt eine Schranke ausfindig zu machen.

Häufungspunkte

Das Beispiel mit der alternierenden Folge lässt sich auch sehr schön nutzen, um den Begriff der Häufungspunkte zu erklären. Bei dieser Folge ist natürlich klar, dass sie nicht über einen Grenzwert verfügt, aber über zwei sogenannte Häufungspunkte, nämlich 1 und –1.

> Man nennt H einen Häufungspunkt der Folge a_n, wenn in jeder ε-Umgebung $U_\varepsilon(H) = [H - \varepsilon; H + \varepsilon]$ unendlich viele Folgenglieder liegen.

Während eine Folge nur einen Grenzwert haben kann, darf sie aber durchaus mehrere verschiedene Häufungspunkte besitzen. Das kann man auch an einem weiteren Beispiel sehr schön sehen.

Aus unserem Kapitel über die Statistik sind Ihnen sicherlich noch unsere Würfelspiele im Gedächtnis geblieben. Wenn wir nun also einen normalen sechsseitigen Würfel nehmen, unendlich oft mit ihm würfeln und die Ergebnisse jeweils protokollieren würden, erhielten wir eine Zahlenfolge, die aus den Ziffern 1 bis 6 bestünde. Jede dieser Ziffern würde dabei unendlich oft auftauchen. Diese Folge besäße dann also sogar sechs verschiedene Häufungspunkte.

Satz von Bolzano-Weierstraß

Der Satz von Bernhard Bolzano (1781 – 1884) und Karl Weierstraß (1815 – 97) zählt zu den wichtigsten Sätzen in der Analysis. Dabei wirkt er, wenn man ihn sich durchliest, vollkommen unscheinbar:

> Jede beschränkte Folge besitzt mindestens einen Häufungspunkt.

Aus dem Satz von Bolzano-Weierstraß folgt u. a. der Satz, dass jede monotone beschränkte Folge reeller Zahlen konvergiert. Wer sich auf eher theoretischer Ebene mit dem Thema Folgen auseinandersetzt, kommt um diesen Satz überhaupt nicht herum und muss sich mit ihm und seinen Konsequenzen eingehend auseinandersetzen – glücklicherweise gehören wir nicht zu diesen Theoretikern.

Bernard Bolzano:
Philosoph,
Theologe und
Mathematiker

Der Mathematiker
Karl Weierstraß

Grafische Darstellung von Folgen

Wenn Sie unsere Bemerkungen über die Funktionen, die sich im Kapitel Algebra befinden, noch im Hinterkopf haben, werden Sie sich wahrscheinlich gefragt haben, ob es auch eine Möglichkeit gibt, Folgen grafisch darzustellen, und wenn ja, wie diese Möglichkeit wohl aussieht.

Im Gegensatz zu den Funktionsgraphen, die eine grafische Darstellung von Funktionen sind, finden wir bei der grafischen Darstellung von Folgen keine „Kurven", sondern nur einzelne Punkte im Koordinatensystem. In unserer Grafik finden Sie z. B. die Darstellung der Folge $a_n = n$. Lassen Sie sich aber nie einfallen, die einzelnen Punkte mit einer schönen Linie zu verbinden!

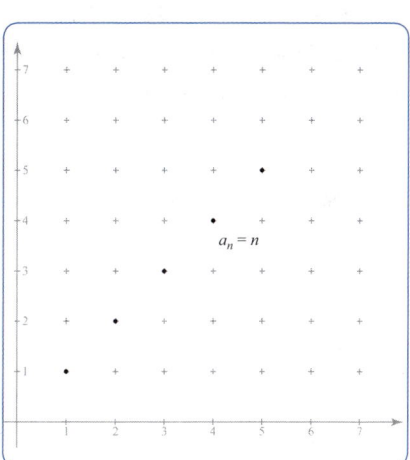

Reihen

Wenn wir uns nun eine normale Folge vornehmen und die einzelnen Folgenglieder addieren, erhalten wir ein anderes Gebilde, das man Reihe nennt. Eine solche Reihe hat dann die Form:

$$s_n = a_0 + a_1 + a_2 + \ldots + a_n$$

Natürlich müssen Sie nicht alle Glieder der Reihe aufschreiben (das könnte auch bei endlichen Reihen eine sehr mühsame Prozedur werden).

Parallel hierzu gilt das gleiche, bereits bekannte Summenzeichen und wir können also auch schreiben:

$$s_n = a_0 + a_1 + a_2 + \ldots + a_n = \sum_{i=0}^{n} a_i$$

Reihen müssen aber nicht endlich sein, sondern können auch bis in alle Unendlichkeit fortgesetzt werden. Dann schreibt man:

$$s_n = a_0 + a_1 + a_2 + \ldots = \sum_{i=0}^{\infty} a_i$$

Addiert man nun nur eine bestimmte Anzahl von Elementen dieser unendlichen Reihe, spricht man von einer Partialsumme der Reihe. Unsere erste endliche Reihe kann also durchaus eine Partialsumme der unendlichen Reihe aus unserer zweiten Definition darstellen, vorausgesetzt, die dort aufsummierten Glieder finden sich auch in der unendlichen Reihe wieder.

Grenzwerte von Reihen

Nun, da Sie einen Eindruck davon gewonnen haben, was man unter einer Reihe im mathematischen Sinne versteht, möchten wir uns dem Thema noch einmal von einer anderen Seite nähern. Das ist nicht überflüssig, wie Sie vielleicht meinen könnten, sondern bei der Beschäftigung mit den Grenzwerten von Reihen (denn auch diese Gebilde verfügen über so etwas wie Grenzwerte) sehr nützlich.

Reihen etwas anders gesehen

Wir wollen uns also nun den Reihen ein wenig anders annähern. Den Ausgangspunkt unserer Überlegungen in diesem Abschnitt bildet eine ganz normale Folge
$a_n = a_1, a_2, a_3, \ldots$

Außerdem haben Sie ja bereits kennengelernt, was man unter einer Partialsumme versteht. Nehmen wir hierzu einmal ein konkretes Beispiel:

Unsere Folge sei

$a_n = 1, 3, 5, 7, 9, 11, \ldots$

Nun wollen wir die Partialsumme nach folgendem Schema bilden:

$s_1 = 1 = 1$

$s_2 = 1 + 3 = 4$

$s_3 = 1 + 3 + 5 = 9$

$s_4 = 1 + 3 + 5 + 7 = 16$

$s_5 = 1 + 3 + 5 + 7 + 9 = 25$

...

Jetzt ist es natürlich kein Problem, die Partialsumme wiederum als Folge aufzufassen. Sie erhalten dann die Folge $s_n = 1, 4, 9, 16, 25, \ldots$

Diese Folge hat nun einen ganz besonderen Namen. Vielleicht ahnen Sie es schon, man nennt sie auch Partialsummenfolge oder Reihe.

Vielleicht werden Sie sich an dieser Stelle fragen, wozu diese mathematischen Haarspaltereien gut sein sollen.

Die Antwort ist ebenso einfach wie erfreulich:

> Weil man eine Reihe als ganz spezielle Folge auffassen kann, gelten auch alle Grenzwert- und Konvergenzsätze von Folgen für Reihen. Den Grenzwert einer Reihe schreibt man nun nicht wie bei einer herkömmlichen Folge $\lim\limits_{n \to \infty} a_n$, sondern $\sum\limits_{i=0}^{\infty} a_i$.

Den Grenzwert einer Reihe zu bestimmen, ist nicht immer ganz einfach. Wir werden uns gleich einige besondere Reihen und deren Grenzwerte ansehen. Mit ihrer Kenntnis ist es häufig möglich, weiteren Reihen zu Leibe zu rücken.

Da eine Reihe ja die Addition vieler (unter Umständen sogar unendlich vieler) Elemente darstellt, gibt es natürlich sehr viele Reihen, die keinen Grenzwert besitzen. Als kleines Beispiel wollen wir hier nun eine Reihe, die Sie bereits kennengelernt haben, anfügen, nämlich $\sum\limits_{i=1}^{n} i$. Diese Reihe stellt die Addition der natürlichen Zahlen dar. Sie hat, wie Sie sich leicht vorstellen können, keinen Grenzwert.

Lassen sich nun Kriterien formulieren, die uns bei der Entscheidung, ob eine Reihe einen Grenzwert besitzt oder nicht, helfen? Solche Kriterien gibt es einige. Wir wollen Ihnen an dieser Stelle nur ein Kriterium vorstellen, da die meisten anderen unsere mathematischen Möglichkeiten, wie sie für dieses Buch benötigt werden, doch überschreiten.

> Damit eine Reihe konvergiert, muss zumindest die zugrunde liegende Folge den Grenzwert null haben.

Der Mathematiker sagt nun, dass es sich hierbei um eine notwendige, aber nicht hinreichende Voraussetzung handelt. Das bedeutet so viel wie: Dieses Kriterium muss auf jeden Fall erfüllt sein, damit eine Reihe konvergiert. Wenn eine Reihe dieses Kriterium nicht erfüllt, konvergiert sie nicht. Es gibt jetzt aber auch Reihen, deren zugrunde liegende Folge eine Nullfolge ist, die aber dennoch divergent sind. Eine solche Folge ist beispielsweise die sogenannte harmonische Reihe $1 + \dfrac{1}{2} + \dfrac{1}{3} + \ldots$

Spezielle Reihen

An dieser Stelle möchten wir Ihnen einige ganz spezielle Reihen und womöglich auch ihre Grenzwerte vorstellen. Außerdem sollen Sie jeweils erfahren, wozu man diese besonderen Reihen überhaupt verwenden kann.

Auch außerhalb der Mathematik lassen sich harmonische Reihen finden.

Die harmonische Reihe

Wie die harmonische Reihe aussieht, haben Sie gerade bereits gesehen. Bleibt nur noch zu klären, warum sie so heißt. Sie hat ihren Namen erhalten, da jeder Summand (außer dem ersten) das harmonische Mittel seiner beiden Nachbarn darstellt. Sie erinnern sich sicherlich, dass wir in der Stochastik das harmonische Mittel schon definiert haben:

$$M_h = \frac{2}{\frac{1}{a} + \frac{1}{b}}$$

Probieren Sie es aus, wenn Sie möchten, die Formel funktioniert hier tadellos.

Mit dem Summenzeichen dargestellt, lautet die harmonische Reihe:

$$\sum_{n=1}^{\infty} = \frac{1}{n}$$

Diese Reihe hat es an sich, dass ihre Glieder recht schnell immer kleiner werden. Die zugrunde liegende Folge ist ohne Zweifel eine Nullfolge. Dennoch divergiert die harmonische Reihe, wie wir Ihnen gleich zeigen werden. Dazu schreiben wir uns die ersten Glieder der Reihe einmal auf:

$$1 + \frac{1}{2} + \frac{1}{3} + \frac{1}{4} + \frac{1}{5} + \frac{1}{6} + \frac{1}{7} + \frac{1}{8} + \ldots$$

Nun fügen wir hier ein paar Klammern ein (das ist bei Reihen durchaus erlaubt):

$$1 + \frac{1}{2} + \left(\frac{1}{3} + \frac{1}{4}\right) + \left(\frac{1}{5} + \frac{1}{6} + \frac{1}{7} + \frac{1}{8}\right) + \ldots$$

Anschließend nehmen wir den kleinsten Summanden in jeder Klammer als Grundlage und schreiben die Reihe einmal so auf (dabei wird der Wert jedes Klammerausdrucks natürlich kleiner als der ursprüngliche):

$$1 + \frac{1}{2} + \left(\frac{1}{4} + \frac{1}{4}\right) + \left(\frac{1}{8} + \frac{1}{8} + \frac{1}{8} + \frac{1}{8}\right) + \ldots$$

Sie sehen, dass der Ausdruck in jeder Klammer nun $\frac{1}{2}$ ergibt (und Sie haben natürlich noch immer im Hinterkopf, dass die Klammerausdrücke kleiner sind als die ursprünglichen Ausdrücke aus der harmonischen Reihe). Man kann also nun schreiben:

$$1 + \frac{1}{2} + \frac{1}{2} + \frac{1}{2} + ...$$

Jetzt ist allerdings auf den ersten Blick einsichtig, dass für unendliche n diese Addition keinem Grenzwert entgegenstrebt.

Dies war einmal ein kleiner Beweis, der sich normalerweise nicht in dieses Buch verirrt, den wir aber aufgenommen haben, da es auf den ersten Blick so unwahrscheinlich klingt, dass die harmonische Reihe keinen Grenzwert haben soll.

Die harmonische Reihe hält aber noch ein paar weitere Überraschungen für Sie bereit.

Beispielsweise taucht sie dort auf, wo Sie sie wahrscheinlich niemals vermutet hätten, nämlich bei den Sammelbildern, wie sie unter anderem im Vorfeld von Fußball-Weltmeisterschaften oder -Europameisterschaften dutzendfach auf den Markt kommen. Hier kann man, zur Erklärung für diejenigen, die diesem Vergnügen nie gefrönt haben, Sammelbilder der an den jeweiligen Meisterschaften beteiligten Fußballspieler und Mannschaften erwerben und in ein entsprechendes Sammelalbum einkleben. Das Problem dabei ist, dass man die Bilder, die man kauft, vorher nicht sieht. Es ist also immer eine kleine Überraschung, welche Bilder sich in der Tüte befinden. Auf diese Weise muss man natürlich deutlich mehr Bilder kaufen, als in das Album eingeklebt werden müssen, um eine vollständige Sammlung vorweisen zu können.

Die Frage ist nun, wie viele Bilder man durchschnittlich kaufen muss, um ein Album komplett zu bestücken. Bekannt ist diese Fragestellung in der Mathematik auch als Sammler-Problem.

Nehmen wir einmal an, die Anzahl der unterschiedlichen Sammelbilder ist n. Außerdem gehen wir natürlich davon aus, dass jedes Bild dieselbe Wahrscheinlichkeit hat, von Ihnen gekauft zu werden (wir wollen in diesem Beispiel auch das Tauschen von Bildern, das ja eigentlich so viel Spaß macht, nicht gestatten). Sie benötigen dann im statistischen Mittel

$n \cdot H_n$

Bilder, bis Ihr Album aufgefüllt ist. H_n bezeichnet dabei die n-te harmonische Zahl. Das bedeutet:

$$H_n = 1 + \frac{1}{2} + \frac{1}{3} + \dots + \frac{1}{n}$$

Sie sehen, auch hier schlägt die harmonische Reihe gnadenlos zu.

Die arithmetische Reihe

Ebenfalls divergent ist die arithmetische Reihe. Eine arithmetische Reihe entsteht durch die Addition der Glieder einer arithmetischen Folge. Ihre allgemeine Form ist:

$$\sum_{i=0}^{n} (a_i + i \cdot d)$$

Dabei bezeichnet d – Sie erinnern sich sicherlich an die entsprechenden Bemerkungen zu den arithmetischen Folgen – den Abstand zwischen den einzelnen Reihengliedern.

Die bekannteste Form dieser arithmetischen Reihe ist sicherlich:

$$\sum_{i=0}^{n} i = \frac{n}{2}(n + 1)$$

Von dieser Formel ausgehend kann man natürlich auch den ganz allgemeinen Fall einer endlichen arithmetischen Reihe berechnen.

$$\sum_{i=0}^{n-1} (a_i + i \cdot d) = \frac{n}{2}(a_1 + a_n)$$

Eine Anwendung der Summenformel für arithmetische Reihen haben Sie ja bereits kennengelernt: die Berechnung der Summe von n natürlichen Zahlen.

Einige weitere Summen arithmetischer Reihen

Wie wir bereits weiter oben gesagt hatten, ist es nicht immer ganz einfach, die Summen arithmetischer Reihen herauszufinden. Daher wollen wir Ihnen an dieser Stelle für einige weitere arithmetische Reihen die Summen einmal nennen:

Die Summe der ersten n ungeraden Zahlen:
$$1 + 3 + 5 + 7 + \ldots + (2n - 1) = n^2$$

Die Summe der ersten n geraden Zahlen:
$$2 + 4 + 6 + 8 + \ldots + 2n = n(n + 1)$$

Die Summe der ersten n Quadratzahlen:

$$\sum_{i=1}^{n} i^2 = \frac{n(n + 1)(2n + 1)}{6}$$

Die Summe der ersten n Kubikzahlen:

$$\sum_{i=1}^{n} i^3 = \frac{n^2(n + 1)^2}{4}$$

Die geometrische Reihe

Wenn Sie die Glieder einer geometrischen Folge aufaddieren, erhalten Sie – na was schon – eine geometrische Reihe natürlich. Sie ist so etwas wie ein Klassiker der mathematischen Reihen. Ihre allgemeine Formel lautet:

$$\sum_{i=0}^{n-1} q^i = \frac{q^n - 1}{q - 1}$$

Interessant wird es hier, wenn man den Grenzwert einer unendlichen geometrischen Reihe bestimmen möchte. Hier müssen wir nämlich zwei Fälle unterscheiden.

Einfach ist es, wenn gilt: $q > 1$. Dann läuft die Summe nämlich bei unendlichen n auch ins Unendliche. Das können Sie sich leicht veranschaulichen, wenn Sie sich Zähler und Nenner aus unserer allgemeinen Formel noch einmal kurz ansehen: $q^n - 1$ ist nur für $n = 1$ gleich dem Nenner $q - 1$. Für wachsende n jedoch wächst der Zähler deutlich stärker als der Nenner des Bruchs, sein Wert strebt also gegen unendlich.

Wie sieht die Sache nun aus, wenn $|q| < 1$ ist? In diesem Fall konvergiert die Reihe, und zwar gegen $\frac{1}{1-q}$. Dieser Grenzwert lässt sich auch beweisen, den Beweis sparen wir uns nun jedoch.

Wenden wir uns lieber der Frage zu, wo wir in der Praxis geometrische Reihen anwenden können. Wir finden sie beispielsweise bei der Rentenberechnung, wie das folgende Beispiel veranschaulicht:

Nehmen Sie an, Sie zahlen zu Beginn jedes Jahres einen Betrag in der Höhe von 3000 Euro bei Ihrer Hausbank ein. Die Zinsen liegen bei 5 Prozent. Die Frage ist nun, über wie viel Geld sie nach 5 Jahren verfügen.

Der Ansatz zur Lösung dieser Aufgabe ist recht simpel. Das Geld, das Sie im ersten Jahr einzahlen, wird 5 Jahre lang verzinst. Am Ende erhalten Sie dafür $3000 \, \text{€} \cdot 1{,}05^5$. Das Geld, das Sie im zweiten Jahr einzahlen, wird – das versteht sich von selbst – natürlich ein Jahr weniger, also noch 4 Jahre lang verzinst. Sie erhalten nun 3000 € · 1,05⁴ dafür. Diese Reihe können wir nun fortsetzen und erhalten schließlich folgende Rechnung:

$$3000 \text{ €} \cdot 1{,}05^5 + 3000 \text{ €} \cdot 1{,}05^4 + 3000 \text{ €} \cdot 1{,}05^3 + 3000 \text{ €} \cdot 1{,}05^2 + 3000 \text{ €} \cdot 1{,}05$$

$$= 3000 \text{ €} \cdot 1{,}05 \cdot (1{,}05^4 + 1{,}05^3 + 1{,}05^2 + 1{,}05 + 1)$$

$$= 3000 \text{ €} \cdot 1{,}05 \cdot \sum_{i=0}^{4} 1{,}05^i$$

$$= 3000 \text{ €} \cdot 1{,}05 \cdot \frac{1{,}05^5 - 1}{0{,}05}$$

$$= 17.405{,}74$$

Sie verfügen also am Ende des fünften Jahres über 17.405 Euro. Das ist schön zu wissen, aber noch besser ist es, aus mathematischer Sicht zu wissen, dass in diesem Fall die Anwendung der Formeln für die geometrischen Reihen wunderbar funktioniert hat. Sie sehen, Sie können diese Formel ganz einfach benutzen, um die Gewinne Ihrer Bankgeschäfte auszurechnen.

Potenzreihen und Taylorreihen

Wenn Sie Reihen der Form

$$\sum_{i=1}^{\infty} a_i \, (x - x_0)^i$$

vor sich haben, dann haben Sie es mit einer Potenzreihe zu tun. Potenzreihen sind immer unendliche Reihen. Darin unterscheiden sie sich schon einmal von geometrischen Reihen, die ja sowohl in endlicher als auch in unendlicher Form auftreten können. Und außerdem sind sie wesentlich komplizierter.

Wie es sich hier mit den Grenzwerten verhält, wollen wir nur kurz anreißen.

Dabei kommt nämlich der sogenannte Konvergenzradius ins Spiel. Als solchen bezeichnet man eine Zahl r, mit $0 \leq r \leq \infty$, für die gilt:

– Bei $|x - x_0| < r$: Die Reihe konvergiert.
– Bei $|x - x_0| > r$: Die Reihe divergiert.

Spezielle Potenzreihen stellen die sogenannten Taylorreihen dar. Sie werden in der Analysis verwendet, um Funktionen in der Umgebung bestimmter Punkte durch Potenzreihen darstellen zu können. Auf diese Weise lässt sich häufig ein sehr komplizierter Ausdruck deutlich vereinfachen. Dieses Verfahren wird besonders in der Physik geschätzt. Man benutzt Taylorreihen überall dort, wo Näherungen nötig sind, um allzu komplizierte Rechnungen zu umgehen. Berühmtestes Beispiel in der Physik, bei dem Taylorreihen zur Anwendung kommen, ist die Relativitätstheorie. Verwendung finden sie auch im Bereich der Optik, z. B. bei der Kalibirierung von Kameras.

Ohne an dieser Stelle noch näher auf die Taylorreihen und ihre Eigenschaften eingehen zu wollen, möchten wir Ihnen zwei Beispiele nennen.

Die Exponentialfunktion e^x, die Sie ja bereits im Kapitel über die Algebra kennengelernt haben, lässt sich als Taylorreihe so formulieren:

$$e^x = \sum_{n=0}^{\infty} \frac{x^n}{n!}$$

Auch die trigonometrischen Funktionen lassen sich derart darstellen. Mit den folgenden beiden Formeln wollen wir dann auch unsere Betrachtungen zum Thema Folgen und Reihen abschließen.

$$\sin x = \sum_{n=0}^{\infty} (-1)^n \frac{x^{2n+1}}{(2n+1)!}$$

$$\cos x = \sum_{n=0}^{\infty} (-1)^n \frac{x^{2n}}{(2n)!}$$

Die Ableitung von Funktionen

Womit wir nun fortfahren wollen, zählt schon zu den Königsdisziplinen der Analysis und der ganzen Mathematik. Wir wollen Ihnen nun die Ableitungen von Funktionen vorstellen. Um die auf den folgenden Seiten gemachten Aussagen gut und einfach verstehen zu können, sollten Sie das, was wir im Kapitel Algebra über Funktionen gesagt haben, ggf. noch einmal genau ansehen, denn wir können aus Platzgründen an dieser Stelle nicht mehr auf alle Einzelheiten und Grundlagen eingehen.

Aber nun genug der Vorrede, steigen wir mutig und unverzagt mitten ins Thema ein.

> Wir benötigen die Ableitung einer nicht linearen Funktion, um ihre Steigung an einer bestimmten Stelle, wir nennen sie einmal x_0, zu bestimmen.

Das ist eine schöne und soweit auch einsichtige Definition. Sie lässt allerdings die Frage offen, wozu es nützlich sein kann, die Steigung einer nicht linearen Funktion überhaupt zu kennen. An dieser Stelle blieben uns früher im Mathematikunterricht die Lehrer häufig eine Antwort schuldig. Wir möchten das nun ändern.

Momentangeschwindigkeit und Durchschnittsgeschwindigkeit

Wenn Sie eine Strecke von 200 Kilometern in einer Zeit von zwei Stunden zurücklegen, so sind Sie durchschnittlich mit einer Geschwindigkeit von 100 Kilometern in der Stunde unterwegs gewesen. So weit, so gut. Auf der Grundlage dieses Zahlenmaterials lässt sich allerdings nicht in Erfahrung brin

gen, ob Sie zwischenzeitlich nicht vielleicht mit 180 Kilometern pro Stunde über die Autobahn gerast sind. Mit anderen Worten: Die Durchschnittsgeschwindigkeit lässt sich durchaus bestimmen, die Momentangeschwindigkeit zu einem bestimmten Zeitpunkt aber nicht. Genau damit wollen wir uns hier aber jetzt beschäftigen.

Freie Fahrt!

Uns soll es in unserem Beispiel allerdings nicht um eine 200 Kilometer lange Strecke gehen, wir wollen uns einen einfachen Beschleunigungsvorgang eines Autos näher anschauen. Gerade in dieser Phase ändert sich die Geschwindigkeit ja ständig und so kann es auch durchaus sehr interessant sein, die momentane Geschwindigkeit zu einem bestimmten Zeitpunkt zu kennen.

Wenn wir beispielsweise die Geschwindigkeit eines Autos bestimmen wollen, betrachten wir einen zurückgelegten Weg in Abhängigkeit von der Zeit. Wir gehen nun einfach einmal davon aus, dass in unserem Beispiel der Zusammenhang zwischen Weg s und Zeit t annähernd quadratisch ist. Die Funktion, die uns nun also beschäftigen soll, lautet:

$$s(t) = t^2$$

Diese Funktion können Sie sich in der Grafik einmal ansehen. Dort haben wir auch schon einige charakteristische Punkte, die wir für unsere weiteren Überlegungen dringend brauchen, eingezeichnet.

In dieser Grafik finden Sie die Zeitabschnitte auf der x-Achse und die zugeordneten Wegstrecken auf der y-Achse abgetragen.

Ein kurzer Blick auf die Funktion zeigt Ihnen schon, dass der zurückgelegte Weg mit der Zeit wächst, und zwar so, dass in gleich langen Zeitabschnitten mit fortschreitender Zeit immer längere Strecken zurückgelegt werden. Das ist auch gut so, denn sonst hätten wir es schließlich

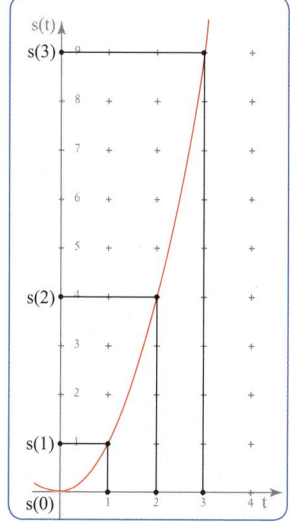

nicht mit einer Beschleunigung zu tun und wir könnten unser Beispiel an dieser Stelle beenden.

Schauen wir uns einmal an, welche Strecke in welchem Zeitraum zurückgelegt wurde:

In der ersten Sekunde:
$$s(1) - s(0) = 1^2 - 0^2 = 1$$
In der zweiten Sekunde:
$$s(2) - s(1) = 2^2 - 1^2 = 3$$
In der dritten Sekunde:
$$s(3) - s(2) = 3^2 - 2^2 = 5$$
…

Wenn Sie mögen, können Sie gerade noch ein wenig fortfahren, wir werden uns aber nun direkt auf eine allgemeine Aussage stürzen. Wenn Sie nämlich wissen wollen, welche Wegstrecke in einem beliebigen Zeitabschnitt (wir nennen ihn den Zeitabschnitt von t_0 bis t_1) zurückgelegt wurde, so müssen Sie folgende Differenz berechnen:

$$s(t_1) - s(t_0)$$

Nehmen wir nun diese Differenz und teilen sie durch die Zeit, die man benötigt hat, um den Weg zurückzulegen, erhält man folgenden Term:

$$\frac{s(t_1) - s(t_0)}{t_1 - t_0}$$

Das ist aber wiederum nichts anderes, als die Formel zur Berechnung der Durchschnittsgeschwindigkeit. Haben wir uns also bereits an dieser Stelle festgefahren und kommen mit unserem Vorhaben, die Momentangeschwindigkeit zu berechnen, so nicht weiter?

Wie wäre es denn, wenn wir den Abstand von t_0 und t_1 immer weiter verringerten und so die Durchschnittsgeschwindigkeit zu einem beliebigen Zeitpunkt erhielten? Das wäre dann doch nichts anderes als die von uns so verzweifelt gesuchte Momentangeschwindigkeit.

Sehen wir uns dieses Problem zunächst einmal in einer simplen Tabelle an. Hier berechnen wir den Abstand mit der Geschwindigkeit in einem bestimmten Zeitintervall (letztlich möchten wir die Geschwindigkeit zum Zeitpunkt $t = 1$ wissen), das wir immer weiter verkleinern. Schauen wir nun, wie sich das Ergebnis verändert (wir gehen bei der Berechnung natürlich von unserer Funktion, $s(t) = t^2$, aus):

Mit einem solchen Flitzer fällt es nicht schwer, zu beschleunigen.

Zeitintervall	mittlere Geschwindigkeit
[1;2]	$\dfrac{2^2 - 1^2}{2 - 1} = 3$
[1;1,1]	$\dfrac{1,1^2 - 1^1}{1,1 - 1} = 2,1$
[1;1,01]	$\dfrac{1,01^2 - 1^1}{1,01 - 1} = 2,01$
[1;1,001]	$\dfrac{1,001^2 - 1^1}{1,001 - 1} = 2,001$

Sie sehen, dieser Wert nähert sich merklich immer mehr an die 2 an.

Werden wir wieder etwas allgemeiner, erhalten wir also für unsere Funktion folgende Formel:

$$\frac{s(t_1) - s(t_0)}{t_1 - t_0} = \frac{t^2 - 1^2}{t - 1}$$

$$= \frac{(t - 1)\,(t + 1)}{t - 1} = t + 1$$

Wenn t nahe genug bei der 1 liegt, kommen wir also auf den Wert 2. Das wollen wir im Hinterkopf behalten, da wir später noch kurz darauf zurückkommen.

Jetzt ist es an der Zeit, aufzulösen, was dieses ausführliche Beispiel eigentlich mit der Ableitung zu tun hat. Machen wir also nicht länger ein Geheimnis daraus und erinnern uns noch einmal: Die Ableitung beschreibt die Steigung einer nicht linearen Funktion in einem bestimmten Punkt.

Betrachten wir kurz die Steigung einer simplen Geraden durch den Ursprung. Sie berechnet sich nach der Formel:

$$m = \frac{y}{x}$$

Nun können wir die Steigung auch mithilfe eines Steigungsdreiecks für eine beliebige Gerade bestimmen. Wie dieses Dreieck aussieht und wo es liegt, können Sie ganz einfach der Grafik entnehmen.

In diesem Fall lautet die Formel zur Berechnung der Steigung natürlich:

$$m = \frac{y_2 - y_1}{x_2 - x_1}$$

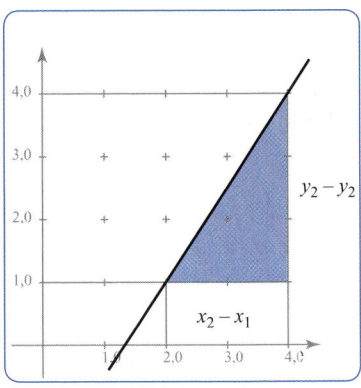

Wenn wir jetzt die Steigung in nur einem Punkt berechnen, müssen wir einen Punkt dem anderen immer weiter annähern (hier kommt also wieder die Annäherung ins Spiel, die wir auch vorhin im Beispiel praktiziert haben). Das Steigungsdreieck wird also immer kleiner. Von der Geraden, die zwischen diesen beiden Punkten liegt, berechnet man dann die Steigung.

Nennen wir den Punkt, an den der zweite angenähert wird, einmal P. Er habe die Koordinaten $(x_o, f(x_o))$. Der Punkt, den wir P annähern wollen, sei Q. Seine Koordinaten seien $(x, f(x))$.

Wir können diese Werte nun in die gerade beschriebene Zwei-Punkte-Gleichung einsetzen und erhalten:

$$\frac{f(x) - f(x_0)}{x - x_0}$$

Diesen Ausdruck nennt man in der Mathematik auch Differenzenquotient.

Um vom Differenzenquotienten zur Ableitung zu kommen, kommt der Grenzwert ins Spiel – Sie sehen, in der Mathematik kommt wirklich (fast) alles zusammen.

Die Ableitung einer Funktion $f(x)$ an der Stelle x_0 ist der Grenzwert des Differenzenquotienten

$$\lim_{x \to x_0} \frac{f(x) - f(x_0)}{x - x_0}$$

Das Ergebnis heißt Differenzialquotient.

Die Ableitung einer Funktion $f(x)$ schreibt man meistens $f'(x)$.

Einige Beispiele für Ableitungen

Damit Sie sich ein wenig an das Verfahren gewöhnen können, werden wir nun ein paar Ableitungen auf diese Weise bestimmen.

Nehmen wir uns zunächst einmal die konstante Funktion in ihrer allgemeinen Form vor:

$$f(x) = c$$

$$\lim_{x \to x_0} \frac{f(x) - f(x_0)}{x - x_0}$$

$$= \frac{c - c}{x - x_0} = 0$$

Als zweites Beispiel nehmen wir die identische Funktion:

$$f(x) = x$$

$$\lim_{x \to x_0} \frac{f(x) - f(x_0)}{x - x_0}$$

$$= \frac{x - x_0}{x - x_0} = 1$$

Schließlich wollen wir uns auch noch die quadratische Funktion auf diese Weise ansehen:

$$f(x) = x^2$$

$$\lim_{x \to x_0} \frac{f(x) - f(x_0)}{x - x_0} = \lim_{x \to x_0} \frac{x^2 - x_0^2}{x - x_0}$$

$$= \lim_{x \to x_0} \frac{(x + x_0)(x - x_0)}{x - x_0}$$

$$= \lim_{x \to x_0} (x + x_0) = 2x_0$$

Einfache Regel zur Ableitung

Mittlerweile sind Sie ja schon alte Hasen auf dem Gebiet der Mathematik und nahezu mit allen Wassern gewaschen. Da würde es uns nicht wundern, wenn der eine oder andere von Ihnen bei der Lektüre der drei Beispiele von eben ein wenig stutzig geworden ist und nun denkt: „Da gibt es doch einen ganz einfachen Zusammenhang zwischen der Funktion und ihrer Ableitung. Kann man sich die ganze Berechnung des Grenzwertes nicht vielleicht sparen?"

Einen solchen einfachen Zusammenhang gibt es in der Tat. Sie müssen wirklich nicht jedes Mal den Grenzwert vergleichsweise mühsam ausrechnen.

Die folgende Formel sollten Sie sich gut merken:

> Die Ableitung einer Funktion $f(x) = a \cdot x^n$ mit n ≠ 0 lautet
> $f'(x) = n \cdot a \cdot x^{n-1}$.

Mithilfe dieser Formel können Sie die Ableitung von beliebigen Potenzfunktionen leicht errechnen.

Rechenregeln für Ableitungen

Auch komplizierte Funktionen können Sie so ableiten. Um das bewerkstelligen zu können, sind allerdings noch einige Rechenregeln für Funktionen und speziell ihre Ableitungen wichtig. Diese möchten wir Ihnen nun kurz auflisten.

	Funktion:	Ableitung:
Ableitung eines Vielfachen:	$c \cdot f(x)$	$c \cdot f'(x)$
Ableitung einer Summe:	$f(x) + g(x)$	$f'(x) + g'(x)$
Produktregel:	$f(x) \cdot g(x)$	$f'(x) \cdot g(x) + f(x) \cdot g'(x)$
Quotientenregel:	$\dfrac{f(x)}{g(x)}$	$\dfrac{f'(x) \cdot g(x) - f(x) \cdot g'(x)}{g(x)^2}$
Kettenregel:	$f(g(x))$	$f'(g(x)) \cdot g'(x)$

Eine besondere Stellung nehmen auch hier – wie so oft – die trigonometrischen Funktionen ein. Es empfiehlt sich daher, deren Ableitungen, die wir Ihnen gleich auflisten, einfach auswendig zu lernen.

Funktion:	Ableitung:
$\sin x$	$\cos x$
$\cos x$	$-\sin x$
$\tan x$	$\dfrac{1}{\cos^2 x}$
$\cot x$	$-\dfrac{1}{\sin^2 x}$

Zwei letzte Funktionen und deren Ableitungen wollen wir Ihnen natürlich auch nicht vorenthalten. Hier kommen sie schon:

Funktion:	Ableitung:
e^x	e^x
$\ln x$	$\dfrac{1}{x}$

Beispiele zu den Rechenregeln

Die Anwendung dieser Regeln wollen wir Ihnen nun noch kurz anhand von zwei Beispielen demonstrieren.

Nehmen wir zunächst folgende Funktion:

$(2x + 3)(2x - 1)$

Hier ist es nicht schwer, die beiden Funktionen, die miteinander verknüpft wurden, zu identifizieren:

$f(x) = (2x + 3)$

$g(x) = (2x - 1)$

Beide Funktionen werden miteinander multipliziert, also müssen wir die Produktregel zur Anwendung bringen – und die besagt:

$f'(x) \cdot g(x) + f(x) \cdot g'(x)$

Wir erhalten also:

$2 \cdot (2x - 1) + (2x + 3) \cdot 2$

$= 4x - 2 + 4x + 6$

$= 8x + 4$

In unserem nächsten Beispiel wollen wir es ein wenig komplizierter machen. Sehen Sie sich einmal die folgende Funktion an:

$(x^3 - 5)^8$

Hier gilt es zunächst wieder, die beiden miteinander verknüpften Funktionen zu identifizieren. Wir werden es hier – soviel sei schon jetzt verraten – mit der Kettenregel zu tun bekommen. Vor diesem Hintergrund lassen sich die beiden Funktionen recht schnell finden:

$f(x) = x^8$

$g(x) = x^3 - 5$

Leiten wir zunächst die Funktionen ab, damit wir alle „Einzelteile" beisammen haben, die wir dann später in die Formel einsetzen können:

$f'(x) = 8x^7$

$g'(x) = 3x^2$

Nun kommt endlich die Kettenregel zum Zuge und wir erhalten:

$f'(g(x)) \cdot g'(x) = 8(x^3 - 5)^7 \cdot 3x^2$

Integrale

Mit dem Kapitel über die Integrale nähern wir uns langsam aber sicher dem Ende dieses Buchs. Und wie das oft ist, haben wir uns das anspruchsvollste Thema bis zum Schluss aufbewahrt.

Integrale sind eine sehr vielschichtige Sache, die man aus vielen verschiedenen Blickwinkeln betrachten kann. So gibt es beispielsweise derzeit eine lange Diskussion darüber, wie man den Stoff Schülern am besten und nachhaltigsten beibringen kann – auch diese Diskussion wird natürlich vor dem Hintergrund der PISA-Studien geführt. Wir haben uns entschlossen, hier aber dennoch den gleichsam „klassischen" Ansatz zu wählen.

Die Fläche unter einer Kurve

Stellen Sie sich einmal vor, Sie möchten die Fläche, die ein Funktionsgraph mit der x-Achse des Koordinatensystems bildet, berechnen (das ist bei Weitem kein theoretisches Geschwätz, sondern eine Notwendigkeit, die vor allem in der Physik häufig auftritt). Solange es sich bei einer solchen Funktion um eine lineare Funktion handelt, fällt die Berechnung vergleichsweise leicht.

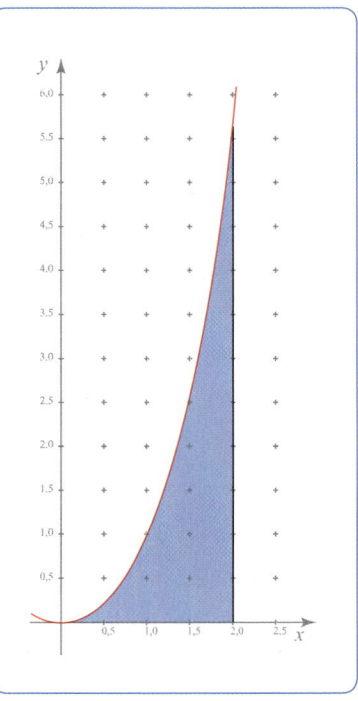

Was sollen wir aber tun, wenn die Funktion nicht linear ist und der Graph also wunderbar gefangen durch unser Koordinatensystem mäandert? An dieser Stelle müssen Sie nicht verzagen, denn es gibt ein ganz einfaches Mittel, das uns bei diesem Problem Hilfestellung leisten kann: die Treppenfunktion. Welche Fläche wir berechnen möchten, können Sie der Grafik entnehmen.

Die Treppenfunktion

Die Treppenfunktion stellt so etwas wie eine Annäherung an die „wirkliche" Funktion, die die Grundlage unserer Berechnung sein soll, dar. Welche Vorteile sie hat, können Sie am besten unten stehender Grafik entnehmen. Damit alles schön übersichtlich bleibt, haben wir hier als Funktion die vergleichsweise einfache $f(x) = x^2$ gewählt.

Die Treppenfunktion, wie sie hier dargestellt ist, lässt sich natürlich – wie könnte es anders sein – auch definieren.

Diese Definition wollen wir Ihnen nicht vorenthalten. Wir wollen die Treppenfunktion ganz einfach T nennen.

Dann gilt:

$T : [0;2,5] \to R, x \to T(x)$ mit

$T(x) = 0,$	für $\quad 0 \ \le x < 0,5$
$T(x) = 0,5^2,$	für $\quad 0,5 \le x < 1$
$T(x) = 1^2,$	für $\quad 1 \ \le x < 1,5$
$T(x) = 1,5^2,$	für $\quad 1,5 \le x < 2$
$T(x) = 2^2,$	für $\quad 2 \ \le x < 2,5$

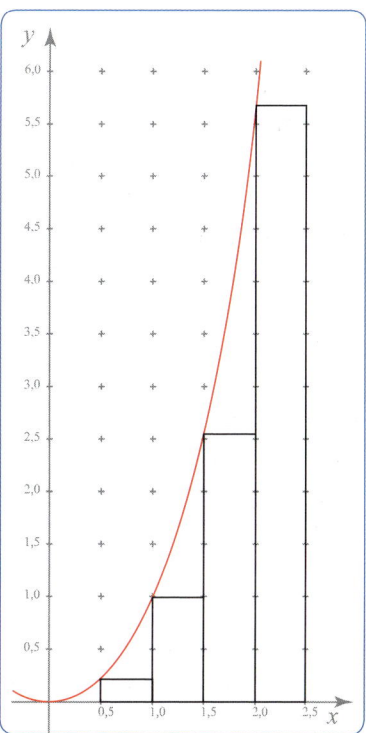

Wir haben hier also die Funktion in fünf Intervalle zerlegt, die den fünf Säulen (die erste Säule hat die Höhe null, ist also nicht zu sehen, laut Definition aber dennoch vorhanden) auf unserer Grafik entsprechen.

Wenn Sie nun die Fläche A dieser Säulen, also der Treppenfunktion, berechnen wollen, ist das natürlich überhaupt nicht schwierig, wie Sie gleich sehen werden. Sie müssen nur die Höhen der einzelnen Rechtecke halbieren, mit 0,5 multiplizieren und schon erhalten Sie den Ausdruck:

$$A = 0 \cdot 0,5 + 0,5^2 \cdot 0,5 + 1^2 \cdot 0,5 + 1,5^2 \cdot 0,5 + 2^2 \cdot 0,5 =$$
$$0,5 \cdot (0 + 0,5^2 + 1 + 1,5^2 + 4) = 3,75$$

Dieser Wert stellt also eine erste, ganz grobe Annäherung an die Fläche unter der Parabel dar. Da sich alle Rechtecke, die wir konstruiert haben, unterhalb des Funktionsgraphen befinden, spricht man in diesem Fall auch von einer Untersumme. Und dort, wo es eine Untersumme gibt, ist der Weg zur Obersumme nicht weit, wie Sie sicherlich bereits ahnen. Um die Obersumme zu erhalten, konstruieren Sie die Rechtecke so, dass alle oberhalb des Funktionsgraphen liegen, wie Sie es auf unserer Grafik sehen können.

Hier dürfen wir faul sein und sparen es uns, die genaue Definition der Funktion aufzuschreiben, sie läuft analog zur Definition der Untersummenfunktion.

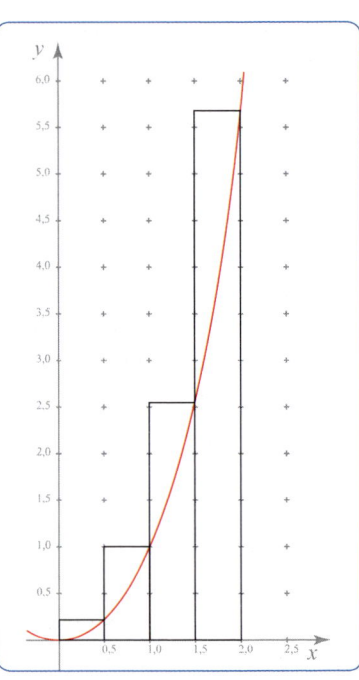

Was wir aber schon machen wollen, ist, die Fläche der Rechtecke zu berechnen.
Wir erhalten hier:

$$A = 0,5 \cdot (0,5^2 + 1 + 1,5^2 + 4 + 2,5^2) = 6,875$$

Dies ist also unsere erste grobe Annäherung von oberhalb der Parabel. Sie sehen, die beiden Werte unterscheiden sich wesentlich voneinander. Dennoch können wir jetzt schon einen ersten Tipp abgeben und sagen, dass sich unsere Fläche irgendwo in dem Intervall [3,75; 6,875] befinden wird.

Wenn Sie nun jedoch meinen, dass eine solche Annäherung, wie wir sie gerade praktiziert haben, ein wenig zu unpräzise und von daher etwas unbefriedigend ist, müssen wir Ihnen zu 100 Prozent recht geben.

Um hier zu einem befriedigenden Ergebnis zu kommen, müssen wir die beiden Werte deutlich stärker einander annähern. Dies erreichen wir, indem wir die Breite unserer Rechtecke bzw. Säulen immer weiter verringern. Je schmaler sie werden, desto genauer wird auch unser Näherungswert für die Fläche unter dem Funktionsgraphen. Wenn wir diesen Prozess immer weiterführen, stellt der Grenzwert genau das dar, womit wir uns hier eigentlich beschäftigen wollen, nämlich das Integral.

> Man kann das Integral einer Funktion als beliebig lange Summe von beliebig schmalen Rechtecken auffassen.

Wir schreiben dann für das Integral, dass wir die ganze Zeit näherungsweise berechnet haben:

$$\int_{0}^{2,5} x^2 \, dx$$

Bei dieser Kurzschreibweise dürfte Ihnen das meiste eigentlich klar sein, allein der Zusatz dx könnte ein leichtes Stirnrunzeln und vielleicht sogar Unbehagen (was kommt denn da schon wieder auf uns zu?) hervorrufen. Diesmal gibt es aber keinen Grund zur Sorge, dieser Zusatz zeigt nur an, dass man im Grunde genommen unendlich viele unendlich schmale Rechtecke berechnet, also genau das macht, was wir eben im Beispiel begonnen haben.

Die Stammfunktion

Mittlerweile sind wir dem Integral also schon recht gut auf die Schliche gekommen. Damit können wir aber bis jetzt nicht ganz zufrieden sein. Wir wissen zwar, was ein

Integral ist, haben aber noch keinen befriedigenden Weg gefunden, es auch zu berechnen.

Sicher, wir könnten jeweils die Treppenfunktion immer weiter dem tatsächlichen Verlauf des Funktionsgraphen annähern, aber eine solche Vorgehensweise ist so mühsam, dass sie in der Praxis, wenn überhaupt, nur mit Computerhilfe umzusetzen wäre. Es muss also auch noch einen weiteren, einfacheren Weg geben, die gewünschten Ergebnisse zu erhalten.

Und natürlich lässt uns die Mathematik auch hier nicht im Stich. Der Schlüssel lautet in diesem Fall Stammfunktion. Was versteht man nun aber unter dieser ominösen Funktion?

> Als Stammfunktion $F(x)$ einer Funktion $f(x)$ bezeichnet man die Funktion, deren Ableitung $f(x)$ ist. Es gilt also:
> $F'(x) = f(x)$

Um diese Definition noch einmal für Sie aufzudröseln: Wenn Sie die Stammfunktion einer Funktion suchen (und dazu werden Sie spätestens dann gezwungen sein, wenn Sie Integrale komfortabel ausrechnen möchten, wie wir Ihnen gleich noch zeigen werden), müssen Sie sich also überlegen, welche Funktion wohl die Ableitung Ihrer Funktion darstellt. Und auch das klingt wahrscheinlich immer noch reichlich verwirrend. Daher soll nun ein winziges Beispiel für die nötige Klarheit sorgen.

Unsere Funktion sei (eine so schöne Satzkonstruktion wie diese finden Sie übrigens wahrscheinlich nur in der Mathematik und sonst nirgendwo, genießen Sie sie also an dieser Stelle noch einmal):
$f(x) = x^2$.

Bevor wir uns daran machen können, ein Integral auszurechnen, müssen wir demnach die Stammfunktion bestimmen. Wir fragen uns also, von welcher Funktion ist x^2 die Ableitung?

Hier kommen wir schon mit ein wenig Ausprobieren weiter und landen schließlich bei $F(x) = \frac{1}{3}x^3$. Wenn Sie diese Funktion nach den bekannten Regeln ableiten, erhalten Sie unsere ursprüngliche Funktion.

Allerdings stellt diese Stammfunktion nur eine von vielen Lösungen dar, denn wir müssen bedenken, dass eine Konstante, die zu der Funktion addiert wird, beim Ableiten wegfällt. Die korrekte Lösung lautet also $F(x) = \frac{1}{3}x^3 + c$ (das c stört uns im Übrigen nur wenig, da es – wie Sie noch sehen werden – bei der späteren Rechnung einfach wegfällt).

Nun haben wir diese Lösung durch Ausprobieren gefunden. Das stellt für einfache Funktionen durchaus ein probates Mittel dar (wir werden Ihnen auch gleich noch die Stammfunktionen einiger wichtiger Funktionen nennen), dennoch sollten Sie auch über eine Formel verfügen, nach der Sie die Stammfunktion bilden können. Und hier ist sie bereits:

Die Stammfunktion zu $f(x) = x^n$ lautet

$$F(x) = \frac{x^{n+1}}{n+1} + c;\, n \in \mathbb{N}.$$

Das sieht nun doch schon ganz gut aus. Wir bleiben allerdings nicht stehen, sondern machen danach noch einen weiteren Schritt und schauen uns die Berechnung der Stammfunktion für ganzrationale Funktionen jeglicher Couleur an. In diesem Fall gilt dann:

Die Stammfunktion zu $f(x) = a_n x^n + a_{n-1} x^{n-1} + \ldots + a_1 x + a_0$ lautet

$$F(x) = \frac{a_n}{n+1} x^{n+1} + \frac{a_{n-1}}{n} x^n + \ldots + \frac{a_1}{2} x^2 + a_0 x + c$$

Einige spezielle Stammfunktionen

An dieser Stelle haben wir einmal für Sie einige wichtige Stammfunktionen zusammengetragen, deren Kenntnis Ihnen eine Menge Rechnerei (oder auch Ausprobiererei) erspart.

Funktion:	Stammfunktion:
$f(x) = x^{-n}$	$F(x) = \dfrac{x^{-(n-1)}}{-(n-1)} + c;\ n \neq 1$
$f(x) = e^x$	$F(x) = e^x + c$
$f(x) = a^x$	$F(x) = \dfrac{1}{\ln(a)} \cdot a^x + c$
$f(x) = \cos x$	$F(x) = \sin x + c$
$f(x) = \sin x$	$F(x) = -\cos x + c$
$f(x) = \tan x$	$F(x) = -\ln[\cos(x)] + c$
$f(x) = \ln(x)$	$F(x) = \ln[(x) - 1]\ x + c$

Von der Stammfunktion zur Flächenberechnung

Nun haben wir aber wirklich genug Vorbereitungen getroffen, um endlich unser erstes Integral berechnen zu können. Sie werden sich wundern, wie leicht dies nun von der Hand geht (und damit haben Sie auch gleich die Begründung, warum wir so viele Vorbereitungen treffen mussten).

Wir wollen wieder auf unser Beispiel vom Beginn des Kapitels zurückkommen und nun endlich genauer berechnen, wie groß die Fläche unter der Parabel in dem Intervall [0; 2,5] wirklich ist. Vielleicht haben Sie schon ungeduldig darauf gewartet, denn diese Berechnung wird uns dann auch zeigen, ob wir mit den Ergebnissen unserer Annäherungen von oben und unten überhaupt richtig lagen, oder ob die Treppenfunktion als Annäherungsverfahren nichts taugt.

Folgendes Integral gilt es also zu berechnen:

$$\int_0^{2,5} x^2 \, dx$$

Die Stammfunktion von x^2 lautet, das hatten wir weiter oben schon geklärt, $\frac{1}{3}x^3 + c$. Wir müssen nun einfach unsere Intervallgrenzen in die Stammfunktion eingeben und dabei die untere Grenze von der oberen subtrahieren. Allgemein gesprochen gilt also:

> Wenn Sie ein Integral in den Grenzen x_0 und x_1 ausrechnen möchten, müssen Sie $F(x_1) - F(x_0)$ berechnen.
>
> Anstatt $F(x_1) - F(x_0)$ können Sie auch $\left[F(x)\right]_{x_0}^{x_1}$ schreiben.

Wir erhalten folgende einfache Rechnung:

$$\frac{1}{3} \cdot 2,5^3 + c - \frac{1}{3} \cdot 0^3 - c = \frac{1}{3} \cdot 2,5^3 = 5,208\overline{3}$$

Unsere Annäherungen hatten ergeben, dass die Fläche irgendwo zwischen 3,75 und 6,875 liegen müsse. Die genaue Berechnung zeigt uns nun, dass wir damit richtig lagen.

Wir wollen nun noch ein weiteres Beispiel rechnen, damit Sie den Umgang mit Integralen und Stammfunktionen noch ein bisschen üben können. Auf der Grafik sehen Sie die Fläche, die wir berechnen möchten. Die zugehörige Funktion lautet:

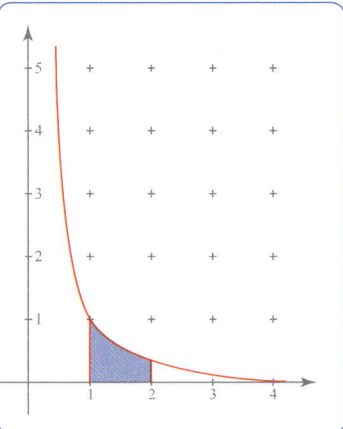

$$f(x) = x^{-2}$$

Wie die allgemeine Stammfunktion dieser Funktion aussieht, haben wir Ihnen dankenswerterweise bereits weiter oben im Kasten mitgeteilt.

$$F(x) = \frac{x^{-(n-1)}}{-(n-1)} + c$$

In unserem Fall ist $n = 2$, es ergibt sich als Stammfunktion also:

$$F(x) = \frac{x^{-1}}{-1} + c$$

Nun müssen wir nur noch den letzten Schritt machen und unsere Intervallgrenzen einsetzen. Diesmal haben wir die 1 als untere Grenze gewählt, damit es auch einmal etwas mehr zu rechnen gibt.

$$\frac{2^{-1}}{-1} + c - \frac{1^{-1}}{-1} + c$$

Wenn Sie sich die Grafik noch einmal ansehen, werden Sie merken, dass auch dieser Wert durchaus stimmen dürfte. Wieder zeigt sich also, dass unsere Formel korrekt ist.

Rechenregeln für Integrale

Mittlerweile sind Sie es ja bereits gewöhnt, dass wir Ihnen zu nahezu jedem Thema aus der Mathematik auch die entsprechenden Rechenregeln liefern. Da machen auch die

Integrale und die Stammfunktionen keine Ausnahme. Auch hier sind diese Regeln von einiger Wichtigkeit, um mit komplizierten Funktionen überhaupt umgehen zu können.

Faktorregel außen:
$$\int_a^b k \cdot f(x)dx = k \cdot \int_a^b f(x)dx$$

Faktorregel innen:
$$\int_a^b f(k \cdot x)dx = \frac{1}{k} \cdot F(k \cdot x)$$

Summenregel:
$$\int_a^b (f(x) + g(x))dx = \int_a^b f(x)dx + \int_a^b g(x)dx$$

Verschieberegel:
$$\int_a^b f(x - t)dx = \left[F(x - t)\right]_b^a$$

Intervall aufteilen:
$$\int_a^c f(x)dx = \int_a^b f(x)dx + \int_b^c f(x)$$

Grenzen umdrehen:
$$\int_a^b f(x)dx = -\int_b^a f(x)dx$$

Partielle Integration und Substitutionsregel

Nun möchten wir Ihnen noch zwei Verfahren vorstellen, die es zwar in sich haben, die aber bisweilen gut verwendet werden können, um Integrale zu vereinfachen.

Bei der partiellen Integration geht es – wie der Name schon sagt – darum, nur einen Teil eines Integrals ausrechnen zu müssen. Die vollständige Regel hierzu lautet:

$$\int_a^b f(x) \cdot g'(x)dx = \left[f(x) \cdot g(x)\right]_a^b - \int_a^b f'(x) \cdot g(x)dx$$

Sehen wir uns dazu ein kurzes Beispiel an. Wir wollen das Integral $\int\limits_0^4 x \cdot e^x dx$ ausrechnen. Mit „normalen" Methoden können Sie hier allerdings nichts ausrichten, es fällt aber auf, dass die Ableitungen von x (nämlich 1) und e^x (nämlich e^x) sehr einfach sind. Nach der Regel der partiellen Integration erhalten wir dann:

$$\int\limits_0^4 x \cdot e^x dx$$

$$= \left[x \cdot e^x \right]_0^4 - \int\limits_0^4 1 \cdot e^x dx$$

$$= 4 \cdot e^4 - 0 \cdot e^0 - \left[e^x + c \right]_0^4$$

$$= 4 \cdot e^4 - \left(e^4 - e^0 \right)$$

$$= 4 \cdot e^4 - e^4 + 1$$

$$= 3 \cdot e^4 + 1$$

So kompliziert diese Rechnung auf den ersten Blick auch scheinen mag, werden Sie bei genauem Hinsehen merken, dass uns die partielle Integration an dieser Stelle wirklich eine große Erleichterung gebracht hat.

Wenden wir uns nun einem weiteren Verfahren zu: der Integration durch Substitution. Das Ziel bei dieser Angelegenheit ist es, das Integral dadurch zu vereinfachen, dass man die Integrationsvariable geschickt ersetzt (also substituiert – daher stammt auch der Name der Regel). Solche Dinge haben wir im Laufe des Buchs immer wieder angewendet, bei der Integration sieht es aber zunächst ein wenig komplizierter aus. Es bedarf auch auf jeden Fall einiger Routine (die man nur durch Übung erhält), um immer die richtige Substitution herauszufinden.

Doch hier nun zunächst die allgemeine Regel zur Integration durch Substitution:

$$\int_a^b f\big(g(t)\big)g'(t)dt = \int_{g(a)}^{g(b)} f(x)dx$$

Sie sehen hier schon, wie sehr die rechte Seite der Gleichung vereinfacht ist. Dieses Integral lässt sich vergleichsweise leicht lösen. Doch wie kommt man dorthin? Lassen Sie uns auch hier ein Beispiel rechnen, um den Sachverhalt zu erhellen.

Die Funktion, die wir für dieses Beispiel ausgewählt haben, sieht auf den ersten Blick ganz harmlos aus, hat es dann aber doch in sich: $f(x) = e^{2x}$. Das Integral, das wir berechnen möchten, lautet:

$$\int_{-1}^1 e^{2x}dx.$$

Versuchen Sie ruhig, diesem Integral mit den bisher bekannten Mitteln zu Leibe zu rücken, Sie werden Ihre liebe Not damit haben. Dies ist nämlich ein typischer Fall für die Integration durch Substitution.

In einem ersten Schritt nehmen wir die Substitution vor und setzen:

$$u(x) = 2x$$

Da wir nun als Variable nicht mehr x vorliegen haben, sondern u (hier bekommt die bekannte Redensart „ein X für ein U vormachen" plötzlich einen ganz anderen Sinn), müssen wir versuchen, das dx zu ersetzen. Das funktioniert so:

$$u'(x) = \frac{du}{dx} = 2$$

$$\Rightarrow dx = \frac{1}{2} du$$

Dies war ein ganz entscheidender Schritt. Wenn Sie sich nun die Formel zur Integration durch Substitution ansehen, werden Sie merken, dass wir auch die Grenzen des Integrals verändern müssen. Das geschieht nun als nächster Schritt durch einfaches Einsetzen:

Untere Grenze: $u(-1) = -2$
Obere Grenze: $u(1) = 2$

Nun haben wir wieder alle „Einzelteile" beisammen und können sie in das Integral einsetzen. Dort steht dann:

$$\frac{1}{2} \cdot \int_{-2}^{2} e^u du$$
$$= \frac{1}{2} \cdot \left[e^u \right]_{-2}^{2}$$
$$= \frac{1}{2} \cdot (e^2 - e^{-2})$$

$$= 3{,}627$$

Und schon hätten wir unser Integral gelöst. Dieses Beispiel zeigt also ganz deutlich den Grundgedanken bei der Integration durch Substitution. Die geeignete Substitution sorgt nämlich dafür, dass wir ein sehr einfach zu lösendes Integral erhalten.

Rotationskörper

An dieser Stelle möchten wir Ihnen noch kurz eine andere Anwendung von Integralen vorstellen.

Man kann nämlich mit Funktionsgraphen eine Menge lustiger Dinge anstellen. So können Sie ihn beispielsweise um die x-Achse des Koordinatensystems rotieren lassen. Dabei entsteht dann natürlich ein Körper, den man – wie auch sonst – Rotationskörper nennt. Schauen wir uns

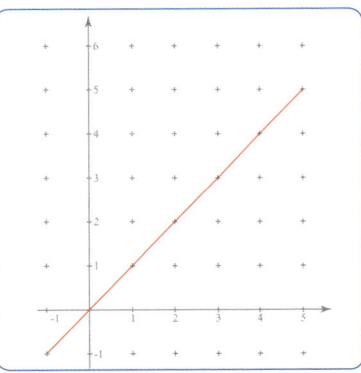

hierzu einmal ein ganz einfaches Beispiel an. Die Grafik zeigt den Graphen für die Funktion $f(x) = x$.

Wenn Sie diesen Funktionsgraphen um die x-Achse rotieren lassen, erhalten Sie als Rotationskörper natürlich einen Kegel. Der Radius dieses Rotationskörpers an der Stelle x ist dann natürlich genau $f(x)$.

Wenn Sie den Kegel nun an einer beliebigen Stelle parallel zur y-Achse durchschneiden, erhalten Sie eine kreisrunde Scheibe. Die Fläche A eines Kreises berechnet sich, das wissen Sie noch aus der Geometrie, durch $A = \pi \cdot r^2$.
Weitere Kegelschnitte können Sie sich auf den Seiten 78, 79 ansehen.

Wir haben gerade festgestellt, dass in unserem Fall gilt: $r = f(x)$. Das bedeutet also für die Fläche der Kreisscheibe, die durch unsere Funktion gebildet wird:

$A = \pi \cdot f(x)^2$

Rotierende Kegel

Wollen wir nun das Volumen V des Rotationskörpers in den Grenzen x_0 und x_1 berechnen, so müssen wir das nach folgender Formel machen:

$$V = \int\limits_{x_0}^{x_1} \pi \cdot f(x)^2 dx$$

Wir wollen nun ein wenig konkreter werden und das Volumen unseres Zylinders aus dem einführenden Beispiel in den Grenzen $0-3$ berechnen. Hier müssen wir an dieser Stelle keine langen Vorreden halten, sondern können die uns bekannten Werte direkt in die Formel einsetzen. Wir erhalten dann:

$$V = \int_0^3 \pi \cdot x^2 dx$$

$$= \pi \cdot \int_0^3 x^2 dx$$

$$= \pi \cdot \left[\frac{1}{3} x^3 + c \right]_0^3$$

$$= \pi \cdot \left(\frac{1}{3} \cdot 3^3 - \frac{1}{3} \cdot 0^3 \right)$$

$$= 9 \cdot \pi$$

Der perfekte Rotationskörper

Wir alle haben es übrigens nahezu täglich mit einem perfekten Rotationskörper zu tun. Er gehört für die meisten von uns als fester Bestandteil zu unserem Frühstück. Aber auch aus vielen weiteren Speisen ist er nicht wegzudenken. Sie wissen längst, worum es sich handelt, und wir wollen

hier keine langen Rätselspiele veranstalten, wir sprechen natürlich von dem Hühnerei. Stellen Sie einmal ein

Ei mit der stumpfen Seite auf den Tisch und bewegen Sie sich dann um den Tisch herum. Das Ei sieht von allen Seiten exakt gleich aus. Denselben Effekt kön-

Ein leckeres Frühstücksei

nen Sie erzielen, wenn Sie es entlang seiner Symmetrieachse auf eine Stricknadel stecken und dann
rotieren lassen.

Nun kann ein Funktionsgraph natürlich nicht nur
um die x-Achse rotieren, sondern auch um die
y-Achse. Auch in diesem Fall müssen wir nicht die
Flinte ins Korn werfen und können eine Berechnung vornehmen. Allerdings müssen wir in diesem
Fall die Funktion $y = f(x)$ in ihre Umkehrfunktion
$x = f^{-1}(y)$ umformen. Wie das geht, haben wir
ausführlich im Kapitel Algebra behandelt, daher
wollen wir das Verfahren an dieser Stelle nicht noch
einmal rekapitulieren.

Ein Ei auf eine Stricknadel stecken?
Belassen wir es bei der Theorie.

Natürlich müssen auch die Grenzen des Intervalls anders formuliert werden. Wir haben
es jetzt nicht mehr mit x_0 und x_1 zu tun, sondern mit $f(x_0)$ und $f(x_1)$. Unsere Formel für
das Volumen des Rotationskörpers lautet dann also:

$$V = \int_{f(x_0)}^{f(x_1)} \pi \left(f^{-1}(y) \right)^2 dy$$

Mit diesem kleinen Ausflug zu den Rotationskörpern möchten wir unsere Reise durch
die Welt der Mathematik beschließen. Wir hoffen, dass Sie einiges Neues entdecken und
vor allem Ihr Unbehagen vor dem mathematischen Neuland verlieren konnten.

Denn Mathematik ist, wie Sie auf den vorausgehenden Seiten erfahren konnten, keine
Wissenschaft, die nur einem kleinen Zirkel von Eingeweihten vorbehalten ist. Mathematik begegnet uns eigentlich auf Schritt und Tritt. Das Wichtige dabei ist, dass Sie es
ohne große Probleme lernen können, mit der Mathematik umzugehen und sie für sich
zu nutzen. Vielleicht konnte sogar der ein oder andere von Ihnen eine bislang ungeahnte
Leidenschaft zur Mathematik oder einem ihrer Teilgebiete entwickeln.

Anhang

1. Mathematische Zeichen und Symbole

$\wedge$	und (Konjunktion)
$\vee$	oder (Disjunktion)
$\neg$	nicht (Negation)
$\Rightarrow$	wenn ... , dann ... (Implikation)
$\Leftrightarrow$	genau dann ... , wenn ... (Äquivalenz)
$\{a, b, c\}$	aufzählende Schreibweise
$\{x \mid x = ... \}$	kennzeichnende Schreibweise
$\in$	ist Element von
$\notin$	ist nicht Element von
$\mathbb{N}$	Menge der natürlichen Zahlen
$\mathbb{Z}$	Menge der ganzen Zahlen
$\mathbb{Q}$	Menge der rationalen Zahlen
$\mathbb{Y}$	Menge der irrationalen Zahlen
$\mathbb{R}$	Menge der reellen Zahlen
$\mathbb{C}$	Menge der komplexen Zahlen
$\mathbb{Z}^+, \mathbb{Z}^-$	Menge der positiven (negativen) ganzen Zahlen
$\mathbb{Q}^+, \mathbb{Q}^-$	Menge der positiven (negativen) rationalen Zahlen
$\mathbb{R}^+, \mathbb{R}^-$	Menge der positiven (negativen) reellen Zahlen
$\subseteq$	ist Teilmenge von
$\not\subseteq$	ist nicht Teilmenge von
$\emptyset, \{\ \}$	leere Menge
$[\,a; b\,]$	abgeschlossenes Intervall in $\mathbb{R}$
$]\,a; b\,[$	offenes Intervall in $\mathbb{R}$
$]\,a; b\,], [\,a; b\,[$	halboffene Intervalle
$A \cup B$	Vereinigungsmenge, A oder B
$A \cap B$	Schnittmenge, A und B
$A \setminus B$	Restmenge, A aber nicht B

$A \times B$	Produktmenge
$p, q, r, ...$	Aussagen
$A_1(x), A_2(x)$	Aussageformen
$A_1(x) \wedge A_2(x)$	Konjunktion von Aussageformen
$A_1(x) \vee A_2(x)$	Disjunktion von Aussageformen
$A_1(x) \Rightarrow A_2(x)$	Implikation von Aussageformen
$A_1(x) \Leftrightarrow A_2(x)$	Äquivalenz von Aussageformen
G	Grundmenge
D	Definitionsmenge
L	Lösungsmenge
$T_1(x), T_2(x)$	Terme mit der Variablen x
ρ	Relation
$f : x \rightarrow f(x), x \in D$	Funktion als besondere Relation mit Angabe des Definitionsbereichs
f^{-1}	Umkehrfunktion
$F(x)$	Stammfunktion
A	Funktionsmenge
B	Wertemenge
W	Wertemenge aller Funktionswerte
$f : A \rightarrow B$	Funktion als Abbildung
G	Graph der Funktion
$y = f(x)$	Funktionsgleichung
$=$	gleich
$\neq$	ungleich
$<$	kleiner als
$\leq$	kleiner oder gleich
$>$	größer als
$\geq$	größer oder gleich
$ggT(a, b)$	größter gemeinsamer Teiler
$kgV(a, b)$	kleinstes gemeinsames Vielfaches
$|a|$	Betrag der Zahl a
a^n	n-te Potenz von a
$\sqrt{a}$	Quadratwurzel aus a
$\sqrt[n]{a}$	n-te Wurzel aus a

$\log_a x$	Logarithmus von x zur Basis a
$\lg x$	Logarithmus von x zur Basis 10
$\ln x$	natürlicher Logarithmus von x
$\operatorname{lb} x, \operatorname{ld} x$	Logarithmus von x zur Basis 2
$n\,!$	n-Fakultät
$\binom{n}{k}$	Binomialkoeffizient, n über k
$\to \pm\infty$	geht gegen plus oder minus Unendlich
$\dfrac{dy}{dx}, y', f'(x)$	Differenzialquotient (1. Ableitung)
$\dfrac{d^n y}{dx^n}, y^{(n)}, f^{(n)}(x)$	n-te Ableitung
Δ	Differenz
$\displaystyle\lim_{n\to\infty} a_n$	Grenzwert einer Folge
$\displaystyle\lim_{x\to x_0} f(x)$	Grenzwert einer Funktion
$\displaystyle\int (x)dx$	unbestimmtes Integral
$\displaystyle\int_a^b (x)dx$	bestimmtes Integral
$\sin \varphi$	Sinus des Winkels φ
$\cos \varphi$	Kosinus des Winkels φ
$\tan \varphi$	Tangens des Winkels φ
$\cot \varphi$	Kotangens des Winkels φ
$\arcsin \varphi$	Arcussinusfunktion
	Umkehrfunktion der Sinusfunktion
$\arccos \varphi$	Arcuskosinusfunktion
$\arctan \varphi$	Arcustangensfunktion
$\operatorname{arccot} \varphi$	Arcuskotangensfunktion
$\exp$	Exponentialfunktion
$A, B, C, ..., P, Q, R$	Punkte
$g, h, k, ...$	Geraden
E	Ebene
A	Flächeninhalt

V	Rauminhalt, Volumen
U	Umfang
AB	Gerade durch die Punkte A und B
[AB]	Strecke von A bis B
$\overline{AB}$	Länge der Strecke [AB]
$P \in g$	P liegt auf der Geraden g
$g \cap h = \{S\}$	S ist Schnittpunkt von g und h
$E \cap F = g$	g ist Schnittgerade der Ebenen E und F
$g \perp h$	g steht senkrecht auf h
$g \parallel h$	g ist parallel zu h
$\angle$	Winkel
$\angle ASB$	Winkel, Scheitel bei S
$\alpha, \beta, \gamma, \ldots$	Winkelbezeichnungen
$\overrightarrow{AB}, \vec{a}$	Vektoren
$\lvert \vec{a} \rvert$	Betrag eines Vektors
$\vec{a} = (a_x, a_y, a_z)$	Zeilenvektor mit 3 Komponenten
$\vec{a} = \begin{pmatrix} a_x \\ a_y \\ a_z \end{pmatrix}$	Spaltenvektor mit 3 Komponenten
x_1, x_2, x_3	Bezeichnung der Koordinatenachsen, anstelle x, y, z
$\vec{a}^0$	Einheitsvektor
$\vec{a} \cdot \vec{b}$	Skalarprodukt
$\vec{a} \times \vec{b}$	Vektorprodukt
$H(A)$	absolute Häufigkeiten
$h(A)$	relative Häufigkeiten
s_n	Summenhäufigkeiten
$\overline{x}$	Mittelwert
Me	Median
M_g	geometrisches Mittel
M_n	harmonisches Mittel
R	Spannweite
q	Quartilsabstand
a	mittlere Abweichung

$E(X)$	Erwartungswert
X	Zufallsgröße
$V(X)$	mittlere quadratische Abweichung
s^2	empirische Varianz
σ, s	Standardabweichung
$P(A)$	Wahrscheinlichkeit für ein Ereignis
Ω	Ergebnisraum

2. Römische Zahlen

1 – I	20 – XX	200 – CC	1500 – MD
2 – II	30 – XXX	300 – CCC	1900 – MCM
3 – III	40 – XL	400 – CD	1940 – MCMXL
4 – IV	50 – L	500 – D	1949 – MCMIL
5 – V	60 – LX	600 – DC	1990 – MXM
6 – VI	70 – LXX	700 – DCC	1991 – MIXM
7 – VII	80 – LXXX	800 – DCCC	2000 – MM
8 – VIII	90 – XC	900 – CM	2050 – MML
9 – IX	100 – C	1000 – M	2060 – MMLX
10 – X	(99 – IC)	(990 – XM)	2200 – MMCC

3. Griechische Buchstaben

A	α	a	Alpha
B	β	b	Beta
Γ	γ	g	Gamma
Δ	δ	d	Delta
E	ε	e	Epsilon
Z	ζ	z	Zeta
H	η	e	Eta
Θ	θ, ϑ	th	Theta
I	ι	j	Jota
K	κ	k	Kappa
Λ	λ	l	Lambda
M	μ	m	My
N	ν	n	Ny
Ξ	ξ	x	Ksi
O	o	o	Omikron
Π	π	p	Pi
P	ρ	r	Rho
Σ	σ	s	Sigma
T	τ	t	Tau
Y	υ	y	Ypsilon
Φ	ϕ, φ	ph	Phi
X	χ	ch	Chi
Ψ	ψ	ps	Psi
Ω	ω	o	Omega

Register

B

Bildnachweis:

www.fotolia.de: Androsov, Konstantin S. 173 / angelo.gi: Cover m.o., Afanasyev, Alexey S. 398 / Alihad S. 19 / amandare S. 278 u.r. / anselme S. 209 / Arnaudova, Miroslava S. 367 / askaja S. 281 / Bannykh, Alexey S. 351 m. / BAO-RF S. 280 o., 295 / Bell, Maria S. 376 / Berg, Martina S. 319 / Bergfee S. 315 / bilderbox S. 327 o.l., 364 u. / Blue Wren S. 32 / Bonn, Henry S. 100 / Botie S. 361 o. / Chab, Milous S. 117 / Colvil, Sue S. 277 / Confetti S. 363 m.r. / cs-photo S. 351 u.r. / Digitalpress S. 280 u. / Demirok, Cihan S. 97 o.r. / DeVlce S. 104 / di carlo, sandro S. 313 / drizzed S. 390 / drx S. 44 / Eichinger, Hannes S. 97 o.l. / eka S. 403 / Fantasista S. 386 / Fotoplaner S. 73 m.l. / Friieslarsen, Liv S. 412 / fux S. 332 / Gary S. 395 / Gerste, Marvin S. 393 m.r. / Gilbey, Daniel S. 73 o.r. / GYNEX S. 327 u.r. / Haub, Frank S. 48 / henryart S. 379 / Isselée, Eric S. 122 / jakezc S. 113 o.r. / Jastrzebski, Slawomir S. 393 o.l. / Jesenicnik, Tomo S. 38 / Josifovic, Ivan S. 364 o. / kaipity S. 311 / Karelias, Andreas S. 392 / karwowska, anna S. 361 u. / kaulitzki, sebastian S. 208 / Kheng Guan Toh S. 70 u.r. / KonstantinosKokkinis S. 26 / kounadeas, ioannis S. 72, 73 o.l., 175 o.r. & u.r., 176 u., 302, 409 / Krautberger, Gernot S. 303 / Kröger, Bernd S. 54, 325 o.r. / Kzenon S. 17 o.r. / Lami, Julia S. 91 / L.S. S. 224 / Lucky Dragon S. 416 / ma photo S. 384 / Maria.P.: Cover m.u., S. 279, 317 / Matte, Falko S. 309 / mediapartis S. 289 / Mellimage S. 339 / milosluz S. 179 r. / moodboard S. 42 / Mucibabic, Vladimir S. 90 u.r. / Nachtigall, Lara S. 322 m.r. / nerlich, marcel S. 288 / OnlyVectors S. 68 / Pargeter, Kristy S. 159 / Parzych, Paul S. 278 u.l. / PASQ S. 70 u.l. / Patrizier-Design: Cover u. / Perkins, Thomas S. 271 / Pfluegl, Franz S. 236 / Philpot, Bill S. 253 / Physsas, Mark S. 67 / picture-optimze S. 330 r. / Pixel S. 299, 304 / pixelcarpenter S. 137 / Pyastolova, Nadezda S: 415 / Ramanenka, Viktar S. 330 l. / Röder, Petra S. 329, 387 / Roslyakov, Kirill S. 71 m.r. / RRF S. 306 / Sadura, Henrik S. 53 o.l. / Saporito, Roberto S. 64 / Schmitz, Olaf S. 362 / schweitzer-degen S. 325 m.l. / sekulic, kristian S: 328 / Sen, Israfil S. 179 l. / Sergiy, Timashov S. 233 / Seth, Rohit S. 273 / Seybert, Gerhard S. 307 o.r. / .shock S. 312 / Short, Andy S. 172 / Shpulak, Iryna S. 282 / sk design S. 125 u.l. / Spacemanager S. 365 / Spasenoski, Nikola S. 188 m.l. / steffenw S. 188 o.r. / Sulamith S. 417 / Syncerz, Marzanna S. 316 / Thoermer, Val S. 285 / Tilly, Patrizia S. 164 / TommyToons S. 331 m.l. / tomtitom S. 341 / Tromeur, Julien S. 174 / Unclesam S. 47 / Wechsler, Rene S. 307 u.r. / Werkmann, Bertold S. 62 / Winzer, Martin S. 325 u.r. / wright, paul S. 56 / Yakobchuk, Vasiliy S. 66 o.l. / zuerlein, sandra S. 323 u.l.
www.pixelio.de: adacta S. 110 / Altmann, Gerd S. 95 / arty: Cover (Zirkel) / bbroianigo S. 294 / Belau, Eckhard S. 234 / Beßler, Maren S. 128 / BirgitH S: 83 / brit berlin S. 296 / Buri S. 22 / CB S. 195 / Cornerstone S. 20 / espana-elke S. 194 u.l. / Fischer, Johannes S. 14 o.r. / Flack, Bernhard S. 69 m.l. / Fries, Siegfried S. 114 / Goetzke, Jens S. 129 / Hautumm, Claudia S. 28, 81, 124, 130, 133, 194 u.r. / Hautumm, Harry S: 163 o.r. / Heinemann, Mario S. 113 o.l. / Hein, Markus S. 80, 86 / Heinrichs-Noll, Tim S. 157 / Hraban Ramm, Henning S. 66 u.r. / Jacob, Margit S. 331 / Jobst, Bärbel S. 161 / Klicker S. 125 m.r. / Lanznaster, Maria S. 363 o.l. / Manuela S. 37 / Mariocopa S. 77 / mauna_kea S. 11 o.r. / Meister, Paul-Georg S. 14 u.r. / Mosgnauk S. 152 / motograf S. 111 o.r. / N.Schmitz S. 11 m.l. / Plühmer, Rolf S. 165 / Pixel-Kings S. 17 u.r. / Ramm, Anna-Lena S. 49 / Reinhart, Tim S. 30 m.l. / Roman S. 204 / Rupp, Klaus S. 178 u.l. / Schätzler, Johannes S. 323 u.r. / Schemmi S. 50 / Schmidt, Christine S. 116 / Siegl, H. S. 53 u.l. / Sterzl, Bernd S. 18 o.r. / storchenschnabel S. 34 / strichcode S. 99 / Stuelpner S. 23 / Stürmlinger, Gerdemarie S. 53 o.r. / Thürauf, Bernhard S. 57 / willy s S. 27 u.r.
www.digitalstock.de: Cover (Geodreieck)
Lidman Production: S. 8, 13 u.r., 33, 60 u.l. & o.r., 69 m.r., 108, 120, 138, 148
Gruppo Editoriale Fabbri: S. 24, 89, 178 o.r.
F1 ONLINE: Cover o.
DLR: S. 188